AF249940

DICTIONNAIRE

DES MERVEILLES

DE LA NATURE.

PAR M. A. J. S. D.

TOME SECOND.

A PARIS,

RUE ET HOTEL SERPENTE.

M. DCC. LXXXI.

Avec Approbation & Privilége du Roi.

DICTIONNAIRE

DES MERVEILLES

DE LA NATURE.

M

MAGNÉTISME. De tout tems on a reconnu dans l'aimant une action particulière sur les nerfs ; mais avant 1765 , ces effets n'étoient indiqués que trop généralement, & d'une manière trop vague pour attirer l'attention des Physiciens. On savoit, à la vérité, long-tems auparavant que l'application de ce minéral étoit assez favorable contre les palpitations de cœur ; & moi-même en particulier je savois que le Père *Duplessis*, bien connu par son zèle & par ses Missions, en tiroit un secours puissant, contre cette maladie désagréable, dont il étoit affecté depuis plusieurs années. Les choses néanmoins en feroient reftées-là, fi le hafard, qui entre pour beaucoup dans les recherches des Phyficiens, n'eût réveillé leur attention fur cet objet, & fur les vertus médicales de ce minéral.

Le Journal Encyclopédique publia en 1765, quelques obfervations de ce genre, & nous apprit que l'aimant étoit un fpécifique contre certains maux de dents ; mais cette obfervation n'étoit point affez détaillée, les circonftances n'étoient point affez caractérifées, & la manière d'employer le remède étoit trop vague pour qu'on pût vérifier un fait de cette importance. On ne marquoit point fur-tout dans ce Journal, & ce qu'il étoit cependant important de faire obferver, qu'il falloit toucher la dent malade avec le pole fud de l'aimant, le vifage du malade étant tourné vers le nord. Auffi malgré la multitude de perfonnes qui eurent recours à ce remède, ne s'en trouva-t-il aucune qui pût dépofer en fa faveur. Ce ne fut qu'affez longtems après qu'on nous apprit, dans ce même Journal, cette difpofition indifpenfable dans l'application de l'aimant, & on eut alors la fatisfaction de voir les fuccès avérés de cette pratique.

Je pourrois rapporter ici plufieurs exemples de guérifons opérées par ce moyen, & affurer que non-feulement l'aimant réuffit dans la plupart des maux de dents, mais plus particulièrement encore qu'il réuffit très-bien lorfqu'on l'applique, avec les conditions indiquées ci-deffus, fur les finus frontaux, ou fur les fourcils de ceux qui font travaillés de migraines, de ces maux de tête qui fe font fentir au-deffus des

orbites, & il eſt probable que la vertu magnétique s'étendra encore plus loin par la ſuite en
faveur de l'humanité ſouffrante, lorſque des
Obſervateurs zélés, des Médecins qui n'auront
en vue que le ſoulagement des malades qui leur
ſeront confiés, voudront bien faire une étude
particulière de l'application de ce remède.

L'Abbé *le Noble*, qui s'occupe particulièrement de cet objet, & qui depuis long-tems
fabrique des aimans de pluſieurs formes & de
forces différentes à ce ſujet, eſt actuellement à
portée de publier pluſieurs guériſons plus ſur-
prenantes les unes que les autres, qu'il a opérées
par ce moyen. Nous ne lui enlèverons point
cette ſatisfaction, & nous nous bornerons à
rappeller ici quelques-unes de celles qui ont été
publiées dans le tems, & pour conſtater l'efficacité du magnétiſme ſur l'économie animale, &
pour inſpirer aux Phyſiciens & aux Amateurs le
deſir de ſuivre plus particulièrement cette nouvelle recherche, qui nous offre un phénomène
des plus ſurprenans & des plus merveilleux.

Dès l'année 1767, M. *Darquier*, Correſpon-
dant de l'Académie des Sciences, écrivoit à
M. *de la Lande*, qu'il avoit opéré pluſieurs
guériſons de ce genre. Entr'autres, dit-il, une
Dame de Toulouſe ſouffroit extraordinairement
depuis quelques jours, d'une carie conſidérable
dans la première des dents molaires de la
mâchoire inférieure. Il y avoit fluxion, & elle
ne pouvoit ni dormir, ni manger, ni fermer la
bouche. Ce fut dans cet état que M. *Darquier*
lui appliqua le bouton de l'armure d'une petite
pierre d'aimant, d'environ un pouce cube de

groſſeur. Au bout de ſept à huit minutes la malade ſentit un froid médiocre dans la dent, la douleur ceſſa, & ne revint plus.

On lit dans le Journal de Médecine, pour le mois de Septembre 1767, des obſervations du même genre, faites par M. *de la Condamine*, Médecin à Romans en Dauphiné. On y lit qu'une Religieuſe Urſuline, dont les dernières dents molaires étoient attaquées de carie, éprouva que la douleur ſembloit fuir d'une dent à l'autre, lorſque M. *de la Condamine* eut appliqué l'un des poles d'un petit aimant en fer à cheval ſur celles de ces dents dont elle ſouffroit alors. Il pourſuivit, ajoute-t-on, la douleur qui s'échappoit, en appliquant ſucceſſivement l'aimant ſur chaque dent affectée, & il parvint à la guérir. M. *de la Condamine* rapporte, dans le même endroit, quelques autres guériſons ſemblables, & obſerve que l'aimant lui a toujours parfaitement réuſſi en pareilles circonſtances, à l'exception, dit-il, d'une ſeule perſonne ſur laquelle ce remède ne produiſit aucun effet; mais, ajoute-t-il, cette perſonne avoit la plus grande partie des dents en mauvais état. D'ailleurs, il y avoit lieu de ſoupçonner chez elle une affection rhumatiſmale, qui portoit particulièrement à la tête, & peut-être quelque principe de vice ſcorbutique.

On lit dans les Mémoires de l'Académie de Gottingue, une autre obſervation du même genre, faite par M. *Weber*. Il rapporte qu'un homme de ſoixante-douze ans, ſujet à la goutte & aux hémorrhoïdes, ne manquoit jamais, après quelqu'émotion, quelques mouvemens de colère, de voir, de fon œil droit, les objets fe multiplier, trois, quatre, & même cinq fois. Il fut parfaitement guéri dans l'efpace de feize jours, en appliquant tous les jours, pendant une heure, un aimant au coin de l'œil malade.

Voici encore un fait qui prouve également l'effet du magnétifme fur les nerfs. *Raimond Guillien*, habitant de la Salvetat, ayant été pendant trois heures dans l'eau jufqu'aux genoux, pour retirer du chanvre, le 22 Septembre 1767, y souffrit un fi grand froid, qu'il y fut faifi de quelques friffonnemens. Le 28 il fentit une douleur à la rotule. Cette douleur allant toujours en augmentant, lui fit perdre & le fommeil & la poffibilité de travailler. La douleur étoit fans inflammation, mais accompagnée d'une grande chaleur à l'intérieur. Le 30, M. *Majet* lui appliqua fur le genou malade un barreau aimanté, & l'y tint appliqué pendant quatre à cinq minutes. Le malade fentit la douleur & la chaleur interne comme fe divifer. Il marcha avec beaucoup plus de facilité. Deux autres applications dans le même jour, le mirent en état de travailler & de dormir. La douleur s'étendit, la démangeaifon fe fit fentir, & deux autres applications des barreaux aimantés, le mirent au point de ne reffentir aucune douleur le 20 Octobre fuivant.

M. *Cofnier*, qui tient un rang diftingué parmi les Médecins de la Faculté de Paris, nous a affuré avoir employé l'aimant, avec le plus grand fuccès, dans un cas où les remèdes les mieux indiqués ne produifoient aucun effet.

Il me communiqua encore, au commencement de l'année 1780, une nouvelle obfervation

qui merite de trouver place parmi les phénomènes les plus singuliers de la Nature. En voici
le précis.

Une Dame de sa connoissance, à la suite d'un
tems critique, éprouvoit régulièrement une chaleur si immodérée dans les pieds, que dans le
tems même des plus grands froids, elle étoit
obligée de se les découvrir pendant la nuit, &
de les avoir nuds & hors du lit. L'application
d'un aimant artificiel sur ces parties, la guérit de
cette incommodité, & rétablit les loix de la
circulation.

Cette guérison, bien certaine au moment où
ce célèbre Médecin m'en fit part, n'étoit cependant pas tellement assurée que la Dame n'eût
encore besoin du remède. Dès qu'elle supprimoit
les aimans pendant la nuit pour se débarrasser
les pieds de ces corps étrangers, les chaleurs
revenoient, & elle ne pouvoit les dissiper qu'en
recourant à ses aimans. Comment expliquer ce
phénomène, & donner une raison satisfaisante
de l'action magnétique en cette circonstance ?

L'un des Confrères de M. *Cosnier*, non moins
recommandable par l'étendue de ses connoissances, M. *Descemet*, rapporte dans la Gazette
de Santé, pour l'année 1775, n°. 29, plusieurs
observations assez singulières. Il s'étoit servi pour
les faire, d'aimans artificiels en forme de fer à
cheval.

Dans les douleurs de rhumatisme, dit-il, si la
douleur est à la tête, l'aimant appliqué sur le
crâne, la fait cesser : si elle est sur les dents,
l'aimant placé sur les tempes, les cornes en bas,
la douleur disparoît.

Il faut avoir foin, ajoute M. *Defcemet*, de fupprimer l'aimant dès que la douleur eft paffée. Si la douleur, ajoute-t-il, fe fait fentir à la hanche, il faut appliquer l'aimant au-deffous du genou, les cornes en haut fur la tête du péroné. Si elle affecte la jambe, il faut l'appliquer fur le tarfe, les cornes en arrière. Eft-elle retranchée dans le gros orteil, l'aimant appliqué fur la dernière phalange, les cornes en arrière, la diffipe.

Si le rhumatifme eft à l'épaule, on place l'aimant fur le condile externe de l'os du bras : fur le poignet, fi la douleur attaque l'avant-bras : fur le métacarpe, fi le poignet eft affecté; & enfin fur les dernières phalanges, les cornes en haut, fi le fiège de la douleur eft dans le métacarpe.

Il arrive encore, ajoute-t-il, que l'aimant appliqué aux extrémités, produit dans la tête un embarras qui devient très-incommode, lorfque l'aimant refte long-tems en place; mais on modère cet effet par l'application d'un autre aimant fur la tête. On a obfervé plus d'une fois que l'aimant mis fur la tête, a diffipé des furdités fpafmodiques, des bourdonnemens d'oreilles, des gonflemens de cou, & des mouvemens involontaires de la tête... Dans les palpitations de cœur, ajoute M, *Defcemet*, on l'applique favorablement fur la poitrine, les cornes en bas. Cette obfervation s'accorde très-bien avec ce que nous avons remarqué précédemment au fujet du Père *Dupleffis*. On a remarqué cependant, ajoute notre Auteur, que, dans ces circonftances, on éprouvoit de l'embarras dans le cou & dans la tête, avant que la palpitation cefsât; & lorfqu'elle ceffoit, le malade tomboit dans une légère défaillance, femblable à celle qui fuccède à la fin des palpitations pour lefquelles on n'a point employé l'aimant.

On prévient cet embarras de la tête & du cou, en commençant à placer l'aimant fur la tête, pendant quelques momens, & en le defcendant enfuite fur la poitrine, au niveau de la bafe du cœur. Les palpitations augmentent un peu lorfque l'aimant eft fur la tête. Elles deviennent plus fréquentes, lorfqu'il eft defcendu vers la bafe du cœur. Bientôt après le calme fe rétablit, & les palpitations ceffent.

On trouve encore quelques obfervations du même Auteur, à la fuite de celles que nous venons d'extraire. On voit qu'on peut employer favorablement le même remède, dans les indi-geftions occafionnées par éréthifme; mais que l'aimant occafionne un relâchement qui jette l'eftomac dans une atonie, contre laquelle on eft obligé de recourir aux ftomachiques, pour rendre à ce vifcère la qualité digeftive.

Nous ne doutons nullement de la certitude de ces obfervations, & de plufieurs autres que nous fupprimons. L'intelligence & la bonne foi bien connues de l'Auteur, doivent nous infpirer la plus grande confiance à cet égard ; mais ces obfervations ont-elles été affez multipliées fur un affez grand nombre de perfonnes, de tempéra-mens variés & de conftitutions différentes, pour qu'on puiffe les regarder comme propres à établir des loix générales fur l'influence du magnétifme fur le corps humain ? C'eft ce que nous fommes bien éloignés de penfer ; & nous ne pouvons trop exhorter ceux qui font chargés de veiller à *la* fanté des hommes, de multiplier ces fortes d'expériences, non, à la vérité, pour arriver à une théorie sûre de ces fortes de phénomènes, mais à une pratique certaine dans l'application de ce nouveau moyen de guérir, qu'on doit fans contredit ranger parmi les merveilles de la Nature.

Nous croyons devoir ajouter ici d'après M. *Defcemet*, & ce fait mérite d'être connu, qu'il faut proportionner la force des aimans aux tempéramens, & à la force de la douleur. Que le magnétifme agit plutôt & avec plus de force fur les tempéramens humides & pituiteux, & qu'il eft prudent de commencer cette application par un aimant foible, pour augmenter enfuite par degré la force de ce remède. Cette obfervation eft confirmée par un fait rapporté par notre Auteur, dans l'Ouvrage que nous avons indiqué ci-deffus.

MAGNÉTISME ANIMAL. Expreffion de nouvelle fabrique, pour défigner & caractérifer des effets qu'on ne peut encore expliquer que par l'émiffion de certains corpufcules animaux, dont on ne connoît même l'exiftence que par les faits.

Depuis plufieurs années les Papiers publics étoient remplis de guérifons furprenantes opérées par un Médecin Allemand, nommé le D. *Mefmer*, & qui n'employoit, difoit-on, à cet effet que de fimples attouchemens. A l'aide d'une puiffance particulière, d'une vertu fingulière, dont il favoit diriger convenablement l'action, il ébranloit, par ces attouchemens variés & réitérés, le genre nerveux de fes malades, & parvenoit par ce moyen à guérir ou à calmer les maladies les plus opiniâtres, dépendantes de l'affection du genre nerveux.

On imagine facilement la fenfation que dut faire d'abord fur l'efprit des Médecins & des Phyficiens le récit de cette nouvelle méthode de guérir, & je ne puis difconvenir qu'elle ne fe préfente d'abord que comme une véritable charlatannerie, faite pour abufer de la crédulité du Public.

Cependant les atteftations multipliées & même circonftanciées des malades guéris par cette pratique, obligeoient néceffairement les plus prudens, ceux qui favent que nous fommes bien éloignés de connoître toutes les reffources de la Nature, à fufpendre leur jugement.

Qui n'eût en effet regardé il y a deux cens ans, & même au commencement de ce fiècle, comme une véritable charlatannerie, la propofition qu'on eût avancée de faire éprouver une forte commotion inftantanée à quelques centaines de perfonnes qui fe feroient tenues par la main, furtout fi celui qui eût propofé cette expérience, eût voulu la mafquer, mettre un peu de myftère dans cette opération, & dérober aux yeux des curieux la bouteille de Leyde, dont il fe fût fervi à cet effet. Je fufpendis donc mon jugement fur le compte du Docteur Allemand, & j'attendis patiemment qu'une occafion favorable me mît à portée de voir & d'examiner par moi-même la certitude des faits qu'on publioit fur fon compte.

Il vint à Paris vers le commencement de l'année 1778, & il defira faire ma connoiffance, avec le même empreſſement que j'avois de faire la ſienne. Nous nous vîmes pluſieurs fois, & malgré toute la diſcrétion qu'il mit à s'expliquer devant moi, malgré le ſoin qu'il prit pour me dérober la connoiſſance de ſon ſecret, & même malgré le peu de ſuccès des premières tentatives qu'il fit en ma préſence, je ne pus lui refuſer le témoignage que l'honnêteté de ſa conduite & la juſteſſe de ſes raiſonnemens m'engagèrent de lui rendre. Je jugeai par le peu que je pus apper-cevoir, que ſi les effets qu'il ſe propoſoit de produire, ne répondoient point à ſes intentions, il n'y alloit nullement de la faute de ſon agent, mais de la diſpoſition des ſujets ſur leſquels il vouloit le faire agir, & j'en vis aſſez à l'hôtel où il logeoit alors, pour être perſuadé que ſes opé-rations dépendoient particulièrement du ſujet ſur lequel il opéroit. Ce n'étoit cependant point aſſez pour ajouter foi, ſans reſtriction, à toutes les merveilles dont il me fit part. Il pouvoit très-bien ſe faire, que malgré toute la bonne foi qu'il paroiſſoit mettre dans ſon récit, il y eût un peu d'enthouſiaſme de ſa part. C'étoit le jugement qu'en avoit déjà porté le ſavant Abbé *Fontana*, mon ami particulier, & qui étoit alors à Paris. J'attendis de nouvelles expériences & des faits mieux caractériſés, mais je ne pus me ſatisfaire ſur cet objet. M. *Meſmer* s'éloigna de Paris au mois d'Avril ſuivant, & fut s'établir à Creteil, avec pluſieurs malades dont il s'étoit chargé, & je m'abſentai moi-même de Paris pendant près de cinq mois.

J'appris à mon retour que preſque tous les malades du Docteur avoient reſſenti des effets extraordinaires de fa méthode, & que plufieurs en avoient véritablement retiré des avantages plus ou moins caractérifés. On me dit qu'une Dame fur-tout, que j'avois vue à Creteil, à un voyage que j'y avois fait, avant mon départ de Paris, & que j'avois trouvée dans un état de paralyfie très-marqué, incapable de fe foutenir fur fes jambes, marchoit alors avec toute la liberté & l'affurance poffible. Ce témoignage fut même confirmé par la fuite par une atteftation bien en forme de ladite Dame, & cette atteftation fut imprimée dans le Journal Encyclopédique du mois de Décembre 1778.

On me rapporta & on me décrivit, autant qu'il étoit poffible de le faire, les effets finguliers de cette méthode, que le Docteur appelle fon *magnétifme animal :* on me parla de fon action fur le genre nerveux, & des mouvemens extraordinaires qu'il produit ; mais jufque - là je n'avois rien vu d'affez pofitif pour porter raifonnablement un jugement fur des phénomènes de ce genre.

Vers la fin de Novembre de la même année, j'engageai le Docteur *Mefmer* à venir dîner avec moi dans une maifon, où il étoit attendu avec la même impatience que j'avois d'être témoin de quelques grands effets de fon magnétifme. Il fe rendit à l'invitation que je lui fis de la part des perfonnes de confidération chez lefquelles je voulois le préfenter, & qui font on ne peut plus curieufes de toutes les découvertes qui peuvent tourner au bien de l'humanité. Or, voici ce qui fe paffa après le dîner, & ce que je puis attefter comme un fait que j'ai fuivi avec tout le foin poffible, & que tous les témoins ont étudié avec toute la défiance imaginable.

La compagnie raffemblée dans le fallon, le D. *Mefmer* toucha fucceffivement à plufieurs perfonnes, dont quelques-unes fur-tout avoient les nerfs extrêmement agaçables, & aucune n'éprouva de fentiment qui fût affez fenfible pour qu'on pût en faire honneur au magnétifme animal. Il réitéra plufieurs fois fon opération, fans qu'il furvînt rien de nouveau, qui pût donner la moindre efpérance de fuccès.

Le Gouverneur des enfans de cette maifon, homme d'un tempérament fort, robufte, bien conftitué, fort peu crédule, & fortifié dans fon incrédulité par les tentatives infructueufes qu'il venoit de voir, fe plaignoit depuis quelque tems d'une douleur vers les épaules. Il s'offrit au Docteur *Mefmer* pour fujet d'une dernière épreuve, mais avec une forte perfuafion que le magnétifme animal n'agiroit pas davantage fur lui que fur ceux que le Docteur venoit de toucher. C'étoit fans contredit de toutes les perfonnes raffemblées alors dans le fallon, celle fur laquelle on eût moins fufpecté l'action de ce magnétifme, & pour dire la vérité, comme l'incrédule en eft convenu lui-même après, c'étoit une efpèce de perfifflage, mais qui tourna à la gloire du Docteur magnétifant.

Celui-ci s'apperçut fans doute du motif qui amenoit ce nouvel acteur fur la fcène, & voulant, s'il étoit poffible, lui donner la preuve la plus convaincante de fon favoir-faire, il refufa de le toucher; mais il voulut bien diriger contre lui, & à une certaine diftance, fon pouvoir magnétique: L'expérience devint plus curieuse & plus intéreffante; l'incrédule préfenta le dos au Docteur *Mefmer*, & celui-ci lui préfenta le doigt à fept ou huit pieds de diftance. Tant que le doigt du Docteur refta fixe & immobile dans la direction & à la hauteur de fes épaules, il n'éprouva aucun fentiment, & les queftions réitérées que lui fit le Docteur magnétifant pendant l'efpace de deux minutes ou environ qu'il continua ce jeu, ne firent que l'affermir de plus en plus dans fon incrédulité. Il ne put même s'empêcher de la faire paroître par quelques plaifanteries. Les chofes en étoient-là, lorfque le Docteur fit quelques fignes de la tête pour engager les affiftans à fixer plus particulièrement leur attention fur le fujet de cette fingulière opération. Alors il fit mouvoir fon doigt de haut & de bas, & même un peu circulairement, autant qu'il m'eft poffible de me rappeller ce mouvement, & à l'inftant le patient dit qu'il croyoit éprouver un certain frémiffement vers la partie fupérieure du dos. Le D. *Mefmer* fufpendit fon opération. Le magnétifé fe retourna, & attribua l'effet qu'il venoit d'éprouver à la contention où il étoit depuis quelques momens, & à l'action du feu de la cheminée auprès de laquelle il s'étoit établi. On recommença l'expérience. L'incrédule s'éloigna de la cheminée, & fe tenant de pied ferme, il préfenta de nouveau fon dos. Mêmes mouvemens, mais plus vifs, plus preffés de la part du Docteur *Mefmer* : auffi-tôt mêmes impreffions dans le dos magnétifé, mais moins équivoques, plus fenfibles, & notre incrédule convint alors de leur réalité, & dit qu'il ne pouvoit mieux les comparer qu'à un filet d'eau chaude qui circuleroit dans les veines de ſes épaules & de toute la partie ſupérieure de ſon dos. On réitéra deux ou trois fois de ſuite la même expérience avec le même ſuccès, & l'impreſſion devint telle, qu'il refuſa de ſe prêter plus long-tems à l'expérience. On l'y engagea cependant une nouvelle fois ; le Maître de la maiſon le ſaiſit d'une part par un bras, & moi de l'autre. Le Docteur recommença ſon opération magique, & il nous échappa des mains, en proteſtant que la chaleur qu'il éprouvoit devenoit inſupportable.

Le moment d'après il nous dit qu'il ſe ſentoit couvert d'une ſueur locale, qui s'échappoit de toute l'étendue de la ſurface de la partie qui avoit été affectée. J'y portai la main, toute la compagnie en fit autant, & on trouva effectivement ſa chemiſe mouillée vers le milieu du dos & vers les épaules.

Après quelques momens de repos, le Docteur *Meſmer* le prit en face, & poſa ſes deux doigts, un de chaque main, ſur les deux parties latérales de la poitrine, & il reſſentit en ces endroits, & même dans toute l'étendue de la poitrine, une impreſſion ſemblable, mais un peu moins forte que les précédentes. Bientôt une chaleur incommode lui monta au viſage, & nous vîmes ſon front tout couvert de ſueur.

Frappé de plus en plus de ces phénomènes, le magnétiſé voulut bien ſe prêter à ce que le Docteur vouloit tenter de nouveau ſur lui : il préſenta ſon doigt index & ſon pouce de chaque côté, les autres doigts reſtans fléchis dans la main. Le Docteur lui préſenta les mêmes doigts très-près des siens, mais sans les toucher. Alors il commença par éprouver un petit frémissement, une espèce de chatouillement dans les paumes des mains. Ce chatouillement fut suivi d'un engourdissement: la chaleur succéda bientôt, & ses mains furent couvertes de sueur, non cependant aussi abondante que celle que nous venions de remarquer sur son front, & encore moins que celle qui avoit imbibé sa chemise derrière les épaules.

Tels sont les effets dont j'ai été témoin, sans m'être apperçu & avoir pu suspecter aucune cause méchanique qui les ait produits.

Son incrédulité vaincue par ces effets, & ne pouvant revenir de la surprise où ils l'avoient jetté, le nouveau converti se transporta le lendemain matin chez le Docteur, & là il éprouva encore les mêmes impressions, ce dont il m'assura par une lettre datée du 2 Décembre, dans laquelle il me marque:

« Ma douleur d'épaule, (car on doit se souvenir que nous avons observé ci-dessus, qu'il se plaignoit depuis quelque tems d'une douleur vers cet endroit,) » augmentoit sensiblement, » lorsqu'il dirigeoit sur moi l'action de son *je* » *ne sais quoi*. J'ai ressenti de plus une chaleur » comparable à celle de la vapeur d'eau presque » bouillante; des élancemens prompts & rapides » dans les membres, de légers spasmes, & des » frissonnemens très-vifs dans les doigts. Quand » il retiroit sa main, il me sembloit qu'on souffloit » dans la mienne un air très-froid. J'ai réitéré » plus de vingt fois cette expérience ».

Il termine cette lettre par une réflexion fort

sage,

fage, & digne d'un efprit jufte & conféquent.
« Je me fuis confirmé par-là dans la réfolution
» de ne rien nier de ce que je n'entendrai pas,
» par cela feul que je ne l'entendrai pas. Tout
» ce que j'ai éprouvé ne paroît pas croyable, je
» l'avoue ; mais les raifonnemens ne tiennent
» point contre les fenfations ».

Exifteroit-il donc dans le corps de l'homme
une émanation particulière, différente de la tranfpiration infenfible, que l'homme pourroit diriger
à volonté, & qui feroit capable de produire,
fuivant les circonftances, ou fuivant les difpofitions qu'elle rencontreroit dans le corps vers
lequel elle feroit dirigée, des effets auffi furprenans ? C'eft une queftion qui fe préfente naturellement à l'efprit ; mais à laquelle perfonne
jufqu'à préfent, excepté le D. *Mefmer*, ne peut
répondre. Attendons donc patiemment ou qu'il
publie fon fecret, ou qu'on parvienne à le découvrir. Ce ne fera fans doute pas par les
moyens qu'on a publiés dans plufieurs Journaux
en 1780. Il n'y a rien dans la poudre qu'on a
compofée, qui puiffe produire les effets que
nous venons d'indiquer. En attendant ne foyons
point auffi Pyrrhoniens qu'on affecte de l'être
fur quantité de phénomènes que nous ne pouvons comprendre, & foyons en même-tems
plus circonfpects fur la caufe d'une multitude
d'effets, qui ne doivent peut-être qu'à notre
ignorance tout le merveilleux que nous leur
trouvons.

MALADIES EXTRAORDINAIRES.

Nous ne nous propofons point ici d'expofer

par claffes & par ordre toutes les maladies extraordinaires auxquelles le corps de l'homme eft
fujet. Cette matière ne peut être bien traitée
que par un Médecin fort inftruit, & exige des
détails particuliers qui ne font point du reffort
de notre Ouvrage. Mais, parmi la multitude de
celles qu'on peut regarder comme extraordinaires, il en eft quelques-unes qui le paroiffent
au fuprême degré, & qui fe manifeftent fi rarement, qu'il eft important d'en confacrer la
mémoire, & elles méritent fans doute une place
diftinguée dans notre Collection. Telles font
celles dont nous allons faire mention.

Jeanne Moliffon, veuve du nommé *Duballet*,
de la ville de Richelieu, dans le Bas-Poitou,
tomba tout-à-coup, le 6 Septembre 1743, dans
un état d'imbécillité, où elle eft reftée pendant
dix-fept ans. Dans cet état, elle gardoit continuellement le lit, & ne vouloit voir perfonne.
Quand il falloit faire fon lit, on la prenoit
comme un enfant ; on la mettoit à terre où on
la couchoit, fans qu'elle permît qu'on la re-
gardât. A la mort de fon mari, arrivée en 1750,
elle ne donna aucun figne de douleur. Elle vit
partager tous fes effets, & fe laiffa tranfporter
dans la maifon de fon père, fans dire un feul
mot. Son frère étant mort depuis, elle ne montra aucune fenfibilité. Enfin, le 6 Septembre
1759, le même jour que le mal l'avoit pris
en 1743, elle fortit de ce trifte état. Elle defcendit le matin de fa chambre, embraffa fa
belle-fœur & fes neveux, alla enfuite à la meffe,
& revenue de l'Eglife, elle reprit fes anciennes
occupations, fans avoir rien oublié de ce qu'elle

avoit sû, pas même ses prières, qu'elle avoue n'avoir point récitées pendant dix-sept ans. En 1750, tems où on écrivoit cette observation, elle buvoit, mangeoit, travailloit comme si elle n'avoit souffert aucune incommodité. Elle étoit alors âgée de cinquante-cinq ans.

En voici encore une autre également extraordinaire, mais qu'on ne put dissiper que par les secours ordinaires de la Médecine. On doit cette observation curieuse à M. *Daniel Ludovic*, premier Médecin du Prince de Saxe-Gotha. Il rapporte qu'un jeune homme de 18 ans, maigre, & dont l'estomac étoit très-foible, se trouva un matin, à son réveil, dans l'impossibilité de parler, quoiqu'il n'eût donné la veille aucune occasion à cet accident, & qu'il n'eût ressenti auparavant ni douleur ni pesanteur de tête. Pour reconnoître si la paralysie n'avoit point attaqué quelques membres, on le touchoit, on le piquoit, on le pinçoit, mais il fit entendre qu'il ne sentoit en aucune façon ces sortes d'irritations; de sorte qu'on jugea à propos de lui faire prendre des remèdes anti-apoplectiques.

Cependant, comme il marchoit sans peine, qu'il buvoit, qu'il mangeoit, qu'il dormoit & qu'il avoit l'usage de tous ses sens, hors le sentiment, plusieurs personnes soupçonnèrent qu'il feignoit cette maladie. M. *Ludovic* fut curieux de voir ce singulier malade. Il le vit se lever, & sans qu'il s'y attendît & qu'il pût s'en appercevoir, il le piqua par derrière en différens endroits, à la tête, à la nuque du cou, aux épaules, au dos, avec une aiguille, qu'il enfonçoit jusqu'à la moitié de sa longueur dans

les parties charnues; mais le malade n'en fentoit rien. Il le piqua enfuite par-devant, & de
la même façon, au ventre, à la poitrine, au
bras; mais il rioit, au lieu de fe plaindre, foit
par la fingularité du cas, foit effectivement parce
qu'il ne fe croyoit point malade. Lorfque la
parole commença à lui revenir, M. *Ludovic* le
fit faigner aux ranules, & le peu de fang qui
en fortit, lui rendit non-feulement la parole,
mais le rétablit parfaitement, à l'exception d'un
peu de ftupeur & d'engourdiffement qui lui
reftèrent, & qui furent entièrement diffipés par
un demi-gros de cinabre naturel que ce Médecin lui fit prendre fur le foir, & un fudorifique
le lendemain matin. Ce jeune homme fe porta
bien enfuite.

La maladie fuivante n'eft pas moins remarquable dans fon genre; c'eft une fièvre locale,
& voici de quelle manière le célèbre *André
Cnoffelius*, Secrétaire & Médecin Aulique de
la Cour de Pologne, qui traita le malade & le
guérit, nous décrit cette fingulière maladie.

Le nommé *Martin Genger*, qui demeuroit
dans la plus grande ifle de Marienbourg, près
de Brotfack, avoit une fièvre des mieux caractérifées & des plus extraordinaires, puifqu'elle
n'occupoit que le bras droit. Chaque jour ce
bras, vers les fept heures du matin, devenoit
très-froid dans toute fa longueur, d'une manière
même fenfible au toucher, tandis que le refte
du corps confervoit fa chaleur ordinaire. A huit
heures le froid augmentoit & étoit alors accompagné de tremblement, qu'on appercevoit particulièrement à la main & aux doigts. Trois

heures après , la chaleur fuccédoit à ce grand froid , & le bras devenoit très-brûlant. L'accès de cette efpèce de fièvre , qui duroit ordinairement douze heures , étoit accompagné ou précédé de vomiffement. Dans l'intermiffion de la fièvre , le malade fentoit des douleurs très-aiguës aux hypocondres & vers la mamelle droite. M. *Cnoffelius* parvint à arrêter cet accident , & à guérir cette fièvre locale par l'application d'une emplâtre de fantal , & par le traitement qu'il employoit ordinairement pour toute forte de fièvre.

En voici une plus fingulière encore , mais dont les fuites n'ont point été connues , & qui méritoient cependant bien de l'être. Nous devons cette obfervation à M. *Bernard Schrader*, l'un des plus célèbres Chirurgiens dont la Hollande puiffe fe glorifier. Il voyageoit , nous dit-il , en 1629 , avec M. *Alexandre Lax*, fon frère, Etudiant en Chirurgie , & étant entrés dans une auberge d'un bourg, nommé Geeft, dont l'Aubergifte s'appelloit *Jean Brandes*, celui-ci leur fit voir fa fille , âgée de vingt-trois ans , attaquée de la maladie fuivante.

Chaque mois elle reffentoit de grandes douleurs aux extrémités des doigts , des pieds & des mains , du nez & des oreilles. Cette douleur étoit accompagnée d'une tumeur œdémateufe au vifage , aux pieds & aux mains , fuivie de fphacèle ou mortification aux extrémités de ces mêmes parties. Elles devenoient d'abord pâles, sèches, fans fentiment, fans mauvaife odeur cependant, & fans qu'il en fortît aucune humeur. Ces parties gangrénées fe féparoient enfuite chaque mois, par petits morceaux, des chairs vives qui étoient au-deffous, & qui confervoient leur forme & leur figure naturelles. M. *Schrader* s'étant informé plus particulièrement de cette maladie, du père de la fille, celui-ci lui fit voir une boîte, dans laquelle il y avoit plus d'un cent de ces petits morceaux de chair morte, qui, dans l'efpace de trois ans, étoient ainfi tombés & s'étoient détachés.

Quiconque s'occuperoit à lire les différentes obfervations qu'on a recueillies en Médecine & en Chirurgie, pourroit, en féparant les plus furprenantes, faire un tableau bien effrayant des infirmités extraordinaires auxquelles le corps de l'homme eft expofé. Le peu que nous venons de raffembler dans cet article, fuffit pour nous faire comprendre, qu'outre le nombre ordinaire des maladies plus cruelles les unes que les autres, auxquelles nous fommes habituellement & généralement fujets, il y en a encore une multitude que nous ne connoiffons point, & qu'elles font d'autant plus terribles, que le défaut d'habitude à les obferver ne nous laiffe que peu de reffource du côté de l'art pour nous en délivrer. Nous joindrons cependant encore ici une obfervation du même genre, mais dont les fuites tournèrent à l'avantage, & non au détriment du fujet.

M. *Schonemann*, étant écolier, fit fa Rhétorique fous un maître qui exerçoit fouvent fes difciples à faire des vers allemands. Celui-ci n'avoit aucun talent pour cette forte de poéfie; ce qui lui attiroit fouvent les railleries de fes camarades, & les reproches de fon maître, qui le traitoit fouvent de *carnifex*, par allufion au terme *carminifex*. Ces reproches le piquèrent tellement, qu'ayant été attaqué d'une fièvre chaude, accompagnée de violens tranfports au cerveau, il n'avoit d'autre marotte que de faire des vers allemands fur tous les fujets qui fe préfentoient à fon imagination. Il fut enfin guéri de cette maladie ; mais il lui refta l'habitude de faire des vers fur le champ, fur les différens fujets qu'on lui donnoit. Il les déclamoit avec beaucoup de rapidité, & tandis qu'il parloit, fon vifage fe gonfloit ; il battoit la mefure du pied, & fa vue étoit pour l'ordinaire fixe. On lui donnoit jufqu'à quinze & même vingt fujets de fuite, & fur tous, il verfifioit d'une manière fatisfaifante. Ses vers étoient beaux, poétiques & prefque tous tournés du côté de la morale. Ces faits font atteftés par nombre de témoins de la première diftinction. Le Roi de Pruffe voulut l'entendre, & en fut fort fatisfait. Mais un fait bien fingulier, & que M. *Schonemann* affuroit, c'eft que dès qu'il avoit récité fes vers, il lui étoit impoffible de s'en fouvenir. Il falloit, pour les conferver, que quelqu'un les écrivît à mefure qu'il les déclamoit. Il affuroit encore que dès qu'il vouloit compofer des vers avec ré-flexion & à la manière des autres Poëtes, il y employoit beaucoup de tems, & qu'il ne les faifoit qu'avec beaucoup de peine.

Nous ne pouvons mieux placer, qu'à la fuite de ces obfervations, des guérifons furprenantes de plufieurs maladies, opérées par des moyens bien différens de ceux que l'art emploie com-munément, & nous nous bornerons encore ici à un petit nombre d'exemples, qu'il fera très-facile d'augmenter, en lifant les obfervations qu'on a pris foin de recueillir en différens tems.

On lit, dans les Mémoires de l'Académie Royale des Sciences de Paris, pour l'année 1707, & cette obfervation eft de M. *Dodard*, qu'un Muficien illuftre, grand Compofiteur, fut attaqué d'une fièvre, laquelle ayant toujours augmenté, devint continue avec des redoublemens. Le feptième jour, il tomba dans un délire très-violent, & prefque fans aucun intervalle, accompagné de cris, de larmes, de terreur & d'une infomnie perpétuelle. Le troifième jour de fon délire, un de ces inftincts naturels qui portent, dit-on, les animaux malades à chercher les herbes qui leur font propres, lui fit demander à entendre un petit concert dans fa chambre. Son Médecin n'y confentit qu'avec beaucoup de peine. On lui chanta les cantates de *Bernier*. Dès les premiers accords qu'il entendit, fon vifage prit un air ferein, fes yeux furent tranquilles, les convulfions cefsèrent abfolument. Il verfa des larmes de plaifir, & eut dès-lors pour la mufique une fenfibilité qu'il n'avoit jamais eue, & qu'il ne conferva même pas après fa guérifon. Il fut fans fièvre durant tout le concert, & dès qu'il fut fini, il retomba dans fon premier état. On ne manqua pas de continuer l'ufage d'un remède dont le fuccès avoit été fi imprévu & fi heureux. La fièvre & le délire étoient toujours fufpendus pendant les concerts, & la mufique étoit devenue fi néceffaire au malade, que la nuit il faifoit chanter & même danfer une parente qui le veilloit quelquefois, & qui, étant très-affligée, avoit bien de

la peine à avoir ces complaifances pour lui. Une
nuit entr'autres qu'il n'avoit auprès de lui que
fa garde, qui ne favoit qu'un miférable vaude-
ville, il fut obligé de s'en contenter, & en reffentit quelqu'effet. Enfin, dix jours de mufique
le guérirent entièrement, fans autre fecours que
celui d'une faignée de pied, qui fut la feconde
qu'on lui fit, & qui fut fuivie d'une grande évacuation.

Voici un fait encore femblable, communiqué
à l'Académie des Sciences par M. *Mandajor*,
Maire d'Alais en Languedoc. Un Maître à danfer de cette ville s'étant, pendant le Carnaval
de 1708, d'autant plus fatigué aux exercices
de fa profeffion, qu'ils font plus agréables, en
tomba malade dès le commencement du Ca-
rême. Il fut attaqué d'une fièvre violente, &
le quatrième ou le cinquième jour, il tomba
dans une léthargie, dont il fut long-tems à revenir. Il n'en revint que pour entrer dans un
délire furieux & muet, pendant lequel il faifoit
des efforts continuels pour fauter hors de fon
lit; menaçoit de la tête & du vifage ceux qui
l'en empêchoient, & même tous ceux qui étoient
préfens. Il refufoit obftinément, & toujours fans
parler, tous les remèdes qu'on lui préfentoit.
M. *Mandajor* le vit en cet état, & il lui vint
en penfée que la mufique pourroit peut-être
remettre un peu cette imagination fi déréglée,
& il en fit la propofition au Médecin. Celui-ci
ne défapprouva point cette idée, mais il craignit
le ridicule de l'exécution, & ce ridicule fût devenu bien plus grand encore, fi le malade fût
mort dans l'adminiftration d'un tel remède. Un

ami du malade, que rien n'affujettiffoit à tant de ménagement, & qui favoit jouer du violon, prit celui du malade, & lui joua les airs qui lui étoient plus familiers. On le crut plus fou que celui qu'on gardoit, & on commençoit à le charger d'injures, lorfque le malade fe leva fur fon féant, comme un homme agréablement furpris. Ses bras vouloient figurer les mouvemens des airs; mais, comme on les lui retenoit avec force, il ne pouvoit marquer que de la tête le plaifir qu'il fentoit. Peu-à-peu ceux même qui lui tenoient les bras, éprouvant l'effet du violon, fe relâchèrent de la violence qu'ils lui faifoient, & cédèrent aux mouvemens qu'il vouloit fe donner, à mefure qu'ils reconnurent qu'il n'étoit plus furieux. Enfin, au bout d'un quart-d'heure, le malade s'affoupit profondément, & eut pendant ce fommeil une crife qui le tira d'affaire.

Ces deux exemples ne font point les feuls qui conftatent l'influence de la mufique fur le fyftême nerveux de l'homme, & les bons effets qu'il peut en retirer en quantité de circonftances. De tout tems on a reconnu ce pouvoir fingulier dans la mufique.

On mandoit de Sienne, le 28 Octobre 1779, qu'une Dame étoit fujette à des convulfions horribles qui avoient réfifté à tous les remèdes. Le dernier accès qu'elle éprouva fut terrible. Elle avoit eu quatre attaques le matin, & trois le foir. Un ris immodéré fuccédoit à des hurlemens épouvantables. Elle tomboit quelquefois dans un accès de rage, tel qu'on craignoit pour fa fanté. D'autres fois elle pouvoit à peine respirer & parler. Le son des cloches la mettoit en fureur. Tous les remèdes étoient inutiles. Il vint dans la tête de son Médecin de conseiller à sa malade l'usage de la musique, & tel en fut l'effet, que les sons doux & mélodieux ramenèrent tout-à-fait le calme dans ses sens. Quelques séances opérèrent cette cure prodigieuse. Ce que la malade observa sur-tout avec admiration, c'est que malgré son ignorance en musique, le moindre faux ton l'agitoit & la déchiroit.

On lit dans le troisième livre des Leçons de *Louis Guyon*, qu'une femme très-valétudinaire, n'avoit jamais voulu appliquer d'autre remède à ses maux que le son du tambour & de la flûte. Etant un jour fort incommodée de la goutte, elle manda un homme qui jouoit très-bien de ces deux instrumens, & qui le fit alors avec tant de véhémence, que la malade tomba par terre, privée de sentiment & de respiration. Etant revenue de cet évanouissement, elle se plaignit de grandes douleurs, & le Musicien, de son côté, ayant repris de nouvelles forces, & s'étant remis à jouer, cette seconde dose de musique produisit un si bon effet, que la malade se trouva peu de tems après délivrée de ses douleurs & parfaitement guérie.

Si la musique a souvent calmé & guéri des maladies, elle a quelquefois aussi occasionné différens accidens. *Managetta*, qui avoit été Médecin de trois Empereurs, assuroit qu'un homme de considération qu'il avoit connu, avoit une telle antipathie pour la musique, que toutes les fois qu'il entendoit le son d'une lyre, instrument d'un grand usage parmi le peuple de son pays, il avoit un écoulement involontaire d'urine qu'il ne pouvoit retenir.

Scaliger rapporte un fait semblable d'un Gentilhomme Gascon, qui avoit également une incontinence d'urine dès qu'il entendoit le son d'un luth.

Henri de Heer parle dans ses Observations, d'une fille de Namur, qui paroissoit prête à s'évanouir toutes les fois qu'elle entendoit le son d'une cloche.

Si la musique affecte si particulièrement & si diversement le corps de l'homme, elle agit également sur les facultés de son ame. L'Histoire rapporte que *Terpandre* appaisa par ce moyen l'esprit de sédition dont *Sparte* étoit agitée. On sait que *David* calmoit les fureurs de *Saul* par le son de sa harpe : que le joueur de flûte *Thimotée* mettoit en fureur *Alexandre*, & lui rendoit après sa première tranquillité. *Albert Krantz* nous apprend qu'il avoit connu un Musicien qui conduisoit les sons de son instrument avec tant d'art, qu'il faisoit passer successivement ses auditeurs de la tristesse à la joie, de la joie à l'indignation, & de l'indignation à la fureur. Tout le monde sait qu'elle encourage les combattans & les animaux même. Nous pourrions rapporter différens exemples propres à confirmer ces vérités ; mais nous ne voulons pas nous éloigner plus long-tems de notre objet principal. Revenons aux moyens extraordinaires qu'on emploie quelquefois avantageusement pour combattre des maladies qui ne pourroient céder aux remèdes ordinaires de l'art.

Voici un fait bien singulier, qui fut publié en

1760. Un garçon Cordonnier, âgé de vingt-huit ans, d'un tempérament mélancolique, fut tellement affecté de la mauvaise conduite de sa sœur, & de quelques malheurs arrivés à son père, qu'il tomba dans une mélancolie surprenante. Sans cesse tourmenté par ses idées fâcheuses, il n'avoit plus aucun courage pour le travail, & affectoit souvent un silence opiniâtre. On imagina qu'il étoit devenu fou, & on le confia aux soins de quelques Charlatans, qui promirent de le guérir. Les remèdes de ces empyriques ne produisirent aucun soulagement. Le mal augmentoit de jour en jour, & le corps devint d'une maigreur extrême. Ses amis le firent transporter à l'Hôpital de Berlin. Il étoit dans un état bien singulier ; il ne parloit point ; il avoit les yeux baissés, & il restoit dans son lit sans faire aucun mouvement. Son pouls étoit lent & foible : il n'avoit ni faim, ni soif. Il prenoit cependant des alimens quand on les lui donnoit ; mais deux ou trois jours se feroient passés sans qu'il eût rien demandé. On le menaçoit, on le frappoit, on le piquoit; & à peine lui causoit-on un léger sentiment de douleur ; il résistoit avec une insensibilité parfaite à tous les moyens qu'on emploie ordinairement pour exciter la sensation. Il fut deux ans dans cet état. Pendant ce tems, M. *Mutzell*, Médecin de l'Hôpital, employa inutilement toutes sortes de remèdes ; vingt-cinq grains d'émétique ne le firent vomir qu'une fois. Tous les irritans extérieurs, les vésicatoires ne firent aucun effet. Quand on le plongeoit dans l'eau froide, & qu'on l'y tenoit jusqu'au point d'en être suffoqué, alors il montroit quelque fenfibilité. Si on lui läiſſoit tomber des gouttes d'eau froide ſur la tête, ou ſi on la couvroit de glace, il n'avoit qu'une très-légère ſenſation. Il pouſſoit ſeulement quelques gémiſſemens, & auſſi-tôt qu'on ceſſoit de jetter de l'eau, il retomboit dans l'aſſoupiſſement. M. *Mutzell* crut qu'il falloit employer un remède propre à exciter un mouvement violent dans les humeurs & les ſolides en même-tems. La gale lui parut convenable à ſon deſſein. Il fit des inciſions aux bras & aux cuiſſes, & il mit dans ces ouvertures des puſtules de gale. Il couvrit ces plaies avec un appareil convenable. Le malade ne marqua aucune ſenſibilité dans l'opération. Deux jours après, le pouls s'éleva un peu; le troiſième, la fièvre parut; les quatrième, cinquième & ſixième, elle fut violente. Alors le malade eut des inquiétudes, des anxiétés, des ſoupirs fréquens, & la reſpiration devint gênée le ſeptième & le huitième jour. La chaleur diminua, & le corps ſe couvrit d'une petite ſueur. On vit paroître des puſtules rouges ſur la peau. Le neuvième jour, la parole & la raiſon revinrent : le malade répondoit exactement aux queſtions qu'on lui faiſoit. Il dit qu'il n'avoit aucune connoiſſance de ce qui lui étoit arrivé depuis qu'il demeuroit dans l'Hôpital, & que ſa mémoire ne s'étoit rétablie que dans l'inſtant où il avoit recouvert la parole. Quelques jours après, la fièvre diminua : les puſtules ſe féchèrent peu-à-peu. On s'occupa du ſoin de rétablir les forces du malade en augmentant par degrés ſa nourriture. Il ſortit enfin de l'Hôpital trois ſemaines après l'inoculation.

Si l'inoculation de la gale paroît un moyen

bien extraordinaire de guérifon, que dira-t-on d'un coup d'épée favorablement employé pour la guérifon d'une dyſſenterie opiniâtre ? Il faut cependant convenir que c'eſt ici un de ces effets finguliers du hafard auquel toute l'intelligence de l'art n'eût pu atteindre ; & certainement il ne feroit jamais venu dans l'idée du plus grand praticien d'employer un remède de cette efpèce. Voici le fait :

Un Portugais, Habitant de Macao, âgé de trente-cinq ans, d'un bon tempérament, nommé *Jean Favacho*, étoit incommodé depuis trois ans, d'un flux dyſſentérique qui le conduifoit à la garde-robe plus de vingt-cinq fois par jour. Aucun remède ne put modérer ce flux. Il fe battit & fut bleſſé d'un coup d'épée dans l'hypocondre droit à deux travers de doigt au-deſſus de l'ombilic. Le coup pénétroit dans le bas-ventre. La fièvre fe déclara fur le champ avec violence, le hoquet, les vomiſſemens, la foif, la difficulté de refpirer furvinrent, & tous les autres fymptômes qui accompagnent une plaie grave & dangereufe. On le traita avec art ; tous les fymptômes fe diſſipèrent; la plaie fut guérie dans l'efpace de trente jours. Depuis cette époque, le flux dyſfentérique ceſſa fans aucun remède.

Tout extraordinaire que paroiſſe cette guérifon, elle n'eſt pas fans exemple. En voici une autre de même efpèce également bien conſtatée.

Un Officier, âgé de quarante-fix ans, demeurant à la Louifianne, étoit incommodé depuis cinq ans d'un flux de ventre opiniâtre, tantôt féreux, tantôt fanguinolent, accompagné de tranchées très-vives & de déjeƈtions glaireufes. Il en fut guéri

par un coup d'épée qu'il reçut à la région épigastrique, du côté de l'hypocondre droit, qui pénétroit à quatre doigts de distance des dernières
vertèbres du dos. Cette blessure dangereuse fut
pansée avec art. Il en guérit, & ce fut également
l'époque de la guérison de son autre maladie.

Le feu, le plus terrible de tous les agens, qui
détruit, qui consume tout ce qu'il touche lorsqu'il
y trouve un aliment convenable, produit encore
de semblables effets, dans des circonstances où
toute la prudence de l'art n'oseroit employer son
secours; & c'est encore à un heureux hasard que
nous devons de semblables observations.

Une Dame âgée de trente-cinq ans, d'une
bonne constitution, avoit des maux de tête continus, avec des redoublemens périodiques qui sur-
venoient constamment tous les huit ou dix jours,
& qui duroient dix à douze heures avec tant de
violence, qu'elle en étoit tantôt comme hébé-
tée, & tantôt comme une furieuse. Le siége de
la douleur étoit principalement au-devant de la
tête & dans les yeux, qui devenoient alors fort
rouges & étincelans. Les grands accès étoient
accompagnés de nausées, & se terminoient toujours par un vomissement de quantité de glaires
blanches, mousseuses & insipides, & d'une eau
verte fort amère qui venoit vers la fin. Pendant
ce tems-là, elle ne pouvoit prendre aucune nourriture. Hors de là, elle avoit bon appétit, & son
embonpoint ne diminuoit point, malgré la longue durée d'un état aussi fâcheux.

Un soir qu'elle sentoit approcher un redoublement, & qu'elle alloit se mettre au lit, elle
voulut voir auparavant si ses yeux rougissoient
beaucoup

beaucoup. Elle se regarda dans un petit miroir de poche, & le feu d'une bougie qu'elle avoit auprès d'elle prit à sa coeffure de nuit, qui étoit de toile épaisse. Elle ne s'en apperçut pas d'abord; & par hasard elle étoit seule. Le feu lui brûla tout le front & une partie du dessus de la tête avant qu'elle eût pu faire venir du monde pour l'éteindre. M. *Homberg*, qu'on appella aussi-tôt, la fit saigner & traita la brûlure à l'ordinaire, dont la douleur cessa peu d'heures après. Mais le grand accès qu'on attendoit ne vint point : même le mal de tête ordinaire disparut presque dès ce moment-là. Il y avoit déjà quatre ans, en 1708, que cette Dame jouissoit d'une bonne santé, lorsque M. *Homberg* fit part de cette observation à l'Académie.

Un Médecin de Bruges fit part à M. *Homberg* d'une histoire semblable, dont il avoit été témoin. Une femme qui, depuis plusieurs années, avoit les jambes & les cuisses enflées & douloureuses, trouvoit du soulagement à les frotter matin & soir devant le feu avec de l'eau-de-vie. Un soir, le feu prit par hasard à l'eau-de-vie dont elle s'étoit frottée & la brûla assez légèrement. Elle mit quelqu'onguent sur la brûlure, & la nuit, toutes les eaux dont ses jambes & ses cuisses étoient gonflées se vuidèrent entièrement par les urines. Depuis cette époque, l'enflure disparut & ne revint plus.

Panarole rapporte qu'un jeune homme épileptique étant tombé dans le feu, & s'étant fait une brûlure considérable au pied, n'avoit plus eu par la suite d'attaque d'épilepsie. *Segerus* fait mention d'un fait semblable, arrivé en 1657.

Ce qu'un heureux hafard produifit dans les circonftances que nous venons d'indiquer, fe pratique affez habituellement avec connoiffance de caufe en différens Pays. Plufieurs étrangers, mais fur-tout les Sauvages, emploient fouvent le feu à la guérifon de plufieurs maladies. Les Habitans de Java l'emploient contre une colique fâcheufe à laquelle ils font fujets. Nous l'employons en Europe contre certaines maladies des chevaux, des chiens, des oifeaux; & peut-être ce remède feroit-il bon en quantité de circonftances, s'il n'attaquoit notre fenfibilité.

La guérifon fuivante eft d'un autre genre, & même d'un genre bien oppofé. L'eau froide en fit tous les frais. Voici le fait.

On lit dans le Journal de Copenhague, qu'un homme de mérite de ce Pays étoit fujet à de cruelles douleurs de tête. Elles commençoient, dit *Borrichius*, qui nous a communiqué cette obfervation, par les deux tempes, & pénétrant dans le cerveau, elles faifoient fentir comme deux marteaux qui frappoient de chaque côté. La douleur étoit fi vive, qu'il s'évanouiffoit. Il avoit tenté toutes fortes de remèdes, & les Médecins lui confeilloient de fe faire faigner à la temporale; mais il ne voulut point y confentir. Comme ces douleurs venoient d'une trop grande impétuofité & d'une chaleur trop vive du fang, il fuivit un avis qu'on lui donna, de s'entortiller le col d'un linge trempé & imbibé d'eau froide, & d'avoir foin de renouveller ce linge quand il feroit échauffé. La douleur en effet ceffa fur le champ; il employoit le même ftratagême toutes les fois que la douleur revenoit, & elle revenoit prefque tous les mois.

Borrichius ne nous a rien appris dés suites de ce remède, que les Médecins regardoient comme imprudent parce qu'il ne faisoit que détruire le symptôme & non la cause du mal. D'ailleurs, disoient-ils, ce remède trop de fois réitéré, & saisissant subitement, par le froid, les parties nerveuses, pourroit bien occasionner à la longue une paralysie ou une apoplexie.

MANGEURS EXTRAORDINAI-RES. On sait que les alimens sont faits pour fournir au corps la matière de son accroissement, & pour réparer les pertes que nous faisons habituellement par la transpiration insensible. Ils doivent donc être proportionnés aux besoins de la Nature, soit qu'elle ait à augmenter les dimensions de notre corps, soit qu'elle ait simplement à réparer les pertes qu'il fait continuellement. On sait pareillement que la transpiration insensible qui occasionne ces pertes, varie dans sa quantité, soit à raison du climat, de la saison, du tempérament de la personne, de ses exercices, & de plusieurs autres circonstances qui ne sont point du ressort de cet Ouvrage. Mais aussi, personne n'ignore quelle peut être la mesure générale de ces sortes de réparations, & on est surpris lorsqu'on voit des personnes qui mangent beaucoup plus qu'un homme n'a coutume de manger ordinairement. J'ai vu un Chanoine qu'on regardoit comme un très-grand mangeur, parce qu'une poule d'Inde & un gigot de mouton étoient la mesure d'un de ses soupers ordinaires, & j'avoue que c'étoit copieusement manger pour un homme. Qu'eût-on donc pensé de lui, & ne l'eût-on pas regardé comme un homme extrêmement fobre, fi on l'eût vu à la table de l'Empereur *Clodius Albinus*, qui, au rapport de *Jules Capitolin*, mangea en un feul déjeû-ner, cent perches, dix melons, vingt livres de raifin, cent bec-figues & trente-trois douzaines d'huîtres. Nous voulons bien fuppofer, pour rappeller cet infatiable Empereur aux loix de la fobriété, que les dix melons qu'il mangea ne venoient point de la vallée d'Yen, dans le Pé-rou, où les melons pèfent jufqu'à cent livres chacun.

Mais cet exemple de voracité n'eft rien en comparaifon de ceux dont nous allons parler, vu la qualité des fubftances qui entreront dans la lifte des mets dont il fera fait mention. Par-lons de l'*Ogre*, Saxon.

On vit dans le dernier fiècle, en Saxe, un homme qui faifoit profeffion de manger pour de l'argent, tout ce qu'on lui préfentoit, il man-geoit un mouton ou un cochon entier : quelque-fois deux boiffeaux de cerifes avec leurs noyaux. Il brifoit avec fes dents, broyoit & avaloit des vafes de verre ou de terre, & même des pierres affez dures. Il dévoroit des animaux vivans, comme oifeaux, fouris, chenilles, &c. Un jour, on lui préfenta une écritoire couverte de plaques de fer ; il vint à bout de la déchirer & de l'ava-ler toute entière avec les plumes, le canif, l'encre & le fable. Sept témoins irréprochables ont at-tefté ce fait devant le Sénat de Wirtemberg. Cet effroyable mangeur avoit joui, jufqu'à foixante ans, de la fanté la plus vigoureufe. Ce fut feule-ment à cet âge qu'il mit des bornes à fa voracité.

Il vécut jufqu'à foixante-dix-neuf ans. Il fut ouvert après fa mort, & fon corps fe trouva rempli
de chofes extraordinaires. L'hiftoire de cet *Ogre*,
Saxon, & la defcription de fon cadavre firent la
matière d'un écrit publié à Wirtemberg fous ce
titre : *De Polyphago & Allotrióphago Wirtem-
bergenfi differtatio*. Cette Thèfe fut difcutée par
M. *Fren$el*, fous la Préfidence de M. *Boehmer*,
Profeffeur de l'Académie de cette Ville. On y a
joint l'hiftoire de quelques autres mangeurs extraordinaires, & l'explication de ces fingularités
furprenantes.

Les deux exemples fuivans ne font pas moins
furprenans. L'un fe trouve attefté par *Olivier
Jacobœus*, qui affure avoir vu à Londres un
homme maniant le fer rouge avec fes mains,
le léchant avec fa langue, promenant dans fa
bouche & mâchant une compofition de foufre,
de cire & de réfine enflammés, tantôt des charbons ardens, & faifant cuire des huîtres à ce feu.
J'ai obfervé, dit-il, la bouche, la langue & le palais de cet homme, & je n'ai pu y appercevoir
aucune trace d'un enduit étranger. J'ai remarqué
feulement que fa bouche étoit abreuvée d'une
très-grande quantité de falive. Cet homme étoit
fujet à des défaillances, & prévenoit ces accidens
en avalant des pierres & du fer. Je l'ai vu avaler
dix ou doûze pierres rondes, de la groffeur chacune d'une aveline. Je les ai fenties enfuite dans fes
inteftins ; & je les ai même entendu s'y choquer
les unes & les autres. Il en avaloit quelquefois
jufqu'à trente, & il les rendoit au bout de huit,
vingt-quatre & même quarante-huit heures, à
moins qu'il ne bût du vin blanc, qui en accé-

léroit la fortie. Il étoit très-fujet aux borbo-
rygmes.

Le premier Mai 1675, il avala, en préfence
de plufieurs perfonnes, une lame d'épée d'une
aune de longueur, ou environ, après l'avoir caffée en plufieurs morceaux.

Au mois de Novembre de la même année,
il avala, en préfence du Roi d'Angleterre & de
toute la Cour, deux couteaux & un rafoir qui
lui furent préfentés par le Roi lui-même, & il
les rendit quelques jours après. Dans cette expérience, on lui avoit lié les mains derrière le dos
pour prévenir tout foupçon de fraude. Ayant
avalé l'année fuivante un couteau à manche d'é-
caille, & l'ayant rendu quelques jours après, la
lame fe trouva corrodée & le manche prefqu'entièrement confumé. Il n'éprouva point, en le
rendant, les douleurs lancinantes, accompagnées
de naufées qu'il avoit reffenties avant de rendre
les autres couteaux qu'il avoit avalés. Il vomiffoit de tems en tems une humeur ichoreufe &
rougeâtre, d'une faveur chalibée, très-défagréa-
ble, qui lui donnoit mauvaife bouche pendant
une demi-heure. Ses excrémens étoient noirs,
ou accompagnés d'une humeur noire. Il avoit
avalé plufieurs pièces de monnoie de cuivre &
d'argent, fans en avoir été incommodé. Item, un
petit cylindre de verre, un petit bâton de buis
& une clef de fer. Le cylindre de verre fortit
au bout de quatre jours tout corrodé & teint
en bleu. La clef fortit au bout de neuf jours,
noire comme du charbon, & le petit bâton de
buis fortit au bout de fix femaines, brifé en plufieurs pièces.

Si un Chimiste Anglois, nommé *Richarson*, n'eſt pas le même homme dont nous venons de parler, il lui reſſembloit à bien des égards. Voici ce que nous trouvons à ſon ſujet dans les Tranſactions Philoſophiques. Il avoit acquis, dit-on, la propriété ſingulière d'être inattaquable par le feu. Il mâchoit des charbons qu'on voyoit encore très-long-tems ardens dans ſa bouche.

Il fondoit du ſoufre, le faiſoit brûler dans ſa main, & enſuite le portoit tout en feu ſur le bout de ſa langue, où il achevoit de ſe conſumer.

Il mettoit un charbon ardent ſur ſa langue, ſur lequel il faiſoit cuire un morceau de chair crue ou une huître, & ſouffroit, ſans ſourciller, qu'on ſoufflât ce feu avec un ſoufflet, pendant l'eſpace d'un demi quart-d'heure.

Il tenoit un fer rouge dans ſa main pendant long-tems, ſans qu'il y reſtât une impreſſion ſenſible.

Il avaloit du verre fondu, de la poix, du ſoufre, de la cire mêlés enſemble, le tout enflammé de façon que la flamme ſortoit de ſa bouche, & cette compoſition faiſoit autant de bruit dans ſa gorge qu'un fer chaud qu'on trempe dans l'eau.

M. *Thoiſnard* aſſuroit dans ce tems, qu'une Dame d'Orléans faiſoit dégoutter ſur ſa langue de la cire d'Eſpagne allumée, ſans qu'il y parût aucune impreſſion ſenſible. M. *Dodart* ſe propoſa d'expliquer ces phénomènes dans le Journal des Savans, année 1677 : mais quoique ſon explication ſoit très-ingénieuſe, ce ſont des faits, & ces faits n'en ſont pas moins ſurprenans & merveilleux.

C iv

MÉMOIRE. La mémoire eſt un des dons les plus précieux que l'Auteur de la Nature ait accordés à l'homme. C'eſt ſans contredit l'une de ſes facultés dont il peut tirer le plus grand parti, & pour ſa propre ſatisfaction, & pour celle de la ſociété dans laquelle il vit. Le paſſé eſt pour lui comme s'il étoit préſent. Heureux celui dans lequel cette précieuſe faculté eſt portée à un certain degré de perfection ! En quoi conſiſte-t-elle ? où réſide-t-elle ? & eſt-il des moyens de la perfectionner, ou de la réparer, lorſqu'on vient à la perdre ? Ce ſont autant de queſtions importantes & curieuſes, à la vérité, mais qui ne ſont point du reſſort de notre Ouvrage. Nous la conſidérerons ici & dans ſon plus éminent degré de perfection, & dans les accidens qui la menacent & qui la détruiſent.

On admire tous les jours ceux que la Nature paroît avoir traités favorablement à cet égard, & on regarde comme un de ces phénomènes dont elle eſt avare, ces hommes qui répètent avec facilité un diſcours ou tout autre récit qu'ils viennent d'entendre, ou qui récitent ſur le champ une tirade de vers qu'ils viennent de lire. Des mémoires de cette eſpèce, ſont heureuſes, nous en convenons, & ce ſont des bienfaits de la Nature qui ne ſont point communs ; mais approchent-elles de celle de *Cyrus*, Roi de Perſe, de celle de l'Empereur *Adrien*, ou de celle de *Scipion* l'Aſiatique, qui appelloient par leurs noms, ſans s'y méprendre, tous les Soldats de leurs armées, qui étoient très-nombreuſes. On aſſure qu'un pareil avantage éleva *Othon* à l'Empire. On ſait que le Pape *Clément VI* n'oublioit jamais rien de ce qu'il avoit lu ou ouï, & ce qui paroîtra sans doute un paradoxe, c'est que cette grande mémoire lui vint à la suite d'un coup qu'il avoit reçu derrière la tête. *Jules-César* dictoit cinq à six lettres à la fois, tandis qu'il écrivoit lui-même.

Tous ces phénomènes paroîtroient sans doute incroyables, si nous n'avions vu vers la fin du dernier siècle à Paris une personne fort extraordinaire en ce genre. Le sieur *Marcet*, qui dictoit en même tems à dix personnes, en six ou sept langues différentes, & sur des matières très-sérieuses. Cet homme faisoit faire l'exercice à un bataillon, dans toutes les évolutions militaires, nommant tous les Soldats par le nom qu'ils avoient pris, en défilant une fois devant lui. Sa mémoire étoit si heureuse, qu'il se démêloit parfaitement, & sans autre secours, d'une règle d'arithmétique, même composée de trente-six figures.

Voilà sans doute des gens bien surprenans & bien admirables : en voici de fort à plaindre par la raison contraire.

Susceptible des changemens qui peuvent survenir à l'organisation de l'homme, la mémoire s'altère & se détruit même quelquefois au point de nuire aux autres facultés du même individu.

Les faits que nous allons rapporter en font foi, & nous prouvent que l'homme n'a point à s'enorgueillir des bienfaits que la Nature lui départit. Il doit les recevoir avec reconnoissance, s'en servir avec sagesse, & ne jamais trop compter sur leur fragilité.

Qu'à la suite de quelque maladie ou de quelqu'accident, qui affecte le cerveau & vicie ſes organes, la mémoire s'altère & ſe perde même tout-à-fait, on conçoit facilement ce phénomène, & quelqu'extraordinaire qu'il paroiſſe, on l'explique par les loix du méchaniſme animal. Il eſt cependant des faits de ce genre dont on ne peut rendre facilement raiſon, & nous en citerons quelques-uns. Mais que la mémoire ſe perde tout-à-coup, ſans qu'aucune cauſe extérieure ou intérieure paroiſſe avoir concouru à cet accident, ce ſont de ces phénomènes merveilleux, qu'on ne peut qu'admirer. On en trouve un exemple dans les Éphémérides des Curieux de la Nature : on y lit qu'un homme ſexagénaire avoit ainſi ſubitement perdu la mémoire, ſans qu'aucun accident eût précédé ce phénomène ; mais il la recouvra enſuite à l'aide de quelques remèdes que *Segerus* lui adminiſtra.

Voici un fait ſemblable, mais périodique, & avec cette différence qu'on découvrit la cauſe de celui-ci, qui n'en eſt pas moins merveilleux pour cela, & dont l'iſſue ne fut point auſſi favorable ; car les remèdes n'opérèrent rien ſur le ſujet. Ce fait eſt conſigné dans le Journal de Trévoux, pour le mois de Juin, année 1711. M... y lit-on, âgé d'environ ſoixante ans, d'un tempérament mélancolique, mais aſſez robuſte, eſt attaqué depuis trois ans d'un oubli, qui le prenoit au commencement en diſant la Meſſe. Croyant l'avoir finie, il la quittoit à moitié : il prenoit le calice, & s'en alloit à la Sacriſtie quitter ſes ornemens, diſant à ſes Paroiſſiens : Que faites-vous ici ? Allez vous-en, puiſque vous avez entendu la Meſſe. D'autres fois il demeuroit immobile à l'Autel, frottant légèrement ſes mains ; de ſorte qu'un autre Prêtre étoit obligé de venir finir la Meffe, & lui, revenu de fon accident, vouloit la recommencer, ne fe fouvenant pas de ce qui s'étoit paffé en lui dans cet état. En 1711, il ne difoit plus la Meffe, & cet accident, qui ne le prenoit auparavant qu'environ tous les mois, le prenoit alors prefque tous les jours, ou il ne fe paffoit point de jour qu'il n'en eût quelque atteinte. Ce mal le prenoit à table, au commencement, au milieu, ou à la fin du repas. Alors il fe levoit, fe promenoit, boutonnoit ou déboutonnoit fon habit, frottoit fes mains, ouvroit, fermoit fa tabatière, fans parler, ni même répondre aux queftions qu'on lui faifoit. L'accès paffé, il fe remettoit à table, mangeoit & buvoit comme fi rien ne lui fût arrivé, ne fe fouvenant de rien de ce qui s'étoit paffé. Ces accès duroient environ une heure. Tous le prenoient dans le jour & à différentes heures, & jamais pendant la nuit.

Ce Prêtre, ajoute-t-on, avoit de l'embonpoint, affez gras, n'ayant point maigri depuis qu'il étoit fujet à cette maladie. Faifant d'ailleurs fes autres fonctions comme auparavant, il menoit une vie affez réglée, & ne faifoit point d'excès, quoiqu'il aimât à fe divertir avec fes amis.

Il fut avant cet accident un grand preneur de tabac en poudre, & enfuite un grand fumeur. Il fumoit jufqu'à douze pipes de tabac par jour. Mais depuis qu'il fut attaqué de la maladie dont il eft ici queftion, il ne prenoit que très-peu de tabac en poudre, & ne fumoit plus.

Ce qu'on remarquoit de particulier dans le tems de fon accès, c'étoit la couleur de fon visage, tantôt pâle, tantôt noirâtre; son silence, le mouvement de ses mains, & cet oubli singulier de tout ce qui lui étoit arrivé depuis le moment où l'accès avoit commencé à le saisir.

Ceux qui furent à portée d'examiner tous les symptômes de cette singulière maladie, & d'étudier leurs variétés, la regardèrent comme une maladie compliquée, & comme le produit de deux; de la *catalepsie* & de l'*épilepsie.*

Lorsque ce Prêtre demeuroit immobile, dans la même situation, il étoit cataleptique, & on en trouvoit la preuve en ce que si on venoit à plier quelques-uns de ses membres, ils restoient alors dans l'état où on les mettoit; mais lorsqu'il conservoit du mouvement involontaire avec privation totale de sentiment, comme on l'a observé plusieurs fois, c'étoit alors de véritables mouvemens convulsifs, & un accès d'épilepsie; de sorte qu'il paroît que ce malheureux Prêtre étoit tourmenté de deux maladies à-la-fois, dont l'une devenant prédominante le mettoit dans un véritable état de catalepsie, ou d'épilepsie.

L'ébranlement du cerveau, les commotions, les chûtes, produisent de semblables effets, relativement à la mémoire, & on en est sans doute moins surpris, que de voir qu'ils se dissipent quelquefois sans le moindre secours. Ce fut ce qui arriva au beau-père de *Grundelius*, qui a consigné ce fait dans les Ephémérides des Curieux de la Nature. Il tomba, dit-il, d'une voiture, & quoiqu'il n'eût ni blessure, ni contusion, ni mal de tête, il perdit subitement la mémoire. Il ne savoit plus ni où il alloit, ni pourquoi il étoit parti; mais, chose plus surprenante, après avoir

déjeûné, & fait quelque chemin dans la voiture,
il recouvra tout-à-coup sa mémoire.

Il arriva la même chose à un jeune homme
dont parle *Camerarius*. Il tomba de dessus son
cheval, sur un pont de pierre, la tête en-bas.
Le coup porta sur le côté droit de l'occipital,
& fut violent. Il perdit tout-à-la-fois & la connoissance & la mémoire. Revenu à lui, & transporté dans son lit, il ne se souvenoit plus d'être
monté à cheval & d'être tombé. Il se trouvoit
tout-à-fait surpris de se voir la tête garnie d'un
appareil. Non-seulement il avoit perdu connoissance de l'accident, qui l'avoit conduit à cet
état, mais il avoit encore oublié ce qu'il savoit
mieux avant cet accident. Les remèdes qu'on
lui administra le guérirent, & le rappellèrent à
son premier état.

Sans des causes aussi graves que celles que
nous venons d'indiquer, on voit quelquefois la
mémoire s'affoiblir & se perdre. Ce fut ce qui
arriva à un jeune homme de huit ans, dont il
est fait mention dans les Mémoires de l'Académie
Royale des Sciences de Paris, pour l'année 1705,
qui apprenoit on ne peut mieux le Latin. Il
oublia tout-d'un-coup presque tout ce qu'il
savoit lorsque les chaleurs qu'il fit cette année,
commencèrent à se faire sentir. Quelques jours
de fraîcheur lui rendirent la mémoire, qu'il
perdit une seconde fois au retour de la chaleur.

MER. Parmi les phénomènes plus surprenans & plus merveilleux les uns que les autres,
que la mer offre à notre curiosité, il en est un
qui a occupé singulièrement les recherches des

Phyſiciens & des Naturaliſtes. C'eſt cette lumière vive dont ſa ſurface ſe trouve ſouvent
couverte.

Connu depuis long-tems, *Ariſtote*, le père
de la Philoſophie ancienne, attribuoit ce phénomène à la qualité graſſe & huileuſe de la terre
& de la mer. Depuis *Ariſtote*, il eſt peu de
ſiècles où on ne s'en ſoit occupé, & où on n'ait
propoſé quelques hypothèſes pour en rendre
raiſon. Il en eſt ſur-tout queſtion dans l'Ouvrage de *Bacon*, intitulé : *Novum Organum* ;
dans le Traité de *Boyle*, ſur l'origine des formes & des qualités ; dans le Traité des Phoſphores *d'Ozanam* ; dans les Mémoires de l'A-
cadémie, pour 1703, 1725 & 1750 ; dans
l'Ouvrage de *Bartholin*, intitulé : *De Luce
Animalium* ; dans l'Ouvrage de *Donati*, ſur
l'Hiſtoire Naturelle de la Mer Adriatique ; dans
un Ouvrage Italien, intitulé : *Dell' Electriciſmo*,
publié à Veniſe en 1746 par un Officier de la
Reine de Hongrie ; dans les Mémoires pré-
ſentés à l'Académie, 3 vol. ; dans un Ouvrage
de *Vianelli* ; dans l'Ouvrage de M. *Grizalini*,
Médecin de Veniſe, intitulé : *Nouvelles Obſervations ſur la Scolopendre marine* ; dans un
Mémoire de M. *Poujet*, Lieutenant Général de
l'Amirauté de Cette, lu à l'Académie en 1767 ;
dans l'Ouvrage de *Linnæus*, intitulé : *Amœ-
nitates Academicæ* ; dans les Tranſactions Philoſophiques, pour 1769 ; dans le premier volume du Voyage du Capitaine *Cook*, traduit
par M. *de Meunier* ; mais plus particulièrement
dans une Lettre très-intéreſſante, publiée par
M. *de Lalande*, dans le Journal des Savans,

pour l'année 1777, dans laquelle on trouve à-peu-près tout ce qu'on a pensé de plus raisonnable sur ce singulier phénomène.

On y prouve par des expériences que la lumière de la mer vient de la putréfaction de certaines substances animales. Un petit poisson blanc, dit-on, mis dans l'eau de la mer, la rendit lumineuse au bout de vingt-huit heures. Ces expériences, ajoute-t-on, réussissent également dans de l'eau commune, dans laquelle on met un trentième de son poids de sel commun. M. *de Buffon* avoit déjà assuré M. *de Lalande*, que de l'eau douce, dans laquelle il mettoit tremper du bois, devenoit lumineuse. M. *Cadet* lui avoit assuré aussi que l'huile de corne de cerf distillée rendoit l'eau lumineuse. M. *Rigaut* avoit imprimé dans le Journal des Savans, année 1770, que la lumière de la mer, depuis le port de Brest jusqu'aux Isles Antilles, contient une quantité immense de petits polypes ronds lumineux, d'un quart de ligne de diamètre, & qui n'ont qu'un bras d'environ un sixième de ligne de longueur, & il paroît constant, par la suite immense d'observations qu'on a pu recueillir, qu'il y a dans la mer plusieurs espèces d'animaux qui sont aussi lumineux. M. *Dagelet*, Astronome, revenu des Terres Australes en 1774, a rapporté au Jardin du Roi des espèces de vers qui brillent dans l'eau quand on l'agite. Les animaux décrits par *Griselini* & *Vianelli*, sont différens entr'eux, & différens de ceux que M. *Godeheu* avoit déjà décrits. M. *Adanson* a vu aussi plusieurs espèces de scolopendres qui sont également lumineuses ; mais il disoit à l'Académie, en 1769, que le fable même du Sénégal, après que l'eau de la mer l'a quitté, paroît étincellant, quand on lève le pied de deffus, & que la mer eft lumineufe fans animaux. M. *Turgot* ayant été mouillé en mer, ainfi que toute fa compagnie, tous étoient phofphoriques, & leurs habits l'étoient encore le lendemain, lorfqu'on les frottoit. M. *Fougeroux* qui a auffi examiné des animaux lumineux, convient qu'il eft difficile de leur attribuer toute la lumière qu'on remarque fur la mer, mais qu'il faut admettre une lumière phofphorique, provenante de la putréfaction. M. *Leroy* a produit des étincelles par le mélange de différentes liqueurs, & furtout de l'efprit-de-vin, & il en conclut que cette lumière doit être attribuée à une matière phofphorique qui brûle & fe détruit lorfqu'elle donne de la lumière. Cette lumière fe préfente fous la forme de petits grains, qui ne lui paroît reffembler, en quelque façon que ce foit, à des animaux. M. *Godeheu*, dont nous avons déja fait mention, a obfervé une efpèce de poiffon, femblable au thon, appellé *la Bonite*, dans lequel il y a une huile qui brille, & même après avoir obfervé & décrit des infectes lumineux dans l'eau de la mer, il eft perfuadé que l'éclat qu'elle jette vient des graiffes & des huiles dont elle eft fortement impregnée. L'Abbé *Nollet* avoit cru pendant long-tems que cette lumière n'étoit qu'une lumière électrique. Il fut enfuite tenté de croire que de petits animaux en étoient la caufe, ou immédiatement, ou au moins par la liqueur qu'ils répandent dans la mer ; mais il n'ofoit pas nier, malgré cela, qu'il n'y eût

encore

encore quelqu'autre caufe qui concouroit à ce phénomène.

On a fouvent dit que la lumière de la mer étoit plus forte dans un tems d'orage ; mais le célèbre Phyficien que nous venons de citer, révoque en doute cette obfervation. Le frai de poiffons paroît y contribuer beaucoup. M. *Dagelet*, à l'entrée de la baie d'Antongil dans les ifles de Madagafcar, vit des bancs de frai de poiffons qui avoient près d'un quart de lieue de longueur. On les prenoit même pour des bancs de fable par leur couleur. Il s'en exhaloit une odeur défagréable, & la mer avoit été très-lumineufe quelques jours auparavant. Il lui a paru en général qu'elle étoit plus lumineufe près des côtes qu'en pleine mer.

M. *Dagelet* imagine cependant, comme l'Abbé *Nollet*, qu'il peut y avoir plufieurs caufes qui concourent à ce phénomène. Il a vu, dit-il, plufieurs fois, dans la rade du Cap de Bonne-Efpérance, la mer extrêmement lumineufe par un tems fort calme. Alors les rames des canotiers & leur fillage produifoient une lumière perlée & très-blanche. Quand il prenoit dans la main l'eau qui contenoit cette efpèce de phofphore, il y voyoit, pendant plufieurs minutes, une lumière formée par des globules gros comme des têtes d'épingles. En preffant ces globules, il lui fembloit toucher une pulpe rare & foible. Quelques jours après, ajoute-t-il, la rade étoit remplie de petits poiffons, par bancs, dont la quantité étoit innombrable. Malgré cela M. *Dagelet* paroît perfuadé qu'il faut diftinguer la lumière qui vient de ces petits infectes, d'une

autre dont la mer eſt ſouvent couverte. La lumière, dit-il, que laiſſe le vaiſſeau par ſon ſil-
lage, eſt vive & ſcintillante, & c'eſt celle qu'il
attribue aux animaux qu'il a obſervés; mais on
en voit ſouvent une autre eſpèce moins brillante, plus pâle, plus tranquille, & qui ne ſcin-
tille point, qui doit être produite par une autre
cauſe.

M. *Dicquemare*, très-célèbre par ſes connoiſſances profondes en Mathématiques & en Hiſtoire Naturelle, ne reconnoît pour ſeule cauſe
de la lumière de la mer, que la préſence d'une
multitude de petits animaux, & voici de quelle
manière il s'en explique dans le Journal de Phyſique, pour le mois d'Octobre 1775. L'exiſtence
des petits animaux qui rendent la mer lumineuſe, bien atteſtée par pluſieurs Savans, ne
devroit ſouffrir aucune conteſtation. Je les ai
obſervés, dit-il, & je les obſerve encore tous
les jours. Dans un Cours de Phyſique que je
fis en 1761, je fis voir ces inſectes à mes Auditeurs : je les deſſinai même alors, & ce deſſin
fut envoyé à M. *Rigaud* en 1769, & il me répondit que le deſſin que je lui avois fait paſſer,
étoit exactement le même que celui qui accom-
pagnoit le Mémoire qu'il avoit donné ſur le
même ſujet; ce qui prouve très-bien qu'il ne
s'étoit point trompé. Si on ne voyoit, dit M. *Dic-*
quemare, ces petits animaux que ſur quelques
plantes marines, on ne pourroit les regarder
comme la principale cauſe du phénomène dont
il eſt queſtion; mais la ſurface de la mer dans
le port du Hâvre & des environs, en eſt remplie, & plus ils y ſont nombreux, plus elle eſt

lumineuſe. Dans ces circonſtance, ajoûte M. *Dic-*
quemare, j'ai ſouvent vu la mer rouler des flots
de lumière, ſemblable à celle que donne le
phoſphore d'urine, & briller d'un éclat fort vif
à cinquante, comme à plus de quatre cens toiſes
de mon cabinet.

M. *Dicquemare* n'admet donc d'autre cauſe
de la lumière, dont les flots de la mer paroiſſent couverts, que la préſence de certains petits animaux lumineux, & en cela il ſuit l'opinion
de *Valiſnéri*, que nos Lecteurs nous ſauront ſans
doute gré de leur faire connoître plus particulièrement.

La lumière brillante de l'eau de la mer, dit
ce célèbre Phyſicien, a été de tout tems un ſujet
d'admiration, & nous l'obſervons d'une manière
tout-à-fait ſingulière dans les environs de la ville
de Chieggia. On diroit, au premier coup-d'œil,
que les étoiles fixes réfléchiſſent leurs brillantes
images dans l'eau de la mer, & quand elle eſt
agitée par les vents ou à coups de rames, cette
lumière en devient beaucoup plus brillante, plus
abondante, ſur-tout dans les endroits chargés
d'algue marine. Ce beau phénomène, qui dure
chez nous depuis le commencement de l'été
juſqu'à l'automne, m'a ſouvent frappé, & m'a
donné une curioſité extrême d'en découvrir la
véritable cauſe.

Dans une belle nuit d'été, continue M. *Valiſ-*
néri, je me tranſportai ſur le bord de la mer, &
après y avoir obſervé cette lumière pendant
quelque tems, je remportai chez moi un vaſe
plein de cette eau luiſante. Arrivé à mon logis,

je .mis ce vafe dans un endroit obfcur, &
j'obfervai que toutes les fois que je remuois
l'eau avec la main, elle jettoit une lumière
très-brillante.

Je la paffai par un linge ferré pour voir fi
elle reluiroit encore. Je l'agitai enfuite, comme
j'avois déjà fait, je lui donnai toutes fortes de
mouvemens; mais il me fut impoffible d'y exciter
la moindre lumière.

Si de ce côté ma peine fut perdue, j'en fus
bien dédommagé par le fpectacle charmant que
le linge m'offrit. Il étoit couvert d'une infinité
de particules lumineufes; ce qui me prouva
évidemment que ces corpufcules luifans étoient
tout-à-fait différens & détachés de la fubftance
de l'eau.

Cette découverte piqua ma curiofité, & je
voulus favoir ce que c'étoit que ces corpufcules
luifans. Mais leur extrême petiteffe les déroba à
mes yeux, & n'ayant pas de microfcope fous la
main, je fus obligé pour le moment, de remettre
la partie. Je me fouvins en même-tems que ces
corpufcules luifans fe trouvoient fur-tout en
grande quantité fur les feuilles de l'algue marine.
J'allai fur le champ en chercher, & je puis dire,
fans exagérer, que j'en trouvai au moins une
trentaine fur chaque feuille. J'en fecouai une fur
du papier blanc, & je fis tomber un de ces corpufcules luifans. Alors je defirai vivement de
pouvoir en montrer un à quelques-uns de mes
amis, auffi curieux que moi de voir le réfultat
de mes obfervations; & j'y réuffis parfaitement,
malgré l'extrême délicateffe de cet infecte. Je

préfentai à l'affemblée où je me rendis, un petit corpufcule, qui dardoit des rayons de lumière, à travers les pores du papier.

En déployant celui-ci, nous trouvâmes ce cor-pufcule beaucoup plus mince qu'un cheveu des plus fins. Sa couleur étoit d'un jaune foncé, & fa fubftance d'une délicateffe qui paffe toute imagination.

Nous nous étions munis d'un bon microfcope, & je fus bientôt convaincu que ce corpufcule lumineux étoit réellement un animal vivant, que je trouvai d'une ftructure fi curieufe & fi fingu-lière, que je ne pus me difpenfer de l'admirer. Je crus être autorifé par l'éclat de fa lumière, à lui donner le nom de *ver luifant de mer*.

Ce petit animal, femblable en cela aux che-nilles, & aux autres infectes de cette efpèce, eft compofé de onze articulations ou anneaux ; nombre, qui, felon le célèbre *Malpighi*, eft propre à tout genre de ver. Le long de ces anneaux, près du ventre, on voit une efpèce de petites nâgeoires ou ailes, qui paroiffent être les inftrumens des différens mouvemens de l'animal. Il a deux petites cornes qui fortent du devant de la tête, & fa queue eft fendue en deux.

J'ai déjà remarqué que ces petits vers lui-fans fe trouvent plus abondamment parmi l'algue marine, que par-tout ailleurs ; & ils s'y tiennent fur-tout au commencement de l'été. Bientôt après ils fe multiplient d'une manière prodigieufe, & fe difperfent fur la furface de l'eau. C'eft vraifemblablement la chaleur de la faifon qui fait faire à ces petits animaux la ponte de leurs œufs déjà fécondés, de même qu'il arrive

aux autres infectes aquatiques, fuivant les découvertes du favant *Derham*. Nous apprenons auffi
par les obfervations de *Reaumur*, que les infectes
terreftres de cette efpèce, ne font même luifans
que dans le fort de l'été, & que cette lumière
eft caufée par une effervefcence particulière,
qui fe fait en eux pendant le tems de leur copu-
lation.

De cette efpèce font les mouches luifantes,
qui dans plufieurs lieux éclairent les voyageurs
la nuit pendant les grandes chaleurs. Tels font
encore les vers qui fe trouvent en grande quantité dans certains endroits des Indes, & qui dans
les nuits les plus chaudes rendent une quantité
fi prodigieufe de particules lumineufes, que les
buiffons en paroiffent tout en feu.

Quoi qu'il en foit, nos petits vers luifans d'eau
de mer ont cela de fupérieur aux vers luifans
terreftres, qu'au lieu que ceux-ci ne rendent la
lumière que par une tache qui fe trouve près
de la queue, les nôtres au contraire font luifans par tout le corps. Ce qu'il y a de particulier, c'eft que ces petits animaux ne rendent
point la moindre lumière, tant qu'ils fe tiennent
tranquilles, & que les parties de leurs petits corps
ne font pas fi-tôt agitées qu'elles brillent avec
un éclat extraordinaire. Nous devons conclure
de-là que cette lueur eft dépendante de leurs
mouvemens, & que vraifemblablement elle eft
excitée par une forte vibration de leurs parties;
puifque ces corufcations paroiffent tout-à-fait
proportionnées à leurs mouvemens.

Après cela nous ne devons plus être étonnés,
continue M. *Valifnéri*, fi les Marins & les Pê-

cheurs voyant la mer & les lacs reluire d'une manière extraordinaire, s'attendent à un changement de tems, ou à une tempête. Il est certain qu'en ces momens ces petis animaux luisans doivent être plus agités & troublés qu'à l'ordinaire, comme nous l'observons de même aux autres insectes qui portent des ailes, & particulièrement aux mouches, qui, à la moindre altération de l'air qui se fait sentir au baromètre, en paroissent extrêmement affectées, & volent dans le plus grand désordre.

Je dois encore remarquer que quand ces petits animaux luisans sont mutilés, comme il est aisé de concevoir que cela leur arrive, à cause de leur extrême délicatesse, chacune de leurs parties jette alors une lumière très-vive pendant quelque tems. Cette lumière continue vraisemblablement tant que dure la vibration dés petites particules de l'animal ; & nous savons d'ailleurs que les parties de certains poissons & insectes continuent d'être en mouvement, quoique séparées du reste du corps.

M. *Valisnéri* n'ignoroit point que plusieurs Savans croyoient que cette lumière étoit électrique. Il parle même de cette opinion, & il expose le motif sur lequel elle paroît fondée. On croit, dit-il, que la surface de la mer ayant été exposée pendant tout l'été au frottement des rayons du soleil, nous voyons qu'étant agitée vers l'automne, elle lance des étincelles lumineuses, qui ressemblent parfaitement à celles qui sortent des corps électrisés. Or, nous sommes maintenant convaincus, ajoute-t-il, par une démonstration oculaire, que la cause de ce phénomène doit être attribuée à de petits animaux vivans : mais si la lumière de ces animaux ne provient pas peut-être d'une matière électrique agitée par quelque vibration, ou autre cause intrinsèque, c'est ce que je n'entreprendrai pas de décider.

Nous avons rassemblé autant qu'il nous a été possible, tout ce qui a été écrit de mieux sur ce singulier phénomène, afin de mettre nos Lecteurs plus à la portée d'en découvrir la cause qui ne paroît point encore universellement reconnue de tous les Naturalistes ou les Physiciens.

Un autre phénomène aussi singulier que le précédent, & peut-être plus digne encore de notre attention, vu le bien qui pourroit résulter de sa connoissance & de sa certitude, c'est cette propriété qu'on vient d'attribuer à l'huile, dans ces derniers tems, de calmer les flots de la mer.

Bien des personnes regardèrent d'abord cette annonce comme absurde, ou au moins comme de ces phénomènes peu certains, que l'enthousiasme exagère sur la moindre apparence : mais le témoignage de plusieurs Savans, & de quantité de Marins, peu faits pour se laisser surprendre & pour en imposer eux-mêmes, excita la curiosité publique, & on fit de nouvelles recherches pour s'assurer de la certitude d'un fait aussi important. Parmi la multitude d'observations, qu'on a recueillies de toutes parts à ce sujet, nous ne connoissons rien de mieux fait, ni cette matière mieux discutée, que dans un petit Ouvrage de M. *de Lelyveld*, traduit de l'Hollandois, & imprimé à Amsterdam en 1776. Il est intitulé : *Essai sur les moyens de diminuer les dangers de la mer.* Ce fera d'après cet Ouvrage que nous ferons connoître ce phénomène remarquable.

Le D. *Franklin* eft le premier qui ait donné lieu de réfléchir fur cette propriété fingulière de l'huile. C'eft ce qui paroît par une lettre datée de Londres le 7 Novembre 1773. Elle eft adreffée au D. *Brownrigg*, & elle a pour objet principal les effets étonnans de l'huile fur les flots. Dans un voyage de Louifbourg que M. *Franklin* faifoit en 1757, avec une grande flotte, il remarqua que la lague de deux vaiffeaux étoit fingulièrement unie, tandis que celle de deux autres étoit fort agitée. Frappé de cette différence, il en témoigna fa furprife au Capitaine du navire qu'il montoit, & qui lui répondit que les Cuifiniers avoient probablement jetté leurs lavûres, qui auront un peu graiffé les côtés de ces deux vaiffeaux. Peu fatisfait de cette raifon, mais ne pouvant alors en imaginer d'autre, M. *Franklin* fe propofa de faire à la première occafion quelques expériences, pour découvrir quel effet l'huile pouvoit produire fur l'eau. Ce qui piqua davantage fa curiofité, c'eft qu'il fe fouvint d'avoir lu dans *Pline*, que l'huile appaifoit les flots de la mer; que pour cette raifon les plongeurs en mettoient dans leur bouche, d'où la faifant fortir peu à peu, elle monte, applanit la furface ridée de l'eau & facilite ainfi le paffage de la lumière. Se trouvant encore fur mer en 1762, une lampe de verre qu'il avoit fous fa main, lui donna occafion d'obferver un effet plus étonnant de la part de l'huile fur l'agitation de l'eau. Un vieux Capitaine, témoin de cette expérience, lui apprit que c'étoit la coutume parmi les Pêcheurs aux Bermudes, comme parmi ceux de Lisbonne, de jetter de l'huile dans la mer pour appaiser les vagues, ou pour en diminuer l'éclat. Enfin étant un jour dans un village peu éloigné de Londres, où se trouve un grand étang, pour-lors fort agité, il jetta de l'huile sur l'eau, la valeur au plus d'une cuiller à thé. Cette petite quantité d'huile s'étendit avec une vitesse incroyable, & forma sur l'eau une surface de cent cinquante toises aussi unie qu'une glace; depuis il répéta plusieurs fois la même expérience & toujours avec le même succès. M. *Allamand*, célèbre Professeur de Physique expérimentale à Leyde, se trouvant en Angleterre avec le feu Comte *de Bentink* aux mois de Juillet & Août 1773, fut témoin d'une de ces expériences que fit le D. *Franklin*. A cette occasion M. *de Bentink* parla à M. *Franklin* d'une lettre que M. *Tengungel* avoit écrite de Batavia au Comte son frère, dans laquelle il rapportoit de quelle manière un vaisseau Hollandois avoit été sauvé du naufrage près des îles Paul & Amsterdam, par le moyen de l'huile qu'on avoit répandue sur la mer.

M. le Capitaine *May* étoit Lieutenant sur le vaisseau de guerre *le Phenix*, confié en 1755 au Capitaine *Idsinga*. C'étoit, dit-il, pour envoyer nos vaisseaux marchands dans la Méditerranée, & les protéger contre ceux d'Alger, avec qui nous étions en guerre. A Naples deux vaisseaux chargés d'huile qu'ils avoient prise à Galliopoli, se mirent sous notre escorte. Il y avoit déjà un an qu'ils avoient leur gargaison à bord, & par leur long séjour leur carcasse avoit beaucoup fouffert. Nous partîmes avec eux & plufieurs autres pour Malthe, & de-là pour Carthagène. Les tonneaux n'avoient pas moins fouffert que les vaiffeaux. L'huile qui en découloit peu-à-peu fe mêloit avec l'eau qui s'infinuoit dans le fond de cale ; de forte que lorfqu'on pompoit, l'huile en fortoit en même-temps que l'eau. Pendant toute notre route pour Carthagène, nous effuyâmes beaucoup de vents contraires, & nous eûmes occafion de remarquer que cette huile pompée empêchoit les petites & les grandes vagues de rompre & d'éclater, & qu'autour de ces deux vaiffeaux, jufqu'à une diftance confidérable, les petites vagues étoient tellement applanies, qu'il ne reftoit des grandes que les feuls brifans. Nous fûmes cinq à fix femaines en mer avec un vent contraire, avant d'arriver à Malaga, où nous prîmes fous notre efcorte plus de cinquante vaiffeaux. Ceux-ci joints aux vingt-neuf que nous avions, devoient tous fe rendre à différens ports d'Hollande, excepté fept à huit qui alloient à Cadix. Avec ce grand convoi, étant au mois de Janvier dans la mer d'Efpagne, à la hauteur de Lifbonne, il nous furvint un vent contraire avec une violente tempête qui dura quarante-huit heures. Tous les vaiffeaux flottoient à petites voiles, & conféquemment n'étoient pas dans le cas de s'éloigner promptement les uns des autres, & nous eûmes encore occafion d'éprouver le bon effet de l'huile répandue fur les flots. Nos deux vaiffeaux chargés d'huile, étoient obligés de pomper deux fois le jour, le matin, fur les fept heures & demie, & le foir, avant le coucher du foleil. Cette huile pompée, malgré l'agitation de la mer, s'étendoit à une grande distance autour des vaisseaux qui en étoient chargés, & arrêtoit les chûtes tant des grosses que des petites vagues, de sorte que ces vaisseaux, & ceux qui se trouvoient auprès, paroissoient, à l'égard de la mer agitée, dans un calme aussi parfait, que celui qui suit la tempête.

Dans les informations faites en Hollande, auprès d'un grand nombre de Capitaines de vaisseaux marchands, il s'en est trouvé plusieurs qui n'avoient aucune connoissance de cette propriété de l'huile, mais d'autres la connoissoient parfaitement. Voici ce qu'écrivoit M. *Bakker* en 1774. Des gens expérimentés en mer, m'ont assuré, dit-il, que cet usage de l'huile ne leur étoit point inconnu; qu'on s'en servoit en plusieurs circonstances, lorsqu'on en avoit une assez grande quantité. On l'emploie, disent-ils, pour se sauver dans la chaloupe d'un vaisseau prêt à être submergé, & sur-tout lorsqu'on veut aborder à un rivage dont la violence des brisans rend l'approche périlleuse. Les Matelots jettent l'huile dans l'approche du brisant, & les vagues s'applanissent. Lorsque les chaloupes de Groenlande vont à la pêche de la baleine, elles ont toujours le gaillard d'avant muni d'un petit tonneau d'huile pour appaiser les grandes vagues qui troublent la pêche, ou qui menacent de renverser la chaloupe; mais ils soutiennent que ce moyen est impraticable dans les grands accidens.

M. *Mées*, très-versé dans l'art de la navigation, & qui s'occupe de Physique, écrivit à l'Auteur que ce moyen ne lui étoit point inconnu ; qu'à Rotterdam on en étoit si universellement informé, que tous ceux qui navigent connoissent ce moyen. Je n'ai rencontré aucun Marin, ajoute-t-il, qui ne m'ait assuré connoître cette pratique ; mais aucun n'en avoit fait usage, n'en ayant point eu besoin.

M. *Kool* écrivoit le 13 Janvier 1775, que se trouvant à Noortwyk-sur-mer, près d'Amsterdam, les Pêcheurs & les Marins les plus expérimentés lui dirent unanimement que l'huile, le goudron, l'huile de baleine, le foie, & toute autre matière grasse, sont des moyens éprouvés de rendre la mer unie, & faire avancer un navire à travers les brisans. Ils prennent une cruche contenant trois à quatre pintes d'huile à brûler, ou un baril d'huile de baleine, ou du foie de chien de mer, qu'ils ramassent exprès dans un tonneau, & qui dans le tems de chaleur fond de lui-même : autrement ils en tirent l'huile en le cuisant ; mais ils observent à cette occasion que lorsqu'on fait cette opération pendant un vent de nord, on en tire moins d'huile. Ils placent ce baril ou ce tonneau devant les daillots, & ils en laissent doucement couler l'huile. La mer, disent-ils, s'appaise bientôt : les vagues continuent bien à monter & à descendre, mais elles n'éclatent plus.

Le 20 Février 1777, ajoute l'Auteur, me trouvant chez M. le Capitaine *May* avec MM. *Allamant* & *Vans-Engelen*, le Professeur me proposa de profiter d'un grand vent qui souffloit alors pour faire l'expérience. Nous nous transportâmes à l'instant sur l'un des ponts du canal qui eſt devant la porte de M. *May*, & d'où le Profeſſeur laiſſa tomber quelques gouttes d'huile de navette ſur l'eau. Les vagues s'appaiſèrent à l'inſtant, & l'eau s'applanit d'une manière ſurprenante. Nous répétâmes l'expérience à différentes fois, & toujours avec le même ſuccès. En revenant à la maiſon du Capitaine, diſtante de ce pont d'environ vingt toiſes, nous vîmes que l'eau du canal, large au moins de douze toiſes, étoit calme juſqu'à plus de quarante toiſes du pont. Elle n'avoit preſque plus que des ondes unies. Cette nappe avançoit inſenſiblement avec le courant vers un autre pont, & l'effet ne ceſſa que long-tems après.

M. *de Lelyveld* expoſe enſuite toutes les queſtions auxquelles ces faits peuvent donner lieu, & propoſe même un prix à ce ſujet. De-là il paſſe à une Lettre du D. *Franklin*, dans laquelle ce célèbre Phyſicien donne une explication de ce phénomène.

Le vent, dit-il, ſoufflant ſur l'eau couverte d'une pellicule d'huile, n'a pas aiſément priſe ſur elle pour exciter les premières rides ; mais il gliſſe deſſus, & laiſſe la ſurface auſſi unie qu'il l'a trouvée. Il meut un peu l'huile, qui, étant entre lui & l'eau, lui aide par ſon mouvement à gliſſer avec plus de facilité, & prévient le frottement, comme elle le prévient dans les machines. Par conſéquent l'huile jettée ſur un étang du côté où vient le vent, avance par degré vers le côté oppoſé, comme cela ſe voit par le calme qu'elle opère, & par-là elle empêche que le vent n'excite ces premières rides qui ſont les élémens des vagues, parce qu'elles en ſont les commencemens ; ainsi toute la surface de l'étang doit rester unie.

On peut donc tout-à-fait supprimer les ondes dans un endroit quelconque , si l'on peut parvenir à l'endroit d'où elles tirent leur origine. Il n'est guère possible d'y parvenir quand on est dans l'océan. Cependant il y a telle occasion où , quand on seroit au milieu des ondes , il y auroit peut-être moyen d'en modérer la violence, & d'empêcher qu'elles ne se brisassent avec trop d'effort contre un vaisseau.

Quand le vent est très-fort, il s'élève toujours de petites ondes, sur le dos des grandes vagues dont elles rident la surface, & donnent ainsi plus de prise au vent pour les pousser avec plus de force. On prévient cet effet, en supprimant les petites ondes dans leur naissance. Peut-être même qu'en versant une couche d'huile sur la surface d'une vague , on fait que le vent, passant par-dessus , & la comprimant , l'empêche de devenir plus haute, bien loin d'en augmenter la force. Ceci , comme l'avoue très-bien le Docteur *Franklin*, n'est qu'une conjecture au défaut d'une explication mieux fondée. Le 25 Avril 1777 , ce célèbre Physicien répéta cette expérience sur le grand bassin des Tuilleries, en présence de plusieurs Académiciens, par un vent très-fort , & elle eut le plus grand succès.

Nous avons observé précédemment que ce phénomène étoit connu dès la plus haute antiquité. Nous avons cité *Pline* comme en ayant parlé dans le onzième livre de son Histoire Naturelle. Mais *Plutarque* en parle encore d'une manière plus étendue dans ses Questions naturelles, & on lira fans doute ici avec plaifir la traduction de ce paffage : *Pourquoi eft-ce que la mer arrofée d'huile par-deffus, il fe fait une clarté tranfparente & une tranquillité au-dedans ? Eft-ce pour autant qu'*Ariftote *dit que le vent gliffant par-deffus l'huile, qui eft liffée & polie, n'a point de coup, & ainfi ne fait point d'agitation ?* D'où l'on voit encore qu'*Ariftote* n'ignoroit point ce phénomène.

Pourquoi donc eft-il refté fi long-tems dans l'oubli ? Une des caufes de cet oubli eft peut-être l'opinion où l'on eft, que l'huile eft très-nuifible aux vaiffeaux qui fuivent celui qui en fait ufage, & que la mer devient pour eux, après l'effufion, beaucoup plus furieufe qu'auparavant. Les expériences rapportées ci-deffus prouvent le contraire, & font bien faites pour détruire cette fauffe opinion. On ne peut donc trop exhorter les Phyficiens, & encore mieux les Marins, à faire de nouvelles tentatives, de nouvelles expériences pour conftater, non la certitude de ces faits, qui ne paroiffent plus équivoques, mais pour raffurer ceux qui craindroient que cette pratique falutaire au vaiffeau qui en uferoit, ne fût contraire à ceux qui le fuivroient. D'ailleurs il eft nombre de circonftances où on n'auroit rien à craindre de ce dernier événement, & où on pourroit profiter avec bien de l'avantage d'un moyen auffi avantageux ; & c'eft la raifon qui nous a engagé à recueillir tout ce que nous avons pu trouver de plus certain fur cet objet.

MÉTÉORES. De tous les phénomènes de la Nature, il n'y en a aucun qui mérite à plus

jufte

juſte titre notre attention que les météores, &
ſur-tout les météores ignées, ſoit qu'on conſidère
la variété ſingulière de leurs apparences, les ſpec-
tacles magnifiques qu'ils nous préſentent, ſoit
qu'on réfléchiſſe ſur l'effroi dont ils nous ſaiſiſſent
par leur aſpect menaçant, & quelquefois par les
effets terribles qu'ils produiſent, ſoit enfin qu'on
conſidère l'influence qu'ils peuvent avoir ſur la
Nature entière. Ce furent ces conſidérations qui
engagèrent l'Académie à leur donner une attention particulière, & elle y fut déterminée par un
météore ignée, qui fut obſervé en 1771, dans une
grande partie de la France. M. *Leroy*, chargé de
rendre compte à l'Académie de toutes les obſervations qu'on lui avoit envoyées à ce ſujet,
s'exprime de cette manière dans un Mémoire
très-curieux qu'il lut à la rentrée du mois de
Novembre ſuivant.

Quelque barbares que ſoient les Peuples, les
grands phénomènes de l'atmoſphère ne leur
échappent pas. Le *globe de feu* a été obſervé
dans les tems les plus reculés. Il répandit autrefois la terreur dans Rome. *Ariſtote, Séneque* &
Pline, l'ont décrit. Ils rapportent même les noms
qu'on donnoit de leur tems à ce météore, & ce
qu'il y a de remarquable, le nom que le Philo-
ſophe Grec lui donne, & qui ſignifie *muid* où
tonneau, eſt ſemblable à celui que donnèrent en
1761, près de deux mille ans après, les Payſans
de la Bourgogne à un de ces météores qui éclata
au-deſſus de cette Province ; car ils l'appellèrent
le *muid*. Tant il eſt vrai que les objets qui frap-
pent vivement les hommes, inſpirent toujours
les mêmes expreſſions pour les peindre, malgré

la différence des langues, des tems & des lieux.

Si on ouvre nos Annales, nos anciennes Chroniques, on y trouve encore ce météore décrit ; mais avec tous les traits qui caractérifent l'ignorance & la fuperftition de ces tems-là. Comme alors on ne voyoit dans toutes les apparences céleftes qui pouvoient avoir quelque chofe d'extraordinaire, que des marques de la colère du Ciel, on ne voyoit dans ces globes de feu que des *épées flamboyantes*, des *dragons volans*, qui vomiffoient des flammes, ou d'autres fignes non moins épouvantables : & ces *dragons volans*, car c'eft le nom qu'on leur donnoit le plus fouvent, ne manquoient jamais, comme on l'imagine bien, d'annoncer la mort d'un grand, la guerre, la famine ou la pefte. Il y a même, felon quelques Hiftoriens, une ancienne tradition dans l'Orient, qui fait venir une maladie contagieufe qui ravagea prefque toute la terre d'une matière empeftée qui tomba, dit-on, du ciel avec un de ces globes. Mais je me garderai bien de rapporter tous les contes abfurdes & ridicules qu'on trouve fur ces météores, dans différens Auteurs.

Celui qui fit l'objet du Mémoire de M. *Leroy*, fut obfervé le 17 Juillet 1771, vers les dix heures & demie du foir, le tems étant parfaitement ferein, à la réferve de quelques nuages qui bordoient l'horifon du côté du couchant. On vit paroître tout-d'un-coup dans le nord-oueft un feu femblable à une groffe étoile tombante, qui augmentant à mefure qu'il approchoit, parut bientôt fous la forme d'un globe, & enfuite avec une queue qu'il traînoit après lui. Ce globe ayant traverfé une partie du ciel, à-peu-près du nord-

nord-oueft au fud-eft, avec une extrême rapidité, & dans une direction fort inclinée à la terre,
fon mouvement parut fe rallentir, & fa forme
devenir femblable à celle d'une larme batavique.
Il répandit alors la plus vive lumière, étant d'une
blancheur éblouiffante & pareille à celle du métal en fufion. Sa tête paroiffoit environnée de
flammèches de feu, dont les unes fembloient
appartenir au corps même du météore, & les
autres en être détachées, & fa queue bordée de
rouge, étoit parfemée des couleurs de l'arc-en-
ciel. Le globe étant devenu comme ftationnaire,
parut prendre encore une forme moins allongée,
comme celle d'une poire, & avoir dans fon milieu des bouillonnemens accompagnés d'une matière fumeufe : alors ayant comme épuifé tout
fon mouvement, il éclata en répandant un grand
nombre de parties lumineufes femblables aux
brillans des feux d'artifices. Ces brillans produi-
firent une fi vive lumière & fi éblouiffante, que
la plupart des fpectateurs ne purent en foutenir
l'éclat, & s'imaginèrent, l'inftant d'après, être au
milieu des plus profondes ténèbres.

Quelques-uns crurent que le météore s'étoit
évanoui dans un inftant, & fans faire d'explofion,
mais elle leur échappa fans doute par la vive lumière dont ils furent éblouis : car un grand nombre d'Obfervateurs, fur le témoignage defquels
on peut compter, parlent tous de cette explofion & des brillans de lumière dans lefquels le
globe éclata ; & leur récit paroît d'autant plus
certain, que c'eft ordinairement de cette manière
que ces fortes de météores fe terminent.

La durée du phénomène ne parut à Paris que

d'environ quatre secondes; mais il paroît aussi comme certain qu'on n'y observa point le commencement de ce phénomène. Le globe, à son explosion, étoit élevé de quarante-cinq degrés ou à-peu-près, & sembloit avoir douze à quinze pouces de diamètre; mais il parut plus gros à quelques Observateurs du côté de Corbeil & de Melun.

Deux minutes ou environ après qu'il eut éclaté, on entendit à Paris un bruit que les uns ont comparé à un coup de tonnerre qui gronde au loin, d'autres à une charette fort chargée, qui roule sur le pavé; d'autres enfin, à un bâtiment qui s'écroule. Du côté de Melun, ce bruit parut beaucoup plus fort; & ce qui est remarquable, c'est qu'on en entendit un second après le premier, mais sensiblement plus foible.

A-peu-près dans le même tems qu'on entendit ce bruit à Paris, il y eut une espèce de commotion dans l'air qui fit trembler les vitres & les meubles dans les parties de cette Ville situées au sud-est, particulièrement dans les lieux élevés, comme à l'Observatoire.

On attribua ce mouvement à un tremblement de terre; mais c'est une erreur. Il n'y en eut aucun. Ce mouvement ne fut que l'effet de la vive commotion de l'air, excitée par l'explosion du globe.

En 1756, il y en eut un qui éclata au-dessus de la ville d'Aix en Provence, en faisant un bruit épouvantable. La commotion qu'il excita dans l'air fut si forte, & ébranla tellement les maisons, que plusieurs cheminées tombèrent de la secousse. Les Habitans alarmés, prirent aussi ce fracas pour l'effet d'un tremblement de terre : mais dès le lendemain, ils furent détrompés & rassurés par les Habitans de la campagne, qui avoient vu le globe descendre du ciel, & éclater sur la Ville. On voit souvent, à la vérité, des feux dans les tremblemens de terre, mais ils ont la forme de flammes légères. Ils voltigent & rampent sur le terrain, & ne ressemblent en rien au phénomène dont il s'agit ici.

Pour revenir à celui dont il étoit question précédemment à celui de 1771, nombre de personnes trompées par sa hauteur & par sa grandeur, crurent, quoiqu'elles en fussent fort éloignées, qu'il avoit éclaté près d'elles. Plusieurs même, en voyant les différentes parties de lumière en lesquelles il se divisa en éclatant, imaginèrent que ces parties étoient tombées jusqu'à terre.

Tout le monde sait que ce météore fut vu, non-seulement dans des endroits fort éloignés de Paris, mais encore très-distans les uns des autres. Nous ne citerons ici que les principaux. Il fut vu à Amiens, Senlis, Compiègne, Dieppe, le Havre, Granville, Rouen, Argentan, Evreux, Laval, Tours, Limoges, Sarlat en Périgord, Moulins, Lyon, Semur, Dijon, Massy, Joinville, Reims, Auxerre, Corbeil, Melun, &c. Le bruit de son explosion fut entendu à Rouen, à Evreux, à Amiens, Senlis, Compiègne, Melun, Corbeil, & dans plusieurs autres Villes vers le sud-est de Paris.

La surprise & l'épouvante que causent ces sortes de météores, la rapidité de leur mouvement qui les fait paroître & disparoître presqu'en un instant, tout diminue le nombre des spectateurs

capables de rendre un compte exact de leur apparition. On éprouve encore une autre difficulté,
comme l'obferve très-bien M. *Leroy*, pour en
parler avec précifion ; c'eft la variété dans le récit des circonftances même les plus faciles à
obferver : variété, dit-il, qui naît du peu de jufteffe des idées des hommes, & de l'incertitude
qui règne dans le témoignage de leurs fens.

A la direction & à la hauteur de ce globe,
on ne peut douter qu'il ne fe foit formé au-
deffus des côtes d'Angleterre. Le point du ciel
d'où on l'a vu venir au Havre, la grandeur dont
il a paru dans cette Ville & à Dieppe ; tout annonce que c'eft de ce côté-là qu'il prit naiffance,
& cette idée fut confirmée quelque tems après
par les obfervations de M. *Hornsby*, Profeffeur
d'Aftronomie à Oxford. De-là, courant vers le
fud-fud-eft, il paffa au-deffus de la Normandie,
vers les confins de la Picardie, où on dut le voir
à une très-grande hauteur. Enfin, continuant fa
route du nord-oueft-quart-nord, au fud-eft-quart-
fud, il traverfa le ciel prefqu'au zénith de Paris :
mais en déclinant un peu vers l'orient, & fut
éclater vers Melun, à plufieurs lieues dans le fud-
fud-eft de la Capitale. Telle fut, autant qu'il eft
poffible d'en juger par la multitude d'obfervations qui furent communiquées à l'Académie,
la direction & l'étendue de fa route.

Il paroît, par une fuite de calculs affez fûrs,
que lorfqu'on commença à l'appercevoir, il devoit être à-peu-près à dix-huit lieues de hauteur,
& à neuf ou environ, quand il fit explofion, hauteur qui s'accorde affez avec celle que lui donne
l'intervalle de deux minutes qui s'écoula entre cet

inſtant & celui où on entendit le bruit de cette explosion.

Par cette hauteur extraordinaire, on explique ſans peine comment on a pu voir ce phénomène au même inſtant, dans des lieux auſſi éloignés les uns des autres.

Il n'eſt pas auſſi facile de déterminer la vîteſſe avec laquelle ce globe ſe mouvoit, parce qu'on n'eſt point trop d'accord ſur la durée du tems de ſon apparition. L'opinion la plus générale cependant, fixa ce tems à quatre ſecondes; & il eſt probable qu'il y eut de l'erreur dans cette déciſion, parce qu'il eſt probable que ceux qui l'obſervèrent ne le virent point au premier inſtant de ſon apparition. Auſſi, M. *Leroy*, qui eſt fort de cet avis, veut-il qu'on lui paſſe dix ſecondes depuis ce premier inſtant juſqu'au moment de ſon exploſion, & nous ne le chicanerons point ſur une demande auſſi ſage. Or, comme dans cet intervalle ce globe parcourut une ligne de plus de ſoixante lieues de longueur depuis les côtes d'Angleterre, d'où il le fait venir, juſqu'à Melun, il s'enſuit que ſa vîteſſe étoit extrême, puiſqu'elle étoit de plus de ſix lieues par ſeconde.

Si cette vîteſſe a de quoi nous ſurprendre, ſon énorme volume n'a pas moins de quoi nous étonner : car il paroît, par les obſervations les mieux faites, qu'il avoit plus de cinq cens toiſes de diamètre.

On ne peut ſe défendre, dit M. *Leroy*, d'une ſorte de terreur, en penſant à un globe de feu d'un volume ſi prodigieux, qui vient à paſſer au-deſſus de nos têtes. Mais comme on n'a point

d'exemples que ces énormes maffes de feu foient
jamais defcendues fur la furface de notre globe,
cette feule confidération doit nous tranquillifer;
& comme l'obferve encore très-bien ici M. *Leroy*, fi *Muffembroek*, l'un des meilleurs Obfervateurs de fon fiècle, fait mention de globes de
feu qui ont démâté & fracaffé des vaiffeaux, c'eft
que ce célèbre Phyficien a confondu alors les
globes de feu dont il eft ici queftion à des globes
de foudre, qui en diffèrent à tous égards. Il y a
cependant nombre d'obfervations qui nous paroiffent fuffifamment confirmer qu'une partie de
ces maffes énormes de feu peuvent bien arriver
jufqu'à nous.

On obferva en effet, en 1761, en Bourgogne,
une efpèce de pluie de feu au moment de l'explofion de ce globe dont nous avons parlé au
commencement de cet article; mais on ne doit
point ajouter foi pour cela à tous les bruits qui
fe répandirent au fujet de celui qu'on obferva
en 1771. Perfonne ne fut brûlé, ni à Paris, ni à
Vanvres, ni par-tout ailleurs, comme on le publia alors. On ne peut guère douter cependant,
d'après une multitude d'obfervations, que quelques parties de ce globe ne foient arrivées fort
près de la furface de la terre. Mais il ne paroît pas
qu'elles y aient caufé aucun accident. Parmi la
multitude d'obfervations que nous pourrions rapporter, en voici deux qui méritent de trouver
place ici. La première eft de M. *Clément de Mal-
leran*, Avocat en Parlement, & Profeffeur de
Droit François.

Il étoit avec plufieurs perfonnes dans un appartement au fecond, rue de l'Obfervance, pref-

que vis-à-vis l'Eglise des Cordeliers, assis en face des fenêtres qui étoient ouvertes, à une distance de neuf à dix pieds. Un clin-d'œil avant que le météore s'éteignît, il le vit faire une espèce d'explosion sans aucun bruit, qui poussa, dit-il, une lame de feu jusque dans la salle où il étoit. Cette lame, qui paroissoit remplir tout l'horison, ajoute-t-il, n'avança vers nous qu'avec une espèce de lenteur : car nous vîmes sa marche très-distinctement, & sa célérité ne nous parut pas excéder le vol d'un oiseau de proie. Cette lame nous couvrit d'une lumière aussi éclatante que celle d'un beau soleil à midi, & s'éteignit à l'instant.

Dans le même tems, ou à-peu-près, que M. *Clément* faisoit cette observation, rue de l'Observance, des personnes qui étoient à table, rue de Clichy, & qui par leur position ne pouvoient avoir la vue directe du météore, virent très-distinctement sur le carreau de petites flammes qui avoient l'air de s'agiter en différens sens, & qui disparurent ensuite. Il y a, dans ce phénomène, encore une circonstance singulière : c'est que plusieurs de ces flammes, ou des parties de feu de ce météore, se sont fait voir dans des lieux assez distans les uns des autres, & de celui où il a éclaté. Il y a près de deux mille toises de la rue de l'Observance à celle de Clichy.

Quelque difficile que paroisse l'explication de ce phénomène, elle le paroît moins lorsqu'on considère que la tête du météore paroissoit entourée de petites flammèches qui sembloient voltiger autour de lui. Il est probable que ces petites flammèches ont pu s'en détacher avant l'explosion, & descendre jusqu'à terre. Cette opération ſe rapporte aſſez bien à cette pluie de feu qu'on obſerva en 1761 en Bourgogne, & dont nous parlerons plus bas.

Un autre phénomène qui mérite également notre attention, c'eſt la ſeconde détonnation qu'on entendit à Meſun, & dont nous avons parlé plus haut. Elle n'a cependant rien de ſurprenant pour ceux qui ſavent que l'entière exploſion de ces météores eſt preſque toujours l'effet de deux exploſions ſucceſſives; l'une du globe qui éclate en différentes parties, l'autre de ces parties qui éclatent à leur tour. Par-là, ces globes paroiſſent reſſembler à ces fuſées volantes, qui, contenant d'autres fuſées dans leur chapeau, font leur effet en deux tems.

Le bruit qu'on entend après qu'un globe a éclaté, & qui reſſemble ſouvent à une décharge inſtantanée de pluſieurs batteries de canon, eſt l'effet de l'exploſion du globe entier. Le bruit plus clair, moins fort qu'on entend enſuite, eſt celui de l'exploſion de ſes parties. Or, comme celui-ci eſt beaucoup moins fort, il ne doit point être ſurprenant qu'il ne s'entende pas auſſi loin que le premier, & c'eſt ce que l'obſervation a confirmé ici.

Quelques-uns ont regardé comme fort extraor-dinaire qu'au moment de l'apparition de ce mé-téore, le ciel fût très-beau & très-ſerein ; mais c'eſt préciſément ce qui devoit être pour qu'ils le viſſent. Car ces ſortes de globes ſe formant beaucoup au-deſſus de la région des nuages, on conçoit que ſi le ciel étoit couvert & nébuleux, on ne pourroit les obſerver. Or, comme on a obſervé celui dont il eſt ici queſtion à plus de deux cents lieues de diſtance, cela prouve en même-tems que le ciel étoit très-ſerein le 17 Juillet 1771, à dix heures & demie du ſoir dans un eſpace circulaire de plus de deux cents lieues.

Ces ſortes de météores ne ſont point auſſi rares qu'on pourroit l'imaginer ; & on ne ſera peut-être pas fâché de trouver ici une notice abrégée des principaux & de leurs variétés, qu'on a eu occaſion d'obſerver depuis le dernier ſiècle, non qu'il fût impoſſible de raſſembler pluſieurs obſervations des ſiècles plus reculés.

En 1676, un globe de feu volant, partant de la Dalmatie, paſſa par-deſſus une partie de l'Italie & alla éclater ſur les côtes de Corſe.

Ce globe parut dans la nuit du 31 Mars, & effraya ſingulièrement les Habitans de Florence, qui le dépeignirent le lendemain ſous des formes différentes, ſuivant qu'ils en avoient été plus ou moins affectés. Quelques-uns prétendirent même qu'il avoit la forme d'un dragon volant qui vomiſ-ſoit des flammes : mais ces bruits populaires furent bientôt appaiſés par des obſervations plus ſages & plus exactes. Ce n'étoit cependant pas la pre-mière fois qu'on obſervoit de ſemblables phéno-mènes dans ce Pays. Le 22 Mai 1325, on avoit vu à Florence, un phénomène à-peu-près ſem-blable. Le 22 Octobre 1352, on en avoit obſer-vé un autre. En 1353 & 1354, il en parut deux. En 1557, le 25 Novembre, il y parut en l'air une vapeur embraſée qui fut vue de toute l'Ita-lie, & qui fut ſuivie de trois fortes exploſions.

Le célèbre *Montanari* trouva, par ſes calculs, que celui de 1676 avoit parcouru cent ſoixante milles en une minute ; que ſa vîteſſe étoit de près

de trois milles par seconde ; que sa hauteur étoit
de trente-huit milles, & son diamètre de près
d'un demi-mille. Ce globe produisit un bruit affreux dans son explosion, qui fut suivi d'un second bruit, comme nous l'avons observé relativement à celui de 1771.

Le 7 du mois de Janvier 1700, une heure avant
le jour, il parut aux Habitans de la Hogue en
basse-Normandie, un tourbillon de feu si éclatant, qu'il effaçoit la lumière de la lune, & que
les Habitans de S. Germain-les-Vaux & d'Aude-
ville, deux gros villages situés sur le bord de la
mer, crurent d'abord qu'il étoit jour, & furent
fort effrayés d'une clarté si prodigieuse. Ce feu
avoit la figure d'un grand arbre, & couroit de
l'ouest-nord-ouest à l'est-sud-est. Il étoit plus
d'une heure de jour quand il tomba ; & ce fut
avec un si grand bruit, que les maisons de ces
deux villages en tremblèrent. Ceux de Cherbourg, éloigné de douze lieues, crurent qu'il
étoit tombé sur Valogne, & ceux de Valogne
sur Cherbourg. Ceux de la Hogue furent plus à
portée d'observer ce phénomène, & il leur parut que cette flamme se perdit dans la mer, aux
environs de la petite isle d'Origny, & ce spectacle fut à-peu-près le même que celui d'un gros
vaisseau qui auroit été en feu.

M. *Geoffroy* le cadet rapporta à l'Académie,
qu'en 1717, le 4 Janvier, le tems étant fort couvert au Quesnoy, les nuages baissèrent au point
qu'ils paroissoient toucher les maisons. Alors,
un tourbillon ou un globe de feu parut dans
un nuage, au-dessus du milieu de la place, &
alla se briser avec l'éclat d'un coup de canon con-

tre la tour de l'Eglife, & fe répandit fur la place comme une pluie de feu.

En 1719, un globe de feu qui fut apperçu en Écoffe, en France & en Hollande, alla éclater dans la Province de Cornouailles en Angleterre. Le favant *Halley*, qui nous en a donné la defcription, dit qu'il parcouroit cinq milles par feconde, qu'il étoit à foixante milles de hauteur, & que fon diamètre avoit près d'un mille & demi. Il ajoute qu'on entendit, après fon explofion, un bruit fi terrible, qu'on le compara à une bordée d'un des plus grands vaiffeaux de guerre. On entendit enfuite un fecond bruit moins fort & plus clair.

La nuit du 23 au 24 Février 1740, on vit vers la rade de Toulon un globe de feu comme violet, qui, s'étant élevé peu-à-peu, plongea enfuite dans la mer, d'où il fe releva comme une balle qui réfléchiroit ; après quoi étant parvenu à une certaine hauteur, il creva, & répandit divers globes de feu, dont les uns parurent tomber dans la mer, & les autres fur les montagnes. Le bruit qu'il fit en crevant, fut femblable par fon éclat à celui du plus gros tonnerre ; mais comme il dura peu, il reffembla davantage à celui d'une bombe. Ce phénomène ne fut point vu, à la vérité, par des Obfervateurs bien exercés, & d'ailleurs la plupart eurent grande peur.

Le 9 Février 1750, fur les onze heures du foir, le tems étant ferein, on vit à Breflaw en Siléfie, un globe de feu qui, s'étant allumé dans l'air au fud-oueft, paffa en moins d'une minute, & s'approchant toujours de la terre jufqu'au nord-oueft. La grandeur apparente de ce météore augmentoit toujours confidérablement à mefure qu'il s'avançoit, tant parce qu'il recevoit peut-être des accroiffemens réels, que parce qu'il s'approchoit de la terre. On y obfervoit deux mouvemens bien diftincts, l'un en ligne droite, & l'autre autour de fon centre. Sa couleur, d'abord pâle, fe changea enfuite en une lumière rougeâtre, qui éclairoit autant les objets que le peut faire la lune dans fon plein, & cet accroiffement de lumière repréfentoit fi bien l'effet de l'éclair, que la plupart de ceux qui ne virent point le phénomène, y furent trompés. Lorfqu'il n'étoit plus, autant qu'on le put eftimer, qu'à environ quarante pieds de diftance de la terre, il éclata en quatre morceaux, qui reftèrent allumés jufqu'à ce qu'ils fe plongeaffent, comme on le croit, dans les eaux de l'Oder. Auffi-tôt après la féparation du globe en quatre morceaux, on entendit trois coups pareils à trois coups de tonnerre, ou plutôt fi femblables à une décharge d'artillerie, que ceux qui n'avoient point vu le phénomène, crurent que c'étoit trois coups de canon qu'on tiroit, felon la coutume, pour avertir de la défertion de quelque foldat.

Le 4 Novembre 1753, fur les trois heures vingt-cinq minutes après-midi, le foleil étant chaud & brillant, on apperçut à Yvoi en Berry, terre appartenante à M. le Marquis *de Putanges*, une groffe boule de feu, accompagnée d'une longue queue de même matière, dont on ne voyoit point la fin. Le météore étoit placé entre le nord & le levant. Il y demeura fufpendu à environ vingt pieds de terre, pendant quelques fecondes, après quoi il parut une groffe fumée blanche qui s'éleva en l'air, & un moment après, on entendit comme deux coups de canon. Ce feu ne caufa aucun dommage, & le tems refta fort clair le refte de la journée.

Le 15 Août 1755, on apperçut à Leyde, fur les fept heures & demie du foir, un globe de feu rougeâtre qui paroiffoit fe mouvoir du nord au fud. Ce globe fe fépara dans fon cours en plufieurs parties brillantes, qui crevèrent avec un bruit femblable à celui du tonnerre. Quelques-unes tombèrent à terre fans crever. Le diamètre apparent du globe étoit d'environ quatre pouces. Il n'étoit point abfolument rond, mais un peu ovale, avec une petite queue blanchâtre. Son éclat étoit tel que les corps terreftres formoient une ombre fenfible à fa lumière. Son mouvement étoit vifiblement parallèle à l'horifon, comme celui d'un trait de feu, & affez vif pour qu'en moins d'une demi-heure le phénomène eût au moins parcouru quatre cents lieues, ayant été vu en même-tems en Flandres & dans prefque toutes les villes de la Hollande ; & par-tout où il fut vu, on obferva qu'il s'en détachoit des étincelles brillantes, quelquefois avec bruit, quelquefois fans bruit.

M. l'Abbé *Pugnaire*, Grand-Vicaire du Diocèfe de Graffe, nous apprend que le 3 Mars 1756, à fix heures & demie du foir ou environ, il parut vers le levant d'été, un globe de feu hériffé de quelques pointes ou rayons. Il s'étendit d'abord comme un cylindre, qui paroiffoit de dix à douze pouces de largeur, fur deux toifes ou environ de longueur. En cet état,

il parcourut en trois minutes une grande partie
de l'horifon, en décrivant à la vue une para-
bole, & finit en fe divifant en plufieurs globules de feu, à-peu-près femblables aux étoiles
d'une fufée volante. Cette féparation fe fit avec
un bruit qui approchoit des roulemens du tonnerre après fon éclat. La route du phénomène
étoit du levant au nord, & il donnoit une lumière auffi brillante que celle d'un beau jour.
C'eft de celui-là dont nous avons fait mention
ci-deffus.

Le Chevalier *Pringle* rapporte qu'en 1758,
un globe de feu traverfa prefque toute l'Angleterre du fud au nord. Sa vîteffe, dit-il, étoit
tellement rapide, qu'il parcouroit près de vingt-
cinq milles par feconde. Sa hauteur fut, dans
les premiers inftans, de près de quatre-vingt-
dix milles, & il avoit plus d'un demi-mille
de tour.

Le 12 Novembre 1761, M. le Baron *des
Adrets* faifant route au nord, vit à une lieue
de Villefranche en Beaujolois, un globe de feu
éclatant, dont le difque étoit double de celui
de la lune, qui entroit ce jour-là dans fon plein.
Ce globe fembloit fe précipiter rapidement
vers la terre, & groffir à mefure qu'il en approchoit. Il laiffoit après lui une groffe traînée
de feu qui marquoit fa route. Après que ce
globe eut parcouru à-peu-près la huitième partie de l'horifon, en tirant vers le nord-oueft,
il parut de la groffeur d'un très-gros tonneau,
coupé horifontalement par fa moitié, tenant par
le côté à cette traînée de lumière dont nous
avons parlé, & qui fubfiftoit encore en fon
entier,

entier. Alors le demi-tonneau se renversa, & il en sortit une quantité prodigieuse d'étincelles & de flammèches, semblables en forme & en couleur aux plus grosses de celles qu'on voit dans les globes des feux d'artifices, & le tout se passa sans que M. le Baron *des Adrets* eût entendu le moindre bruit, pendant environ une minute que dura le phénomène. Il n'en entendit parler ni à Châlons, ni dans aucune des postes intermédiaires entre Villefranche & Beaune ; mais, dans cette dernière ville, on lui en parla avec le plus grand effroi. La clarté y avoit paru égale à celle du jour en plein midi, & l'explosion avoit été accompagnée d'un bruit affreux, qui avoit fait trembler toutes les maisons. Il paroît, par la relation de M. *des Adrets*, que le plus grand effet a été près de Dijon, & un peu sur la gauche. Le bruit ne s'est point entendu au-delà de dix à douze lieues à la ronde. Il est tombé du feu dans plusieurs villages, mais rien n'a été enflammé. Dans plusieurs endroits, on prit ce feu pour un éclair ; mais du côté de Vermanton, où le ciel étoit serein, ils le nommèrent *muid de feu*. Il en étoit tombé beaucoup de ce côté. Ce même phénomène fut apperçu à Paris par M. *de la Caille*. M. *de la Condamine* assura, dans le tems, l'avoir observé à Ham. Il falloit qu'il fût bien élevé pour être vu dans le même tems de deux endroits aussi éloignés que Villefranche & Ham.

On écrivit de Nevers, en 1765, que le 20 Octobre de cette année, on vit à six heures & quarante minutes du soir, à S. Léger de Fougeret, entre Château-Chinon & Moulins, un globe de feu très-élevé & de la grosseur d'un tonneau, qui éclairoit au loin tous les environs, & répandoit en même-tems une chaleur assez sensible. Ce phénomène s'évanouit par un bruit assez semblable à une forte explosion de poudre, & qui d'abord effraya beaucoup. Quelques secondes après, on entendit un bruit sourd, semblable à celui d'une canonade qui eût été à trois lieues de distance. Le tout dura près d'une minute. Le bruit paroissoit venir du côté de la Bourgogne, & retentir de la terre. Le même feu fut observé à la même heure à Château-Chinon, du côté du midi; à Cercy-la-Tour, du côté de l'est. La Gazette d'Amsterdam du 22 Octobre, marquoit que le 9 & le 12 du même mois, on avoit vu à Londres un semblable météore.

Le 6 Octobre 1776, il parut à Malthe, à deux heures vingt minutes après-midi, un météore qui s'éleva dans la partie du sud, & dont l'explosion fit un effet semblable à celui de deux coups de canon du plus gros calibre, tirés l'un après l'autre. Tous les vitrages de la ville en furent ébranlés, mais personne ne l'observa en particulier, & ne put en donner aucun détail.

Le 27 Octobre de la même année 1776, on vit à Rutland en Angleterre, sur les onze heures du soir, un globe de feu de la grosseur de la lune, & répandant au loin une lumière très-vive. Il prit rapidement sa direction de l'est à l'ouest, laissant après lui une longue traînée de feu. En continuant sa route, il passa immédiatement au-dessous de l'orbite de la lune, & alla se perdre ensuite vers le sud-ouest. Quelques minutes après qu'il eût paru, on entendit le fracas d'une forte explosion, que plusieurs comparèrent au bruit du tonnerre ; d'autres, à un tremblement de terre. On n'éprouva aucune commotion, quoique le bruit se fît entendre pendant plusieurs minutes.

Le 9 du mois suivant, même année, entre six & sept heures du soir, on observa du port de Dorby plus de vingt corps lumineux qui se mouvoient avec lenteur, mais d'une manière uniforme. Ils étoient à une demi-verge au-dessus de la surface des eaux. On eût d'abord dit que c'étoient des lumières des bâtimens qui sortoient du port. Tous ces globes partirent de la rade en formant une ligne droite. Ils étoient à la distance de quatre à cinq verges les uns des autres. Une fois mis en mouvement, ils s'avancèrent en pleine mer ; mais fort lentement, sans qu'on pût remarquer la moindre variété dans leur marche. Trois de ces lumières parurent ensuite arrêtées dans leur course par quelqu'obstacle, & ne continuèrent leur route que long-tems après. On suivit de l'œil ces corps lumineux pendant environ une heure. Ils s'éloignèrent peu-à-peu, & toujours dans le même ordre jusqu'à la distance d'un demi-mille, en suivant la direction du vent qui étoit au sud-sud-est. L'Observateur n'en marque pas davantage, & ne parle point qu'aucune de ces lumières ait fait explosion.

M. *Pucelle*, Conseiller du Roi, Assesseur de la Mairie de Mont-Didier, écrivoit en 1777 que le 26 de Février de la même année, le tems étant serein, il apperçut, vers les huit heures du foir, un globe de lumière blanche, terminé en pointe vers l'horifon, en s'inclinant fur le zodiaque à la droite de Vénus, fe repliant enfuite vers les étoiles du nord, &c. Il obferva fur-tout qu'à mefure que la partie orientale de cette lumière fe fortifioit & s'allongeoit, fa partie occidentale diminuoit en longueur & en largeur, & que celle-ci reprenant le deffus, remonta & fe rejoignit à l'autre; en forte que par leur réunion, on ne vit plus qu'une longue colonne qui embraffoit une étendue de près de cent quatrevingts degrés de l'occident à l'orient, & qui paffant de la droite de Vénus à fa gauche, en obfcurciffant cette planète, éclipfa les cornes du Bélier; enfuite s'avançant au travers des Pleyades & des Gémeaux, éclipfa auffi Jupiter, & alla terminer fa courfe dans les conftellations d'Orion & du Lion, où elle ne formoit plus à neuf heures & demie qu'une portion de cercle vers le nord de l'une & de l'autre de ces conftellations. Elle difparut à dix heures & demie. Ces phénomènes font moins de la claffe des précédens, que de ceux qu'on appelle *lumière zodiacale*. On en décrivit un du même genre dans la Gazette de France du 24 Mars 1764. Il avoit été obfervé par M. *Dicquemare*, au Hâvré-de-Grace. M. *de Caffini* en décrit un femblable, qu'il obferva en 1683. On donne à ces fortes de phénomènes le nom de *lumière zodiacale*, comme nous venons de le dire, parce qu'on les apperçoit le long du zodiaque.

Le 3 du mois de Novembre 1777, à neuf heures & demie du foir, l'air étant fort doux, le tems ferein & le vent au nord, on apperçut à Sarlat & aux environs un météore extra-ordinaire. Le tems s'éclaircit au point qu'on crut qu'il alloit éclore un nouveau jour. Entre le nord & le couchant, on vit paroître un globe de feu très-lumineux, & d'un diamètre fort considérable. Il s'élevoit dans la direction du couchant d'hiver; il s'en échappoit successivement, & souvent à la fois, de fortes étincelles, semblables à des étoiles artificielles, & le cercle dont il étoit entouré, étoit formé de rayons de différentes couleurs, parmi lesquelles on distinguoit sur-tout l'orangé.

Lorsque ce globe énorme fut environ à la hauteur de six toises, il en sortit deux espèces de volcans, qui, séparés de la masse, prirent la forme de deux grands arcs-en-ciel, dont l'un se perdit vers le nord, & l'autre vers le levant. Alors on s'apperçut que la masse se fondoit insensiblement, au point qu'à huit heures cinq minutes du matin tout avoit disparu, & il ne survint aucune explosion.

On voit facilement par le petit nombre d'observations que nous venons de rassembler, que quoique tous ces phénomènes soient du même genre, ils diffèrent entr'eux à plusieurs égards, & il ne seroit même pas possible de représenter dans un même tableau toutes les différences qui les distinguent, afin de saisir ce qu'ils ont constamment de commun. Ce qu'on peut assurer en général, d'après le plus grand nombre d'observations exactes qu'on a consultées, c'est que ces phénomènes, & sur-tout ceux qu'on appelle *globes de feu volans*, prennent naissance à une très-grande hauteur : leur volume paroît

d'abord peu confidérable, & leur forme circulaire. Après s'être mus pendant quelques inftans, on apperçoit la traînée de feu qui les fuit
ou qui les accompagne, & on voit leur mouvement fe rallentir, lorfqu'ils ont achevé une
grande partie de leur courfe, & qu'ils font prêts
à éclater. Prefque tous ces globes fe terminent
par une explofion, où le globe fe divife, tantôt dans un grand, tantôt dans un petit nombre
de parties qui éclatent à leur tour.

L'imagination eft épouvantée, quand on penfe
à des maffes de feu d'un fi énorme volume,
& qui fe meuvent avec une auffi grande rapidité. On ne conçoit pas comment dans des ré-
gions auffi élevées que celles où ils prennent
naiffance, il peut fe trouver & fe raffembler
une auffi grande quantité de matière inflammable ; comment ces météores peuvent y acquérir un mouvement auffi rapide ; comment
dans des efpaces où le froid eft plus grand que
celui de nos plus rudes hivers, la matière qui
les compofe peut s'enflammer : quelle eft la
nature de cette matière, qui, produifant un feu
fi rare en apparence, paroît avoir cependant une
fi grande force d'explofion, &c. &c.

Cette feule énumération qu'on pourroit encore pouffer plus loin, comme l'obferve très-
bien M. *Leroy* dans le Mémoire que nous avons
cité précédemment, fuffit pour faire voir combien il feroit téméraire d'entreprendre d'expliquer la caufe de ces phénomènes. Plufieurs Phyficiens cependant n'ont point craint de fe livrer
à cette recherche, & on a vu plufieurs hypo-
thèfes propofées avec confiance. La plus ingé-

nieufe fans contredit eft celle du célèbre *Halley*, dont M. *Leroy* a pris plaifir de donner une analyfe dans fon Mémoire ; mais ce n'eft encore qu'une hypothèfe, & nous ne croyons pas devoir en allonger cet article, le principal but de notre Ouvrage n'étant d'ailleurs que de raffembler des faits.

Les météores ignées prennent différentes formes, & n'affectent point toujours la forme fphérique. On en obferve fouvent qui reffemblent à des colonnes de féu, & c'eft même fous ce nom que plufieurs Phyficiens en ont décrit un affez grand nombre. Les deux faits que nous allons citer, fuffiront pour les faire connoître.

Le 13 Juin 1759, vers les neuf heures du foir, le ciel étant clair & ferein, avec un vent frais qui venoit du nord, le Curé du village de Captieux, à deux lieues de Bazas, apperçut en l'air une colonne de feu qui fembloit fe diriger du levant au midi. Bientôt des bois lui en dérobèrent la vue. Cependant étant rentré chez lui, à peine fut-il couché, qu'il entendit crier au feu. Son frère courut promptement à l'écurie, où l'incendie paroiffoit. Les flammes la rempliffoient déjà de toutes parts. Il y vit quatre chevaux qui venoient d'être tués, fans aucune marque de brûlure. Tout le fumier avoit été confumé par le feu, & il fentit une odeur de foufre fi forte, qu'elle penfa l'étouffer. On eut même beaucoup de peine à le faire revenir. Cependant le plancher fupérieur de cette écurie n'étoit point enflammé. On n'y trouva que deux trous de trois ou quatre pouces de diamètre, mais toute la charpente du toît étoit embraſée, & il fallut l'abattre pour ſauver la maiſon.

Une heure après, il parut une ſeconde colonne de feu, qui alla ſe jetter dans la petite rivière de la Gaïnère, & qui en tombant éclata avec plus de force qu'un coup de tonnerre. Ce qui parut de plus ſingulier dans ce phénomène, c'eſt que pendant tout ce fracas le ciel étoit clair, ſans nuage, & que la nuit étoit très-belle.

M. l'Evêque de Bazas, qui rapporte ce fait dans une lettre qui fut communiquée à l'Abbé *Nollet*, de qui nous le tenons, ajoute que le même jour il avoit vu au nord de Bazas, à l'extrémité de l'horiſon, un feu ſemblable, qu'on croyoit avoir embraſé une maiſon à S. Peyé de Langon, qui fut brûlée cette même nuit, ſans qu'on pût découvrir par où le feu avoit pris.

Voici un autre phénomène du même genre, mais moins malfaiſant que le précédent, dont nous devons la connoiſſance à M. *de Roſtan* : il fut obſervé, le 23 Mars 1763, à l'occident de Lauſanne, une demi-heure après le ſoleil couché. On y vit une lumière, en forme de colonne verticale, qui, à la hauteur d'environ dix degrés, ſe courboit de manière que ſa partie ſupérieure faiſoit avec l'horiſon un angle d'environ trente-cinq degrés, & avec ſa partie inférieure un autre angle d'environ cent vingt-cinq degrés. Cette partie coudée n'avoit pas plus de trois degrés de longueur. Tout le phénomène avoit environ deux degrés de largeur, & ſe terminoit par l'un & par l'autre bout en pointe. Sa couleur approchoit fort de celle d'un jaune orangé. Elle étoit beaucoup plus foible aux deux bouts & aux bords. On diftinguoit affez aifément les couleurs, malgré un nuage affez clair qui coupoit horifontalement la colonne lumineufe en deux endroits. Elle fuivoit affez conftamment la marche du foleil. Le phénomène entier dura environ trente minutes, & avant de difparoître, il devint d'un rouge fort clair.

Veut-on voir une autre variété, & dans la forme & dans les effets de ces fortes de météores? Voici le précis d'une lettre écrite de Normandie par M. *de Bocanbrey*. Le mercredi 30 Mai 1725, il fit le matin un grand brouillard. Quand il fut paffé, il s'éleva fur le midi plufieurs orages, & on entendit quelques coups de tonnerre entre trois & quatre heures du foir. Il y eut des coups de foleil très-brûlans vers les quatre heures trois quarts. Alors on entendit un bruit confus, lequel augmentant toujours, attira l'attention de M. *de Bocanbrey*. Il fut fort furpris d'entendre ce bruit comme roulant fur terre. Au bout d'un quart-d'heure, il imita celui d'un carroffe qui iroit fur le pavé, mais par fecouffes & par reprifes. Il jugea que ce bruit étoit à plus de trois cens toifes de lui à l'eft; qu'il alloit nord & fud, & très-lentement, puifqu'il fe paffa trois quarts-d'heure, fans qu'il pût rien voir. Enfin la caufe de ce bruit parut. C'étoit un tourbillon de feu roulant fur terre avec un bruit terrible. Il en fortoit une efpèce de fumée rouffe, plus claire dans fon milieu, & s'éclairciffant toujours à mefure qu'elle hauffoit. Elle pouvoit avoir un pied & demi de large, & montoit, en bouillonnant d'une rapidité incroyable, jufqu'à une nuée noire qui étoit au-deffus. Lorf-qu'elle la touchoit, elle fe rabattoit en tour-billonnant, comme de la fumée qui trouve en fon chemin de l'oppofition. Cette traînée de vapeurs n'étoit point toujours égale. Il paroif-foit de tems en tems qu'elle diminuoit, & alors le bruit diminuoit un peu auffi ; mais un mo-ment après elle augmentoit, & le bruit pareil-lement. Elle ne montoit pas toujours droit ; quelquefois elle fe courboit, comme fi elle eût obéi au vent, qui étoit cependant très-foible. Elle ondoyoit & faifoit même des retours en-tiers, comme un cor-de-chaffe. Sa rapidité étoit beaucoup plus grande en bas qu'en haut, mais toujours égale dans fon total. Lorfque ce fpectacle fe fut éloigné de l'Obfervateur d'un quart-de-lieue, il vint du nord-nord-eft un grand coup de tonnerre, avec une très-groffe pluie, & le phénomène fut caché, ou plutôt éteint & diffipé. Le bruit ceffa, & il n'en refta aucune trace à aucun endroit.

Tout le monde connoît une efpèce de mé-téore ignée, qu'on défigne communément fous le nom d'*étoile tombante*, *paffante*, *tranfverfe*. Ce phénomène fe fait communément remar-quer dans le printems & dans l'automne. On croit qu'on ne l'obferve que pendant la nuit, & c'eft une erreur. Il doit avoir lieu pendant le jour, & fi on ne l'apperçoit point alors, cela vient de ce que la lumière du jour efface celui du phénomène. *Bernier* nous affure ce-pendant l'avoir obfervé pendant le jour dans l'Empire du Mogol. *Gaffendi* affure la même

chofe dans le troifième livre de fa Phyfique,
chap. 7. Il dit que le ciel étant très-ferein &
très-tranquille pendant un tems de chaleur, il
vit paroître avant midi une flamme très-blanche
qui defcendoit perpendiculairement.

Bruffée attefte, dans les Ephémérides des Curieux de la Nature, que fi on rencontre l'endroit de la terre où cette étoile eft tombée,
on y trouve une matière tenace & glutineufe,
d'un blanc tirant fur le jaune, parfémée de petites taches noires, & que cette matière eft alors
dépouillée de toute fa partie combuftible. *Si-
gibert* rapporte dans fa Chronique que plufieurs
étoiles tombèrent en même-tems du ciel, parmi
lefquelles il y en avoit une extrêmement grande, & qu'ayant remarqué l'endroit où elles
étoient tombées, il s'élevoit de cet endroit
une fumée accompagnée d'un bruit femblable
à celui d'une ébullition, lorfqu'on l'arrofoit avec
de l'eau. Tous ces phénomènes font connus,
& on croit affez généralement que ce font des
matières huileufes qui s'élèvent pendant la chaleur du jour, qui fe condenfent le foir par le
froid qui les faifit, & qui venant à s'embrafer
retombent par leur propre poids vers la furface
de la terre, où elles parviennent embrafées, à
moins qu'elles ne foient tout-à-fait confumées
en chemin par leur incendie. Ce qui paroîtroit
néanmoins contredire cette opinion générale,
c'eft une obfervation faite en 1741, par le célèbre *Kraff*, qui nous affure dans fon Ouvrage,
intitulé : *Prælect. Phyf. vol.* 3, que le 25 Novembre, le jour étant très-ferein, & le froid
très-piquant, puifque la liqueur du thermomètre

étoit à 0, échelle de *Fareinheit*, il obferva à Péterfbourg plufieurs étoiles tombantes pendant la nuit. Nous laiffons aux Phyficiens le foin de concilier cette obfervation avec l'hypothèfe que nous venons d'indiquer, & nous allons terminer cet article, concernant les météores ignées, par une obfervation de même genre, mais moins commune & bien plus fingulière que celles qu'on eft à portée de faire affez communément. Cette obfervation fut faite par M. *de Genffane*. Il obferva à Paris, le 13 Juillet 1738, vers les onze heures du foir, une efpèce d'étoile très-grande & très-brillante, placée affez près des petites étoiles du genou droit de Perfée. Son diamètre, dit-il, étoit à-peu-près le quart de celui de la lune, & elle avoit une queue prefqu'à la manière d'une comète, mais auffi brillante que la tête, & pas plus longue que le quart du diamètre de cette tête.

Le mouvement de ce phénomène étoit fort bizarre & très-rapide. Comme M. *de Jenffane* ne l'obferva qu'à la vue fimple, il vit mieux les bizarreries de ce mouvement, qu'il ne put juger de fa viteffe. Ce phénomène, dit-il, partit du premier point où il avoit été apperçu, & décrivit une courbe qui, après avoir monté, redefcendoit jufqu'à un point plus bas que celui de l'origine. Là, s'élevèrent à cinq ou fix reprifes, des efpèces de fufées qui retomboient enfuite au point commun d'où elles étoient parties, & de-là le phénomène retourna au premier point de fon origine, par une feconde courbe qui s'élevoit moins que la première. Il retourna encore vers le même point où il s'étoit arrêté dans fon premier cours;

mais par une courbe beaucoup moins régulière que les deux précédentes, & elle se seroit entendue plus loin que les autres, si une colline n'eût pas caché le tout. L'observation ne dura qu'une demi-heure. La grandeur qu'avoit l'étoile, au commencement de l'observation diminua : elle vint à n'avoir plus que celle d'une étoile de la seconde grandeur ; & son éclat égal d'abord & semblable à celui de Vénus, ne fut plus sur sa fin que comme celui d'un charbon ardent. Quand elle alla par la courbe ondée, l'éclat fut inégal dans les élévations & les abaissemens, & plus uniforme dans les autres courbes qui approchoient plus d'une droite.

Il est d'autres météores, qui, pour n'être pas ignées, ou au moins pour ne présenter aucun phénomène d'ignition, n'en sont pas moins surprenans, ni moins propres à exciter la terreur. Tel fut celui qu'on observa le 27 Octobre 1751, dans la Paroisse de Pittis en Finlande, au hameau de Swenke-by. On y entendit, vers les dix heures du soir, par un tems calme & doux, un bruit sourd suivi de deux éclats, dont le premier fut si fort, que la terre & les maisons tremblèrent. Plusieurs personnes s'imaginèrent que les magasins à poudre avoient sauté. On entendit dans la nuit trois autres éclats, mais plus foibles que le premier, assez forts cependant pour ébranler les maisons. On ne vit ni feu ni fumée, & on ne sentit aucune odeur extraordinaire.

Le 5 Novembre, à neuf heures du soir, par un tems serein, on entendit un bruit suivi de trois éclats pareils aux précédens. Un homme qui étoit dehors fut un peu soulevé de terre.

La nuit du 9 au 10, on entendit deux autres éclats. Le 18, depuis une heure jusqu'à sept heures du matin, on en compta quatorze. Les ustensiles suspendus contre les murs furent ébranlés & tombèrent.

M. *Holtusen* qui étoit dans ce hameau avec une Compagnie du Régiment de Joenkeping, non-seulement confirme ces phénomènes, & ajoute de plus que le 11 Décembre, vers les huit heures du matin, on entendit comme un bruit souterrain qui passoit sous la maison, du sud-ouest au sud-est. Elle en fut ébranlée à-peu-près comme il arrive dans l'hiver lorsque les glaces fondent.

Le 14 Décembre, un nouvel éclat fit trembler la maison vers les sept heures du matin, & tomber le bois arrangé dans la cheminée. Il y en eut quatre le 25, à trois heures après midi, par un tems nébuleux & doux. Ces bruits ne furent point entendus dans les villages situés à une demi-lieue de là, & on ne trouva aucune ouverture dans les champs voisins de ce hameau.

Quoique les météores aqueux, les brouillards sur-tout, soient trop communs & trop connus pour nous offrir quelque chose de merveilleux, il en est cependant quelques-uns de si extraordinaires, qu'ils méritent qu'on en conserve la mémoire.

Le 8 du mois de Novembre 1775, il y eut le matin, à Hambourg, un brouillard si épais, qu'on ne pouvoit distinguer les objets à quatre pas de distance. Les chevaux & les voitures ne pouvoient s'éviter, & se mêloient ou s'entrechoquoient même dans les rues les plus larges. Les Paysans s'égaroient de rues en rues sans pouvoir trouver la porte par laquelle ils vouloient s'en retourner, & les Habitans de la ville n'ofoient fortir de leurs maifons, dans la crainte de s'expofer à quelqu'accident. Une circonftance remarquable, c'eft que vers les deux heures après midi, le foleil fe montroit fans nuage près de la Bourfe & du Port, tandis que le brouillard devenoit plus épais dans d'autres quartiers. A cinq heures du foir, ce météore s'éleva & forma vers le fud un nuage noir, très-étendu en longueur, mais fort étroit. La nuit fuivante, il tomba une pluie très-forte; il y avoit près de quarante ans qu'on n'avoit obfervé un pareil phénomène à Hambourg. On en avoit vu un femblable à Paris en 1767 ou en 1768. Si nous avions tenu compte alors de cette obfervation, nous pourrions peut-être affurer que le brouillard fut encore plus fort que celui dont nous venons de parler.

MOFFÈTES. On donne ce nom général à des exhalaifons, des vapeurs dangereufes, qui s'élèvent de certains corps & de différens endroits, & qui attaquent le principe de la vie dans ceux qui les refpirent. De tout tems les Naturaliftes & les Phyficiens ont connu ce principe deftructeur, & ont indiqué les endroits où il fe trouve communément, tels que les mines, les cavernes, les endroits où on établit une grande quantité de fubftances végétales en fermentation, &c. mais ce n'eft que dans ces derniers tems qu'on a découvert la nature & les propriétés de ces fortes d'exhalaifons; ce n'eft que depuis les immenfes travaux du Docteur *Priefley* fur les différentes efpèces d'air fixe, qu'on eft

parvenu à diftinguer & à ranger dans leur véritable claffe ces principes malfaifans, produits de
la décompofition de différens mixtes.

On favoit de tout tems que les mines de
charbons font plus fujettes que toute autre à
produire de ces fortes d'exhalaifons ; & avant
qu'on les connût plus particulièrement, & qu'on
pût affigner à quelle efpèce particulière d'air
elles appartiennent, on les avoit déjà très-bien
diftinguées en trois claffes différentes, non qu'on
connût que c'étoient véritablement des exhalaifons différentes de leur nature, mais feulement
par les effets différens qu'elles produifoient ; car
on les regardoit comme le même & unique
principe fous trois états différens, & on difoit
qu'il falloit diftinguer trois degrés de la même
exhalaifon, ou vapeur, la *commune*, l'*étouffante*
& l'*enflammée.*

Ils appelloient vapeur commune cette exhalaifon fouterraine, qui, fortant de la terre, féjourne dans les antres fouterrains & dans les cavités où les ouvriers travaillent. Elle eft, dit-on,
quelquefois fi forte, qu'elle éteint les chandelles,
& qu'ils font obligés de quitter le travail. Cependant ils la refpirent fans étouffer. Quelquefois, ajoute-t-on, elle eft produite par leur propre
tranfpiration, & par leurs fueurs trop abondantes.
On a remarqué que les ouvriers ainfi échauffés
par le travail, en paffant devant la chandelle,
l'éteignoient par leur propre tranfpiration. Souvent cette vapeur fe fait fentir d'un côté du
fouterrain, & eft abfolument infenfible d'un
autre : très-fouvent elle règne fur toute l'étendue
de la voûte, de façon que la chandelle reftera

allumée,

allumée, pourvu qu'on ait soin de la poser par terre. Mais si on l'élève, & si on l'expose à la vapeur qui remplit la région supérieure, elle s'éteint aussi-tôt.

Outre les soupiraux qui servent à purifier l'air en le renouvelant, on est souvent obligé pour le purifier convenablement, d'allumer des feux dans les souterrains. Souvent le mouvement des écopes suffit pour mettre la vapeur en mouvement. Quelquefois aussi, lorsqu'elle approche de l'ouverture de la mine, les ouvriers l'agitent exprès pour la faire monter, autrement elle séjourneroit, & elle ne s'éleveroit pas.

La vapeur étouffante, qu'on regardoit comme un degré plus fort de la vapeur dont nous venons de parler, & qui effectivement ne paroît être que cette vapeur plus abondante & plus condensée, est une exhalaison très-dangereuse. Personne ne peut entrer dans l'endroit où elle règne, qu'il ne soit étouffé sur le champ. On a remarqué que le corps de ceux à qui ce malheur arrive, se gonfle & s'enfle de la même manière que celui de ceux qui ont avalé du poison. Cette vapeur, ajoute-t-on dans le Mémoire d'où nous tirons cette observation, ne règne que rarement dans les mines d'Angleterre; mais lorsqu'elle y survient, la première personne qui y entre en est la victime. Pour savoir si la vapeur est dissipée, & s'il n'y a plus de danger à encourir, on y descend des animaux, ou plus communément une chandelle, qui ne manque pas de s'y éteindre, lorsque cette vapeur y subsiste encore.

Quant aux effets de la vapeur enflammée, ils sont on ne peut plus terribles. C'est une exha-

laifon qui fort du minéral, ou des ouvertures qui
fe trouvent dans ce même minéral. Elle s'échappe
quelquefois tout enflammée, & quelquefois fous
la forme d'une fumée qui s'embrafe d'elle-même,
& qui acquiert un degré de force & d'activité fi
confidérable, que rien ne peut lui réfifter. Il y
a quelques années que dans les mines de New-
caftle, trois hommes furent fi cruellement frappés
de cette vapeur, que leurs membres furent féparés de leurs corps. On remarque que ce terrible
météore parcourt ordinairement la partie fupérieure des cavités. Si les ouvriers ont le bonheur
de le voir fortir du minéral, ils peuvent fe garantir de fes effets, en fe jettant tout de fuite
ventre à terre. Dans quelques mines du Comté
de Lancaftre, il y a une efpèce d'exhalaifon que
les ouvriers nomment auffi vapeur enflammée :
pour la détruire, ils payent un homme qui fe
couvre depuis les pieds jufqu'à la tête d'un *paltot*
de gros drap bien mouillé, où il n'y a que deux
trous vitrés, qui répondent aux yeux, afin de
pouvoir fe guider dans la mine avec une chandelle allumée. Il fe couche à terre, & attend
ainfi la vapeur qui parcourt la mine fous la forme
d'un petit nuage rond, de la groffeur d'une
veffie. Il y porte fa chandelle : le nuage prend
feu, en éclatant, & met dans un mouvement
très-violent tout l'air de la mine, qui retentit
fortement de cette explofion. Si on manque de
faire à tems cette opération, la vapeur fe groffit
des nouvelles exhalaifons qui fortent de la terre :
elle forme un nuage fi confidérable, qu'on ne
peut le faire éclater, qu'en courant de très-grands
dangers.

Mais laiſſons de côté les généralités que nous pourrions étendre davantage ſur ces ſortes de moffètes, pour nous occuper de faits véritablement ſurprenans qu'elles nous ont offerts en différens tems. Parcourons les Mémoires & les obſervations qu'on a recueillis ſucceſſivement, & nous en trouverons qui méritent de trouver ici leur place.

On lit dans les Tranſactions Philoſophiques, qu'en 1677 on travailloit à une mine de charbon en Angleterre, & on y travailloit par quatre endroits différens, mais aſſez près les uns des autres. Il y avoit trois ouvertures rangées en ligne droite, & on voyoit de tems en tems ſortir de celle du milieu une vapeur enflammée, qui faiſoit autant de bruit que le tonnerre, & qu'on nommoit, à cauſe de cela, *vapeur fulminante*. Le jour de la Pentecôte de cette même année, un des travailleurs allant chercher un de ſes outils, avec une chandelle allumée à la main, & approchant du fond de la caverne, ſe trouva tout-à-coup environné de flammes; ſon viſage, ſes mains, ſes cheveux, ſes habits, furent brûlés, & il entendit en même-tems quelque petit bruit. Depuis ce moment il y en eut de plus maltraités que lui. Quelques-uns en ont été repouſſés avec force, & ont eu la tête caſſée & le corps tout froiſſé. Mais ce qu'il y a de ſingulier dans cet accident, c'eſt que,

1°. Tous ceux qui étoient dans la même caverne, tandis qu'elle étoit en feu, n'entendirent pas un bruit plus grand que celui d'un coup de fuſil, au lieu que ceux qui étoient dans les cavernes voiſines, ou ſur la terre, près de la mine,

entendirent comme un grand coup de tonnerre.
On dit même que la terre trembla, & que ceux
qui accoururent à la mine pour voir ce que
c'étoit, sentirent une puanteur de soufre insupportable, & une chaleur étouffante, comme
celle qu'on sent à l'entrée d'un four à demi-
échauffé.

2°. On vit voler en l'air à une hauteur très-
considérable mille petits éclats de charbon.

3°. Ce ne fut qu'après l'embrasement de la
vapeur, qu'on sentit l'odeur de soufre.

4°. La flamme persista plusieurs minutes dans
la voûte après l'explosion.

5°. La couleur de la flamme étoit quelquefois
bleue, très-brillante, & quelquefois verte.

6°. Quoiqu'on ne sentît point la puanteur du
soufre avant l'inflammation de la vapeur, les
habits de ceux qui travailloient dans les cavernes
voisines en furent infectés.

Le Docteur *Lucas Herdyson* décrit ces sortes
de vapeurs d'une manière assez curieuse, telles
qu'il les a observées dans les mines de charbon
de Newcastle.

Ce feu, dit-il, est quelquefois si proche de la
surface de la terre, qu'on peut y allumer une
chandelle, & souvent à la profondeur de plusieurs toises.

Il augmente où il diminue selon la quantité
d'alimens, qui est une matière blanchâtre qui se
trouve sous le premier lit de la carrière de
charbon.

On n'y trouve de soufre, ni de ses fleurs, ni
de sel ammoniac, qu'après que le feu y a
passé.

Bien que les fleurs de soufre s'élèvent les premières, ces vapeurs font toujours mêlées avec du sel ammoniac qui est volatil.

Après que le soufre & le sel ammoniac se font dissipés, la partie acide de cette matière blanchâtre, qui donnoit, dans sa dissolution, la moitié de son poids d'alun crystallin, s'évapore aussi à mesure que le feu augmente, & on ne trouve que le *caput mortuum*, ou terre stiptique endurcie en pierre.

Aucune des sources, qui font près de ces feux, ni les autres du pays, n'ont aucune faveur qui fasse soupçonner du sel ammoniac; mais elles paroissent tenir du vitriol.

Le charbon de terre produit le sel ammoniac par l'action du feu; & le Docteur assure en avoir amassé une très-grande quantité dans les fourneaux de briques qu'on chauffe avec du charbon de terre.

Les mines d'étain de Cornouailles produisent des vapeurs de cette espèce. Voici une relation exacte de ce que le Sur-Intendant de cette mine y observa. Etant descendu en-bas au niveau du fond de la mine, mais à quelque distance de l'endroit où les ouvriers travailloient, il vit dans un coin qui étoit négligé, ou plutôt épuisé, puisqu'autrefois on y avoit travaillé, un petit globule de vapeur blanche, du volume d'une noix, qui s'agitoit sur la surface. Il jugea que c'étoit le commencement d'une exhalaison. Il résolut de couper racine au mal dans son origine. Il y fit mettre le feu, ce qui causa une explosion considérable, & remplit toute la cavité de la mine, sans y causer le moindre dommage. Peu

de jours après étant revenu au même endroit,
il y vit un autre globule qui s'y étoit encore
formé. Comme il n'avoit résulté aucun incon-
vénient du premier, l'Entrepreneur résolut de
laisser celui-ci quelque tems sans y mettre le
feu, afin d'observer le progrès de la Nature
dans la formation de ces vapeurs. En conséquence il descendit tous les jours dans la mine,
& il y vit ce globule flottant qui augmentoit de
volume. Le quatrième jour, il étoit de la grosseur
d'une balle de raquette; le quinziéme, de la
grosseur de la tête d'un homme, toujours d'une
forme globulaire, & plus blanc qu'au commencement. Ce qui est remarquable, c'est qu'à mesure qu'il grossissoit, au lieu de plonger vers la
terre comme au commencement, & comme on
auroit pu l'attendre, il s'élevoit en l'air. Au reste,
comme il étoit dans un coin, & hors du chemin
des ouvriers, il n'incommodoit personne. Cependant l'Entrepreneur effrayé du progrès qu'il
lui voyoit faire, se prépara à y mettre le feu.
A cet effet il fit retirer les ouvriers, & mit le feu
à la vapeur avec une lumière attachée à une
corde de vingt-huit verges de longueur. Le
bruit de l'explosion fut aussi considérable que
celui de plusieurs canons qui feroient feu ensemble.

L'air s'enflamma jusqu'à l'endroit même où
étoient les ouvriers, quoiqu'à la distance que
nous venons d'indiquer. Ils crurent ne revoir
jamais le jour, tant ils furent effrayés du bruit
horrible des pierres qu'ils virent rouler & tomber
d'en-haut. Par bonheur ils trouvèrent que ce
n'étoit que quelques masses de rocher qui

n'avoient point fermé le paſſage. Cependant cet événement fit tant d'impreſſion ſur l'Entrepreneur, qu'il réſolut de ne plus deſcendre dans la mine ; & il fit très-prudemment, car de dix-huit ouvriers qui y étoient alors, il fut le ſeul qui ſe ſauva, les autres périrent.

Cette mine communiquoit avec deux autres qui avoient été exploitées long-tems auparavant, & tous les paſſages avoient été comblés & remplis. Toutes les fois qu'on y avoit fait quelque ouverture, il en étoit ſorti des exhalaiſons empoiſonnées qui avoient penſé ſuffoquer les Mineurs. Il eſt vraiſemblable que quelqu'un de ces malheureux avoit frappé de ſon pied ou autrement dans quelques-unes de ces cavernes abandonnées, & que la vapeur dont elles étoient remplies ayant pris feu à leur lumière, les avoit fait tous périr. L'Entrepreneur dans ce moment étoit au haut du paſſage de la mine, dont l'ouverture étoit couverte d'un ouvrage de charpente aſſez fort pour ſoutenir les poutres, les échelles, & les autres machines pour le ſervice de la mine. Il entendit un bruit beaucoup plus conſidérable que ne ſeroit la décharge de mille canons à la fois ; & au même inſtant il vit ſortir de la mine une colonne de feu de couleur de celui du ſalpêtre, qui s'éleva à la hauteur de quarante pieds, & qui étant tombée ſur une chaumière du voiſinage, l'écraſa, en tua le propriétaire & eſtropia toute ſa famille. Près de-là on trouva le corps d'un de ces Mineurs, qui s'étoit ſans doute rencontré à l'ouverture de la mine. Cette ouverture étoit comblée de morceaux de rocher, qui avoient été fendus & mis en pièces par le feu.

G iv

Sans être inflammables, ces fortes de vapeurs peuvent être très-méphitiques. Telles font celles qui s'élèvent dans la mine de cuivre de *Quekne*. On tire de cette mine, dit M. *Browal* dans les Mémoires de l'Académie de Stockholm, des pyrites de cuivre & des pyrites de foufre, qui contiennent peu d'arfenic. Les exhalaifons en font dangereufes. Ceux qui en ont été furpris, & qu'on a fecourus à tems, affurent que ces exhalaifons paroiffent fous la forme d'une vapeur blanche, dont on fent d'abord l'effet par un goût douceâtre fur les lèvres. Elle commence par attaquer les oreilles & les yeux. On perd la vue & l'ouie : les membres privés de force deviennent roides, en commençant par les extrémités. La refpiration devient difficile, la foibleffe augmente, tout fentiment fe perd. On emploie contre cet accident le vinaigre & la thériaque, mais quelquefois inutilement.

On retira de cette mine le corps d'un Infpecteur qui y étoit refté pendant trois jours. Ses habits avoient une forte odeur de charbon ; le fang étoit forti par le nez & par la bouche ; la peau des genoux étoit fendue ; le corps étoit d'abord tout bleu ; mais en le lavant, on emporta cette couleur, & il devint blanc comme auparavant ; la chair étoit auffi molle que celle d'un homme vivant. La femme qui le lava ne put en fupporter l'odeur ; elle tomba en foibleffe. On affure qu'il fe forme une pellicule bleue fur l'eau, qui féjourne dans cette mine, & que dès qu'on la remue, il en fort des vapeurs empoifonnées qui éteignent la lumière.

Les puits, les foffes d'aifance, les caves,

en général les lieux fouterrains, la terre elle-même à une certaine profondeur, produifent ou mieux laiffent fouvent exhaler des vapeurs plus ou moins méphitiques de différens caractères & de différentes efpèces. Nous en donnerons quelques exemples fuffifans pour nous infpirer la prudence avec laquelle nous devons vifiter ces fortes d'endroits en quantité de circonftances.

Un enfant étant defcendu à Florence, dans un puits prefque rempli de fumier, y mourut fur le champ. Un jeune homme accourut pour foulager le premier, & il mourut pareillement, de même qu'un chien qu'on y jetta pour avoir la plus grande certitude de la malignité des exhalaifons qui s'y élevoient.

Un homme, dans la Franconie, voulant vuider un puits qui avoit été bouché pendant long-tems, y périt fur le champ, ainfi que plufieurs autres qui voulurent lui porter du fecours.

Sous le Pontificat de Grégoire XIII, plufieurs perfonnes étant defcendues les unes après les autres dans un puits de la ville de Rome, dans lequel il s'étoit amaffé, depuis long-tems, une très-grande quantité de limon, elles furent toutes fuffoquées. On y alluma des feux à plufieurs reprifes, & l'air fe purifia.

Le D. *George Hanneus* rapporte que la difette d'eaux ayant obligé pendant l'été de 1693, un particulier de Bergen en Norwège, à faire ouvrir un puits qui étoit fermé depuis quelque tems, une fervante entreprit, le 19 Juillet, d'y defcendre à l'aide d'une échelle pour y puifer de l'eau; mais à peine eut-elle mis le pied fur le troifième ou fur le quatrième échelon, qu'elle remonta précipitamment, en difant qu'elle étoit fuffoquée par la chaleur qui s'élevoit de ce puits, & par l'odeur fulfureufe & fétide qu'elle y avoit fentie. Une autre fervante plus hardie prit le fceau, defcendit quelques échelons, & tomba morte à l'inftant. Le maître de la maifon ayant voulu la fecourir, eut le même fort : deux voifins accoururent fucceffivement, & voulurent bien rifquer leur vie pour tâcher de fauver celle de ces miférables ; mais ils n'eurent pas plutôt touché leurs corps infectés des vapeurs peftilentielles qui s'élevoient de ce puits, qu'ils furent pareillement fuffoqués, mais le D. *Hanneus* ne nous dit rien des moyens qu'on employa pour remédier à cet accident, ou fi on fut obligé de combler & de fermer ce puits.

On lit, dans les Mémoires de l'Académie, pour l'année 1701, un phénomène de même genre. Il y avoit alors trois ou quatre ans qu'on avoit creufé un puits à Rennes en Bretagne, près la porte Morlaix, dans lequel un Maçon, qui travailloit auprès, avoit laiffé tomber fon marteau. Un homme de journée qui voulut le repêcher y étant defcendu, fut étouffé en approchant de l'eau. Un fecond, qui y alla pour retirer le premier, eut la même deftinée. Il en fut de même d'un troifième. On y fit defcendre un quatrième à demi-ivre & bien lié, à qui on avoit recommandé de crier dès qu'il fentiroit quelque chofe qui l'incommoderoit. Il cria en effet dès qu'il fut près de l'eau, & on le retira promptement ; mais il mourut trois jours après. On fut de lui qu'il avoit reffenti une chaleur qui lui brûloit les entrailles. On y defcendit un chien, qui cria au même endroit, & mourut après avoir été retiré. Quand on jettoit de l'eau sûr ce chien mourant, il revenoit comme ceux qu'on mène dans la fameufe grotte de Naples, dont nous ferons mention plus bas.

On retira les trois cadavres avec des crocs ; on les ouvrit, mais on ne put rien découvrir qui indiquât la caufe de leur mort. Ce qu'il y a de plus furprenant ici, ajoute l'Hiftorien de l'Académie, c'eft que ce ne fut point des terres nouvellement remuées qui caufèrent cet accident, & qu'on buvoit tous les jours des eaux de ce puits fans en reffentir aucune incommodité.

En 1731, il arriva des accidens de ce genre au village de Campoufi, Diocèfe d'Alais en Languedoc. On y remua les immondices d'un puits, & elles furent pareillement funeftes à tous ceux qui y defcendirent.

Le même accident furvint en 1737, chez les Religieufes Urfulines de S. Denis. Elles firent nettoyer un puits. Ceux qui le fouillèrent tombèrent morts fur le champ les uns fur les autres.

Une vapeur auffi malfaifante fe fit fentir en 1756, dans une cave de S. Ouent, village près Paris. La nuit du jeudi au vendredi 2 Juillet de l'année que nous venons d'indiquer, il furvint un grand orage. *Sébaftien Corneille*, du village ci-deffus nommé, avoit fait un trou au milieu de fa cour, qu'il avoit rempli de fumier. Vers les deux heures du matin, ce Payfan fe leva pour voir fi la quantité d'eau qui tomboit ne pénétroit point dans fa cave, parce que la porte étoit baffe, & vis-à-vis le trou du fumier ; il y defcendit, & il y tomba mort fur le champ. Sa femme defcendit peu de tems après lui, & eut le même fort.

Le fils & la fille appellèrent du fecours : les voifins accoururent : fix perfonnes furent enfévélies dans cette cave. On parvint cependant à en rappeller cinq à la vie par les fecours qu'on leur donna.

Quoique différente par la caufe qui la produifit, cette vapeur fut auffi mortelle que celle qui s'éleva dans la cave d'un Boulanger de Chartres, & dont il eft fait mention dans les Mémoires de l'Académie. Voici le fait :

Un Boulanger de Chartres avoit mis dans fa cave, qui avoit trente-fix marches de profondeur, & étoit bien voutée, fept à huit poinçons de braife de fon four. Son fils, fort & robufte, allant y porter encore de nouvelle braife, une chandelle à la main, cette chandelle s'éteignit à la moitié de l'efcalier. Il remonta, la ralluma & redefcendit. Lorfqu'il fut au bas de la cave, il cria & demanda du fecours, après quoi on ne l'entendit plus. Son frère auffi fort que lui, defcendit, cria de même, puis ceffa de crier. Sa femme defcendit après lui, une fervante après elle, & ce fut toujours la même chofe. Un accident auffi étrange émut le voifinage ; mais perfonne ne fe preffa de defcendre. Il n'y eut qu'un voifin plus hardi, qui ne croyant pas ces perfonnes mortes, ofa leur porter du fecours. Il cria & on ne l'entendit plus. Un paffant, homme fort & vigoureux, demanda un croc pour tirer quelqu'un fans defcendre jufqu'au bas : il retira la fervante, qui pouffa un foupir après avoir pris l'air. On la faigna auffi-tôt, mais le fang ne vint point, & elle mourut fur la place.

Le lendemain, un homme de la campagne, ami du Boulanger, dit qu'il retireroit tous ces corps avec un croc ; mais de peur de se trouver mal sans pouvoir remonter, il se fit descendre dans la cave avec des cordes sur un poulain de bois, & on devoit le retirer si-tôt qu'il crieroit. Il cria bien vîte ; mais comme on le remontoit, la corde cassa malheureusement, & il retomba. On la renoua le plus promptement possible, mais on ne le remonta que mort. On l'ouvrit : il avoit le cerveau sec, les méninges extrême-ment tendues, les poumons tachetés de marques noires, les boyaux enflés, gros comme le bras, enflammés & rouges comme du sang ; & ce qui étoit plus particulier, tous les muscles des bras, des cuisses & des jambes comme séparés de leurs parties.

Le Magistrat prit connoissance de cet événe-ment pour l'intérêt public, & fit défense qu'au-cun descendît dans la cave jusqu'à ce qu'on eût eu les avis des Médecins & des Chirurgiens, & même des Maçons. Il fut conclu que la braise étoit mal éteinte, & on avisa à jetter une grande quantité d'eau, & pour éteindre cette braise & pour précipiter, disoit-on, les vapeurs malignes. Cela fut exécuté, & au bout de quelques jours, on descendit un chien lié sur une planche, avec une chandelle allumée. Le chien ne mourut point, la chandelle resta allumée, signes certains que le péril étoit passé. On retira les morts, mais si corrompus & si enflés, qu'il ne fut pas possible d'en faire la visite.

Les fosses d'aisance sont assez souvent remplies de vapeurs & d'exhalaisons de ce genre, qui pro-viennent de la décomposition des matières de dif-férentes espèces qui s'y accumulent. On sait qu'il eſt arrivé nombre d'accidens plus fâcheux les uns que les autres, & que pluſieurs vuidangeurs, ſur-tout à Paris, ont été ſuffoqués par ces ſortes d'ex-halaiſons au moment où on a fait l'ouverture de ces ſortes de cavités pour les nettoyer. Auſſi eſt-on dans l'uſage de les laiſſer un certain tems ouvertes avant de s'expoſer à y deſcendre : les vapeurs s'ex-halent, l'air atmoſphérique s'y précipite, & elles ſont alors praticables. On donne le nom de *plomb* à ces ſortes de vapeurs méphitiques. Voici un fait mémorable arrivé le 10 Octobre 1778, à dix heures du ſoir, & bien différent de ceux qu'on remarque habituellement dans ces ſortes d'en-droits, quoique du même genre.

La femme d'un Epicier demeurant à Paris, rue de la Cornette au Gros-Caillou, jetta par le ſiége d'une foſſe d'aiſance un papier allumé. Elle fut à l'inſtant environnée de flammes, qui rem-plirent tout l'intérieur du cabinet, mirent le feu à ſa coiffure, & firent impreſſion ſur ſon viſage & ſur ſes mains ; effet que l'air inflammable n'eût pas produit, s'il n'avoit été reſſerré par le local. Une chandelle qui étoit dans le cabinet, fut éteinte. Les matières firent exploſion & remon-tèrent juſqu'au plafond ; à un ſifflement conſidé-rable ſuccédèrent un bruit ſouterrain & une com-motion ſi prodigieuſe, que les maiſons voiſines en furent ébranlées, & firent ſoupçonner un vrai tremblement de terre. La clef de la foſſe fut caſ-ſée dans toute ſa longueur, & ſoulevée. Tous ces phénomènes ſe paſsèrent dans le même inſ-tant. Le dernier fut une odeur ſulfureuſe très-forte, qui ſe répandit & perſiſta pendant pluſieurs jours dans le quartier.

En 1771, une vapeur de même espèce s'étoit allumée dans la cave d'un foſſoyeur de Breſlau. Il étoit accompagné de ſa fille, & deſcendit avec elle ayant une chandelle allumée à la main, dans un caveau où il renfermoit des poules & des lapins. Il alloit leur porter de la nourriture. A peine eut-il ouvert le ſouterrain, qui ne recevoit de jour & d'air extérieur que par la porte, qu'il en ſortit un vent très-fort qui agita ſa lumière, qu'il conſerva cependant. Il entra néanmoins dans la cave avec cette fille, ferma la porte ſur lui; & quoique le vent ne ſe fît plus ſentir, ſa chandelle s'éteignit. Il apperçut une flamme ſerpentant le long des murs, s'avançant de ſon côté, & rempliſſant le caveau de fumée. Ses mains qu'il voulut porter devant ſes yeux, furent brûlées. Il ſortit avec ſa fille; & en ſortant & fermant la porte, ils ſentirent un feu ſubtil qui s'attachoit à leurs jambes. Ce feu les endommagea beaucoup, & les fit tomber. Ils entendirent en même-tems un bruit ſourd & ſemblable à celui du tonnerre. On remarqua que le ciel étoit très-ſerein ce jour-là, & qu'il n'y avoit point eu d'orages dans les environs. On trouva dans le caveau la plupart des lapins morts, & ceux qui vivoient encore étoient preſque tous grillés, comme s'ils avoient paſſé à travers un grand feu. Les poules perchées ſur des lattes, avoient les plumes à demi-brûlées. Le foſſoyeur & ſa fille en furent fort incommodés, & furent dans le plus grand danger de perdre la vie.

Ces moffètes dangereuſes & peſtilentielles s'élèvent quelquefois de terre, & ſuffoquent ceux qui les reſpirent. Le fait ſuivant eſt, à la vérité, on ne peut plus rare, & nous l'attestons d'après le témoignage de M. *Morand*, qui en fit part à l'Académie Royale des Sciences, en 1755.

Une femme, dit-il, du village de la Bonne-Vallée, près de Vintimille, âgée d'environ trente-sept ans, revenoit avec quatre de ses compagnes de la forêt de Montenère, toutes chargées d'un fagot de feuilles qu'elles venoient d'y ramasser. Aussi-tôt qu'elles furent arrivées à un endroit qu'on nomme Gargan, celle dont nous parlons, & qui se trouvoit alors précédée de deux de ses compagnes, & suivie de deux autres, fit un cri assez fort, & tomba le visage contre terre, sans que les plus proches d'elle eussent pu remarquer autre chose, qu'un peu de poussière qui s'éleva autour d'elle, & un certain mouvement de petites pierres. Elles coururent à l'instant à son secours ; mais elles la trouvèrent morte. Ses habits, jusqu'à ses souliers, comme coupés par bandes, & jettés à cinq ou six pieds de son corps, en sorte qu'elles furent obligées de l'envelopper dans un drap pour la porter au village.

A l'inspection du cadavre, on trouva les yeux fermés & livides, une blessure à la partie gauche de l'os frontal, qui mettoit le péricrâne à découvert, & plusieurs égratignures superficielles au visage, qui, toutes, étoient en ligne droite.

La région lombaire étoit livide ; on y observa une blessure, avec fracture de l'os sacrum. Il y avoit à quelque distance de celle-ci une autre blessure, & toutes deux étoient en ligne droite & très-profondes. On voyoit à l'aine gauche une blessure qui déchiroit les tégumens, & pénétroit jusqu'à la poitrine. La région épigastrique

&

& hypogaſtrique avoit une couleur livide, qui s'étendoit juſqu'à la ligne blanche. Les tégumens & les muſcles du côté droit de l'abdomen étoient détruits, & avoient donné paſſage aux inteſtins. Le pubis étoit découvert & fracturé. La perte des chairs s'étendoit juſqu'à la hanche, d'où la tête du fémur avoit été chaſſée, & miſe hors de ſa cavité. Les muſcles de la feſſe & de la cuiſſe étoient emportés en grande partie, & ce qui eſt plus ſingulier, c'eſt que malgré cette grande déperdition de ſubſtance charnue, qui pouvoit bien aller à ſix livres, on ne trouva dans le lieu où l'accident étoit arrivé, aucune goutte de ſang, ni le plus petit morceau de chair.

Il y a apparence, dit M. *Morand*, qu'elle avoit été tuée par une vapeur ſouterraine, qui partit de l'endroit où elle ſe trouvoit. Cela eſt d'autant plus vraiſemblable, que, vers le ſommet de la montagne de Montenère, il y a deux trous deſquels on voit ſortir de tems en tems de la fumée, & qu'au pied de la montagne on obſerve une fontaine ſulfureuſe. Il eſt donc plus que probable, ajoute ce ſavant Académicien, qu'une exhalaiſon pouſſée par le feu qui brûle ſous la montagne, ſe ſera fait jour à travers le terrein, & aura produit les effets indiqués.

Quelle dut être la nature de cette vapeur, ou de cette exhalaiſon, pour produire des effets auſſi étonnans ? Ce ne fut point ſans contredit de l'air fixe, qui eût ſeulement ſuffoqué la femme, ſans attaquer ſes vêtemens, & produire des effets auſſi conſidérables ſur les différentes parties de ſon corps. Ce ne fut point non plus de l'air inflammable, puiſque celles qui furent

<table><tr><td>Tome II.</td><td>H</td></tr></table>

témoins de ce phénomène, n'apperçurent aucune flamme, & que d'ailleurs il n'y eût sans doute eu que ses vêtemens qui eussent été maltraités par cette flamme, & peut-être quelques parties de son corps simplement grillées. Il faut donc qu'il existe encore d'autres exhalaisons que nous ne connoissons point, ou que ce soit une matière électrique qui se sera élancée de la terre dans l'atmosphère, & qui comme la matière du tonnerre, dont elle ne diffère aucunement, est capable de produire les effets les plus bizarres; mais il n'y eut ni flamme, ni explosion, & c'est ce qui rend ce phénomène encore plus merveilleux.

Si nous ne pouvons indiquer la nature de cette exhalaison mortelle échappée de la surface du globe, nous savons, par nombre de faits que nous pourrions rapporter, que dans les endroits remplis de pyrites, qui se décomposent par l'acide vitriolique qui circule dans l'intérieur du globe, il se dégage une vapeur méphitique, qui attaque singulièrement le principe de la vie animale : mais nous savons aussi que cette vapeur n'est pas différente de l'air fixe, dont on connoît actuellement les propriétés. Pour ne donner qu'un seul exemple de ce genre, mais suffisant, nous nous en tiendrons à ce qu'on voit tous les jours arriver dans la fameuse *grotte du chien*, ainsi nommée, parce que c'est un malheureux chien qui sert habituellement à en faire l'épreuve.

Cette grotte est située entre Naples & Pouzolle, auprès du lac d'Agnano. Elle étoit déjà connue par ses effets du tems de *Pline*, car il en parle dans le onzième livre de son Histoire Naturelle, où au moins il parle d'une fameufe moffète connue de fon tems; & la manière dont il en parle, & la fituation qu'il lui donne, fe rapporte parfaitement à celle où fe trouve actuellement cette fameufe caverne. Elle eft au déclin d'une petite colline; elle a huit pieds de hauteur, fur douze de longueur, & fix de largeur. La terre y exhale une vapeur fubtile qu'on diftingue même à l'œil. On ne peut dire qu'elle vienne de différentes fources, dont l'éruption fe faffe tantôt d'un côté, tantôt d'un autre; mais elle fort d'une manière continue, & fe répand uniformément çà & là fur toute la furface du pavé. Ce qu'elle a de fingulier, & ce qui la différencie des autres vapeurs, c'eft qu'elle ne s'élève & ne fe diffipe point dans l'air; mais après s'être un peu élevée, elle retombe fur la terre, en forte qu'on pourroit en mefurer la hauteur par les différentes nuances qui colorent les parois de la caverne. Elles font d'un verd obfcur dans la partie occupée par la vapeur vénéneufe; mais au-deffus elles font de la même couleur que la terre ordinaire, à dix pouces de hauteur. Il n'arrive aucun accident à tout animal quelconque qu'on y conduit, pourvu que fa tête fe trouve élevée au-deffus de l'atmofphère de cette vapeur. Mais fi, comme il arrive ordinairement, on tient la tête de l'animal baiffée, & qu'on la faffe plonger dans cet atmofphère, ou qu'il foit naturellement trop bas, pour que fa tête fe trouve élevée au-deffus de cette vapeur, il s'en trouve alors frappé tout-d'un-coup, & il perd le mouvement. Il eft pris de fyncopes, de convulfions, de tremblemens; & de tous les fignes extérieurs de la vie, il ne lui reste qu'une pulsation du cœur & des artères presqu'imperceptible. Encore ces signes ne subsistent-ils pas long-tems ; pour peu qu'il fasse de séjour dans cet atmosphère, il meurt bientôt comme ceux qui font étranglés. Mais si on le retire à tems, & si on le transporte à l'air libre ; il se remet promptement, & plus promptement encore, si on le plonge dans le lac voisin, qui, en resserrant les fibres de la peau, dit le D. *Méad*, agit à la manière d'un bain froid, & rétablit le cours du sang.

Veut-on voir sortir des eaux mêmes ces sortes de vapeurs méphitiques ? En voici d'air inflammable, dont les effets n'en font pas moins surprenans, malgré les connoissances que nous avons acquises sur les qualités de ce fluide, depuis les expériences de M. *Volta*. On lit dans le Journal Encyclopédique, pour le mois de Janvier 1775, que le 30 du mois de Décembre 1774, le nommé *Heiss*, Chasseur, & le Meûnier de Schwendorff, dans le Brisgaw, étant occupés avec plusieurs ouvriers à travailler dans un étang, ils entendirent tout-à-coup un bruit souterrain, & au lieu d'eau qu'ils vouloient faire écouler, il sortit de la partie inférieure une espèce de torrent de feu. Le fils du Meûnier en fut brûlé à la joue droite, & sa sœur par tout le visage, ainsi qu'une fileuse qui étoit près de-là. Ce feu brûla pendant quatre minutes, s'éleva à la hauteur de la maison, dont il enflamma les murailles extérieures, quoique mouillées, mais on réussit à l'éteindre. Il y avoit eu dans cet endroit un tremblement de terre le 11 Septembre précédent.

On avoit observé à Infpruck, au mois d'Octobre précédent, un phénomène affez femblable. On vouloit pêcher un étang qui eft à deux lieues de Stockach. Pour cet effet, on leva l'éclufe, mais l'eau, au lieu de s'écouler fur le champ, comme on devoit s'y attendre, fut quelques minutes dans le plus grand repos. Enfuite elle jaillit en l'air avec la plus grande impétuofité, à la hauteur de douze pieds, & lorfqu'elle fut retombée fur elle-même, il en fortit une fumée épaiffe, mêlée de petites étincelles très-vives, & de flammes affez ardentes pour brûler les cheveux, la peau & les habits de trois perfonnes qui ne s'étoient point retirées à tems. Les pièces de bois de l'éclufe s'allumèrent, & il en auroit peut-être réfulté un incendie confidérable, fi l'eau, prenant alors fon cours, n'eût éteint les flammes & mis fin à ce phénomène.

Prefque toutes les eaux ftagnantes fourniffent de l'air inflammable; mais il s'en échappe fpontanément, fous une forme aérienne, fur-tout lorfqu'on agite la vafe fur laquelle elles répofent, & il faut ordinairement lui préfenter une lumière pour qu'il prenne feu & qu'il s'allume. Il s'eft donc trouvé ici une caufe particulière qui a produit les deux inflammations de ce principe aérien, avant même qu'il fe fût échappé & élancé à travers les eaux, & nous laiffons aux Phyficiens à rechercher quelle peut être cette caufe, qu'ils trouveront fans doute dans une effervefcence occafionnée par la décompofition de quelques fubftances pyriteufes. Uniquement occupés des faits que nous nous fom-

mes proposé d'offrir à leur curiosité, nous re-
marquerons que certaines eaux stagnantes &
croupissantes fournissent encore un principe aérien d'une nature différente de celle du précédent. L'observation suivante en donne une
preuve manifeste.

Au milieu de la ville de Sallies en Béarn,
il y a une source d'eau salée qui remplit deux
fois la semaine un bassin profond de quarante
pieds de diamètre, & qu'on vuide aussi deux
fois, pour en distribuer l'eau avec ordre aux
habitans. Il y a dans chaque maison un réservoir
creusé dans la terre, & destiné à recevoir l'eau.
On l'appelle le puits. C'est une grande cuve
de bois, semblable à celles où l'on met la ven-
dage ; mais elle est fort évasée & couverte d'un
plancher épais, au milieu duquel il y a un trou
assez grand pour laisser passer un homme. C'est
par-là qu'on puise l'eau, pour la faire évaporer
dans des vaisseaux de plomb.

Un particulier revint dans une maison qu'il
avoit abandonnée depuis vingt-neuf ans, voulut nettoyer son puits, dans le dessein d'y faire
du sel. On enfonça à cet effet une petite échelle
par le trou du plancher, & on y fit descendre
un homme qui y tomba mort sur le champ.
Comme on l'appelloit, & qu'il ne répondoit
pas, un second y descendit, & ne put dire
que ces mots, *le cœur me fait mal.* Il expira
à l'instant. Un troisième voulut aller au secours
des deux premiers, & il mourut avant d'être
parvenu au fond. Un quatrième voulut regarder
par le trou, il y enfonça son bras avec une
chandelle allumée. Il sentit une exhalaison si

cuisante à ses yeux, qu'il en demeura aveugle. Il·fut aussi frappé de paralysie au bras, & pensa même perdre la vie. Enfin on enleva tout le plancher de la cuve, & personne n'en fut incommodé. Un peu d'eau salée qui étoit demeurée au fond de la cuve, avoit formé, par succession de tems, une croûte de l'épaisseur du petit doigt, & cette croûte ayant été rompue par le premier qui descendit, avoit exhalé cette vapeur maligne, qui ne produisit plus d'effet sensible, lorsque le plancher fut entièrement ouvert.

Cette observation n'est pas la seule qui nous prouve que l'eau de mer renfermée & croupissante produit des exhalaisons méphitiques on ne peut plus dangereuses. Voici un fait également certain, dont M. *Dupuis*, Médecin de la Marine à Rochefort, rendit compte à M. *Duhamel*, de l'Académie Royale des Sciences, par une lettre qu'il lui écrivit en 1746.

Au désarmement, dit-il, de la Flûte du Roi *le Chameau*, qui revenoit de Cadix, un Matelot ayant débouché une futaille remplie d'eau de mer, qu'on avoit imprudemment bouchée, fut tout-d'un-coup frappé d'une vapeur qui le renversa mort. Six de ses camarades qui étoient dans la même cale, mais un peu plus éloignés de la futaille, furent renversés. Ils perdirent connoissance, & parurent agités de violentes convulsions. Le Chirurgien-Major voulut les aller secourir; mais aussi-tôt qu'il fut entré dans la cale, il s'évanouit & éprouva les mêmes accidens. On les tira tous de ce lieu empoisonné; dès qu'ils eurent pris l'air, ils revinrent. M. *Du-*

puis voulut examiner le cadavre de celui qui
étoit mort : il le trouva tout corrompu & extrêmement enflé. Le fang lui fortoit par le nez, les
narines & la bouche ; mais il étoit fi corrompu,
qu'il ne fut pas poffible d'en faire l'ouverture.

Il eft des moffètes qu'on peut appeller animales, & qui ne font pas moins dangereufes
que les précédentes. Nous en rapporterons
quelques exemples.

Le 7 Octobre 1765, deux Bouchers de l'Hôtel des Invalides, tuèrent chacun un bœuf pour
la provifion de la maifon, & la viande en fut
employée à l'ordinaire pour les Officiers & pour
les Soldats, fans qu'aucun de ceux qui en mangèrent rôtie ou bouillie, en fût incommodé.

Cependant le lendemain, l'un des deux Bouchers, âgé de vingt-fept ans, fe trouva avoir
les paupières bouffies & mal à la tête. L'enflure gagna les joues, le mal de tête augmenta,
la fièvre furvint, & il fut porté en cet état aux
infirmeries de l'Hôtel. Le mal s'accrut confidérablement, & les faignées ne lui procurèrent
d'autre foulagement, qu'une légère diminution
de fon mal de tête. L'émétique, qu'on lui admi-
niftra le quatrième jour, parut lui procurer plus
de foulagement. Il s'étoit élevé aux paupières,
à différens endroits du vifage, des phlictaines
qui menaçoient de gangrène. Cependant les accidens diminuèrent, & il fe trouva fous les phlictaines une efcarre qui vint difficilement à fuppu-
ration. Le malade fut encore émétifé & purgé.
Le 15, l'efcarre tomba & laiffa à découvert une
plaie confidérable, qui fut panfée à l'ordinaire.
Le 20, la cuiffe gauche fut attaquée d'une

douleur vive, & le lendemain pareil accident arriva à la jambe droite. Le bain n'ayant fait qu'augmenter la douleur & le gonflement, on eut recours aux cataplasmes. Les deux dépôts vinrent à suppuration, furent tous deux ouverts, & ne fournirent que du pus semblable à celui que fournit un simple phlegmon. Le malade sortit de l'infirmerie le 3 Janvier, après y être resté près de trois mois.

Le second Boucher ne fut attaqué de la même maladie que deux jours après avoir tué le bœuf. Il fut bien plus maltraité ; car, indépendamment des accidens qui lui furent communs avec l'autre, le gonflement du visage gagna le cou & la poitrine, & y forma un enphysème luisant, qui rendit la peau de ces parties tendue comme un ballon, & qui menaçoit d'une véritable suffocation. M. *Morand* ayant fait ouvrir un des phlictaines du visage, fit appliquer un bouton de feu en cet endroit, pour y occasionner une suppuration, & s'étant apperçu d'un gonflement aux cuisses & aux jambes, il y fit appliquer des véficatoires. Les remèdes, joints aux faignées & à l'émétique qui avoient été adminiftrés d'abord sans beaucoup de succès, eurent tout l'honneur de la cure. Ils firent couler une grande quantité de liqueur, & le malade fortit de l'infirmerie le 8 Décembre, plus de trois femaines avant fon camarade. M. *Morand* voulut remonter à la cause de ces deux fingulières maladies, & voici le rapport qu'il en fit à l'Académie.

Les deux bœufs avoient été visités, suivant l'usage constant de la maison, & on ne leur avoit remarqué aucune maladie. Ils paroissoient seulement un peu fatigués ; ils avoient été assommés & saignés à l'ordinaire. Le sang de ces animaux ne parut en rien différent de celui des autres , & aucun de ces deux Bouchers n'avoit de blessure ouverte par où le sang de ces animaux eût pu pénétrer dans l'intérieur de leur corps. On ne remarqua à l'ouverture des deux bœufs , aucune odeur extraordinaire.

L'Entrepreneur de la boucherie l'avoit été de l'armée dans la dernière guerre , & il apprit à M. *Morand* qu'on avoit souvent tué, pour provision de l'armée des bœufs très-fatigués , sans qu'aucun Officier ou Soldat en eût été incommodé ; mais qu'il étoit quelquefois arrivé que les Bouchers qui les avoient tués, avoient été attaqués de la même maladie que ceux des Invalides , & que quelques-uns en étoient morts.

Cela posé , il n'est pas difficile de voir ce qui est arrivé aux deux bœufs des Invalides. Il y a dans tous les envois qu'on fait à Paris des traîneurs, qui ne suivent les autres qu'à force d'être tourmentés par les chiens , ou par les Toucheurs, & il arrive vraisemblablement à ceux-ci ce qui arrive au cheval surmené. On sait qu'un cheval en cet état est en si grand risque de la vie , que les Loueurs de chevaux ont action pour le faire payer.

Il est donc possible que le corps d'un bœuf tué en cet état étant encore chaud, & peut-être encore plus que son sang, exhale une vapeur pernicieuse, qui affecte ceux qui touchent ce corps, ou qui reçoivent du sang de cet animal sur la peau. Mais quel peut être le degré de malignité

de ces vapeurs méphitiques? & pourquoi atta-
quent-elles principalement le tissu cellulaire?
C'est ce qu'il n'est pas aisé d'expliquer.

Ce qu'il y a de singulier, c'est que la vapeur
des animaux attaqués de la maladie du bétail,
appellée *bouilla pestis*, n'affecte en aucune façon
ceux qui les ouvrent morts ou mourans. Un
Chirurgien-Major en avoit ouvert à lui seul plus
de deux cents, dans la contagion de 1712, sans
en avoir été incommodé. Il y a plus: il paroît par
plusieurs exemples que rapporte M. *Morand*,
que la chair de ces animaux a été mangée sans
aucune incommodité. Il est vrai qu'un seul
exemple, arrivé en Dauphiné, semble insinuer
le contraire; mais il résulte pourtant de toutes
les observations de M. *Morand*, que les bœufs
des Invalides avoient été surmenés & tués avant
qu'ils eussent pu se remettre : que les Bouchers
qui tuent ces animaux en cet état, courent risque
de leur vie, mais que la chair en peut être
mangée impunément, quoiqu'elle dût être plus
saine, si l'animal avoit eu le tems de se refaire.

Ce fait ne fut rapporté à l'Académie qu'un an
après être arrivé, parce que M. *Morand* vouloit
s'assurer si les Bouchers n'étoient menacés d'aucune rechûte. M. *Duhamel*, présent à la lecture
du Mémoire de M. *Morand*, fit part à l'Académie
d'un événement semblable arrivé à Pithivier en
Gâtinois, qui est un assez grand passage de
bœufs.

Dans un troupeau de bœufs du Limosin,
dit-il, qu'on conduisoit à Paris, un des plus
beaux, pesant environ huit cents livres, se trouva
hors d'état de suivre les autres. Sur l'avis des

Marchands & des Bouchers, qui décidèrent qu'il étoit attaqué d'une maladie qu'on nomme *mal à butin*, il fut vendu à un Boucher de Pithivier, qui envoya son garçon le tuer dans l'auberge même. Ce garçon ayant mis son couteau dans sa bouche, pendant quelques momens de son opération, fut, quelques heures après, attaqué d'un épaississement de langue, d'un serrement de poitrine, avec difficulté de respirer. Il parut des pustules noirâtres sur tout son corps, & il mourut le quatrième jour, d'une gangrène générale.

L'Aubergiste ayant eu la paume de la main piquée par un os du même bœuf, il s'éleva en cet endroit une tumeur livide ; le bras tomba en sphacèle, & il mourut au bout de sept jours. Sa femme ayant reçu quelques gouttes de sang sur le dos de la main, il y vint une tumeur dont elle eut peine à guérir. La servante ayant passé sous la fressure du bœuf, qu'on avoit suspendue, reçut quelques gouttes de sang sur la joue : il y vint une grande inflammation, qui se termina par une tumeur noire, dont elle guérit, mais elle demeura défigurée.

Enfin, le Chirurgien de l'Hôtel-Dieu de Pithivier ayant ouvert une de ces tumeurs, mit sa lancette entre sa perruque & son front, sa tête enfla, il survint un érésipèle, & il en fut long-tems malade.

Il n'est que trop certain que le sang de ce bœuf étoit fort contagieux. Cependant la chair en fut vendue aux meilleures maisons de Pithivier & des environs, & personne de ceux qui en mangèrent ne fut incommodé. Il eût été curieux de savoir si des animaux qui en auroient mangé

de crue, ou qui auroient bu le sang en auroient
été incommodés.

Voici une autre moffète animale également
dangereuse, & contre laquelle on ne peut guère
se mettre en garde, par la difficulté de la pré-
voir. Le 14 Janvier 1773, un Fossoyeur creusant
une fosse dans le cimetière de la Paroisse de
Montmorency, à quatre lieues de Paris, donna
par mégarde un coup de bêche contre un cadavre à demi-consumé. Il en sortit une vapeur
infecte qui le fit frissonner, & comme il s'appuyoit sur sa bêche pour fermer cette ouverture,
il tomba mort le visage contre terre. On l'emporta pour lui donner du secours, mais tout
devint inutile. Trois personnes témoins de cet
accident, sentirent une odeur très-fétide, mais
aucune n'en fut incommodée.

Le nommé *Ruckmesser*, Fossoyeur à Gotha,
fut plus heureux dans une circonstance pareille
en 1689. Il creusoit pareillement une fosse, &
trouva un cercueil pourri, où étoit un squelette
décharné. Il se préparoit à le transporter ailleurs,
lorsque tout-à-coup, il entendit un bruit semblable au sifflement d'une oie, & il vit en même
tems sortir de l'extrémité d'un des os de ce
squelette une grande quantité d'écume si fétide,
qu'il fut obligé de fermer la bouche & de se
boucher le nez. Malgré sa frayeur, il ne laissa
pas de rester, pour voir ce que cela deviendroit.
Tout-à-coup cette écume sortit avec un bruit
semblable à l'éclat d'une grenade. Elle fut suivie
d'un petit tourbillon de fumée bleuâtre, & si
fétide, qu'il eût couru risque de la vie, s'il fût
demeuré plus long-tems dans le même lieu, Il

y retourna une heure après : le phénomène avoit
ceffé. Il examina l'os de la jambe d'où étoit fortie
cette écume fi corrompue. Il le trouva dans fon
entier, & il le couvrit de terre avec le refte du
fquelette.

Ces exemples ne font point les feuls qu'on
puiffe rapporter. Ils feroient même affez multipliés, fi on avoit foin de les recueillir. Nous en
citerons encore un de cette efpèce, qu'il eft
d'autant plus important de connoître, que grace
aux foins & aux connoiffances profondes d'un
célèbre Chymifte, on vint à bout de remédier
aux accidens qui fuivirent, & qui feroient devenus fans cela, très-graves & très-fâcheux pour
une ville entière. Nous ne rappellerons ici ce
fait que pour publier en même-tems le moyen
qu'on employa pour y remédier.

Les caves fépulcrales de l'Eglife de S. Médard
de Dijon, s'étant trouvées pleines au mois de
Février 1773, la Fabrique, fuivant l'ufage prefque général, & qu'on ne peut juftifier que par la
néceffité, ordonna une opération, dont le but
étoit de rendre libre une partie de l'efpace de
ces fouterrains. On remua les cadavres qui les
rempliffoient, on les raffembla, & on les tranf-
porta ailleurs, & même on avoit eu foin d'y jetter
beaucoup de chaux ; mais cette précaution, qui
auroit pu être efficace fi on eût en même-tems
donné iffue aux vapeurs par un tuyau de conduite, jufqu'à la hauteur du faîte, ne fervit qu'à
dégager fur le champ une fi grande quantité
d'alkali volatil, & avec lui des molécules cada-
véreufes, lefquelles fe frayèrent des paffages au
travers des pendans de la voûte & des pavés ;

& l'odeur devint bientôt ſi inſupportable, qu'il fallut abandonner l'Egliſe, & tranſporter ſon Service ailleurs.

Dès ce moment on ne ceſſa de travailler d'une part, à interdire toute communication entre l'Egliſe & le caveau, & de l'autre, à corriger l'infection de l'air, qui ſe communiquoit déjà dans les maiſons voiſines. Nous laiſſons de côté tous les moyens qu'on imagina, & qu'on employa inutilement pendant pluſieurs jours. On conſulta M. *de Morveau.* Il ſe tranſporta dans cette Egliſe le jeudi 4 Mars. Le pavé venoit d'être arroſé de vinaigre des quatre voleurs; & comme ſon odeur n'avoit pu couvrir celle de la putréfaction, il en réſultoit une ſenſation mixte, d'autant plus déſagréable, que la fétidité y étoit prédominante. Mais il ne pouvoit employer le moyen dont il vouloit ſe ſervir pour corriger l'infection de l'air, qu'autant que de nouveaux miaſmes putrides ne viendroient point l'infecter de nouveau.

On fit brûler de la poudre pour diſſiper tous les aromates dont ce vaiſſeau étoit rempli, & on tint l'Egliſe fermée pendant l'eſpace de trente-ſix à quarante-huit heures, pour pouvoir juger ſi la mauvaiſe odeur ſe renouvelloit.

M. *de Morveau* s'y rendit le ſamedi 6; la fétidité étoit inſupportable. L'ouverture qu'on fit alors d'un autre caveau où l'on n'avoit rien remué, lui donna lieu de juger, & à tous ceux qui étoient préſens, que l'odeur qu'on reſpiroit dans l'Egliſe étoit bien de même nature que celle du caveau; & que cette dernière n'avoit ſur l'autre qu'un degré d'intenſité peu conſidérable. Cependant rien ne manifestoit précisément la transpiration de nouveaux corpuscules putrides. On avoit même observé des vicissitudes d'odeur plus ou moins forte, dans l'emplacement même du caveau, qui sembloient répugner à la continuité des émanations, & attester au contraire la seule impression de la chaleur, ou de l'atmosphère sur la masse d'air infectée. On jugea donc qu'il étoit tems de la purifier, & voici de quelle manière M. *de Morveau* s'y prit.

Je fis mettre, dit-il dans un Mémoire qu'il publia ensuite, six livres de sel marin non decrépité, & même un peu humide, dans une de ces grandes cloches de verre dont on se sert dans les jardins. Cette cloche fut placée sur un bain de cendres froides, dans une chaudière de fer fondu. On plaça la chaudière sur un réchaud rempli de charbons allumés. Je versai sur le champ deux livres d'acide vitriolique, & je me retirai. Je n'étois pas à quatre pas du réchaud, que la colonne de vapeurs touchoit déjà la voûte du collatéral. Il étoit alors sept heures du soir. Tout le monde sortit précipitamment, & les portes furent fermées jusqu'au lendemain.

C'est un principe généralement reçu, continue M. *de Morveau*, qu'il se dégage une quantité considérable d'alkali volatil des corps qui sont dans un état de fermentation putride. Il n'y a donc point de voie plus courte pour corriger une masse d'air qui en est infectée, que de lâcher un acide, qui, en s'élevant, & occupant tout l'espace, s'empare de ces molécules alkalines, les neutralise, & réduit l'odeur, ainsi décom-
posée,

posée, à ses parties fixes, que l'air ne peut soutenir. Or, le procédé qu'on vient d'indiquer, remplit ces deux indications : 1°. l'acide marin est mis en liberté & volatilisé d'abord par la seule effervescence, & ensuite par le feu. Aussi trouva-t-on le lendemain l'Eglise entièrement remplie des vapeurs de cette dissolution ; & l'un des Fabriciens assura que s'étant présenté à l'une des portes de l'Eglise, deux heures ou environ après l'opération, il avoit été saisi par cette vapeur qui s'échappoit par le trou de la serrure. 2°. Cette vapeur a neutralisé l'alkali, & décomposé l'odeur. Il n'y eut aucun de ceux qui y entrèrent le dimanche matin, qui n'avouât avec étonnement qu'il n'y avoit plus aucun soupçon d'odeur quelconque ; & l'effet est ici d'autant plus marqué, qu'il a été reconnu depuis, que le foyer de la fermentation putride n'étoit point éteint dans le caveau, & que les émanations n'en étoient que ralenties, & non interceptées.

Je crois donc, ajoute M. *de Morveau*, pouvoir proposer avec confiance ce nouveau moyen de purifier absolument & en peu de tems une masse d'air infectée de miasmes putrides. Quelque grand que puisse être le vaisseau, la dose de deux livres d'acide vitriolique & de six livres de sel marin, sera plus que suffisante ; puisqu'elle a suffi pour l'expérience précédente, & que j'ai trouvé dans la capsule plus de moitié de sel marin qui n'avoit point été décomposé ; ce qui venoit de ce que le feu n'avoit point été soutenu assez long-tems, & il n'eût point été prudent de tenter de le renouveller pendant l'effervescence. On peut donc réduire ces quantités suivant la grandeur de l'appartement, en obſervant toujours la proportion de trois parties de ſel neutre, pour une partie d'acide. Ainſi, trois onces d'acide vitriolique & neuf onces de ſel marin, peuvent ſuffire pour toute chambre de grandeur ordinaire.

Juſqu'à préſent nous n'avons conſidéré les moffètes que comme des émanations dangereuſes & mortelles, & les exemples que nous avons rapportés font preuve de cette vérité; mais il eſt bon de faire obſerver qu'elles peuvent quelquefois être avantageuſes & utiles à la ſociété.

Le célèbre *Robert Balh* écrivoit en 1740, au fameux *Bradley*, qui nous a donné un Traité très-précieux ſur le jardinage, qu'il exiſtoit alors ſur les murailles de la ville de Leigourne & autres places de Toſcane, des trous ſemblables à des fours, deſtinés à conſerver le bled. Ces réſervoirs, diſoit-il, ſont murés en dedans, & garnis tout autour de nattes de paille. A leur ſommet, qui eſt de niveau avec la ſurface de la terre, ſont placées de grandes pierres, dont chacune eſt percée d'un trou aſſez grand pour y paſſer des hommes & des corbeilles. Lorſque ces endroits ſont remplis de bled, on les bouche exactement avec ces pierres, & on met de la terre par-deſſus. Mais on n'y apporte que le bled qui eſt rempli de calendes & qui fermente. Par cette méthode, & ſans qu'on ait ſoin de remuer le bled, tous les inſectes qui s'y trouvent ſont bientôt détruits : la fermentation la plus violente s'arrête, & alors on en retire le bled pour le remettre dans les magaſins. C'eſt la ſeule méthode dont on ſe ſert en Sicile, en Barbarie

& dans plusieurs autres pays chauds, dit l'Auteur,
pour préserver le bled de ces accidens, auxquels
il est sujet, quand il est battu, jusqu'au tems
qu'on l'emploie. Je suppose, ajoute l'Auteur,
que ces réservoirs produiroient le même effet
sur toutes les autres graines. Ce qu'il y a de
remarquable, c'est qu'à Gènes & aux environs,
où il y a une grande quantité de bled, il n'y a
aucun de ces endroits pour rétablir le bled
malade, & on est souvent obligé de l'envoyer à
Pise pour être nettoyé ainsi, parce qu'il n'y a
point de terre près de Gènes qui produise cet
effet.

Lorsque j'étois sur les lieux, continue-t-il,
on laissa un de ces réservoirs ouvert, après l'avoir
vuidé. Quelques François jouant à la boule aux
environs, & une des boules y étant tombée, on
y descendit un homme de la compagnie avec
des cordes ; mais il ne fut pas plutôt au fond,
qu'il fut suffoqué, & un de ses compagnons,
qui tâcha de l'en retirer, fut tellement suffoqué
de la vapeur empestée de cet endroit, qu'il fut
obligé de revenir, avant d'être descendu à moitié
chemin. Cette vapeur n'est qu'accidentelle, &
je crois, ajoute l'Auteur, qu'elle ressemble assez
aux humidités de nos mines.

MORT APPARENTE. C'est un état de
léthargie porté au suprême degré, un état d'as-
phixie propre à en imposer aux gens même
les plus instruits, & d'autant plus fâcheux que
dans l'usage ordinaire de la vie, on se hâte de
se débarrasser le plus promptement possible du
spectacle d'un cadavre. Aussi, combien de per-

fonnes ont été & font encore tous les jours les malheureufes victimes de cette pratique barbare! Parmi la multitude d'exemples que nous pourrions rapporter de ces fortes de morts apparentes, nous choifirons les plus frappans ; & le defir d'être utiles à l'humanité, & d'infpirer plus de défiance fur les jugemens qu'on porte fur l'état des perfonnes qui paroiffent véritablement mortes, nous fera recueillir ici les obfervations les plus inconteftables des perfonnes qui ont été enterrées vivantes. Puiffent ces fortes d'obfervations exciter efficacement en nous la crainte de fubir un pareil fort, & engager le Miniftère public à porter un réglement fage contre l'abus des enterremens précipités! Feu M. *Winflow* avoit formé ce projet fi utile à l'humanité, lorfqu'il publia fa Thèfe fur *l'incertitude des fignes de la mort*; & M. *Bruhier*, fon confrère, en avoit tellement fenti l'importance, qu'il fe fit un devoir & un plaifir de la commenter. Il ajouta même au texte de fon Auteur : il indiqua les moyens les plus fûrs de diftinguer l'état d'afphixie du véritable état de mort, ou d'éviter les facrilèges abus qui fe renouvellent tous les jours ; mais malheureufement la loi impérieufe & tyrannique de l'ufage prévalut contre ces excellens préceptes, dont on n'eût jamais dû s'écarter.

En 1776, M. *Pineau*, Docteur en Médecine, également touché des malheurs de l'humanité, imprima une Differtation très-curieufe fur le même fujet, & follicita également le Miniftère public à venir au fecours des malheureufes victimes d'une pratique meurtrière ; & quoique

les représentations de ce Médecin, véritablement citoyen, n'aient point eu leur effet, il est
à espérer qu'en remettant souvent sous les yeux
du public ses intérêts les plus importans, il
viendra un tems où l'on fera des réflexions plus
sages & plus solides sur cet objet. C'est le seul
moyen sans doute de forcer l'homme à veiller
à ses intérêts les plus chers, & nous dirons à
ceux qui viendront après nous : Répétez ce que
nous avons dit : ajoutez de nouveaux exemples
à ceux que nous avons donnés ; ne cessez point
de crier : c'est le précepte que l'Esprit-Saint
donnoit au Prophète *Isaïe*, pour rappeller le
peuple d'Israël à son devoir. *Clama, ne cesses,
quasi tuba exalta vocem tuam, & annuntia po-
pulo meo scelera eorum.*

Si les morts apparentes sont plus fréquentes
qu'on ne l'imagine communément ; si l'on a vu
des personnes tomber plusieurs fois, dans le
cours de leur vie, dans un état aussi dangereux,
il est peu d'exemple semblable à celui qu'on observa dans le Vivarais. On écrivoit, en 1772,
qu'une fille, nommée *Marianne Olivonne*, étoit
sujette depuis trois ans à une maladie aussi singulière qu'incompréhensible, qui commençoit
régulièrement le premier Mars, & se terminoit
le 19 du même mois à minuit ou environ. Comme elle étoit accoutumée à cette crise périodique, elle s'y préparoit quelques jours auparavant. Elle se mettoit au lit, s'endormoit & restoit immobile dans un état de mort. Ses bras,
ses jambes se roidissoient ; ses paupières se fer-
moient ; ses dents se serroient de manière qu'il
étoit impossible de lui ouvrir la bouche, & elle

n'avoit d'autre figne de vie qu'un mouvement prefqu'imperceptible dans les paupières, & un peu de rougeur fur les joues. Son pouls prefque fans mouvement. Pendant dix-neuf jours elle ne buvoit, ni ne mangeoit, mais elle ne faifoit d'ailleurs aucune perte, pas même par les fueurs. Elle n'avoit aucune fenfibilité. On lui enfonçoit des épingles dans les jambes & dans les cuiffes, fans qu'elle le fentît. Elle n'éprouvoit de dou-leur, après ces effais, qu'au moment où elle for-toit de fa léthargie, le 19 Mars vers minuit. Cette fille, née de parens pauvres, étoit alors âgée de cinquante ans. Elle ne mangeoit ni pain ni viande pendant le cours de l'année. Toute fa nourriture confiftoit en quelques fruits frais. On avoit foupçonné qu'il pouvoit y avoir de la fraude dans cet état de maladie; mais les Sei-gneurs du lieu & autres perfonnes de confidé-ration l'ont fait veiller jour & nuit, & ont at-tefté qu'elle ne prenoit aucun aliment.

Tout fingulier & merveilleux que fût l'état de cette fille, il n'étoit point équivoque, & il n'y avoit fans doute aucun rifque qu'on le con-fondît avec un état de mort véritable; mais il n'en eft pas de même de tout autre état de léthargie, fur-tout s'il furvient à la fuite d'une maladie dangereufe. Auffi trouve-t-on une mul-titude d'exemples de perfonnes crues véritable-ment mortes, & qui n'étoient que dans un état de léthargie dont on eût pû les rappeller, en leur adminiftrant des fecours, ou en les abandon-nant à la Nature, & c'eft fur ces fortes d'ob-fervations que nous croyons devoir infifter, en évitant toutefois une prolixité inutile.

Chacun, dit M. *Winflow*, fait que beaucoup de perfonnes tenues pour mortes, font forties de leurs fuaires, de leurs cercueils & de leurs tombeaux. Il eft également certain que des perfonnes enterrées avec trop de précipitation, ont trouvé dans le tombeau la mort, dont ils ne devoient point être les victimes. Des faits inconteftables prouvent encore que des fujets livrés trop brufquement au couteau anatomique, ont donné par leurs cris des marques certaines de vie, lorfqu'ils ont fenti le tranchant, à la honte éternelle de l'Anatomifte imprudent qui s'étoit chargé de cette malheureufe opération.

De tout tems on a fait de femblables obfervations ; mais, comme les faits qui fe font paffés fous nos yeux, font plus propres à nous toucher, nous choifirons par préférence les exemples les plus modernes. Nous obferverons cependant que *Lancifi*, premier Médecin du Pape *Clément XI*, affure avoir vu une perfonne de diftinction, qu'il atteftoit encore vivante, avoir repris le mouvement & le fentiment dans l'Eglife, tandis qu'on y chantoit fon fervice & qu'on étoit fur le point de la mettre en terre ; ce qui caufa, dit-il, aux affiftans beaucoup plus de terreur que d'admiration.

Pierre Zacchias, célèbre Médecin de Rome, rapporte un fait du même genre. Il dit que dans l'Hôpital du S. Efprit, un jeune homme attaqué de la pefte, tomba, par la violence de la maladie, dans une fyncope fi parfaite, qu'on le crut mort. Son corps fut mis au nombre de ceux qui, morts de la même maladie, devoient

I iv

être enterrés. Dans le tems qu'on tranfportoit ces cadavres fur le Tibre, dans la barque deftinée à cet office, le jeune homme donna quelques fignes de vie; ce qui fit qu'on le reporta à l'Hôpital. Il revint de cet accident, mais deux jours après, il retomba dans une fyncope pareille, & fon corps pour cette fois réputé mort fans retour, fut mis fans balancer au nombre de ceux qu'on devoit enterrer. Dans ces circonftances, il revint encore une fois à lui. On lui donna de nouveaux foins, & le fecours des remèdes convenables, non-feulement le rappella à la vie, mais le guérit fi parfaitement, qu'il vivoit encore quelques années après, lorfque *Zacchias* faifoit mention de ce phénomène.

Nous ne pafferons point fous filence un fait arrivé à Cologne, & dont on confervoit encore la mémoire vers la fin du dernier fiècle, par un monument public, érigé à la porte de l'Eglife des Saints Apôtres. Cet événement eft configné dans l'Ouvrage de *Simon Goulart*, intitulé : *Hiftoires admirables & mémorables*, imprimé en 1628. Il en parle comme ayant vu le monument dont nous venons de faire mention.

L'héroïne de cet événement s'appelloit *Reichmuth Adolch*. Elle étoit femme d'un Conful de Cologne, & elle fut réputée morte d'une pefte qui détruifit la plus grande partie des habitans de cette ville. Elle fut enterrée en conféquence l'an 1571, & on lui laiffa au doigt une bague de prix, qui tenta la cupidité du Foffoyeur. Il fut pour la lui enlever pendant la nuit, & à ce moment cette femme revint à elle. Depuis cette époque elle eut trois fils qui furent Gens d'E-

glife., & elle vécut plufieurs années encore avec
fon mari. Après fon décès, elle fut enterrée
près de la porte de l'Eglife des Saints Apôtres,
en un monument de pierre & élevé, dit *Gou-*
lart, « pour fouvenance de ce que deffus, fut
» érigé un grand tableau fur le fépulcre, où
» l'hiftoire y mentionnée eft pourtraite artifte-
» ment, & décrite en vers allemands. L'an 1604,
» *Jean Buffenmacher*, Citoyen & Marchand de
» Cologne, a fait imprimer ce tableau en rac-
» courci & en une feuille, gravé en cuivre de
» taille-douce, pour donner avis aux perfonnes
» éloignées. J'ai vu, ajoute-t-il, le grand ta-
» bleau à Cologne, beaucoup de fois, non fans
» efbahiffement, & d'abondant je garde le petit
» tableau que *Buffenmacher* a publié ».

Cette même hiftoire rapportée par *Miffon*,
lui donne occafion d'en rappeller une plus moderne, arrivée à la femme d'un Orfèvre de
Poitiers, nommé *Mervache*. Cette femme, dit
Miffon, fut enterrée avec quelques bagues d'or,
felon qu'elle l'avoit defiré en mourant. Un pauvre homme du voifinage, ayant appris la chofe,
déterra le corps la nuit fuivante, pour dérober
les bagues. Mais, celles-ci ne pouvant être enlevées qu'avec effort, le voleur réveilla la femme
en voulant les arracher. Elle parla & fe plaignit
qu'on lui faifoit du mal. L'homme effrayé s'enfuit, & la femme revenue de fon accès d'apoplexie, fortit de fon cercueil, heureufement ouvert, & s'en revint chez elle. En peu de jours
elle fut tout-à-fait guérie. Elle vécut plufieurs
années depuis, & eut des enfans, dont quelques-uns vivoient encore, lorfque *Miffon* pu-

blioit cette hiſtoire. Ces enfans, ajoute-t-il, exerçoient à Poitiers la profeſſion de leur père.

Ces ſortes de faits ne ſont point auſſi rares qu'on pourroit le croire. En voici un ſemblable arrivé à Toulouſe. Une Dame ayant été enterrée dans l'Egliſe des Jacobins, avec un diamant au doigt, un de ſes domeſtiques ſe laiſſa enfermer dans l'Egliſe, & la nuit étant venue, il deſcendit dans le caveau où l'on avoit dépoſé le cercueil. L'ayant ouvert, & le gonflement du doigt empêchant la bague de couler, il ſe mit en devoir de le couper. La douleur fit faire un cri à la prétendue morte, le domeſtique fut ſaiſi de frayeur, & tomba ſans connoiſſance. Cependant la Dame continuoit de ſe plaindre. Le tems des matines arrivant heureuſement pour elle, les plaintes ſe firent entendre à quelques Religieux, qui, guidés par le bruit, deſcendirent dans le caveau, où ils virent la Dame ſur ſon ſéant, & le domeſtique à demi-mort. On courut éveiller le mari, qui fit reporter ſa femme chez lui. Elle guérit de cette maladie ; mais le ſaiſiſſement du domeſtique fut ſi violent, qu'on ne put le rappeller à la vie. Il mourut dans les vingt-quatre heures, & dédommagea la mort de la victime qu'on lui avoit enlevée.

Le pendant de cette hiſtoire eſt arrivé à S. Jean-d'Angely, dans la perſonne de Madame *Lacour*, mère d'un Jacobin de ce nom, qui éprouva une cataſtrophe à-peu-près pareille à la précédente.

Cette Dame fut enterrée avec ſes bagues, comme elle avoit paru le deſirer. Sa Femme-

de-chambre, de concert avec le Sacriftain, voulurent s'en emparer la nuit fuivante; &, comme
les doigts de ladite Dame étoient extrêmement
gonflés, ils furent obligés de faire des efforts
fi violens, que la douleur qui s'enfuivit la fit
revenir de fon affoupiffement. Elle fe plaignit
& pouffa des foupirs. Les deux perfonnes ef-
frayées prirent la fuite, & la reffufcitée retourna
comme elle put à fa maifon, où elle fe rétablit fi bien, que ce fut après cet événement
qu'elle mit au monde le Père *Lacour*, auquel
il arriva par la fuite une événement à-peu-près
femblable.

Etant à S. Jean-d'Angely, il tomba tout-
d'un-coup comme mort. On l'enfévelit, &,
après le délai ordinaire, on le porta à l'Eglife
pour l'enterrer. Comme on fe difpofoit à le defcendre dans la foffe, le cercueil échappa des
mains de ceux qui le portoient, il tomba &
éprouva une rude fecouffe, qui le fit revenir.

On lit, dans le huitième volume des Caufes
Célèbres, une réfurrection de cette efpèce, qui
fit la matière d'un procès très-grave, & dont
le détail fera fans doute plaifir à la plupart de
nos Lecteurs. Nous n'en donnerons cependant
qu'un précis fuffifant pour mettre en évidence
les principales circonftances de ce fait extraordinaire.

Deux Marchands de la rue S. Honoré à Paris,
liés d'une étroite amitié, d'une fortune égale,
de même commerce, avoient chacun un enfant; l'un un fils, l'autre une fille, à-peu-près
de même âge. Ces enfans élevés enfemble fe
lièrent de la plus tendre amitié; & cette amitié

devi... avec l'âge un sentiment plus vif, ap-
prouvé par les parens. On étoit sur le point de
les rendre heureux par une union plus solide,
lorsqu'un riche Financier, se prenant d'une belle
passion pour la fille, vint traverser ses inclina-
tions, en la demandant en mariage. Les appas
d'une fortune plus brillante séduisirent le père &
la mère, malgré toute la répugnance qu'ils trouvèrent dans leur fille à se prêter à ce changement. Elle fut obligée de céder aux instances
de ceux auxquels elle devoit le jour, & elle
épousa malgré elle le Financier. Mais, en femme
vertueuse, elle crut devoir interdire l'entrée de
sa maison au jeune homme qu'elle aimoit. La
mélancolie dans laquelle la jetta cet engagement
d'intérêt, la fit tomber quelque tems après dans
une maladie fâcheuse, où ses sens furent tellement assoupis, qu'on la réputa morte, & qu'on
l'enterra.

L'amant instruit du sort funeste de sa maitresse, se rappellant qu'elle avoit eu autrefois
une attaque violente de léthargie, se flatta qu'il
pourroit bien en être encore de même en cette
occasion. Cette idée suspendit non-seulement
sa douleur, mais lui fit prendre encore le parti
de corrompre le Fossoyeur, à l'aide duquel il
parvint à la déterrer pendant la nuit, & il l'em-
mena chez lui. Il mit alors toutes sortes de
moyens en usage pour la rappeller à la vie, &
ses soins ne furent point inutiles.

Il est aisé de concevoir quelle fut la surprise
de la ressuscitée, lorsqu'elle se vit dans une
maison étrangère, &, pour ainsi dire, entre les
bras de son amant, qui lui apprit tout ce que

s'étoit paffé à fon fujet. Elle comprit alors tout ce qu'elle devoit à fon libérateur, & l'amour plus pathétique encore que tout ce qu'il put lui dire pour l'engager à unir fon fort au fien, la déterminerа, lorfqu'elle fut bien guérie, à fe fauver avec lui en Angleterre, où ils vécurent pendant plufieurs années dans l'union la plus étroite.

L'envie de repaffer en France leur étant venüe au bout de dix ans, ils revinrent à Paris, & ils ne prirent aucune précaution pour fe cacher, perfuadés qu'on ne foupçonneroit jamais ce qui étoit arrivé. Le hafard voulut que le Financier rencontrât fa femme dans une promenade publique. Cette vue fit une impreffion fi forte fur lui, que la perfuafion de fa mort ne put l'effacer. Il fit fi bien qu'il la joignit, & malgré le langage qu'elle lui tint pour lui donner le change, il la quitta plus perfuadé qu'il ne s'étoit point trompé.

La bizarrerie de l'événement donna fans doute à la femme plus de charmes encore qu'elle n'en avoit eu précédemment pour fon premier mari. Il fit fi bien qu'il parvint à découvrir fon domicile, malgré les précautions qu'elle avoit prifes pour fe cacher, & il la réclama en juftice réglée.

Ce fut en vain que l'amant fit valoir les droits que fes foins lui avoient acquis fur fa maîtreffe ; qu'il repréfenta qu'elle feroit morte fans lui ; que fon adverfaire s'étoit dépouillé de tous les fiens en la faifant enterrer ; qu'on pouvoit même l'accufer d'homicide, faute par lui d'avoir pris les précautions convenables pour conftater fa mort, & mille autres raifons plus

ingénieuses que l'amour lui suggéra. Il vit que
le vent du bureau ne lui étoit point favorable,
& il ne jugea point à propos d'attendre un jugement définitif sur cette affaire, il passa avec
sa maitresse aux pays étrangers, où ils finirent
paisiblement leurs jours.

Nous avons avancé ci-dessus que quantité de
personnes réputées mortes, avoient donné des
signes de vie sous le tranchant du couteau anatomique, & avoient par conséquent trompé les
lumières du Chirurgien qui les regardoit comme mortes. D'où il suit qu'une mort apparente porte souvent si bien les caractères extérieurs d'une véritable mort, que les gens de l'art
peuvent y être trompés, & à plus forte raison,
ceux qui sont moins instruits, & au jugement
desquels on abandonne tous les jours le sort
des malheureuses victimes de ces fâcheux accidens. D'où il suit qu'il est indispensable, pour
le bien de l'humanité, de porter un réglement,
qui puisse nous mettre à l'abri d'un événement
aussi cruel.

Parmi la multitude d'exemples que nous pourrions citer, & combien n'en cache-t-on pas de
semblables, selon toutes les apparences, dans
les amphithéâtres anatomiques ! on sait ce qui
arriva au célèbre *Vésale*, successivement Médecin de l'Empereur *Charles-Quint*, & de *Phi-
lippe II*, Roi d'Espagne, son fils. Persuadé qu'un
Gentilhomme Espagnol qu'il traitoit, étoit véritablement mort, il demanda la permission d'en
faire l'ouverture ; ce qui lui fut accordé. Mais
il n'eut pas plutôt enfoncé le bistouri dans le
corps de ce malheureux Gentilhomme, qu'il y

remarqua des signes de vie. Il s'apperçut effectivement, à l'ouverture de la poitrine, que le
cœur étoit encore palpitant. Les parens du défunt instruits de cet accident, ne se contentè-
rent point de le poursuivre comme meurtrier,
ils le poursuivirent comme sacrilège au Tribunal
de l'Inquisition.

Comme la faute étoit notoire, les Juges de
ce Tribunal voulurent lui faire subir la peine
due à cette impiété. Mais heureusement pour
lui que le Roi d'Espagne, & par son autorité
& ses prières, le délivra de ce danger, sous
condition qu'il expieroit son crime par un voyage de la Terre-Sainte. Mais l'infortuné *Vesale*
ne jouit pas long-tems de la grace qu'il avoit
obtenue. Le Sénat de Vénise l'ayant mandé
pour venir remplir la place de *Falloppe*, il s'em-
barqua, & une tempête furieuse l'ayant accueilli
dans la traversée, il fut jetté dans l'isle de Zante,
où après avoir erré quelques jours dans les dé-
serts, & souffert toutes les extrémités de la faim,
il finit déplorablement sa vie, dénué de tout secours, au mois d'Octobre 1564, âgé de cinquante-
huit ans.

Nous lisons dans le Traité de *Terilli*, qu'une
Dame de condition en Espagne, attaquée de
suffocations histériques, fut réputée morte. Ses
parens appellèrent un célèbre Anatomiste pour
en faire l'ouverture, & connoître apparemment
plus particulièrement la cause de sa mort. Au
second coup de bistouri, elle revint à elle, &
donna des signes de vie évidens, par les cris que
lui arracha le fatal instrument. Ce triste spectacle
causa tant d'étonnement & d'horreur aux assistans,

que ce Médecin, qui jouissoit auparavant de la plus belle réputation, abhorré & détesté de tout le monde, fut obligé de sortir, non-seulement de la ville où s'étoit passé cette fâcheuse tragédie, mais encore de la province, pour se soustraire aux effets de l'indignation publique. Mais en quittant ces funestes lieux, il emporta avec lui ses remords, & ce ver rongeur, qui n'épargne aucun coupable, & peu de tems après il mourut victime de sa douleur & de ses regrets.

Si le couteau anatomique fut si fâcheux aux deux sujets dont nous venons de faire mention, il fut très-favorable à celui dont nous allons parler ; mais ce fait n'en prouve pas moins notre thèse. Voici ce que M. l'Abbé *Menon*, Secrétaire de l'Académie d'Angers, écrivoit en 1747. Une fille vint à notre Hôpital, il y a plus de vingt ans, pour y chercher du secours contre une violente maladie. Elle n'y fut pas long-tems qu'elle y tomba comme morte. Sous ce titre les Sœurs de cet Hôpital la firent porter dans une chambre où l'on ensévelit les morts. Un Chirurgien, qui vouloit faire l'ouverture de ce corps, ne lui eut pas plutôt donné un coup de bistouri sur la poitrine, que la prétendue morte donna des signes de vie, si peu équivoques, qu'elle vit encore aujourd'hui. *Elle l'avoit sans doute échappé belle.*

S'il ne s'agit point ici de dissection, ce fut toujours à un instrument de Chirurgie que le sujet dont nous allons faire mention, dut le salut qu'il n'eût point trouvé de la part de l'art qui l'avoit abandonné.

Un prisonnier de guerre Anglois ayant été
réputé

réputé mort à l'Hôpital de Rochefort, il fut, en conséquence, transporté à la salle des morts. Quelques heures après, M. *Moine*, Elève en Chirurgie, saigna cet homme à la jugulaire, dans la vue apparemment de s'instruire & de s'exercer à la pratique de la saignée. Le vaisseau ne fut pas plutôt ouvert, que le sang en sortit impétueusement. Le Soldat revint à lui, se jetta comme un furieux sur ce jeune Chirurgien, & il le serra si fortement entre ses bras, qu'il ne lui fut pas possible de s'en débarrasser. M. *Moine* effrayé, tomba par terre sans connoissance, & il entraîna avec lui le Soldat. Celui-ci épuisé par la perte de son sang, qui couloit continuellement, eut sans doute une syncope violente, à laquelle il eût lui-même succombé, sans les prompts secours qu'on lui donna. Ils eurent tant d'efficacité, qu'il se rétablit parfaitement. Ceux qu'on administra au Chirurgien eurent le même succès.

On lit dans le Journal Politique, pour l'année 1773, un fait bien singulier d'une résurrection inopinée, sans aucun secours particulier, & par le seul effort de la Nature. Ce fait est tellement constant, qu'il fit la matière d'un procès qui dut être plaidé au Conseil Supérieur de Clermont-Ferrand : voici le fait.

Un particulier qui voyageoit dans ce pays-là fut trouvé le lendemain de son arrivée dans une auberge, sans connoissance, & avec tous les symptômes de la mort. Le Curé du lieu fit inventorier son porte-manteau, qui contenoit cent louis en or, & s'en chargea. Imaginant qu'il devoit employer cette somme en un magnifique enterrement, il y invita tous les Prêtres du voisinage, acheta une immenfe quantité de cierges, & fit préparer un feftin pour régaler tous les Eccléfiaftiques qui devoient affifter à cette pompe funèbre. Comme tout fe préparoit à cet effet, il prit fantaifie au mort de reffufciter, & ayant repris fes fens, il réclama fon porte-manteau, afin de continuer fa route. A cette nouvelle le Curé accourut lui raconter tout l'honneur qu'il vouloit lui faire, & lui donna à entendre qu'il devoit fupporter la dépenfe de ces beaux préparatifs; mais le voyageur ne s'étant pas contenté des raifons du Curé, & celui-ci ne voulant rien perdre fur les avances qu'il avoit faites, l'affaire fut portée en Juftice réglée, dont nous n'avons point appris le dénouement.

Nous pourrions citer encore nombre de faits tous bien conftatés, qui viendroient à l'appui de l'opinion où nous fommes de la néceffité d'un fage Réglement fait pour conftater l'état des perfonnes qui paroiffent mortes; mais ceux que nous avons rapportés font fans doute fuffifans. Ceux qui feront curieux d'en connoître un bien plus grand nombre, pourront confulter avantageufement à cet effet les Obfervations Médicinales de *Foreftus*, celles d'*Amatus Lufitanus*; les Obfervations Chirurgicales de *Guillaume Fabri*; le Traité de *Levinus Lomnius* fur les miracles cachés de la Nature; les Obfervations de *Scenkius*; les Queftions Médico-légales, de *Pierre Zacchias*; le Traité des maladies des femmes, d'*Albertinus Bottonus*; le Traité des caufes de la mort fubite, de *Dominique Terilli*; celui de *Lancifi*; le Traité de *Kornmann* fur les miracles des morts; un Mémoire de M. *Jannin*;

celui de M. *Pinneau*, sur le danger des inhuma-
tions précipitées; la fameuse Thése de M. *Winflow*, avec les Commentaires de M. *Bruhier*, &c. &c.
ils y trouveront de quoi se satisfaire amplement
sur cet objet, l'un des plus importans au bonheur
& à la tranquillité publique.

MOUCHE EXTRAORDINAIRE.

Nous n'avons point dessein de passer en revue
tout ce que les insectes nous offrent de merveilleux. Il faudroit un Traité complet d'*Insectolo-
gie* pour remplir ce projet : mais il est certains
faits, certaines observations de ce genre que
nous ne pouvons passer sous silence, & on
lira sans doute avec plaisir l'histoire d'une
espèce particulière de mouche qui fait par
l'anus une explosion semblable à celle d'une
arme à feu.

Le célèbre M. *de Geer*, excellent Naturaliste
Suédois, qui a porté si loin ses recherches sur les
insectes, a publié dans les Mémoires de l'Académie de Stockholm en l'année 1741, l'histoire
d'un insecte qui pousse continuellement de l'anus
tant de petites bulles, que tout l'animal en est
couvert. M. *Barrère*, dans sa France équinoxiale,
décrit un oiseau qui est l'*ortygometra* de M. *Linneus*, & qui produit successivement par le bec &
par l'anus divers craquemens. Il y a dans le
Mexique un animal appellé *Yzquiepatle*, qui,
poursuivi par les chasseurs, fait aussi une explosion par l'anus, & lance par-là ses excrémens
jusqu'à dix-huit pieds de distance derrière lui.
Ce sont les seules armes que la Nature lui ait
données pour se défendre : mais rien de plus

admirable en ce genre que la mouche découverte par M. *Rolander*, & décrite dans les Mémoires de la Société dont il eft un des Membres
glorieux. Cette mouche inconnue, à ce qu'il paroît, jufqu'à préfent à tous les Naturaliftes, eft
de moyenne groffeur. & de l'efpèce des vers
luifans (cicendelæ) ; fes cornes font courtes,
d'un rouge de brique près de la tête, enfuite
cendrées. Elle a les yeux faillans, & d'un bleu
noirâtre. La tête, l'eftomac, les cuiffes & les
pattes de devant font d'un rouge mat, & l'extrémité des pieds de derrière d'un bleu foncé.
Les étuis de fes aîles ont une largeur inégale
& des pointes obtufes. Le ventre eft d'un rouge
fale & tirant un peu fur la rouille.

C'eft vers la fin de Mars, ou au commencement d'Avril, lorfque le tems eft doux, que
cette mouche fort de terre ; elle refte d'abord
cachée fous des pierres, & s'avance enfuite en
fautant. La première fois que M. *Rolander* ramaffa cet animal, il pouffa dès l'inftant de l'anus
avec un bruit femblable à celui d'une arme à
feu, une fumée d'un bleu fort clair. M. *Rolander*
avoue que dans la frayeur que lui caufa cette
explofion, il lui échappa des doigts, & qu'il ne
put le retrouver. Quelques jours après, il en apperçut un autre fous une pierre. Auffi-tôt qu'il
l'eut pris, l'animal tira fon coup comme le premier. L'Obfervateur familiarifé avec l'artillerie
de ces mouches, s'avifa de chatouiller celle-ci
avec une épingle, fur le dos, & elle tira jufqu'à
vingt coups de fuite. Etonné de voir tant d'air
contenu dans un fi petit corps, il ouvrit l'infecte,
& il lui trouva vers l'anus une petite veffie affaif-

fée ; mais il ne put découvrir fi c'étoit le réfer-
voir de l'air, ou quelqu'inteflin.

Cet animal a un ennemi qui lui donne continuellement la chaffe ; c'eft le grand *carabus* décrit dans le *Fauna Suecica* de M. *Linneus*. Quand
le tireur eft fatigué par les pourfuites du carabus,
qui le chaffe avec autant d'ardeur qu'un lévrier
court un lièvre, il fe couche devant fon ennemi.
Celui-ci, la bouche & les pinces ouvertes, eft
tout prêt à dévorer fa proie ; mais à l'inftant qu'il
s'apprête à fauter fur elle, le tireur lâche fon
coup, & le carabus effrayé recule. L'animal pour-
fuivi, cherche alors à mettre le chaffeur en défaut ; & s'il eft affez heureux pour rencontrer
un trou, il échappe cette fois au danger : autrement, après avoir prolongé fa vie pendant quelque tems à force de tirer & de fauter, il eft coupé
par le carabus, qui le prend par la tête & l'a-
vale. M. *Rolander* eft furpris que fon tireur, qui
a des aîles, ne cherche pas fon falut en s'envo-
lant : mais il ajoute que cet infecte fait apparemment comme l'oie, qui, dit-on, vole devant l'é-
pervier, & ne fait que fauter devant le renard.
Notre célèbre Naturalifte défigne ainfi cette mouche pour l'indiquer à fes Confrères & aux Amateurs : *Cicendela, capite, thorace, pedibufque rufis,
elytris (operculis alarum) nigro cærulœis.* On
pourroit l'appeller *le bombardier.*

La mouche plante, ou *la mouche végétante des
Caraïbes*, mérite également un article particulier
parmi les merveilles de la Nature. Elle peut en im-
pofer, & elle en a impofé à plufieurs Naturaliftes.
On donne ce nom, dit M. *Bomare*, à la nymphe
morte & defféchée, d'une efpèce de cigale ou

d'abeille nouvellement apportée de S. Domingue & de Cuba, & qui porte sur son crâne une espèce de champignon (*clavaria fungus sobolifera*), long d'un pouce & davantage. Quelquefois aussi le fongus sort du dos de la nymphe. Dans l'une & dans l'autre position, les curieux regardent cet accident comme une production qui offre tout-à-la-fois le végétal & l'animal liés ensemble. MM. *Needham & Fougeroux* ont déjà parlé de cette singularité qu'on voit aujourd'hui dans la plupart des Cabinets de l'Europe. Il paroît qu'on peut attribuer la cause de cette végétation à la nature même des graines de la plante, qui, semblables à certains fongus, ne lèvent jamais en pleine terre, mais seulement sur la corne des chevaux morts. Le *clavaria militaris crocea* fournit en Europe le même phénomène.

M. *Watson* dit, dans les Transactions Philosophiques, que les mouches végétantes des Caraïbes se trouvent dans la Dominique; s'enterrent dans le mois de Mai, & commencent à se métamorphoser en Juin. Le petit arbrisseau qui en naît, dit-il, ressemble à une branche de corail. Il croît jusqu'à la hauteur de trois pouces, & porte plusieurs petites gousses où naissent certains vers qui se métamorphosent ensuite en mouches. Le fait véritable, d'après les observations de M. *Hill*, & la plupart des Auteurs, est que des cigales qui sont fort communes, tant à la Dominique qu'à la Martinique, s'enterrent dans leur état de nymphe sous des feuilles mortes, pour attendre leur métamorphose. Si le tems n'est pas favorable, il périt un grand nombre de ces insectes. Alors les semences de *clavaria* s'attachent aux cadavres , & se développent à-peu-près ou de même qu'il est dit ci-dessus, comme le *fungus ex pede equino*, qui vient sur la corne des chevaux morts. Les vers qui, suivant M. *Watson*, sortent des gousses, sont des vers qui rongent la tête des *clavaria*. On voit quelquefois croître sur ces cigales une espèce de *fucus* formé de longs filets blancs & soyeux, qui recouvrent tout le corps de l'insecte , & le débordent de sept à huit lignes au-dessus & au-dessous du ventre. Cette observation tend à confirmer qu'il y a des plantes qui vivent sur les cadavres de quelques animaux ; que celles qu'on connoît sont presque toutes du genre des *fungus ;* que même quelques-uns viennent sur des animaux vivans.

On pourroit peut-être s'étonner de la constance avec laquelle le clavaria semble s'attacher par préférence aux nymphes des cigales dans l'Amérique, & de ce que dans les autres pays, où ces insectes se multiplient, on ne trouve point cette plante ni sur elles ni sur leurs nymphes. Mais pour peu qu'on y fasse attention , on verra aisément que rien n'est plus naturel. Ces plantes sont du genre des parasites, & on sait que chaque parasite affecte de s'attacher à une espèce de plante déterminée. Il n'est donc pas étonnant que celle-ci s'attache par préférence à une même espèce d'insectes. Il est aussi facile de voir que le grand nombre de ces nymphes qui se trouvent en Amérique , & les circonstances du climat & de l'endroit, y rendent cette espèce de phénomène très-commun, quoiqu'on ne l'observe pas dans les contrées de l'Europe où il y a plus de cigales.

K iv

M. *le Cat* a remarqué fur la tête d'une jeune abeille, entre les deux antennes & près de leur infertion, dans la partie écailleufe & antérieure de la tête, un corps, lequel étant obfervé à la loupe & à l'œil nud, paroiffoit compofé de quatre petits pédicules jaunes d'une ligne de longueur, terminés chacun à leur fommet par un bouton d'un jaune verdâtre. Les pédicules étoient à demi-tranfparens, d'une confiftance molle, flexible: les boutons paroiffoient à l'œil opaques & folides; mais vus à la loupe, on reconnoiffoit que c'étoient des efpèces de houpes compofées de petits fleurons ou d'excroiffances véficulaires, alongées, raffemblées en boule. Etoit-ce encore des champignons en maffe, du genre des *clavaria*, femblables à ceux qui croiffent fur les nymphes de la petite cigale caraïbe, nommée improprement *mouche végétante?* Mais qu'il nous foit permis, ajoute très-bien M. *Bomare*, de répéter qu'ici cette production étoit fur un animal vivant: cette petite obfervation, dont il n'eft point parlé dans les Naturaliftes, mérite toujours d'être conftatée, parce qu'il n'eft point de petits faits dans la Nature, qui ne puiffent devenir intéreffans, ou par eux-mêmes ou par leur comparaifon avec d'autres. Le même fait a été remarqué il y a quelques années fur une mouche à miel, & cette obfervation fut faite par M. *Bruyfet* fils, de Lyon.

MUETS. En examinant de près les phénomènes les plus furprenans, ils perdent fouvent de leur merveilleux, & peut-être que celui que nous allons rapporter eft de ce genre. Nous ne nous permettons de l'associer à ceux que nous avons recueillis dans cet Ouvrage, que sur le témoignage de M. *Scheffer*, dont les Savans connoissent le mérite supérieur & la bonne foi ; & malgré cela cependant nous ne pouvons nous débarrasser d'un doute dont nous ferons part à nos Lecteurs, après leur avoir communiqué l'observation la plus suprenante que nous connoissions, s'il n'y a rien à rabattre de sa certitude. Il s'agit d'une fille muette, & qui, malgré cela, avoit la faculté de chanter des chansons très-bien articulées & d'une manière très-intelligible.

Tous les Physiologistes savent que les mêmes organes servent à l'une & à l'autre de ces facultés : c'est par le moyen de la même bouche, de la même langue, de la même trachée-artère, du même diaphragme, &c. que nous chantons & que nous parlons. Bien plus, ce font toujours les mêmes lettres qu'on prononce, soit qu'on parle ou qu'on chante, soit qu'on le fasse dans une langue étrangère ou dans celle de son pays. Ne paroît-il donc pas absurde de croire que la même personne puisse jouir de l'une de ces facultés, étant privée de l'autre ? Et en supposant cette possibilité, ne paroît-il pas plus conforme aux loix de la Nature qu'on ne puisse pas chanter, quoiqu'on puisse parler ?

Toutes les personnes qui connoissent la structure du corps humain, savent qu'il est bien plus aisé de parler que de chanter. Il y a certains organes qui ne font aucun mouvement pendant qu'on parle, & ne font d'aucun usage dans le simple discours ; mais les parties nécessaires dans l'un & dans l'autre cas, font agitées avec beaucoup plus d'art & plus de force dans le chant que dans le difcours. Cependant le cas dont il s'agit ici femble renverfer cette théorie, quelqu'évidente qu'elle foit. Ecoutons M. *Scheffer*.

J'appris, dit-il, qu'il y avoit à Ratifbonne une pauvre fille muette, & qui cependant chantoit fort bien. Je la fis venir, & je la queftionnai fur différens fujets ; point de réponfe. Je la priai de chanter, elle débuta à l'inftant par une chanfon qu'elle chanta fort bien d'un bout à l'autre. Je lui adreffai de nouveau la parole : je lui fis de nouvelles queftions ; la voix lui manqua, elle fut muette. Je vis très-bien qu'elle vouloit me répondre, mais elle faifoit de vains efforts, elle s'agita, trémouffa & tomba en fueurs ; tous ces fignes me peignirent fon inquiétude : elle ne put produire le moindre fon, ni proférer la moindre parole. Je la priai de nouveau de chanter ; elle recommença de nouveau fans efforts. Sa voix eft très-douce, très-agréable. Sa chanfon finie, je lui parlai encore, mais je ne fus pas plus avancé que précédemment.

Voici une nouvelle épreuve. On me dit que cette fille favoit lire. Je lui préfentai un recueil de chanfons, & la priai de m'en lire une qui étoit notée. Ce fut en vain : même travail, même inquiétude, voilà tout le fruit de fes efforts. Chantez donc, je vous prie ; auffi-tôt elle commença & chanta très-agréablement toute la chanfon fans omettre une note.

Je tentai un nouvel effai, & la priai de prononcer deux ou trois mots que je pris dans la chanfon qu'elle venoit de chanter. Ses efforts furent aussi grands & aussi infructueux; cependant je crus entendre un son très-foible, ayant un léger rapport avec les mots indiqués, mais elle étoit alors épuisée de fatigue. Elle réitéra néanmoins ses efforts, & peu-à-peu, à force de répéter souvent les mêmes mots, elle parvint à les répéter distinctement & sans peine.

Cette fille pouvoit avoir alors environ treize ans : sa famille est de Salsbourg. J'examinai les organes de la voix, & autant que j'en pus juger, il n'y manquoit rien. Elle étoit assez bien faite & assez bien proportionnée, à son col près, qui étoit un peu trop long ; mais ce défaut me parut héréditaire. Elle paroissoit un peu stupide, mais cela venoit de ce qu'étant peu propre aux affaires du ménage, on ne l'avoit élevée qu'à filer de la laine, unique occupation à laquelle elle passoit tristement ses jours. Il est bon de savoir que cette fille avoit deux sœurs, dont l'aînée, qui vit encore, parle très-bien, & la cadette, qui est morte fort jeune, étoit absolument muette.

Voici en peu de mots, ajoute M. *Scheffer*, mon avis sur ce phénomène. Les épreuves faites avec beaucoup d'attention, & plusieurs autres raisons, ne me permettent pas de soupçonner qu'il y ait de la supercherie. Il seroit cependant ridicule d'attribuer cette mutité à quelque cause surnaturelle, ou à une faveur du Ciel, comme le dit sa sœur aînée.

Je me suis aussi convaincu que cela ne vient point d'un vice dans les organes de la parole. La bonne conformation de ces parties & de tout le reste du corps est mon garant.

Je fuis au contraire dans la plus forte perfuafion que ce défaut ne vient que de la négligence
de l'ufage & de l'exercice de ces organes. Les
épreuves rapportées ci-deffus, confirment affez
cette opinion, & s'il refte quelque doute, les
remarques fuivantes pourront le diffiper.

Il eft arrivé fans doute que cette fille aura
paru dans fes premieres années avoir beaucoup de difficulté à parler. Ses parens, qui
étoient très-pauvres, l'auront fans doute né-
gligée & abandonnée à la Nature. Ce défaut
aura augmenté de plus en plus. Dans un âge
plus avancé, la timidité & la pudeur l'auront
encore plus empêchée de parler. La difficulté
qu'elle éprouvoit à le faire aura fans doute excité les ris de fes compagnes, & éteint abfolument en elle l'envie de parler; & de cette
manière l'impuiffance de le faire aura augmenté
de jour en jour.

Ce qui confirme davantage mon opinion,
c'eft que d'après les mêmes principes on peut
expliquer la facilité avec laquelle cette fille chante. Je penfe que les mêmes obftacles doivent
alors avoir difparu. Si plufieurs perfonnes chantent enfemble, on ne peut guère diftinguer celle
qui bégaye. C'eft la coutume des Habitans de
Salfbourg de chanter plus fouvent, quand ils
font affemblés, que de converfer. C'eft ce qui
aura excité cette fille à chanter, & lui en aura
facilité le pouvoir. Peut-être auffi que la mélo-
die lui aura plu, motif de plus pour vaincre,
à l'égard du chant, les obftacles qui lui reftent
encore à l'égard de la parole.

D'après cela, n'eft-il pas évident que cette

mutité eſt plutôt un mal moral qu'un mal phyſi-
qué, ou s'il y a quelque mal phyſique, il eſt ſi
léger, que l'exercice ſouvent répété & long-tems
continué ſuffit pour le diſſiper. Je me charge,
ajoute M. *Scheffer*, de faire apprendre à parler
à cette fille, & la ſuite juſtifiera ſi l'événement
répond à mon attente.

L'idée de M. *Scheffer*, ſur ce ſingulier phéno-
nème, eſt très-judicieuſe, ſi le fait eſt réellement vrai, & c'eſt la ſeule opinion qu'un Phyſicien puiſſe embraſſer. Malgré la confiance avec
laquelle M. *Scheffer* atteſte la vérité de ce fait,
il nous permettra cependant de former quelques doutes qui ne paroîtront point mal-fondés
à nos Lecteurs. Cette fille & ſes parens étoient
fort pauvres. Ne ſeroit-ce pas un moyen qu'ils
auroient imaginé, pour intéreſſer en leur faveur
les gens riches & curieux de voir un phénomène
auſſi extraordinaire ? Voici les motifs de ce doute.

Cette fille entendoit tout ce qu'on lui diſoit
puiſqu'elle obéiſſoit quand on lui diſoit de
chanter. Elle n'étoit donc pas muette de naiſ-
ſance, puiſque ceux-ci ſont pour l'ordinaire
muets & ſourds. Elle ne l'étoit, dit M. *Scheffer*,
qu'à cauſe de la négligence de ſes parens à lui
apprendre à parler : mais il paroît que cette
raiſon n'eſt pas entièrement ſatisfaiſante. Cette
fille connoiſſoit la valeur des termes, puiſqu'elle
faiſoit effort pour répondre ; donc on l'a lui
avoit appriſe. D'ailleurs cette fille ſavoit lire ;
comment avoit-on pu lui apprendre à lire,
puiſqu'elle n'avoit jamais pu prononcer une
ſeule ſyllabe ? Cette difficulté ne paroît pas
éclaircie dans l'obſervation. Enfin, ſi cette fille

avoit pu apprendre à chanter, feulement en
entendant les autres, à plus forte raifon elle
auroit dû apprendre à parler; puifqu'il faut
plus de travail pour la premiere opération que
pour la feconde, & quelqu'ordinaire que foit
l'ufage du chant parmi les Proteftans de Salfbourg, cependant ils emploient bien plus fréquemment le difcours fimple dans la vie domeftique, ils ne chantent pas toujours, & cette
fille, qu'on dit être un peu imbécille & paffer
triftement fa vie à filer de la laine, étoit probablement plus fouvent réduite à la compagnie de fes parens, ou des filles de fon âge,
dont elle auroit dû apprendre le langage.

N

NAINS. Plufieurs Auteurs ont traité de cet
écart particulier de la Nature; mais il en eft de
celui-ci comme de celui qui lui eft oppofé.
L'homme aime naturellement le merveilleux, &
pour peu que le fujet y prête, voilà fon imagination montée; les fables les plus abfurdes lui
tiennent lieu de vérités, & on trouve des Auteurs
pour les débiter, & des gens crédules qui y
ajoutent foi. Ceux qui viennent enfuite s'appuient de l'autorité de leurs prédéceffeurs, &
ajoutent de nouvelles fables à celles qu'on avoit
déjà publiées. Voilà fans doute l'origine de cette
nation de pygmées dont plufieurs Auteurs graves
font mention. *Ariftote*, tout grand Philofophe
qu'il étoit, n'eft point à l'abri de ce reproche. Il

regarde les pygmées comme une chofe très-réelle ; il les nomme *Troglochides*, & prétend qu'ils habitoient ordinairement des cavernes. *Athanafius Kirker* donne dans un autre excès. Il reconnoît dès pygmées ; mais par honneur pour l'efpèce humaine, ce ne font point, fuivant lui, des hommes, mais bien de petits démons qui habitent les montagnes, & qui ont coutume d'être autour des mines. *Wormius* relève très-bien l'erreur de *Kirker*, dans une lettre qu'il écrit à *Thomas Bartholin* ; mais auffi crédule que fes prédéceffeurs, il prétend qu'il exifte véritablement une nation de pygmées. *Jean Alvaros Maldonatus* va plus loin. Il affigne jufqu'à leurs demeures, & il affure avoir trouvé en 1560, fur les Andes, montagne de l'Amérique méridionale, un petit peuple de cette efpèce, dont la hauteur n'excédoit point une coudée. Il y a plus : on lit dans les Ephémérides des Curieux de la Nature, un moyen de s'oppofer à l'accroiffement d'un enfant, & d'en faire un nain. La recette fut communiquée par *Jean-Marc Marci de Kronland.* Pour peu qu'on foit inftruit & qu'on raifonne, que pourra-t-on penfer de femblables rêveries ? Nous favons qu'*Ezechiel* parle de certains hommes très-petits qui étoient dans la ville de Tyr, & qui étoient extrêmement adroits à l'arbalête ; mais que conclure de ce témoignage ? Qu'il y a fans doute des nations où les hommes ne font pas de la taille ordinaire des autres hommes, & c'eft ce dont perfonne ne doute, & ce en quoi on ne voit rien de merveilleux. Les Lapons ne font point des pygmées, & cependant ils font beaucoup plus petits que nous.

On doit dire la même chose d'un peuple particulier qui habite dans l'isle de Madagascar; ses individus sont beaucoup plus petits que nous: on nomme ces petits hommes *Quimos* en langue Madecasse. Leur caractère distinctif est d'être plus pâles de visage que tous les Nègres connus; d'avoir les bras très-allongés, de façon que la main atteigne au-dessous du genou, sans que le corps soit plié. Leur existence est constatée par une Relation de M. *Commerçon*, célèbre Naturaliste de Bourg-en-Bresse, qui a fait le tour du monde avec M. *de Bougainville*; mais il y a encore loin de la petitesse de ce peuple à celle que nos anciens attribuoient à la race des pygmées.

Nous devons donc regarder comme une chose extraordinaire, & comme une des merveilles de la Nature, ces petits hommes qui sont d'une petitesse excessive, assez bien proportionnés d'ailleurs, & tels qu'il s'en trouve quelquefois; mais dont la race ne se multiplie point comme celle des autres hommes. Ce sont de ces exceptions singulières dont les Physiologistes n'ont point encore bien développé la cause.

Parmi ceux-ci nous devons distinguer particulièrement celui du Roi de Pologne, connu sous le nom de *Bebé*, & que nous allons faire connoître, d'après le rapport qu'en fit M. le Comte *de Tressan* à l'Académie.

Nicolas Ferry, (c'étoit son véritable nom), naquit à Plaisnes, Principauté de Salins, dans les Vosges. Son père & sa mère étoient bien constitués, & il n'avoit, malgré cela, que huit ou neuf pouces de long quand il vint au monde, & il ne

pesoit

pefoit que douze onces. Il étoit outre cela extrêmement délicat. On le porta à l'Eglife fur une
affiette garnie de filaffe, & un fabot rembourré
lui fervoit de berceau. Jamais il ne put teter fa
mère ; fa bouche étoit trop petite pour faifir le
mamelon. Il fallut qu'une chèvre y fuppléât.
Il n'eut point d'autre nourrice que cet animal,
qui de fon côté fembla s'y attacher.

Il eut la petite vérole à fix mois, & le lait de
chèvre fut & fon unique nourriture, & fon unique
remède. Dès l'âge de dix-huit mois il commença
à parler ; à deux ans il marchoit prefque fans
fecours, & ce fut alors qu'on lui fit fes premiers
fouliers, qui avoient dix-huit lignes de longueur.

La nourriture groffière des Villageois des
Vofges, telle que les légumes, le lard, les pommes de terre, fut celle de fon enfance jufqu'à
l'âge de fix ans, & il eut pendant cet efpace de
tems plufieurs maladies graves, dont il fe tira
heureufement.

Dès l'âge de cinq ans il étoit abfolument
formé, fans être parvenu à une taille plus grande
que celle de vingt-deux pouces, & ce fut cette
fingularité qui fit l'époque de fon bonheur.

Le Roi de Pologne *Staniflas* entendit parler
de cet enfant extraordinaire, & il defira le voir.
On le fit venir à Lunéville, & bientôt il n'eut
plus d'autre domicile que le Palais de ce Roi
bienfaifant, auquel de fon côté il s'attacha fingulièrement, quoiqu'il témoignât ordinairement
très-peu de fenfibilité. Ce Prince le nomma
Bebé. Quelque foin qu'on prît pour fon éducation, il ne fut pas poffible de développer chez
lui ni jugement ni raifon. La très-petite portion

de connoissances qu'il put acquérir ne put le conduire à avoir aucune notion de Religion, ni à former un raisonnement suivi. Sa capacité ne s'éleva jamais au-dessus de celle d'un chien bien dressé. Il paroissoit aimer la musique, & battoit quelquefois la mesure assez juste. Il dansoit même avec assez de précision, mais ce n'étoit qu'en regardant son Maître attentivement, pour diriger tous ses pas & tous ses mouvemens sur les signes qu'il en recevoit.

Etant à la campagne, il entra dans un pré dont l'herbe étoit plus grande que lui. Il se crut un jour égaré dans un taillis, & cria au secours. Il étoit susceptible de passions, telles que le desir, la colère, la jalousie, & pour-lors ses discours étoient sans suite, & n'annonçoient que des idées confuses. En un mot, il ne montroit que cette espèce de sentiment qui naît des circonstances, du spectacle, & d'un ébranlement momentané, & le peu de raison qu'il montroit ne paroissoit point s'élever beaucoup au-dessus de l'instinct de quelques animaux.

Madame la Princesse *de Talmond* essaya de lui donner quelques instructions; mais malgré tout son esprit, elle ne put développer celui de *Bebé*. Il en résulta seulement ce qui devoit en résulter : il s'attacha à elle, & en devint même si jaloux, que voyant un jour cette Dame caresser une petite chienne, il l'arracha de ses mains avec fureur, & la jetta par la fenêtre, en disant : *Pourquoi l'aimez-vous plus que moi ?*

Jusqu'à l'âge de quinze ans *Bebé* avoit eu les organes libres, & toute sa petite figure très-bien & très-agréablement proportionnée. Il

avoit alors vingt-neuf pouces de haut. A cet âge
la puberté commença à se développer en lui ;
mais ces efforts de la Nature lui furent préjudi-
ciables. Jusque-là les sucs s'étoient distribués
également dans toute la machine. L'âge viril,
en se déclarant, troubla cette harmonie, & il
eut pour effet d'énerver un corps frêle & dé-
bile, d'appauvrir son sang, & de dessécher ses
nerfs. Ses forces s'épuisèrent, l'épine du dos se
courba, la tête se pencha, ses jambes s'affoiblirent, une omoplate se déjetta, son nez grossit,
Bebé perdit sa gaieté & devint valétudinaire. Il
grandit cependant encore de quatre pouces,
dans les quatre années suivantes.

M. le Comte *de Treffan*, qui avoit suivi avec
attention la marche de la Nature dans le développement de ce nain, avoit prévu qu'il mourroit
de vieillesse avant trente ans. Effectivement dès
l'âge de vingt-un ans, il tomba dans une espèce
de caducité, & ceux qui en prenoient soin re-
marquèrent en lui des traits d'une enfance qui
ne ressembloit plus à celle de ses premières
années ; mais qui tenoit de la décrépitude.

La dernière année de sa vie, il sembloit accablé. Il avoit peine à marcher. L'air extérieur
l'incommodoit, à moins qu'il ne fût fort chaud.
On le promenoit au soleil, qui paroissoit le ranimer. Mais à peine pouvoit-il faire cent pas de
suite. Au mois de Mai 1764, il eut une petite
indisposition, à laquelle succéda un rhume accompagné de fièvre, qui le jetta dans une espèce
de léthargie, dont il revenoit pendant quelques
momens, mais sans pouvoir parler.

Les quatre derniers jours de sa vie, il reprit

une connoiſſance plus marquée. Des idées plus nettes & plus ſuivies, qu’il n’en avoit eu dans ſa plus grande force, étonnèrent tous ceux qui étoient auprès de lui. Son agonie fut longue. Il mourut le 9 Juin 1764, âgé de près de vingt-trois ans ; il avoit alors trente-trois pouces de haut.

L’hiſtoire de *Bebé* rappella à M. le Comte *de Trèſſan* celle de M. *Borwſlaski*, Gentilhomme Polonois, qu’il avoit vu à Lunéville, & qui étoit venu depuis à Paris.

Le père & la mère de ce dernier, dit M. *de Treſſan*, ſont d’une taille au-deſſus de la médiocre. Ils ont eu ſix enfans: l’aîné n’a que trente-quatre pouces, & il eſt bien fait. Le ſecond, dont il s’agit, n’en a que vingt-huit, & il étoit alors âgé de vingt-deux ans. Trois frères cadets qui le ſuivent à un an de diſtance les uns des autres, ont chacun cinq pieds ſix pouces. Le ſixième enfant eſt une fille, qui n’a au plus que vingt à vingt-un pouces, bien faite dans ſa taille, jolie, & annonçant beaucoup d’eſprit.

La reſſemblance qui ſe trouve entre *Bebé* & M. *Borwſlaski* ne conſiſte heureuſement que dans la taille. Ce dernier a été bien plus favorablement traité de la Nature. Il jouit d’une bonne ſanté ; il eſt adroit & léger. Il réſiſte à la fatigue, & lève avec facilité des poids qui paroiſſent conſidérables pour ſa ſtructure.

Mais ce qui le diſtingue encore davantage de *Bebé*, c’eſt qu’il poſſède toute la force & toutes les graces de l’eſprit ; que ſa mémoire eſt très-bonne, ſon jugement très-ſain. Il lit & écrit très-bien. Il ſait l’Arithmétique, l’Allemand &

le François, & les parle avec facilité. Il est ingé-
nieux dans tout ce qu'il entreprend, vif dans ses
reparties, & juste dans ses raisonnemens. En un
mot, M. *Borwslaski* peut être regardé, selon l'expression de M. *de Tressan*, comme un homme fait,
quoique très - petit, & *Bebé* comme un homme
manqué. Il n'y a pas même lieu d'en être étonné :
la mère de *Bebé* est accouchée de lui à sept mois,
& après une grossesse extraordinaire, qu'elle eut
bien de la peine à reconnoître pour telle, au
lieu que M. *Borwslaski* est venu à terme. Il n'est
donc pas étonnant que le premier ayant été,
pour ainsi dire, affamé dans le sein de sa mère,
les organes du cerveau ne se soient développés
qu'imparfaitement. Ce n'est ici qu'une conjecture, mais on en a souvent adopté de moins
vraisemblables.

En voici un autre bien singulier, & rempli de
talens. Il s'appelle *Pierre Dantlow*. Il est fils d'un
Cosaque *Podpornoghrchik*, du Régiment de
Labni. Ses père & mère, frères & sœurs, sont
de taille ordinaire ; mais lui, parvenu à l'âge de
trente-trois ans, n'avoit que vingt-neuf pouces
trois-quarts, mesure Angloise. Ce nain n'a point
de bras. Ses épaules se terminent en petits
moignons de chair. Sa tête est si étroitement
liée à ses épaules, qu'il est difficile de mettre le
doigt entre deux. Cependant il n'est point laid
à voir. Il a au contraire une figure assez agréable.
Il porte une grande moustache, qui lui va presque
jusqu'aux oreilles. Il ne lui manque rien du côté
de l'esprit, du jugement & de la mémoire. Il a la
poitrine applattie, & les jambes aussi courbes
que si on les eût retournées. Il n'a point de

jointures aux genoux. Les os font continus aux deux jambes jusqu'aux talons; les gras de jambe, presqu'entièrement effacés, n'ont presqu'aucune proportion avec son corps, qui a l'air mâle. A chaque pied il n'a que quatre orteils, compris le pouce, & tous les quatre recourbés, dont deux mobiles. Il marche fort vîte; mais s'il vient à tomber, comme il n'a point de jointures aux genoux, il ne sauroit se relever. Il écrit fort couramment du pied gauche, & ses caractères sont fort lisibles, tant en Russe qu'en Latin. Il fait des desseins à la plume aussi beaux que des gravures. Il chante, il joue aux cartes, aux échecs; il fume, & remplit lui-même sa pipe. Il tricote des bas, & il se fait pour cela des aiguilles de bois. Il se débotte, il mange du pied gauche: en un mot, il exécute une foule de choses incroyables. Il témoigne un grand desir de s'instruire, & apprend avec beaucoup de facilité. Aussi le Colonel auquel il appartient est-il soigneux de cultiver ses heureuses dispositions, & de lui fournir tous les secours qui peuvent faciliter ses progrès.

En considérant ce que les anciens ont écrit sur cette matière, M. *Morand* qui s'en est fort occupé, & qui a fait à ce sujet un très-grand nombre de recherches, remonte jusqu'à ce peuple de pygmées dont nous avons fait mention au commencement de cet article. Ce célèbre Académicien est de notre avis à cet égard, & il croit que ce peuple si célèbre par ses combats avec les Grecs, n'a jamais existé. Du moins quand on recherche tous les endroits, où on l'a placé en différens tems, on n'en trouve aucun vestige,

& il seroit assez vraisemblable, comme l'imagine très-bien ce savant Académicien, que cette prétendue nation ne dût son origine qu'à quelque nom étranger mal interprété par les Grecs. Ce ne seroit pas le seul exemple de pareilles méprises. Au moins est-il certain qu'*Homère* est le premier qui en ait parlé dans son Iliade, en comparant les Troyens qui attaquèrent les Grecs, en l'absence d'*Achille*, à des Grecs qui fondent sur des pygmées. Mais *Homère* avoit besoin alors d'une comparaison, qui pût faire un tableau agréable, & non de discuter un point d'Histoire. Ce seroit sans doute trop gêner l'imagination des Poëtes de l'assujettir à l'exactitude historique. On ne lui demande que du feu. Abandonnons-leur donc la nation des pygmées, & voyons ce que des Auteurs plus graves ont dit au sujet des nains : nous y trouverons encore assez de fables. Témoin le nain cité par *Nicephore*, comme ayant été vu à la Cour de *Constantin*, & qui n'étoit pas plus gros qu'une perdrix. L'Historien dans cette occasion pourroit bien avoir eu l'imagination poétique. On peut penser la même chose d'*Athénée*, lorsqu'il assure que le Poëte *Aristratus* étoit si petit, qu'il échappoit à la vue.

Laissons-là toutes ces fables, & bien persuadés que s'il n'a jamais existé de peuple de pygmées, on a vu de tous tems des hommes d'une petitesse extraordinaire.

Ils étoient connus dès le tems des premiers Romains ; car ceux-ci en faisoient un objet de luxe & d'ostentation.

Auguste en avoit un dont il fit faire la statue, dans laquelle il épargna si peu la dépense, qu'on prétend que les prunelles de ses yeux étoient faites de pierres précieuses. Ce nain, au rapport de *Suétone*, avoit moins de deux pieds de hauteur. Il pesoit dix-sept livres, & avoit une voix très-forte. Cette statue, qui est aujourd'hui dans le Cabinet du Roi, prouve qu'*Auguste* n'étoit point délicat sur cette matière ; car le sujet qu'elle représente est un rachais, ou un rachitique, un sujet noué, des plus mal faits, & qui n'a rien de cet air de petit adolescent qu'ont ordinairement les nains. On lui donneroit environ trente ans.

Tibère admettoit un nain à sa table, & lui permettoit les questions les plus hardies, & ce nain avoit tant de crédit sur son esprit, qu'il lui fit un jour hâter le supplice d'un criminel d'Etat.

Marc - Antoine en avoit un d'une taille au-dessous de deux pieds, & que, par ironie, il avoit nommé *Sysiphe*.

Domitien avoit rassemblé un assez grand nombre de nains pour en faire une troupe de petits Gladiateurs.

Non-seulement les Empereurs entretenoient des nains, mais encore les Princesses & les Dames de considération en avoient. L'Histoire nous a conservé le nom de *Conopus*, nain de la Princesse *Julie*, fille d'*Auguste*. Il avoit deux pieds neuf pouces de haut ; & ce goût dura jusqu'au règne d'*Alexandre Sévère* ; mais ce Prince ayant chassé les nains de sa Cour, la mode en cessa bientôt dans tout l'Empire.

Le goût que les Romains avoient alors pour ces petits hommes, en avoit fait un objet de commerce ; & l'intérêt, une occasion de cruauté.

Les Marchands voulant se procurer un plus grand nombre de nains à vendre, imaginèrent de serrer des enfans dans des boëtes, avec des bandelettes faites avec art. Il est évident que ceux de ces enfans qui pouvoient échapper à cette torture cruelle, n'étoient nullement des nains, mais des hommes contrefaits & estropiés.

Le goût des nains ne paroît pas depuis, avoir été si vif chez les autres Nations. Cependant *Joston* rapporte que la première femme de *Joachim Frédéric*, Electeur de Brandebourg, avoit paru renchérir encore sur les Dames Romaines, & qu'elle en avoit assez rassemblé de l'un & de l'autre sexe, pour les marier, & en faire de petits ménages, dans la vue de multiplier l'espèce : mais son attente fut trompée ; car aucun n'eut de postérité.

Hofman & *Pierre Messie*, prétendent que *Catherine de Médicis* eut le même goût, avec aussi peu de succès. On ne doit pas même s'en étonner ; car ces sortes de tentatives ne peuvent réussir.

Il résulte de ce que nous venons de dire, que l'histoire des nains en offre deux espèces bien marquées. Les uns nés tels dans toutes leurs proportions & sans aucune difformité, & ce sont de véritables nains. Comme ils ne sont petits, que par manque d'accroissement, ils peuvent avoir tous les agrémens de la figure & de l'esprit ; mais ils vivent beaucoup moins que les autres hommes, en vieillissant plus promptement.

La seconde espèce de nains, sont de véritables rachais ou rachitiques, ou noués naturellement, ou devenus tels, parce que leur accroiffement a été gêné & rendu inégal par une maladie organique. Ce ne font pas de véritables nains ; mais bien des hommes contrefaits, parce que les fucs qui doivent fe répandre uniformément dans toute l'habitude du corps, ayant été dérangés, l'accroiffement du fujet en a été plus ou moins retardé. Il ne réfulte de ces fortes d'accidens, que cette efpèce d'hommes que le peuple appelle *bancales*, qui ont prefque toujours, pour le dire en paffant, une voix très-forte pour leur taille.

Mais ce qui paroîtra fans doute affez fingulier, c'eft que cette maladie appellée *rachitis*, qui ne produit ordinairement qu'une diminution dans la ftature du fujet, puiffe quelquefois produire quelque chofe de gigantefque. C'eft cependant ce que prouve très-bien une obfervation affez fingulière, rapportée par M. *Morand*. En même-tems, dit-il, que *Bebé* exiftoit à la Cour de Lunéville, on a trouvé enterré dans les Vofges, une tête monftrueufe par fa groffeur, dont le crâne avoit vingt-fix pouces de circonférence, mefurée dans le trait qu'on fait ordinairement avec la fcie, pour féparer la face de ce qu'on appelle la calotte du crâne.

Cette tête attira l'attention des curieux, qui décidèrent d'abord que c'étoit celle d'un géant. M. *Caneau*, Correfpondant de l'Académie, réfidant alors à Sarrebourg, l'envoya à M. *Morand*, qui la fit voir à l'Académie ; & il obferva, qu'en confidérant les os du crâne, ayant entr'eux une épaiffeur proportionnée, les futures & le reste bien formé, & en les comparant à ceux de la face, on y découvroit une disproportion frappante, & qu'on étoit disposé, par la petitesse de ceux-ci, à croire que cette tête étoit celle d'un enfant de dix à douze ans.

Cette monstruosité, selon M. *Morand*, ne pouvoit être attribuée qu'à deux causes. La première, un *hydrocephale* porté jusqu'à cet âge; ce qui seroit peut-être sans exemple. La seconde, un accroissement extraordinaire des os du crâne. Ce fut à cette seconde cause, que ce célèbre Académicien crut devoir s'arrêter; & il étoit persuadé que cette tête appartenoit effectivement à un rachitique. Ce qui sembloit même confirmer son opinion, c'est qu'auprès de cette tête se trouvèrent un femur & un tibia malades, assez gros & ankilosés. On conserva ceux-ci dans le Prieuré de Hesse près Sarrebourg, où en faisant mention de la grosse tête qu'on avoit envoyée à M. *Morand*, on montroit ces os comme ceux d'un géant, à ceux qui ne s'y connoissoient pas.

L'inégale distribution des sucs dans les parties de l'enfant, & la trop grande mollesse des os, jointe à quelque vice dans la qualité des liqueurs, donnent communément lieu aux rachitis. Cette maladie nuit à l'accroissement des enfans qui en sont attaqués; mais elle peut aussi, comme on le voit, opérer un effet contraire, & dans celui-ci, elle avoit produit une tête gigantesque.

Cet exemple d'une tête gigantesque sur le corps d'un enfant rachitique, n'est pas le seul. M. l'Abbé *de la Roque* rapporte, dans son

Journal de Médecine, un fait femblable, obfervé à Venife en 1683. On lui écrivoit de cette
ville, & à cette époque, qu'on y faifoit voir un
enfant monftrueux, qui faifoit horreur. C'étoit
une petite fille vivante, âgée de 22 mois, très-
bien formée de tout le corps; mais extrêmement maigre, & pas plus grande qu'un enfant
de 15 jours. Elle n'avoit de gros que la tête;
mais elle l'étoit d'une manière fi prodigieufe,
difoit-on, que fa groffeur excédoit celle des
plus groffes têtes. Elle avoit quelques ché-
veux, & la même dureté qu'une tête ordinaire. Elle venoit un peu en pointe par le
bas, n'ayant le menton, la bouche & le nez,
que comme un enfant de fon âge; les yeux
cependant un peu plus grands. La groffeur dè
cette tête commençoit du bas des joues; l'enfant avoit toutes fes dents, mangeoit & faifoit toutes fes fonctions ordinaires; mais elle étoit
toujours couchée fur le dos, ne pouvant remuer la tête, à caufe de fa prodigieufe pefanteur.
Elle n'avoit prefque point le mouvement des
pieds & des mains, à caufe de la grande foibleffe
de fon corps. A fa naiffance, elle étoit formée
comme les autres enfans; ce ne fut que quelques jours après, qu'elle ceffa de croître par
le corps; la tête groffiffant toujours, & ne
ceffant de s'augmenter encore, lorfqu'on envoya cette relation à M. *de la Roque*.

La maladie de cet enfant étoit un véritable
rachitifme, & il y avoit très-peu de tems alors
que cette maladie étoit connue en France. Ce
furent même les Anglois qui la firent connoître;
Gliffon, Majou & Willis, font les premiers

qui l'aient décrite en Angleterre, où elle n'étoit pas connue avant eux.

Voilà ce qu'en dit M. *Boerhaave*, dans ses Aphorismes. Il parut vers le milieu du seizième siècle, d'abord dans le centre de l'Angleterre, une maladie nouvelle, laquelle s'étendit bientôt dans tout ce Royaume, & enfin dans tous les pays de l'Europe septentrionale : elle se nomme *rachitis*, & elle est actuellement fort commune. Elle ne naît point avec les enfans, & même elle commence rarement avant le neuvième mois de leur naissance. Ainsi la fille de Venise, dont nous venons de faire mention, est une exception à cette règle générale, & son état en est bien plus singulier & plus merveilleux. Cette même maladie n'attaque presque jamais ceux qui ont plus de deux ans; mais elle est assez ordinaire dans l'espace intermédiaire, entre neuf & vingt-quatre mois. Elle étoit encore trop moderne & trop récemment connue, lorsque *Boerhaave* en parloit dans ses Aphorismes, pour s'en rapporter strictement aux observations de ce grand homme : mais quelque connue qu'elle soit actuellement, elle offre tous les jours de nouveaux phénomènes, qui méritent toute l'attention des Gens de l'Art.

Nous ne pouvons mieux terminer cet article, que par une observation très-curieuse, que nous emprunterons de M. *de Buffon*.

Il semble, dit-il, que la hauteur moyenne des hommes, étant d'environ cinq pieds, les limites ne s'étendent guère qu'à un pied au-dessus ou au-dessous. Un homme de six pieds est en effet un très-grand homme, & un homme de quatre pieds eſt très-petit. Les géants & les nains, qui ſont au-deſſus & au-deſſous de ces termes de grandeur, doivent être regardés comme des variétés individuelles & accidentelles, & non comme des différences permanentes qui produiroient des races conſtantes. Il n'eſt donc pas étonnant que les mariages de nains, de naines, faits par l'Electrice de Brandebourg & par *Catherine de Médicis*, n'aient donné aucune poſtérité. Si quelqu'un d'eux avoit pu être fécond, il eût peut-être donné des hommes de taille ordinaire.

NEGRE. Voir un Nègre blanc, c'eſt un phénomène des plus extraordinaires, mais non ſans exemple. Nous pourrions en rapporter pluſieurs ; mais nous nous bornerons à celui dont l'Abbé *Dicquemarre* fait mention dans le Journal de Phyſique, pour le mois de Mai 1777. Il s'y agit d'une fille qui naquit à la Dominique en 1759, le jour de la priſe de la Guadeloupe, de père & de mère noirs, qui vivoient encore dans le tems que l'Abbé *Dicquemarre* écrivoit cette relation.

Cette fille, dit-il, a demeuré dix ans ou environ à S. Pierre de la Martinique, où d'abord elle excita la curioſité des habitans, & amélioroit la fortune de ceux dont elle étoit alors eſclave. Ses traits, à l'exception des yeux, ne diffèrent en rien de ceux d'une Négreſſe de la baſſe Guinée. Elle a les joues rondes, l'os de la pomette élevé, le fond un peu boſſu, le nez court & écraſé, les lèvres groſſes, le lobe de l'oreille petit, les cheveux, les ſourcils, les cils des Nègres, à la couleur près; car ses cheveux, quoique d'une espèce de laine fort courte, sont blonds, & les sourcils, ainsi que les cils, d'un blond un peu plus doré. Le fond de la couleur de la peau est d'un blanc fade, à-peu-près comme celui de certains roux : mais à la différence de tous les individus blancs, issus de Nègres, dont on a donné des descriptions, cette fille a sur les joues, les lèvres, le nez & autres parties sanguines, une légère teinte de rouge, qu'on ne remarque point sur les parties molles & transparentes, & qui augmentent dans les momens de vivacité & de timidité. La peau des joues offre de petites taches d'une couleur peu différente de celle du violet, résultant du rouge flétri par l'âge dans les Européens. Les yeux sont longs. Ils ont d'ailleurs les angles extérieurs relevés, les paupières fort étroites, & la partie qui les recouvre élevée. L'iris est gris, avec une légère teinte d'oranger vers le cristallin.

Les yeux sont dans un mouvement continuel involontaire, qui n'est pas absolument le même des deux côtés. Les prunelles s'approchent ou s'écartent quelquefois l'une de l'autre. La vue est foible, sans être très-courte. La lumière du soleil d'un beau jour, ou même d'un flambeau, l'incommode. Cependant cette fille ne voit ni mieux ni plus tard que les autres au déclin du jour. Elle parut avoir les mamelles très-fortes pour son âge (dix-huit ans). Sa taille, d'un peu moins de cinq pieds, est assez bien prise ; cependant l'épaule ou l'omoplate droite est un plus grosse que l'autre. Les extrémités ne sont point aussi bien que la taille. Les mains se font remarquer par leur grandeur. La peau eſt un peu ridée, comme ſi elle fût reſtée quelque tems dans l'eau, & les bras ſont couverts de rouſſeurs. Les pieds ſont grands, & les plus petits orteils fort larges. Elle a, comme les Nègres, l'air timide, la voix douce & une odeur qui tient un peu du poireau verd. Sa peau n'eſt point ſatinée comme celle des Nègres. Son père & ſa mère ont pluſieurs enfans noirs. L'aîné venu blanc au monde, a noirci peu-à-peu, & a acquis la couleur d'un Mulâtre. Il a eu depuis des enfans noirs.

NEIGE. On ſait que la neige n'eſt autre choſe que des vapeurs aqueuſes, élevées de la ſurface de la terre, tranſportées dans l'atmoſ-phère, où elles ſe ſont réunies, condenſées, & d'où venant à tomber d'une nuée vers la terre, & ſe trouvant ſaiſies par le froid qu'elles éprouvent dans leur chûte, elles forment ces floccons différemment arrangés, que nous déſignons ſous le nom de neige. Nous laiſſerons aux Phyſiciens le ſoin de ſuivre plus particulièrement cette théorie générale, ſur la formation de la neige : nous leur abandonnerons également le ſoin d'étudier les formes différentes & variées que prennent ces floccons de la neige, ſuivant la variété des circonſtances qui influent ſur cette forme, & les autres queſtions qu'on traite communément en Phyſique, concernant ce météore aqueux, pour ne nous occuper que de quelques phénomènes extraordinaires, qu'il offre quelquefois à notre curioſité.

On ne ſe douteroit ſûrement pas que la neige pourroit être un remède efficace contre certaines

aſphixies,

afphixies, occafionnées par un froid exceffif. On en trouvera cependant la preuve dans le fait que nous allons rapporter.

Une lettre écrite de Brunfwick le 8 Mars 1754, nous apprend qu'un Gentilhomme, demeurant dans les montagnes du Hartz, où font les mines d'argent du Roi d'Angleterre, Electeur d'Hanovre, voyageant par un tems très-rude, fon Valet, qui étoit derrière fon caroffe, fe perdit en route. Le Cocher s'en étant apperçu, en avertit fon Maître; ils retournèrent fur leurs pas pour le chercher, & ils le trouvèrent étendu, fans fentiment. Après avoir fait inutilement tous leurs efforts pour le ranimer, & ne voulant pas s'embarraffer d'un cadavre, ils prirent le parti de l'enterrer dans la neige. Ils lui en jettèrent fur le corps, autant qu'ils purent en ramaffer, bien réfolus, à leur retour, de le faire enlever par fes parens; & ils continuèrent leur route. Etant repaffés trois jours après, ils furent bien furpris de trouver le tas de neige découvert, fans qu'il parût aucun veftige de corps mort. Ils crurent que les loups l'avoient dévoré : mais quel fut leur étonnement, lorfqu'arrivés au premier Village, ils retrouvèrent le Domeftique vivant ! Tout ce qu'on put tirer de lui, c'eft qu'il avoit très-bien dormi fous la neige, & que s'étant réveillé d'un profond fommeil, il avoit reffenti de la chaleur, & que ne fachant où il étoit, il s'étoit long-tems démené, jufqu'à ce qu'il eût pu percer le tas de neige.

Les Phyficiens ont beaucoup difcouru fur la formation, les effets & les propriétés de la neige ; mais perfonne ne s'eft occupé à rechercher fi elle eft élaftique. On ne s'en douteroit nullement, lorfqu'elle refte dans le même état fous lequel elle parvient à la furface de notre globe ; & quoiqu'elle paroiffe jouir d'un certain reffort lorfqu'elle eft foulée, amoncelée, on n'imagineroit pas jufqu'à quel point peut aller fa force élaftique. On peut en juger par une obfervation que voici, & que nous devons au Père *Berthier*, de l'Oratoire. Un couteau à gaîne, dit-il, fort léger, fort pointu & fort gliffant, ayant été enfoncé par hafard dans un endroit très-dur d'une motte de neige glacée & très-condenfée, de quatre pieds de diamètre, on fut fort furpris de voir que, dès qu'il eut été abandonné à lui-même, il fut repouffé & lancé à quatre à cinq pieds en arrière. Plus de vingt perfonnes préfentes voulurent répéter l'expérience, & enfoncèrent leurs couteaux dans le bloc de neige glacée. Ceux qui fe trouvèrent légers & gliffans, & qu'on enfonça dans les endroits durs, & fur-tout dans un certain fens des couches de la glace, furent très-repouffés ; de même que le premier : mais ceux qui étoient pefans, ou qui furent enfoncés dans les endroits moins durs de la même maffe de neige, ne le furent que peu ou point du tout. Il paroît que la glace agit dans cette occafion, fur la lame du couteau, comme les doigts fur un noyau de cerife. Mais quelle doit être la force de fon reffort, pour produire un pareil effet fur un corps, dont les deux furfaces font un angle auffi aigu, que celui de la lame d'un couteau ? C'eft ce que nous laiffons à difcuter aux Phyficiens.

Si la neige rend de grands services à l'homme, en couvrant & défendant contre les injures de la gelée, qui survient pendant l'hiver, les herbes, les boutons des arbres, qui se sont formés pendant l'automne, & qui commencent à pousser, les racines de plusieurs plantes, les oignons, tous les grains semés au commencement de l'hiver, & qui commencent à germer; si elle procure encore la fertilité des terres, &c. elle occasionne souvent de grands ravages, & cause à l'homme de très-grands désastres. Nous en donnerons pour exemple ce qui arriva le 19 Mars 1755, à Bergamoletto, village situé dans la vallée de Stura, à une heure & demie de distance du grand chemin, qui conduit à Démont. Toutes les maisons de ce lieu, furent renversées par l'éboulement de deux énormes masses de neige, qui roulèrent de la montagne voisine. Tous les Habitans étoient alors dans leurs maisons, à la réserve du nommé *Joseph Rochia*, âgé de cinquante ans, & de son fils, de quinze, qui étoient auparavant sur le toît de la leur, pour débarrasser la neige qui s'y étoit amassée, & qui étoit tombée trois jours de suite sans interruption.

Un Prêtre qui alloit dire la Messe, les ayant rencontrés hors de chez eux, les avertit qu'il venoit de voir tomber un grand monceau de neige, fort près de leur maison. *Rochia* se crut perdu, & persuadé qu'il en alloit tomber beaucoup davantage, il prit la fuite avec son fils, sans même s'embarrasser où il alloit. A peine avoit-il fait trente à quarante pas, que son fils tomba, ce qui lui fit tourner la tête.

Il courut pour le relever, & vit alors, qu'une montagne de neige venoit d'enfevelir toutes les maifons du Village. La douleur qu'il reffentit, en confidérant qu'il perdoit fa femme, fa fœur, deux de fes enfans & tous fes effets, le fit tomber fans connoiffance : mais ayant recouvré fes fens, il fe fauva avec fon fils, chez un ami qui les reçut.

Vingt-deux perfonnes furent enterrées fous cette montagne de neige, qui avoit foixante pieds de haut. Plufieurs Habitans du voifinage y accoururent, pour voir s'il y avoit moyen de fauver quelqu'un : mais on perdit bientôt l'efpérance de pouvoir porter des fecours à ces malheureux.

Cinq jours après, *Rochia* revenu de fa première frayeur, & fe trouvant en état de travailler, voulut encore, aidé de fon fils & de fes deux beaux-frères, faire quelques tentatives. Il fit quelques ouvertures dans la neige, fans pouvoir retrouver fa maifon, ni fon écurie. Le mois d'Avril ayant été fort chaud, la neige commença à fondre, de forte que le pauvre *Rochia* fe remit à travailler, dans l'efpérance de retirer fes effets, & de donner la fépulture à fa famille. Il ouvrit la neige & y jetta de la terre ; ce qui aide à la faire fondre. Depuis le 24 Avril, la neige diminuoit à vue d'œil. *Rochia*, dont les efpérances redoubloient, rompit avec une barre de fer, la glace épaiffe de fix pieds, & y enfonça une grande perche. Il crut fentir les maifons : mais la nuit étant venue, il remit le refte de fon travail au lendemain.

Cette même nuit, son beau-frère qui demeuroit à Démont, rêva que sa sœur étoit en vie, & qu'elle lui demandoit du secours. Frappé de ce songe (*qui ne prouve cependant rien pour le fait*), il se leva de grand matin, le 25 Avril, & vint le communiquer à son frère. Ils se joignirent aussi-tôt pour travailler, & découvrirent enfin la maison. N'y trouvant point de corps morts, ils cherchèrent l'étable, qui étoit éloignée de deux cens quarante pas. A peine y furent-ils arrivés, qu'ils entendirent ce cri : *Assistez-moi, mon cher frère*. C'étoit la femme de *Rochia*. Elle n'appelloit que son frère, parce qu'elle croyoit son mari péri sous la neige. Enfin, ils parvinrent à tirer de son tombeau cette famille infortunée. La sœur dit à son frère d'une voix agonisante : *J'ai toujours mis ma confiance en Dieu, & ensuite en vous, persuadée que vous ne m'abandonneriez pas*. Cette femme avoit alors quarante-cinq ans, sa sœur trente-cinq, & sa fille treize. On pense bien qu'elles n'avoient point la force de marcher, & qu'il fallut les porter. Elles ressembloient à des ombres. On les mit au lit : on leur donna pour nourriture du gruau de seigle & du beurre. Quelques jours après le Gouverneur de Démont vint les voir. La mère ne pouvoit se tenir debout, ni faire usage de ses pieds, soit à cause du froid qu'elle avoit souffert, soit à cause de la posture incommode où elle avoit été si long-tems. Sa sœur, dont on avoit baigné les jambes dans du vin chaud, marchoit un peu, quoiqu'avec peine. Sa fille étoit entièrement rétablie. Le Gouverneur les ayant questionnées fur tout ce qui leur étoit arrivé, voici ce qu'elles lui répondirent.

Le 19 Mars au matin, ces trois perfonnes étoient dans l'étable. Il y avoit de plus un fils de *Rochia*, âgé de fix ans. L'étable renfermoit un âne, cinq à fix volailles, & fix chèvres, dont une avoit mis bas la veille deux petits chevreaux morts-nés. La famille étoit venue à cette étable pour porter du gruau de feigle à cette chèvre, & s'y tenoit à l'abri dans un coin, pour fe garantir du froid. En attendant qu'on fonnât le Service, la femme étant fortie de l'étable pour allumer du feu dans la maifon, apperçut une maffe de neige venant du côté de l'eft. Sur le champ elle revint fur fes pas, rentra dans l'étable, ferma la porte, & dit à fa fœur ce qu'elle venoit de voir. En moins de trois minutes elles entendirent craquer le toît de l'étable, dont une partie s'enfonçoit. En conféquence elles s'avifèrent de fe mettre dans le ratelier, lequel étant foutenu par un bon pilier, réfifta à l'effort de la neige. Elles voulurent attacher l'âne à la mangeoire. L'animal mutin, à force de fe débattre & de ruer, fe détacha. Il renverfa le gruau qu'on avoit apporté pour la chèvre ; mais le vaiffeau dans lequel il étoit leur fut fort utile, pour y faire fondre la neige qui leur fervit de boiffon. On tint confeil pour favoir ce qu'il y avoit à faire, & pour examiner ce qu'on avoit de vivres. La belle-fœur de *Rochia* trouva dans fa poche quinze châtaignes blanches. Les enfans dirent qu'ils avoient déjeûné, & qu'ils n'avoient befoin de rien le refte du jour. On fe fouvint qu'il y avoit dans un coin de l'étable vingt ou

trente pains. Ce ne fut qu'un furcroît de regret
pour ces pauvres femmes, que la neige empêchoit d'y atteindre. Elles appellèrent à leur
fecours le plus haut qu'elles purent, & ne furent
entendues de perfonne. La femme & fa fœur
mangèrent chacune deux châtaignes, & burent
de la neige fondue. L'âne continuoit à faire du
tapage, & les chèvres bêloient beaucoup; mais
on ne les entendit bientôt plus. Il s'en fauva cependant deux, qui étoient près de la mangeoire.
L'une d'elles fourniffoit du lait, & ce fut ce
qui leur fauva la vie à tous. L'autre étoit pleine,
& ce fut de quoi les femmes s'apperçurent, &
fur leur calcul, elles jugèrent qu'elle mettroit bas
vers le milieu d'Avril.

Toute cette famille ne vit point un feul rayon
de lumière dans tout le tems qu'elle fut fous
la neige. Pendant environ vingt jours, elles eurent
quelque notion du jour & de la nuit, ou du
moins elles en jugeoient par le cri des volailles,
qui leur fervoit à marquer le point du jour. Les
volailles étant mortes au bout de ce tems, elles
furent privées de cette confolation.

Le fecond jour, ne pouvant réfifter à la faim,
on mangea le refte des châtaignes, & on but
tout le lait que put fournir la chèvre, qui, les
premiers jours, fe montoit environ à deux livres,
après quoi la mefure en diminua par degré. Dès
le troifième jour, ces femmes, privées de toute
autre provifion, fentirent de quelle importance
il étoit pour elles de nourrir leurs chèvres, &
elles avifèrent aux moyens de le faire. Il y avoit
par bonheur pour elles au-deffus de la mangeoire un petit grenier à foin. Elles en tirèrent

tant qu'elles purent y atteindre, & quand cela ne leur fut plus poſſible, elles firent monter les chêvres ſur leurs épaules, & ce fut ainſi qu'elles ſe procurèrent ce foin.

Le ſixième jour, le petit garçon commença à ſe plaindre de maux d'eſtomac. Sa maladie dura ſix jours, au bout deſquels il pria ſa mère, qui l'avoit toujours tenu ſur ſes genoux, de le coucher tout de ſon long dans la mangeoire, ce qu'elle fit. A peine y fut-il, qu'elle s'apperçut qu'il étoit froid, & il expira, en s'écriant : *Oh! mon père, dans la neige! oh, mon père! mon père* ! Il n'arriva point d'autre événement pendant pluſieurs jours. Un très-conſidérable, fut la délivrance de la chèvre, qui leur apprit qu'elles étoient au milieu d'Avril. Par-là leur proviſion redoubla encore. Cette précieuſe chèvre venoit à elles quand elles l'appelloient, & elle léchoit avec affection ſes chères maitreſſes, qui la chérirent de plus en plus depuis cette époque.

Pendant tout ce tems elles ſouffrirent peu la faim. Après les cinq ou ſix premiers jours, leur plus grande peine étoit la froideur de la neige fondue qui tomboit ſur elles ; la puanteur des corps de l'âne, des chèvres, &c. la vermine qui les aſſaillit, & ſur-tout la poſture gênante dans laquelle elles étoient obligées de ſe tenir ; car le lieu où elles étoient n'avoit que douze pieds de longueur, huit de largeur & cinq de hauteur ; & la mangeoire, dans laquelle elles étoient accroupies contre le mur, n'avoit que trois pieds quatre pouces de large.

Pendant ces trente-ſix jours, elle ne firent d'évacuations de ſelle que dans les deux ou trois premiers. La neige fondue, qui par la fuite ne leur faifoit aucun mal, fe diffipoit par les urines. La mère affura n'avoir point dormi pendant tout ce tems. Sa fœur & fa fille affurèrent avoir dormi comme à leur ordinaire. Elles avoient, lors de cet accident, leurs évacuations périodiques, qui difparurent pendant ces trente-fix jours.

Depuis qu'elles furent exhumées de ce lieu, leur appétit fut long-tems à revenir. Le peu qu'elles mangeoient, à l'exception des bouillons & du gruau, leur reftoit fur l'eftomac. L'ufage modéré du vin étoit l'aliment dont elles fe trouvoient le mieux.

Rien de merveilleux, fi nous en exceptons la quantité énorme de neige, dans la caufe qui produifit cet accident, mais bien dans la confervation de la vie des perfonnes qui l'éprouvèrent au milieu des horreurs d'un tombeau, dont elles ne pouvoient guère efpérer de fortir; & le plus merveilleux encore, c'eft fans contredit le rétabliffement de la fanté dans des corps auffi exténués, & qui avoient autant fouffert de la difette que de la fituation gênante où ils avoient été retenus fi long-tems. Ce qui nous prouve que la Nature a des reffources qui furpaffent celles qui peuvent venir de l'art le mieux entendu.

O

ODORAT. On raconte nombre de chofes merveilleufes de la fineffe de cet organe. Nous nous arrêterons aux deux faits fuivans.

Boyle rapporte qu'un Gentilhomme, fon parent, pour s'affurer fi fon chien de chaffe étoit bien dreffé, commanda à un de fes valets de s'en aller à une petite ville, diftante de quatre milles, & de-là par un bourg éloigné de trois milles, où il y avoit ce jour-là une foire; que quelque tems après ce Gentilhomme mit fon chien fur la pifte de ce valet; que le chien en prit fi bien la voie, qu'il alla à la petite ville; de-là au bourg, paffa à travers la foire, & fans s'arrêter à un nombre infini de gens qu'il rencontroit, il alla directement à une maifon où le valet étoit entré, & monta à un cabinet qui étoit au dernier étage, & là, parmi une compagnie fort nombreufe, démêla le valet, à l'étonnement de plufieurs perfonnes par lefquelles le Gentilhomme avoit fait fuivre fon chien.

Le Père *Schot* écrit une chofe bien plus furprenante encore. Il dit que du tems de l'Empereur *Juftinien*, il y avoit à Conftantinople un Charlatan, qui, ayant fait amaffer beaucoup de monde autour de lui, dit à ceux de l'affemblée qu'ils pouvoient jetter dans la place les anneaux de leurs doigts; que fon chien iroit les prendre, & rapporteroit à chacun le fien, fans fe tromper; ce qui fut exécuté, ajoute le Père *Schot*, comme il l'avoit promis.

ŒIL. Fait pour être l'ornement de la tête, & veiller à la sûreté de l'homme, chacun connoît la disposition de ce précieux organe, sa forme & ses variétés. On sait également à combien de dangers il est exposé, & on connoît les accidens qui le menacent, & qui ne sont qu'une suite de la constitution naturelle de l'homme. On plaint le vieillard dans lequel cet organe s'affoiblit, & on plaint encore davantage celui qui le perd par quelqu'événement que ce soit. Il est rare que la Nature soit assez marâtre pour nous le refuser, & plus rare encore qu'elle reste en chemin dans la production de cet important organe.

L'histoire fabuleuse des Cyclopes n'est cependant pas sans fondement. Mais il en est sans doute de cette fable, comme de toutes les autres. Un seul exemple suffit au Poëte pour étendre ses idées, & un seul homme lui suffit pour faire un peuple entier de gens qui lui ressemblent. Il est probable qu'il se sera trouvé anciennement quelque monstre de cette espèce, qui aura donné lieu à Virgile de faire les deux vers qu'on lit dans le troisième livre de son Enéide.

Monstrum horrendum, informe, ingens, cui lumen ademptum,
Lumen quod torvâ solum sub fronte latebat.

Quoi qu'il en soit, ce fait n'est pas sans exemple, & en voici des preuves.

Olaus Borrichius rapporte dans les Actes de Copenhague, qu'il a vu à Paris chez le sieur *Tamponette*, Chirurgien-Accoucheur, un enfant mâle d'environ dix mois, bien avancé pour son âge, & qui avoit déjà des cheveux. Il avoit six doigts à chaque pied & à chaque main. Ce doigt surnuméraire sembloit formé par-tout par la division longitudinale du petit doigt, divisé en deux parties. Il n'avoit point de nez, mais à l'endroit où commence ordinairement la racine du nez, on voyoit une orbite circulaire, & dans cette orbite un œil bien conformé, avec ses paupières & toutes ses dépendances : les deux nerfs optiques s'y réunissoient.

Borrichius dit également avoir vu chez le même Accoucheur le squelette d'un autre monstre Cyclope, semblable en tout au précédent, mais d'un sexe différent. Il avoit de même vingt-quatre doigts & un œil unique, placé de la même manière que dans le précédent. Cet Accoucheur qui avoit disséqué cet œil, y avoit trouvé toutes les tuniques & toutes les humeurs qui se trouvent dans les yeux les mieux conformés.

Mais de tous les monstres de cette espèce, il n'en est point, ou au moins n'en a-t-on point connu de semblable à celui que M. *Eller* décrit dans les Mémoires de l'Académie de Berlin, pour l'année 1755. Nous ne donnerons qu'un précis de cette observation aussi intéressante que surprenante.

La femme, dit M. *Eller*, d'un Ouvrier en laine, nommé *Harrack*, l'un & l'autre originaires de Bohême, eut un accouchement laborieux, & accoucha, le 19 Février 1755, d'un fœtus, dont la tête énorme & le visage affreux épouvantèrent tous ceux qui le virent. Sur un vaste & large front, on appercevoit d'abord un œil unique, bien fendu, grand, mais tortu; plutôt rougeâtre que blanc, enfoncé dans un trou quarré, sans être couvert de sourcils & de paupières, quoique ces parties n'y manquassent pas entièrement. Son regard étoit farouche & menaçant, & rien ne lui convenoit mieux que l'application des deux vers de *Virgile* que nous venons de citer plus haut.

Immédiatement au-dessus de cet œil hideux se trouvoit une excroissance épaisse & cylindrique, qui représentoit au naturel une espèce de verge, pourvue d'un canal ouvert en forme d'urètre, d'un gland & d'un prépuce, qui, à cause de sa situation, quoique flottant & mobile, couvroit la plus grande partie de cet œil effrayant, comme si la Nature, honteuse de son ouvrage, avoit voulu cacher sa turpitude sous un masque, mais plus horrible encore que la chose même. La peau extérieure de la tête, couverte de cheveux, étoit tout-à-fait détachée de la partie postérieure du crâne; de sorte qu'elle formoit une espèce de calotte ou bonnet large & retroussé qui descendoit au-delà de la nuque.

ŒUFS. Production animale, laquelle étant fécondée dans le sein ou hors du sein de la mère, contient le germe d'un animal semblable à celui qui l'a pondu; car tous les animaux ovipares ne viennent point de la même manière. Les oiseaux les couvent & les font éclore par la chaleur de l'incubation. Les poissons, proprement dits, les déposent au fond des eaux, pour être ensuite vivifiés par les mâles, & perfectionnés dans ce même élément. D'autres enfin, les insectes qui naissent reptiles, & finissent par être volatiles, les déposent fécondés dans le sein de la mère, & les abandonnent à la chaleur de l’atmosphère qui les fait éclore. De-là aucun œuf ne peut produire qu’il n’ait été fécondé par l’approche plus ou moins immédiate du mâle. Aussi voit-on la poulette mettre bas des œufs stériles. Souvent elle en fait de petits qui n’ont point de jaune, & que le vulgaire superstitieux ou ignorant, & amateur du merveilleux, regarde comme des œufs de coq. On trouvera à ce sujet un Mémoire très-curieux de M. *de la Peyronie*, imprimé parmi ceux de l’Académie des Sciences, pour l’année 1710. Nous ne parlerons ici que de ceux qu’on peut regarder comme merveilleux par leur conformation intérieure.

Rien de plus extraordinaire sans doute que de trouver des corps étrangers dans des œufs. Comment concevoir de quelle manière ces corps ont pu s’y introduire ? Ces sortes de phénomènes ne sont cependant pas aussi rares qu’on pourroit l’imaginer. En voici plusieurs exemples notables.

En 1691, M. *Dodard* fit voir à l’Académie un crin de cheval de la longueur d’un pied, & qui avoit été trouvé dans le jaune d’un œuf de poule.

En 1722, on trouva à Gandersheim, dans des œufs de poules, quelques pois & quelques lentilles. Il y en avoit quatre, cinq, & même jusqu’à six dans chaque œuf. On les sema par curiosité. La plupart germèrent & portèrent des fruits. Ces corps étrangers se trouvèrent exactement entre le blanc & le jaune de l'œuf. On publia ce phénomène surprenant, & on invita les Savans à dire leur sentiment sur la manière selon laquelle ces pois & ces lentilles avoient pu s'introduire ainsi dans ces œufs. Pour couper court à la difficulté, plusieurs attribuèrent ce phénomène à la magie. Elle étoit apparemment encore en honneur dans ces climats. D'autres crurent que ces graines s'étoient insinuées dans les poules pendant l'accouplement, qu'ils supposèrent s'être fait dans un endroit où il y avoit beaucoup de pois & de lentilles. D'autres enfin prétendirent qu'elles avoient passé du jabot dans l'ovaire, & cette dernière opinion n'est pas sans vraisemblance, lorsqu'on considère que des corps étrangers se portent souvent de l'estomac dans différentes parties du corps, comme nous l'avons observé dans le premier volume de cet Ouvrage. Mais nous ne nous chargeons pas pour cela de défendre cette opinion.

Voici un corps étranger, dont l'introduction paroîtra bien plus surprenante encore, & qui cependant paroît autoriser l'opinion dont nous venons de parler. M. *Perrault* fit voir à l'Académie un œuf, dans lequel on avoit trouvé une épingle enfermée, sans qu'on pût découvrir le moindre vestige de l'endroit par où elle étoit entrée. Cette épingle étoit couverte d'une croûte blanchâtre & épaisse d'un tiers de ligne; ce qui lui donnoit la forme de l'os de la cuisse d'une grenouille. Sous cette croûte l'épingle étoit noire & un peu rouillée.

En admettant toujours la même supposition, on ne sera pas surpris du phénomène suivant,

configné dans le Journal des Savans, pour l'année 1690. On y lit qu'un Religieux Trinitaire
de Lyon, coupant un œuf de poule à moitié
durci dans l'eau, trouva dans le milieu du jaune
une pierre de la groffeur & de la figure d'un
noyau de cérife. Cette pierre étoit dure, folide,
& réfonnoit comme un caillou. Sa fuperficie
étoit polie & roufsâtre; fa fubftance intérieure
blanche. Elle n'étoit point compofée de couches concentriques, comme le font les pierres
qui fe forment dans le corps vivant. D'où M.
Panthot, Médecin, de qui on tient cette obfervation, conclut qu'elle ne s'étoit formée ni
dans l'œuf, ni dans l'ovaire de la poule, mais
qu'elle aura été avalée, & qu'elle aura enfilé le
conduit qui va des parties de la nutrition à l'o-
vaire, en dilatant fortement ce conduit.

On expliquera facilement de la même manière le phénomène fuivant, rapporté par le
Docteur *Santafofia*. Une des femmes, dit-il, de
la Ducheffe Douairière de Parme, caffa un œuf,
& trouva dans le blanc un petit ferpent vivant,
dont la tête étoit fort applatie. Il étoit auffi long
que le doigt index, & gros comme la queue
d'une cérife. Il mourut le jour fuivant. Il affure
l'avoir vu vivant la veille, & fe mouvant comme
les autres reptiles. L'œuf avoit été pondu la
veille du jour où il fut caffé, par une poule élevée avec plufieurs autres dans un endroit hors
la ville.

Les œufs à deux jaunes ou à deux blancs,
ne font point affez rares pour être rangés dans
la claffe des chofes merveilleufes. Les Naturaliftes les nomment *ova gemellifica*, & les regardent

gardent comme le fruit des poules jeunes, vi-
goureufes & lafcives. On en a vu de tout tems,
& il eft peu de perfonnes qui n'en aient rencontré quelques-uns. On les regardoit cependant comme quelque chofe d'affez curieux, en
1664; car on en donna un de cette efpèce, &
comme un cadeau fingulier, à M. *George-Fré-
déric Behaimius*, Magiftrat de Nuremberg. Il
avoit deux jaunes, à l'inférieur duquel étoit attaché, par un pédicule, un appendice femblable
au fruit de l'arboifier.

Mais ce qu'on doit regarder comme furprenant, quoique de même genre, c'eft de voir
un œuf qui en renferme exactement un autre.
Or, M. *Perrault* en trouva un de cette efpèce,
qu'il préfenta à l'Académie. Le petit œuf, renfermé dans le grand, avoit à-peu-près la groffeur d'une olive. Il en avoit la forme, étant
un peu plus long, proportions gardées, que ne
font ordinairement les œufs. Le bout qui eft
pointu dans l'œuf, l'étoit un peu davantage dans
celui-ci. Quand il fut trouvé dans l'autre œuf,
dit l'Hiftorien de l'Académie, il n'avoit point de
coquille, mais il étoit fimplement couvert d'une
membrane dure & épaiffe, qui s'étoit endurcie
enfuite en fort peu de tems, & étoit devenue
femblable à la coquille des œufs. Il ne contenoit qu'une humeur blanche & féreufe.

L'Académie vit un phénomène de même efpèce en 1706. Ce fut M. *Mery* qui le lui préfenta.
C'étoit un œuf de poule qu'on lui avoit donné
tout cuit, & qui en renfermoit un plus petit,
revêtu de fa coque & de fa membrane intérieure. Il étoit rempli de la matière blanche

fans jaune; mais on ne put voir, comme il étoit cuit, s'il avoit un germe.

Au mois d'Août 1679, une poule avoit pondu un œuf de même efpèce, chez le Docteur *Cofme Bornemann*, Profeffeur en Droit. Il étoit un peu plus gros qu'un œuf ordinaire. Tous deux paroiffoient bien formés. Le blanc & le jaune de l'œuf externe environnoient l'œuf interne.

Olaus Borrichius parle d'un œuf qui avoit à l'une de fes extrémités une excroiffance, en forme de pédicule, de même fubftance que fa coquille. C'étoit, dit-il, la première ponte d'une poule d'Afrique.

Ces phénomènes furprenans jufqu'à un certain point, ne font pas les feuls qu'on ait obfervés dans ces fortes de productions animales. En voici d'un autre genre, & qui ne méritent pas moins de trouver place ici.

Le 14 Septembre de l'an 1679, une poule de Batavia, dans l'ifle de Java, pondit un œuf de grandeur ordinaire ; mais qui repréfentoit à l'extérieur, vers le fommet de la coque, la figure d'un ferpent, & de toutes fes parties. Non-feulement les linéamens du ferpent étoient marqués fur toute fa furface, mais les trois dimenfions de fon corps étoient auffi fenfibles que fi elles euffent été gravées par un habile Sculpteur, ou imprimées fur de la cire, du plâtre ou autre matière femblable. On diftinguoit parfaitement bien la tête, les oreilles : on voyoit une langue partagée en deux qui fortoit de la gueule. Les yeux étoient brillans & repréfentoient fi parfaitement l'intérieur & l'extérieur des parties de l'œil, avec leurs couleurs naturelles,

qu'ils paroiſſoient regarder, même aveç étonnement, les yeux des ſpeƈtateurs.

Ce fait ſe rapporte aſſez bien avec celui qu'on
publia l'année ſuivante à Rome, autant qu'il eſt
poſſible de croire que l'enthouſiaſme & l'amour
du merveilleux n'altéra rien dans la vérité de
ce dernier. On prétendit qu'une poule y pondit,
le 14 Décembre 1680, un œuf, ſur la coquille
duquel on voyoit la comète qui parut alors ſur
la tête d'Andromède, avec d'autres étoiles.

On avoit publié un phénomène du même
genre, en 1642, à Ulm. On aſſuroit que du
12 Juillet au 20 Septembre, on avoit vu cinq
œufs pondus par différentes poules, qui portoient ſur leurs coquilles l'image d'un ſoleil à
treize rayons deſſinés aſſez régulièrement. Quelques-uns même prétendirent que l'un de ces
œufs avoit paru lumineux.

Ce dernier phénomène s'accorderoit aſſez
bien avec celui que rapporte le Doƈteur *François Paullin*, qui aſſure que ſon père entrant
le ſoir dans une chambre, où il ſavoit qu'il ne
pouvoit y avoir de lumière, fut fort ſurpris d'y
en appercevoir une très-vive, à l'aide de laquelle il pouvoit diſtinguer les objets. S'approchant de plus près, dit-il, il reconnut que cette
clarté venoit de quelques œufs que couvoit
une poule blanche, fécondés par un coq très-
ardent.

Si on peut conſerver long-tems des œufs
frais, en s'oppoſant à l'évaporation de leurs parties laiteuſes, par le moyen d'un vernis dont on
couvre leur ſurface, & dont on remplit leurs
pores, on ne s'imaginera ſans doute pas aiſé-

ment qu'on puiffe, par quelque moyen que ce foit, les conferver pendant plufieurs fiècles. C'eft cependant ce qui réfulte du fait fuivant, tiré d'un Journal d'Italie.

Dans un bourg, fitué près du lac Majeur, on s'avifa, il y a quelques années, de démolir un vieux mur de la Sacriftie de l'Eglife du lieu, qui étoit fort ancienne. On y trouva dans le milieu trois œufs, dont deux étoient près l'un de l'autre, & le troifième à quelque diftance. Ils n'étoient point placés dans quelque trou, où une poule ou tout autre animal eût pu pénétrer, mais dans la pleine épaiffeur du mur, large en cet endroit de deux pieds. On remarqua qu'ils étoient couchés fuivant le lit des pierres, fcellés & enchaffés de toutes parts par la chaux qui s'étoit durcie. Il y a apparence qu'ils avoient été mis là par quelques ouvriers, dans le tems qu'on bâtiffoit le mur, & qu'ils y furent renfermés par mégarde, ou que ce fut un tour qu'un de ces ouvriers voulut jouer à l'un de fes camarades, qui les aura dépofés en cet endroit.

Lors de cette découverte, la curiofité porta les affiftans à faire caffer fur le champ l'un de ces œufs; ce qui fut exécuté par les mains d'un valet, & à l'écart, pour éviter le danger qui eût pu réfulter de l'infection de l'œuf. On fut bien furpris de le voir liquide avec le jaune & le blanc bien formés, ayant l'odeur & la faveur naturelles à un œuf, en un mot, frais & bon à manger. Cet œuf étoit encore tel après avoir pris l'air, le quatrième jour de la découverte. Les deux autres furent ouverts huit jours après à Milan, à dix lieues du lac Majeur. Ils parurent moins frais que le premier, & d'un fel un peu âcre, comme le feroit tout autre œuf d'une femaine, & la coquille avoit perdu quelque chofe de fa blancheur.

On trouva des preuves que depuis trois cens ans, on n'avoit point touché à la Sacriftie, dont le mur & les œufs dont nous venons de parler faifoient partie, fi ce n'eft au comble, à mefure qu'il falloit réparer la toîture. Saint *Charles Bor-romée* l'avoit vifitée, & y avoit tenu fes féances. Il y a même une armoire pour tenir les paremens d'Autel, qui fut faite fur place en 1569, & qui ne fauroit paffer par la petite porte d'aujourd'hui. On ne voit non plus aucun veftige de porte plus grande. Ainfi il eft conftant que ces trois œufs fe font confervés pendant trois fiècles.

ONGLE. Quoique les ongles ne foient point des parties abfolument effentielles au corps de l'homme, & que dans leur conftitution naturelle ils n'offrent rien de merveilleux, il eft cependant des cas où ils peuvent devenir l'objet de l'admi-ration du Naturalifte, ou du Phyficien. Tout ce qui s'éloigne des loix de la Nature, ou mieux des bornes qu'elle femble avoir prefcrites à la production des êtres, mérite une confidération particulière. Or, nous trouvons quelquefois dans les ongles de ces écarts finguliers, qui méritent d'être connus, & confignés dans un Ouvrage tel que le nôtre.

M. *Rouhaut*, premier Chirurgien du Roi de Sardaigne, envoya en 1719 à l'Académie Royale des Sciences de Paris, une relation, accompagnée d'un deſſin des ongles monſtrueux d'une pauvre femme du Piémont: mais ſans entrer ici dans un détail auſſi étendu de cette merveille extraordinaire de la Nature, on jugera de la grandeur de chacun par celle du plus grand de tous, qui étoit l'ongle du gros doigt du pied gauche. Il avoit, depuis ſa racine juſqu'à ſon extrémité, quatre pouces & demi. On voyoit que les lames qui entroient dans ſa compoſition étoient placées les unes ſur les autres, comme les tuiles d'un toît, avec cette différence, qu'au lieu que les tuiles de deſſous avancent plus que celles de deſſus, les lames ſupérieures avançoient plus que les inférieures. Ce grand ongle, & quelques autres, avoient des inégalités dans leur épaiſſeur, & quelquefois des recourbemens, qui devoient venir de la preſſion du ſoulier, ou de celle de quelque doigt du pied ſur l'autre.

Ces ongles exceſſifs dans leur longueur, ne ſont point ſans exemple; mais il eſt rare qu'ils croiſſent dans la même direction, & qu'ils ne ſoient point recourbés. Dans cette dernière ſuppoſition, ils retournent en arrière, & s'étendent à des diſtances qu'on ne peut aſſigner que d'après l'expérience. On lit dans les Ephémérides des Curieux de la Nature, qu'un petit Payſan de douze ans, avoit les ongles recourbés & ſi grands, qu'ils remontoient preſque juſqu'à la ſeconde articulation de chaque doigt. Ces ongles, dit-on, tomboient au printems & revenoient enſuite. Ceux des pieds du même ſujet étoient dans leur état naturel.

Sans embraſſer l'idée de ceux qui prétendent que l'imagination des femmes influe ſur la conſtitution de l'enfant qu'elles portent dans leur sein, ce que nous avons suffisamment réfuté dans le premier volume de cet Ouvrage, nous rapporterons fidélement une observation que nous devons à *Hillengius*. Il dit qu'une femme enceinte ayant vu un aigle dont les griffes étoient extrêmement longues, accoucha d'un enfant qui avoit une griffe à chaque pouce du pied ; mais ce qui paroîtra plus singulier ici, c'est que la griffe du pied droit tomboit d'elle-même pendant le printems, & que celle du pied gauche tomboit pendant l'automne.

Un phénomène qui paroîtra sans doute plus merveilleux encore, c'est de voir les ongles croître, & croître même à plusieurs reprises dans un cadavre dans lequel tout principe de vie paroît manifestement détruit. Ceux qui savent que les cheveux croissent encore, & souvent d'une grandeur très-notable dans des cadavres même enfouis en terre, & où ils éprouvent la corruption, seront moins surpris de ce phéno-mène, dont *Ambroise Paré* fait mention dans son Ouvrage.

Ce célèbre Chirurgien avoit embaumé un cadavre qu'il conserva pendant l'espace de vingt ans, sans qu'il se corrompît : il lui coupoit les ongles de tems en tems, & ils repoussoient toujours.

Cette espèce de végétation animale nous rend très-facile à croire ce que dit *Polisius* dans la quarante-troisième observation du Journal de Médecine de l'Académie des Curieux de la Nature, pour l'année 1685. Il assure qu'un ra-meau d'olivier ayant été mis, selon la coutume, entre les mains d'un mort, ce rameau avoit végété de telle forte, qu'il s'étoit étendu de tous les côtés, & avoit couvert de fa verdure le vifage & toute la tête du défunt.

OS. Ce font les parties les plus dures du corps animal ; celles qui fervent de bafe & d'appui à toutes les parties molles. Elles font fujettes à nombre de maladies qui ne font point du reffort de notre Ouvrage, & nous ne les confidérerons ici que relativement à un phénomène bien fingulier & bien merveilleux, qui ne s'obferve que fort rarement, & qui dépend de quelque caufe qu'on ne peut encore que fufpecter. Il n'eft pas rare, & tout le monde fait que plufieurs parties du corps s'offifient ; mais ces accidens, qui deviennent très-dangereux en quelques circonftances, dépendent de la rigidité que les fibres acquièrent avec le laps de tems, & ne fe font communément obferver que dans les vieillards, quoiqu'il ne foit point fans exemple de les obferver dans quelques fujets d'un âge très-peu avancé. Témoin un enfant dont il eft fait mention dans les Ephémérides des Curieux de la Nature, qui étoit entièrement offifié, & dans lequel on ne remarquoit aucune articulation qui fût libre : mais ce qui doit paroître plus fingulier, & ce qui s'obferve plus rarement en même tems, c'eft un ramolliffement des os les plus durs & les plus compactes, & qui prouve que la Nature peut quelquefois revenir fur fes pas. Quelque rare que foit ce phénomène, nous en avons plufieurs exemples, parmi lefquels nous choifirons les fuivans.

M. *Courtial*, Médecin de Touloufe, écrivoit en 1700, à M. *Tauvry*, Médecin de la Faculté de Paris, qu'une femme, âgée d'environ vingt-un à vingt-deux ans, ayant eu d'abord la fièvre, commença enfuite à fouffrir de grandes douleurs dans tout fon corps; qu'elle ne pouvoit plus fe tenir fur fes jambes; qu'elle devint contrefaite, & même qu'elle étoit décrue fi fenfiblement, qu'en dix-huit ou dix-neuf mois de maladie, elle avoit perdu un pied de fa hauteur. On ne pouvoit la remuer fans que fes os pliaffent; elle étoit enflée de tout fon corps, & fa peau étoit devenue confidérablement plus épaiffe & plus dure. Cependant elle mangeoit beaucoup : mais enfin elle mourut. On en fit l'ouverture, & on trouva fes os plus mous que de la cire, hors les dents qui avoient confervé leur dureté naturelle. Ces os, dit M. *Courtial*, fe coupoient plus aifément que les chairs; quelques-uns ne paroiffoient plus que des chairs fpongieufes & mollaffes, divifées en plufieurs lobes de figures irrégulières, abreuvées de férofités fanguinolentes, fans aucune cavité ni apparence de moëlle. Toutes les autres parties du corps étoient dans leur état naturel.

Voici encore un autre exemple d'un pareil ramolliffement au moins dans les os de la tête. Un homme, âgé de cinquante ans, fe plaignoit depuis dix-huit mois de douleurs de tête, avec faignement de nez. Il prit les eaux de Forges qui le foulagèrent. Quelque tems après l'hémorrhagie & les douleurs revinrent. Il parut deux polypes dans le nez, des rougeurs aux paupières de l'œil gauche, à la conjonctive & au grand angle près du nez. L'œil gauche étoit d'un pouce plus éloigné de la racine du nez que l'œil droit, & plus faillant en dehors d'un travers de doigt. Il paroiſſoit une petite tumeur molle au grand angle de l'œil gauche, qui ne cauſoit preſque point de douleur, & qui diminuoit quand on la preſſoit avec le doigt, parce qu'elle ſe vuidoit en partie dans le nez par le canal nazal, & en partie dans la cavité des paupières par les points lacrymaux. Lorſque cette tumeur étoit affaiſſée, on en ſentoit une autre au-deſſous plus dure, réſiſtante au toucher, & qui, loin de s'affaiſſer par la compreſſion, paroiſſoit beaucoup plus lorſqu'on avoit vuidé le pus de la première. Cette tumeur avoit une pulſation ſemblable à celle d'une artère dilatée. On diſputa beaucoup ſur la nature de cette tumeur, que quelques-uns prirent pour un anévriſme, & ſe trompèrent. M. *Petit* crut au contraire que la cauſe de ce phénomène venoit d'un ramolliſſement des os du crâne, au point de recevoir les impreſ-ſions des battemens du cerveau. L'expérience confirma cette opinion ſurprenante. Il coupa en effet avec un biſtouri dans le grand angle de l'œil, pour établir une communication dans le nez, & il n'éprouva aucune réſiſtance de la part des os, & de plus, il y porta le doigt, & toutes les parties cédoient comme de la chair molle. Aucune portion dure ne réſiſta. Les os de la baſe du crâne s'étoient donc changés en chair ; & ce ne fut pas le ſeul exemple que M. *Petit* eut obſervé de cette ſingulière carnification.

L'exemple le plus frappant de ce ſingulier phénomène ſe trouve conſigné dans un mémoire très-curieux de M. *Morand*, imprimé parmi ceux de l'Académie des Sciences pour l'année 1753. Il s'y agit d'une femme d'environ trente-deux ans, nommé *Elisabeth Gueriau*, femme d'un nommé *Supiot*. Voici le fait.

Cette femme avoit déjà eu deux enfans & fait une fausse couche en 1749, de laquelle elle s'étoit heureusement tirée, lorsque six semaines après ce dernier accident elle fit une chûte, qui lui occasionna une enflure douloureuse à la jambe ; mais sans aucun dérangement dans les parties solides. Six mois s'étoient à peine écoulés que les mêmes accidens parurent à l'autre jambe. On regarda pour lors cette incommodité comme un rhumatisme, & la malade fut traitée en conséquence. Son état d'infirmité étoit même devenu si supportable, qu'elle eut en 1751 une quatrième couche d'autant plus heureuse en apparence, qu'elle emporta l'enflure. Mais la malade demeura impotente des parties inférieures.

Six autres mois s'étant encore passés, les douleurs augmentèrent, & les urines parurent chargées d'un sédiment blanc, que quelques-uns prirent pour une matière laiteuse. Alors la malade commença à se plaindre d'une contraction involontaire des muscles, qui tiroient peu-à-peu ses jambes & ses cuisses en dehors ; & en effet les uns & les autres se courbèrent d'une façon si extraordinaire, que son pied gauche devint une espèce de coussin, sur lequel elle appuyoit sa tête : les autres parties osseuses participèrent au même ramollissement, & la malade devint si contrefaite, qu'il y a peu d'exemple d'une maladie pareille, portée à un tel point.

La fingularité de cette maladie lui donna une efpèce de célébrité. M. *Morand* fils, Médecin de la Faculté, en publia le détail du vivant même de la malade. Enfin, au mois de Juillet 1752, la fièvre, la difficulté de refpirer, la toux, le crachement de fang & la fuppreffion totale des règles fe joignirent à un état déjà fi fâcheux. La malade n'y put réfifter long-tems. Elle mourut le 9 Novembre de la même année, âgée d'environ trente-cinq ans.

Cette maladie avoit préfenté tant de fingularités que le cadavre de cette femme devint un objet très-curieux pour les Anatomiftes. M. *Morand* s'y intéreffa particulièrement, & il avoit même formé le deffein d'en conferver le fquelette pour l'Académie. Mais l'empreffement avec lequel plufieurs Anatomiftes fe portèrent à cette opération, & le defir de fe procurer quelques échantillons des parties maléficiées, firent que quelques parties furent diftraites, & qu'on fut même obligé de recourir à l'autorité de M. le Comte *d'Argenfon*, pour qu'on pût conferver ce dépôt, qu'on conferve effectivement à l'Académie. En le confidérant actuellement, on voit que ce qui tenoit lieu d'os dans le fquelette, a pris, par le deffèchement, une confiftance toute différente de celle qu'il avoit au moment de la mort.

Il faut lire dans le mémoire de M. *Morand*, la defcription de cette pièce fingulière. Nous obferverons feulement ici, qu'excepté les dents, il n'y avoit prefqu'aucun os du corps de cette femme qui ne fût, pour ainfi dire, métamorphofé, & qui ne fe pliât & ne fe coupât avec plus ou moins de facilité , n'ayant plus ni roideur ni dureté. On y remarquoit cependant encore dans quelques places des vestiges d'ossification ; mais ces os, pour la plus grande partie, étoient devenus membranes , cartilages & même de consistance charnue. Dans la tête, la dure-mère s'étoit confondue avec le crâne ; la faux, cette espèce de membrane qui partage le cerveau en deux parties égales , étoit beaucoup plus épaisse que dans son état naturel, & portée fort à gauche , en sorte que les deux hémisphères du cerveau étoient inégaux. Les ventricules étoient pleins de sang, & le plexus choroïde variqueux. M. *Morand* trouva dans la poitrine le cœur & les gros vaisseaux garnis de concrétions polypeuses, formées de sang très-noir. Mais tous les viscères du bas-ventre parurent fort sains. Les deux reins seulement contenoient des sables assez gros.

Il seroit sans doute bien difficile de donner une raison satisfaisante de phénomènes aussi extraordinaires que ceux-ci. Si cependant on veut supposer qu'il coule avec le sang, dans les vaisseaux des membranes des cartilages qui doivent s'ossifier, un suc terrestre & crétacé, destiné à remplir les vuides que laissent les fibres de ces corps, à les revêtir elles-mêmes, enfin à endurcir toute la masse ; il résultera de cette supposition que si le suc nécessaire pour donner aux os leur dureté, & pour l'entretenir, vient à cesser de couler, les os cessent non-seulement de continuer à s'endurcir, mais perdent encore insensiblement toute leur dureté, & que dans cet état, ne pouvant plus résister à l'effort des mufcles , ni leur fervir , comme dans l'état naturel, de point d'appui, ils obéiront à leur action & prendront des courbures plus ou moins irrégulières.

Selon quelques Auteurs, ce fuc crétacé n'eft point une pure fuppofition, & ils prétendent qu'on en peut voir les parties les plus apparentes dans les gros vaiffeaux des cartilages qui doivent s'offifier. Une circonftance même de la maladie dont nous venons de parler, femble confirmer cette idée. La *Supiot* rendoit, comme nous l'avons fait obferver, par les urines, dès le commencement de fon mal , du fédiment blanc , qui paroiffoit de la nature du gypfe, & qui étoit diffoluble par les acides. Elle difoit même , lorfqu'elle en rendoit beaucoup plus, qu'elle fentoit fes membres travailler. C'eft ainfi qu'elle exprimoit la contraction involontaire par laquelle fes membres commençoient à fe plier.

Si à tout ce que nous venons de dire, on ajoute que, fuivant plufieurs expériences connues, le vinaigre ramollit les os, on pourra légitimement fuppofer , fuivant la penfée de M. *Van-Swieten*, que la maladie de cette femme n'étoit qu'une furabondance d'acide dans toutes fes liqueurs. Cela fuppofé, non-feulement il ne fe fera plus formé de cette matière offeufe néceffaire à l'entretien des os ; mais de plus celle qui entroit dans leur compofition fe fera diffoute, & c'étoit probablement cette matière qu'elle rendoit par les urines.

Ce qui femble même confirmer que les organes deftinés à filtrer l'urine ne faifoient que donner paſſage à cette matière, & qu'elle leur étoit abſolument étrangère, c'eſt que M. *Morand* n'en trouva aucun amas dans les deux reins, ni à l'origine des baſſinets, quoiqu'il y eût dans ces organes une autre matière dépoſée tout-à-fait différente, & telle que les urines la forment ordinairement, c'eſt-à-dire du ſable aſſez gros & d'un rouge ſaffrané. Au reſte, on ne propoſe cette explication que comme une conjecture, & on ne peut que conjecturer dans un cas auſſi iſolé & auſſi inoui que celui-ci.

Cet exemple n'eſt cependant pas le ſeul qu'on puiſſe apporter d'un ramolliſſement des os. En voici un ſecond conſigné dans un récit latin de *Abraham Bauda*, Chirurgien à Sedan. L'Ouvrage eſt intitulé : *Microcoſmus mirabilis, ſeu homo in miſerrimum compendium redactus.*

En 1650, un Bourgeois de Sedan, nommé *Pierre Liga.*, âgé de vingt-quatre ans, commença à ſe plaindre d'une douleur aux talons. Deux mois après elle s'étendit aux genoux, & il ne put marcher qu'avec des béquilles. Dans la ſuite la douleur monta vers le haut des cuiſſes. L'année ſuivante, il devint impotent & ne put faire aucun mouvement. De plus, il reſſentoit de vives douleurs dans les jointures, ce qui l'obligea à garder le lit. Ces douleurs durèrent pendant trois mois, après leſquelles les os ſe ramollirent comme de la cire, au point qu'on pouvoit faire prendre aux différentes parties de ſon corps la forme qu'on vouloit leur donner. *Bauda* aſſure qu'en préſence de pluſieurs témoins, il lui avoit ſouvent plié les jambes, les cuiſſes & les bras en différens ſens, ſans qu'il éprouvât de douleur. Enfin, ajoute-t-il, les os devinrent si mous, que les muscles s'étant contractés, cet homme, qui étoit d'une bonne taille, fut réduit à la hauteur d'un enfant de deux ans. Sa tête devint ronde, ses cuisses n'avoient pas plus de six pouces de longueur, & la poitrine ressembloit au-dehors à celle d'une poule. Cependant il buvoit, mangeoit, dormoit fort bien, & faisoit assez bien toutes ses fonctions, à l'exception du mouvement. Les derniers mois de sa vie les douleurs le reprirent & le tourmentèrent jusqu'à sa mort, qui arriva à la trente-deuxième année de sa vie.

On trouve encore des observations du même genre, mais non à la vérité aussi singulières & d'une intensité aussi marquée, dans *Hyppocrate*, *Zacutus*, *Oligerus*, *Forestus*, *Wormius*, *Hollier*, *Fernel*, *Schenkius*, *Bartholin*, &c.

Les os sont susceptibles d'affections différentes qui font l'objet des recherches du Chirurgien, mais qui ne sont point du ressort de notre Ouvrage. En voici une néanmoins qui mérite d'être consignée ici. On lit dans les Ephémérides des Curieux de la Nature, qu'un Docteur en Droit de la ville de Heidelberg, âgé d'environ trente ans, & d'un tempérament mélancolique, étoit fort sujet à éprouver le phénomène suivant. Ses os craquoient par tout son corps, comme quand on grince fortement des dents. Il vécut cependant fort long-tems & arriva même à un âge décrépit. Alors il faisoit usage des eaux minérales de Schwalback.

Jongius fait mention d'une fille qui ne pouvoit marcher sans que les os de ses jambes ne

fissent

fiffent un bruit affez confidérable. *Willis* affure avoir vû trois malades, en qui les têtes des os excitoient un craquement qu'on entendoit au moindre mouvement que ces perfonnes faifoient. M. *Courtial*, Médecin de Touloufe, rapporte ces deux derniers phénomènes, dans un Ouvrage qu'il publia en 1705, fous le titre : *Nouvelles Obfervations Anatomiques fur les Os*. Il tâche dans cet Ouvrage de rendre raifon de ces phénomènes, il les attribue à un deffechement de la tête des os. Or, on conçoit facilement qu'en fuppofant que la furface externe des têtes des os foit fèche & arride, leurs charnières ne peuvent jouer fans faire du bruit.

Souvent ces fortes de phénomènes dépendent d'une affection fcorbutique, ainfi qu'il paroît par une obfervation rapportée dans les Ephémérides des Curieux de la Nature. Il s'y agit d'une femme de trente ans, d'un tempérament fanguin & phlegmatique, dont les articulations craquoient lorfqu'elle fe baiffoit, ou qu'elle fe courboit, ou qu'elle fe mettoit à genoux ou fur une chaife. Elle étoit attaquée d'une affection fcorbutique bien caractérifée ; & craignant que ces craquemens, qui n'étoient cependant point douloureux, ne lui caufaffent quelqu'accident fâcheux, elle demanda du fecours au bout de trois ans. Ce fut *Mercklin* qui fe chargea de ce foin, & à l'aide de différens antifcorbutiques appliqués intérieurement & extérieurement, il parvint à la guérir.

OURAGAN. Tout le monde connoît ce redoutable fléau de la nature, & perfonne n'ignore

combien il entraîne de défaftres après lui, lorfqu'il a acquis un certain degré d'intenfité. Quoique
ces fortes de phénomènes ne foient point abfolument rares, il en eft cependant quelques-uns dont
la mémoire mérite d'être confervée par les effets
extraordinaires qu'ils ont produits. Nous ne fui-
vrons ici que l'ordre des dates dans les obfervations différentes que nous avons recueillies.

Le plus ancien de ceux dont nous nous propofons de parler, date du 30 Octobre 1669. Il
fe fit fentir à Asheley, dans le Comté de Nor-
thampton.

Entre cinq à fix heures du foir, le vent étant
à l'eft, un ouragan ne s'étendit pas au-delà de
fix braffes & ne dura que fept minutes. Il commença à exercer fa fureur fur une Meunière, à
laquelle il enleva un feau de deffus la tête, &
l'emporta à quelques vingtaines de braffes de
diftance, où il demeura caché pendant plufieurs
jours. Enfuite, il ravagea la cour du nommé
Spregge, Habitant de Weftorp, où il enleva un
chariot de deffus fon effieu qu'il brifa avec les
roues, & en jetta le moyeu fur une muraille.
Ce chariot fe trouvoit un peu de travers à la
direction du vent. Un autre chariot de M. *Salis-
buries* fut pouffé contre le mur de fa maifon.
Il caffa une branche de frêne à cent braffes
de la même maifon, & la jetta par-deffus.
Cette branche étoit fi groffe que deux hommes avoient de la peine à la lever. Une pierre
qu'il jetta contre la fenêtre de M. *Samuel Temple*, Ecuyer, plia une barre de fer, quoique
cette pierre fût lancée de deux cents braffes au
moins delà, Mais laiffant à part tous les ravages

qu'il fit dans ces maisons ; dans celle de M. *Maidwelle* l'aîné, il ouvrit une porte, en rompit le loquet, s'avança dans le vestibule, enfonça la porte de la laiterie, renversa les vaisseaux qui contenoient le lait, brisa deux carreaux de la fenêtre, monta ensuite dans la chambre, où il en cassa neuf. De là il fut à la Cure, y détruisit une grande partie du plancher. Ensuite, il traversa la rue qui étoit étroite & jetta un homme, la tête la première, dans la porte de *Thomas Brigge*. Il toucha en passant à la maison de *Thomas Marston*, & descendit chez M. *George Wignil*, au moins à une stade de *Marstons* & à deux de *Sprigge*. Il emporta une grande cabane couverte de chaume, de dessus ses supports, & la posa adroitement à terre sans endommager beaucoup le chaume. Il enleva au même endroit un jambage de porte enfoncé de deux pieds dans la terre, & il le porta à plusieurs pas.

Un second ouragan se fit remarquer le 13 Octobre de l'année suivante, à Bray-Brook, dans le même Comté. Vers les onze heures le vent enleva le chaume qui couvroit un tas de pois, sans toucher à un autre à vingt pas de là. Il tourna ensuite vers la Cure, où il y avoit à peine huit brasses de largeur, emporta l'extrémité d'un tas d'orge & quelques piquets fichés en terre qui avoient cinq pieds de long, sans toucher à un tas de froment qui étoit à six brasses de l'orge, quoiqu'il n'eût aucun abri. Cependant il renversa un corbeau qui étoit dessus, & avec tant de violence qu'il lui fit sortir les entrailles & rendre beaucoup de sang par le bec. De là l'ouragan vint droit à la maison du Ministre, enleva la couverture tout autour. Il passa ensuite par-dessus la ville sans y faire le moindre dommage, le reste de la ville étant dans un fond, & parvint à une place qu'on appelle Fort-Hill, où il dépouilla une maison à drèche jusqu'à enlever le toît, & laisser sa drèche exposée à l'air sur le plancher.

Le 29 Avril 1680, il se fit à Varsovie un ouragan qui dura depuis onze heures & demie jusqu'à midi, & dans ce court espace de tems il produisit des effets inconcevables. On vit des tourbillons enlever des maisons entières à Pra-gue, gros bourg vis-à-vis Varsovie, lesquelles furent portées à vingt pas de là dans la rivière, sans se désunir, & aux fauxbourgs de cette ville ils abattirent les écuries & les remises des car-rosses du Roi, qui étoient un bâtiment de bois fort massif, de cinq cents pas de longueur, & où il y avoit des poutres que six hommes auroient eu peine à remuer. Dans les jardins il y eut des arbres d'une grosseur prodigieuse arrachés avec leurs racines, d'autres rompus près de terre, mais tous tortillés comme si on les avoit tordus. Il y eut dans celui de M. *Morstein*, Ambassadeur de France, une pyramide antique, qui y fut enlevée & portée à trente à quarante pas.

Mais tout cela est moins surprenant que ce que l'Evêque de Vormie écrivit être arrivé à Rad-zieiovicaeh, à cinq milles de Varsovie. L'ouragan y fut si violent, qu'outre tous les bouleversemens qu'il causa, il enleva le clocher de l'Eglise, qui, suivant la coutume de la Pologne, étoit une grosse tour séparée, mais fort près de la porte de l'Eglife, & l'emporta toute entière avec les cloches fur un autre bâtiment affez éloigné, dont le toît avoit été emporté au premier coup de l'ouragan.

Cette même année fut fréquente en accidens de cette efpèce: car le 7 Juin l'air étant chargé de nuées pleines de grêle & de pluie, il furvint un orage mêlé de tonnerre. Le tourbillon commença fur les cinq heures du foir, à fix lieues de Provins, du côté de Château-Regnard, d'où il paffa du fud-oueft au nord-oueft, & renverfa plus de vingt villages & hameaux, & même les plus grands arbres & les plus grands bâtimens, comme les châteaux & les Eglifes.

Ayant paffé l'Yonne au-deffus de Sens, il fit les mêmes ravages & de plus grands encore, après avoir traverfé la Seine à la Mothe, à une lieue de Nogent: il abîma entièrement les Eglifes, villages, châteaux & hameaux de Meffe, de Jaillard, Dupleffis & Dumeriot, où il enleva des moulins à eau, renverfa & fracaffa des avenues où il y avoit plus de quatre mille pieds d'arbres, & emporta une partie des meubles des Habitans dans des bruyères qui font à plus d'une lieue.

De là gagnant une grande plaine qui eft fur des hauteurs entre Provins & Villenauxe, il fappa par les fondemens les villages de Pigeoli, Villegrais & quelques autres, & fur-tout celui de Bruchi, dont il enleva le clocher qu'il porta avec les cloches à plus de cent pas.

Plufieurs perfonnes furent accablées par la chûte des arbres & des bâtimens. Près de Montmirel, une grande foffe pleine d'eau, qu'on n'avoit jamais vu tarir, fut entièrement deſſéchée. Un homme fut enlevé en l'air, & tellement froiſſé par ſa chûte, & bleſſé d'un coup de grêle qu'il reçut à la tête, qu'il en mourut au bout de quatre jours.

Si le dernier ſiècle nous fit éprouver des ouragans furieux, celui dans lequel nous vivons nous en fournit des exemples également terribles.

Le 15 Septembre 1751, il en ſurvint un très-violent dans la partie du ſud de Saint-Domingue. Il fut ſuivi le 29, de quelques ſecouſſes de tremblement de terre auxquelles on fit peu d'attention. Le 18 Octobre, on en ſentit une aſſez violente dans la partie Françoiſe; mais il y eut peu de dommage. Ces phénomènes ſubſiſtèrent & ſe firent obſerver aſſez fréquemment juſqu'au 21 Novembre, jour auquel il en ſurvint un très-fort dans tous les quartiers de l'iſle. La ſecouſſe la plus violente fut ſentie à ſept heures trois quarts du matin: elle dura cinq minutes. Toute la plaine du cul-de-ſac fut ruinée, ainſi que le Mirabalais, l'Artibonnite, le Boucaſſain & le lac même. La ville du Port-au-Prince fut entièrement détruite. Il ne reſta que dix-neuf maiſons, & toutes les habitátions de la campagne, dans les différens quartiers indiqués, furent preſqu'entièrement renverſées. Le quartier de Léogane & celui du Cap furent moins maltraités. Ce même tremblement ſe fit ſentir dans la partie Eſpagnole par des effets encore plus terribles. Le bourg de Voza, à huit lieues de Saint-Domingue, fut entièrement englouti, avec une plaine de vingt lieues, aboutiſſant à la mer & qui formoit une baye. La Jamaïque ſouffrit auſſi beaucoup d'un femblable ouragan qui fut pareillement fuivi d'un tremblement de terre. La ville principale fut inondée à plufieurs reprifes, les fortifications comblées de fable, les vaiffeaux au port brifés ou très-maltraités, & toutes les campagnes abfolument défolées ; ainfi qu'on en fut inftruit par des lettres écrites à M. *de Mairan :* mais nous laifferons de côté de femblables obfervations dont nous ne ferons mention qu'à l'article *Tremblement de Terre.*

Il y a peu d'exemples d'un ouragan auffi furieux que celui dont la relation fut envoyée à la Société Royale des Sciences de Londres, par le Milord *Cadogan.* Cet ouragan fe fit fentir vers le milieu du mois d'Octobre 1752, dans plufieurs Paroiffes du Comté de Tyrone, en Irlande, qu'il parcourut très-rapidement. L'air pendant toute la journée avoit été calme & ferein, feulement un petit vent du fud-eft s'étoit élevé de tems en tems. Vers les quatre heures après-midi le ciel parut s'ouvrir tout-à-coup, & un éclair partit du fud-eft. Environ trente minutes après on entendit gronder le tonnerre au même point du ciel, mais dans un grand éloignement. A cinq heures il parut quelques nuages. Un bruit terrible fe fit entendre ; il fut fuivi d'un fecond éclair & le coup de vent commença. Il courut trois lieues du fud-eft au nord-oueft. Son courant parut être refferré dans l'efpace d'environ feize pieds de largeur, & le corps de l'air mis en mouvement ne parut occuper qu'une étendue de foixante pieds. A une lieue au fud-eft du village d'Urney, le vent fuivit une ligne droite entre un tas de tourbes rangées dans un

marais. Il renverſa ſur ſon paſſage tout ce qui
ſe trouva dans cette direction. Il traverſa ſur la
même ligne une rivière dont il enleva les eaux
avec une fureur étonnante. Un village qu'il rencontra dans ſa route éprouva ſes coups. Il renverſa d'abord un gros tas de foin, & emporta
douze pieds du toît de la maiſon voiſine. Ayant
enſuite culbuté un amas conſidérable de tourbes, il en jetta quelques-unes juſqu'à trois cents
toiſes dans les champs. A ſoixante-dix pas delà
il prit une maiſon par les flancs, dont il dépouilla
dix-neuf pieds ſans toucher au reſte du bâtiment, au-deſſus & au-deſſous de ſon cours.
Derrière cette même maiſon il renverſa un tas
de foin qui ſe trouva dans ſa ligne, & n'endommagea cependant pas un tas de bled qui étoit
tout près vers le nord. Dans la même ligne il
emporta huit pieds du toît d'une autre maiſon,
combla cinquante-cinq pieds de foſſé & raſa un tas
de foin. Il perça d'outre en outre une étable, ſe
fit un paſſage de ſeize pieds & emporta des lattes
du toît fort loin dans les champs. Le reſte de
la maiſon fut peu endommagé. Un homme qui
ſe promenoit dans les environs fut culbuté &
bleſſé dangereuſement par ſa chûte. Un autre
qui étoit dans le même champ, mais hors de la
ligne, ne ſentit point la moindre impreſſion du
vent. Il entendit ſeulement un très-grand bruit
& vit paſſer devant lui, à quelque diſtance,
des tourbes, des morceaux de la charpente &
d'autres bois. Pluſieurs maiſons du même village,
au nord & au ſud du courant, ne reçurent aucun
dommage. L'air étoit calme des deux côtés, &
les paſſans ne pouvoient voir, ſans ſurpriſe;

une telle désolation arriver si près d'eux sans en rien ressentir. Au sortir du village d'Urney, le courant passa dans la même ligne, au nord d'une montagne assez haute, dépendante de la Paroisse. Il força la porte d'un Tisserand & renversa son métier. Enfin, il gagna un marais de trois lieues de longueur, & on ne put suivre au-delà sa direction ni ses effets.

Le suivant ne le cède en rien aux précédens, & les effets n'en sont pas moins extraordinaires. Le 19 Octobre 1757, vers les trois heures du matin, un tourbillon furieux vint du sud du port de Malthe avec un très-grand bruit, sa direction étant presque du midi au nord. Il traversa le port & passa ensuite sur la baraque de Castille, sur l'extrémité de la cité Valette & sur le fort Saint-Elme. Il dura près d'une minute & demie, & pendant ce tems il emporta presque tout ce qu'il trouva sur son passage; des vaisseaux furent démâtés; la barque du Roi, l'*Hirondelle*, perdit son mât d'artimon, avec cette circonstance remarquable que ni son grand mât, ni même le bâton d'enseigne ne furent endommagés; ce qui feroit croire que le diamètre de ce tourbillon, ou l'espace qu'il embrassoit, n'étoit point considérable. Plusieurs des murailles élevées sur les terrasses des maisons, pour les séparer les unes des autres, furent renversées, & tuèrent plusieurs personnes en tombant. Le haut du dôme d'une Eglise fut enlevé, ainsi que les cimes de plusieurs guérites d'une grande solidité. Des parapets de maçonnerie de plus de trois pieds d'épaisseur furent abattus, quoiqu'à peine élevés de trois pieds. Enfin, ce tourbillon arracha, dans deux endroits, des pierres qui formoient le pavé d'un baftion du fort Saint-Elme, & laiffa deux efpaces découverts qui avoient l'un une toife en quarré, & l'autre trois toifes de longueur & deux de large. Cependant ces pierres avoient huit à neuf pouces d'épaiffeur & un pied & demi en quarré, & étoient d'autant mieux cimentées qu'elles couvroient un magafin à bled, fitué dans l'intérieur de ce baftion.

Mais un effet encore plus fingulier & plus extraordinaire, c'eft le déplacement de plufieurs pièces de canon & de mortiers fitués fur une platte-forme du même fort. Deux canons entre autres, de plus de quarante livres de balle, montés fur leurs affuts, & placés à côté l'un de l'autre dans la même direction, furent trouvés retournés en deux fens oppofés & rapprochés par le côté des culaffes. L'extrémité de l'affut d'un de ces canons fe trouva à treize pieds de diftance de fa place ordinaire. Les mortiers furent emportés au moins auffi loin, & tournés auffi en fens contraires. Quelle dut être la vîteffe de l'air pour produire des effets auffi prodigieux? Ils nous paroîtroient incroyables fi ceux de la poudre ne nous avoient appris avec quelle violence ce fluide agit, lorfque fa condenfation ou fa vîteffe font portées à un certain degré.

Pendant ces tourbillons on entendit des tonnerres, mais ils étoient éloignés. Cependant le Capitaine & l'Equipage d'un bâtiment Anglois, qui fut démâté, dirent que dans l'inftant où cela arriva, on y fentit beaucoup le foufre, quoiqu'il ne parût aucune marque de feu au tronçon des mâts.

Le calme succéda tout-à-coup à ce moment affreux ; mais les éclairs ne discontinuèrent point de toute la nuit, & il plut beaucoup.

L'Histoire de Malthe parle d'un semblable ouragan arrivé le 23 Octobre 1555, à sept heures du soir. Il dura une demi-heure, & renversa & submergea dans le port quatre galères de la Religion qui étoient armées.

Cette même isle essuya encore un nouvel ouragan le 5 Novembre 1757, à huit heures & demie du matin. Il vint du sud-ouest & fut si terrible que tandis que le vent souffloit avec une impétuosité inouie, le tonnerre tomboit de toutes parts, & la pluie étoit si considérable qu'on ne voyoit aucun objet à la distance de cinq à six toises. Cette tempête dura environ un demi-quart d'heure, & fut suivie, l'instant d'après, d'un calme parfait. Alors on vit dans le port une multitude d'objets effrayans. La plupart des vaisseaux étoient hors de leur place, les uns avoient chassé sur leurs ancres, les autres avoient leurs amarres rompues, d'autres étoient échoués. On vit des chaloupes & des barquettes submergées, & plusieurs Matelots noyés, ou sur le point de l'être.

Le 21 Juin 1763, on éprouva à Crepy en Vallois, vers les quatre heures après midi, un ouragan affreux, qui dura pendant trois heures, ravagea plusieurs Paroisses de l'Election de Crépy, Généralité de Soissons, & notamment celle d'Acy, chef-lieu du Mulcien, située sur le grand chemin de Meaux à Crépy & à Compiègne. Le vallon dans lequel se trouve situé Acy fut en un instant couvert de deux pieds d'eau dans toute sa surface, & les Habitans con-traints d'abandonner leurs maisons, ne trouvèrent leur salut que dans la fuite. Les torrens entraî-noient les bâtimens & les clôtures construites en fort grès. Ils déracinèrent les arbres, & enle-vèrent les sables & les terres de la plaine. Ils couvrirent d'un pied de limon tous les grains, chanvres, foins, luzernes, sainfoins, légumes & autres productions, dont on étoit prêt à faire la récolte. Les terres de la plaine, qui étoient dispo-sées à être semées cette année, furent ravinées, de manière qu'il ne resta presqu'aucune espérance pour les semailles prochaines. Environ quarante maisons du lieu furent remplies de deux, trois, & même quatre pieds d'eau. Les effets de ceux qui les habitoient furent emportés par les cou-rans à une lieue de là, près de Gesvres, & une grande partie de ces effets fut perdue. On n'eut que le tems de faire sortir à travers les eaux les bestiaux des fermes, encore en périt-il beaucoup, & tout ce qui resta dans les granges fut totale-ment perdu. Enfin, toute cette malheureuse Pa-roisse ne présenta ensuite que le spectacle du plus affreux désastre. La perte de ce moment fut estimée à plus de quarante mille livres, non compris celle que durent supporter par la suite les Laboureurs par le défaut de récolte, & par les terres bouleversées jusqu'au tuf. Depuis deux ans ces malheureux Habitans travailloient à réparer les chemins qui conduisent de Meaux à Com-piègne, chemins jusqu'alors impraticables, & ils étoient en bon état, lorsque cet accident arriva. Une montagne d'environ trois cents toises de longueur étoit déjà pierrée, ou pavée à leurs dépens. Il y avoit dans la principale rue trois cents toises de pavé de fait, & les Paveurs ne venoient que d'en sortir. On travailloit à ferrer une autre montagne de cent cinquante toises de longueur, & elle eût été praticable pour la moisson suivante. L'ouragan emporta tout, bouleversa tout. Il déracina le pavé, enleva les sables, & les chemins devinrent plus mauvais qu'ils ne l'avoient jamais été. Les étangs furent entièrement dégradés & le poisson fut perdu. Plusieurs Paroisses de la même Election souffrirent aussi beaucoup; entr'autres, la Paroisse de Betz, qui n'est qu'à une lieue d'Acy, sur le même grand chemin de Meaux à Crépy & à Compiègne, essuya le 2 Juillet suivant, un désastre presqu'aussi considérable. Les murs en furent emportés; les foins, qui étoient coupés, furent perdus, & entraînés par les ravines; les étangs & les prés comblés de limon, & les bleds versés.

Vers la fin de Décembre de l'année 1774, il survint à Graulhet, Diocèse de Castres, un vent de sud si impétueux, qu'il déracina tous les arbres, & détruisit plusieurs maisons. On ajoute à ce récit une circonstance particulière, & bien singulière. Une femme étant à la fenêtre, un premier coup de vent renversa les deux côtés de sa maison : un second coup survenu presqu'en même tems enleva le toît, & transporta cette femme à une certaine distance, d'où elle vit, sans avoir éprouvé aucun mal, les débris de sa maison s'écrouler devant elle.

L'année suivante, 1775, fut encore célèbre par un furieux ouragan qui se fit sentir le 10 Novembre à la Terre de Lund, à un mille & un quart de Wenefberg, d'où l'on envoya la relation que voici. A l'iffue d'un vent impétueux & d'un brouillard fort épais, un ouragan furieux paffant du nord au fud, fe fit fentir dans toute la longueur d'un demi-mille , fur une largeur peu confidérable. Dans la rapidité de fon cours, il enleva les eaux d'un ruiffeau, qu'il lançoit enfuite en traits de glace. Les arbres d'un bois touffu , qui fe trouvèrent fur fa route, furent courbés & redreffés au même inftant : plufieurs maifons furent ébranlées, & les couvertures de la plupart tranfportées au loin dans les champs ; des chariots, des animaux, en un mot, tout ce qu'il trouva fur fon paffage fut jetté à plus de cent pas de diftance , & ces ravages furent l'ouvrage de quelques minutes. Quatre jours après on entendit au fud un bruit qui reffembloit à l'explofion d'un gros canon, & qui fut le précurfeur de plufieurs orages qui vinrent enfuite. Le calme fuccéda enfin à ces tempêtes effrayantes , qui durèrent près de deux mois, toujours mêlées d'éclairs & de tonnerre.

Ces tempêtes & ces orages, quelque furieux qu'ils fuffent , n'approchèrent fûrement point de celui qui s'étoit élevé à Châtillon-fur-Seine, le 10 Mars 1695, fur les fept heures du foir. Il mérite fans doute de trouver place ici, & c'eft par celui-là que nous terminerons cet article.

La tête de cet orage s'étant enflammée, l'air parut tout en feu. Ceux qui obfervèrent ce phénomène en furent fingulièrement effrayés , & crurent que les villages voifins étoient entièrement confumés par le feu , qui tomboit de tous côtés en bluettes femblables à celles qui fortent

d'un fer rouge quand on le bat. Après être tombées, elles rouloient quelque tems à terre, où
elles paroiſſoient bleues, & elles s'éteignoient
enſuite. Cette pluie de feu dura un quart-d'heure,
& occupa un aſſez grand terrein. A la queue de
l'orage il neigeoit, & la neige tomboit en gros
floccons. Ce même jour il tomba, à Paris, ſur
les cinq heures & demie du ſoir, une grande
quantité de floccons de neige, accompagnés d'un
eſpèce d'ouragan.

Le 17 du même mois, il tomba ſur les quatre
heures du matin, en pluſieurs endroits de la
même ville de Châtillon, une eſpèce de pluie
d'une liqueur rouſſeâtre, épaiſſe, viſqueuſe,
puante, & qui reſſembloit aſſez à une pluie de
ſang.

P

PÉTRIFICATIONS. On donne ce nom
à des reſtes de végétaux & d'animaux convertis en pierres, & qu'on trouve communément
dans les couches de notre globe. A bien conſidérer ces ſortes de productions de la Nature,
on voit qu'une pétrification, proprement dite,
n'eſt plus que le ſquelette d'un corps qui a eu
vie, ou qui a végété. C'eſt ainſi que du bois
pétrifié, n'eſt point totalement le bois même.
Une partie de ſes principes ſe ſont détruits, &
ont été remplacés par des ſubſtances ſableuſes,
terreuſes, détrempées, très-tenues, que des eaux
qui les baignoient, y ont dépoſées, en s'éva-

porant. Ces parties terreufes, moulées dans le fquelette du bois, fe font plus ou moins endurcies, & ont pris la forme, la figure, en un mot, tous les caractères de ce bois détruit. On doit raifonner de la même manière, par rapport aux fubftances animales, qu'on rencontre pétrifiées ; mais nous laifferons l'explication de ce phénomène aux Naturaliftes, pour ne nous occuper que des faits merveilleux que ces fortes de tranfmutations offrent à notre curiofité.

On écrivoit de Provence, au commencement de 1760, qu'il y avoit dans un enclos fitué près des murs de la Ville d'Aix, une pointe de rocher qui empêchoit la culture d'une vigne. On fe détermina à la faire fauter par le moyen de la poudre à canon. A peine le rocher fut-il ouvert, qu'on trouva dans fon intérieur & à la profondeur de cinq à fix pieds, plufieurs corps humains pétrifiés, & qui faifoient partie de la roche. Ces corps étoient debout, à un pied & demi, plus ou moins, les uns des autres. On en conferva plufieurs offemens & fix têtes, dont une a les traits du vifage bien marqués ; les autres ne laiffoient appercevoir que le crâne. Le refte du corps étoit véritablement pierre dure comme le marbre, & brute comme une pierre naturelle. On fit des tentatives inutiles pour détacher la croûte qui mafquoit la phyfionomie de ces têtes. On ne vit rien qui pût faire efpérer cette féparation.

Ces fix têtes étoient tournées au couchant, lorfque le rocher étoit entier. On retira quantité d'os de jambes, de cuiffes, totalement pé-

trifiés.

trifiés. On voit fur quelques-uns de ces offemens, une enveloppe brune & dure : les parties offeufes ont confervé prefque toute leur
blancheur. En les grattant, on en enlève des
parcelles, comme on feroit à du plâtre dur.
On a trouvé dans le même rocher, des dents
très-aiguës, recourbées & longues de trois,
quatre & cinq pouces. On croit que ce font
des dents d'animaux marins.

Qu'un corps humain fe pétrifie en terre, où
il eft, pour ainfi dire, baigné de fuc lapidifique, ce phénomène tout curieux qu'il peut
être, & que l'eft, fans contredit, celui dont
nous venons de faire mention, n'eft cependant pas auffi furprenant que celui d'une pétrification faite & complétée dans un corps vivant. Or, nous trouvons plufieurs exemples de
ce dernier genre, dans les Auteurs qui ont eu
foin de recueillir toutes les obfervations que
l'Anatomie a offertes à leur curiofité.

M. *Littre* fit voir à l'Académie, en 1700,
la rate d'un homme pétrifiée. Elle tenoit à
tous les vaiffeaux ou ligamens auxquels la rate
tient naturellement, en forte qu'on ne pouvoit
douter que ce ne fût ce vifcère. L'homme
avoit foixante ans. Il étoit mort d'une chûte,
& on n'avoit aucune connoiffance qu'il fe fût
jamais plaint de la rate, ni d'aucun mal qui
y eût rapport. Il étoit même très-gai, ajoute
M. *Littre*, quoique la rate ne fît chez lui aucune fonction, & qu'on croye communément,
qu'en purifiant le fang, elle contribue à la gaieté.
Cette rate pétrifiée pefoit une once & demie.
Le même Anatomifte fit auffi voir à l'Acadé-

mie une portion de la membrane de ce viscère, qui s'étoit offifiée dans le corps d'un autre homme.

Si l'obfervation précédente nous prouve que la rate n'eſt point un viſcère, dont les fonctions ſoient indiſpenſablement néceſſaires à la conſervation de la vie & à la bonne conſtitution du corps, puiſqu'un homme peut vivre & jouir de tous les agrémens de la ſanté, malgré l'état de pétrification auquel ce viſcère étoit arrivé, il n'en ſeroit point ainſi de tout autre viſcère, dont les fonctions ſont plus indiſpenſables. En voici la preuve dans une obſervation faite en 1661, à l'ouverture du corps de Dame *Hélène de Scalin*, femme du ſieur *Henri Hartman*, Gouverneur du Château du Mont-S. Jean, dans la haute Siléſie.

Cette femme éprouva pendant pluſieurs années, les ſymptômes les plus fâcheux de la néphrétique, & mourut enfin par la violence de ſes douleurs. Son corps ayant été ouvert, on trouva les deux reins entièrement convertis en une matière pierreuſe, qui avoit la dureté & la ſolidité de l'albâtre.

Mais un phénomène plus ſingulier encore, c'eſt une pétrification d'un corps étranger, faite dans le corps d'un animal vivant, ſans que celui-ci paroiſſe en avoir ſouffert la moindre incommodité.

On voyoit en 1670, dans le cabinet du Comte de Hanau, diſoit le Docteur *Salomon Reiſelius*, une pétrification qui peſoit vingt-trois onces. C'étoit un ſerpent qu'on avoit tiré de l'eſtomac d'un cerf, âgé de ſix ans, & qui ſe portoit très-bien lorſqu'il fut tué ; d'où il paroît que ce corps étranger ne l'avoit point incommodé. La peau de ce ſerpent paroiſſoit dans ſon entier. L'impreſſion des dents du cerf y ſubſiſtoit. On voyoit que la partie inférieure de cet animal, qui touchoit le fond de l'eſtomac, étoit unie & modelée ſur ce viſcère ; au lieu que la partie ſupérieure étoit inégale. On y remarquoit des morceaux de ce ſerpent, pliés & repliés, comme ſi le ſuc pétrifiant les eût durcis lorſqu'ils remuoient encore. Quant à l'eſpèce à laquelle ce ſerpent appartenoit, il étoit difficile de le déſigner ; car on ne remarquoit ſous le ventre aucune interſection, comme dans les ſerpens ordinaires. La peau étoit régulièrement grenue, rude comme celle des léſards, de ſorte qu'il paroiſſoit devoir être rangé dans la claſſe des vipères ou des ſerpens aquatiques.

S'il n'eſt pas rare de trouver des bois pétrifiés, lorſqu'ils ſont enfouis en terre & baignés pour ainſi dire, de ſuc lapidifique, il eſt bien étonnant de les voir ſe convertir en pierre, lorſqu'ils ſont hors de terre & non même couchés ſur la ſurface de la terre. Ce fait cependant n'eſt pas impoſſible : on en trouve un exemple bien curieux dans les Tranſactions Philoſophiques. On y lit qu'il y avoit dans un enclos, appartenant à M. *Purfroy*, auprès de ſa maiſon de Wadley, à un mille de Farington, dans le Berks, un orme planté ſur une éminence, qui, après avoir perdu ſa tête, étoit devenu creux, & contenoit environ une tonne. On en avoit coupé, il y avoit déjà long-tems, un rejetton qui venoit de la ſouche même, &

on l'avoit coupé à coups de hache. Cette partie coupée étoit à environ un pied & demi au-dessus de terre. Or, cette partie coupée & l'intérieur du tronc de l'arbre s'étoient revêtus, surtout le bois, au-dessous de l'écorce, d'une croûte pierreuse, de l'épaisseur d'une pièce de vingt-quatre sols. Les marques de la hache y étoient encore visibles & recouvertes de cette croûte.

On ne peut, ajoute celui qui rapporte cette observation, concevoir comment ce phénomène a pu avoir lieu, n'y ayant point d'eau auprès, & ces parties pétrifiées étant au-dessus de la terre, exposées à l'air. Il imagine que ce rejetton a été coupé dans un tems où la sève couloit, & que cette sève peut avoir été pétrifiée par l'air, & que probablement l'arbre ne s'est pourri & creusé que depuis ce tems-là. Nous laissons aux Naturalistes le soin d'examiner cette opinion.

Les fruits, quoique plus difficilement cependant que le bois, peuvent quelquefois se convertir en pierre ; mais c'est un phénomène assez extraordinaire. Aussi M. *Vacher*, Chirurgien-Major à Besançon, crut-il faire un cadeau à M. *Morand*, en lui envoyant, en 1742, des noix pétrifiées, qui avoient cela de remarquable, qu'il n'y avoit que l'amande qui fût pétrifiée. La double robe qui la couvroit, celle qu'on nomme l'écale, la coque proprement dite, étoient bien conservées, & dans leur consistance naturelle. Le reste même, qui occupe les interstices de l'amande, & qui est renfermé sous les mêmes enveloppes, n'étoit aucunement atteint du suc pierreux. Il étoit seulement fort desséché. Ces noix avoient été trouvées dans la terre, à envion trente toises de profondeur, à Lons-le-Saunier, petite Ville de Franche-Comté, lorsqu'on y avoit creusé de nouveau les anciens puits des salines qui avoient été abandonnées depuis près de cent cinquante ans, & qui furent réparées en 1742. L'eau chargée de particules terrestres, une liqueur lapidifique quelconque, a-t-elle traversé l'écale & la coque de la noix, sans y laisser aucune impression de sa qualité; ou n'a-t-elle fait qu'enfiler des canaux qui l'ont portée seulement à l'amande? S'est-elle insinuée dans cette partie par les conduits du suc nourricier; ou n'a-t-elle fait que s'engager dans sa substance poreuse? Est-ce enfin cette substance qui a été convertie en caillou; ou après sa destruction, la liqueur pétrifiante n'a-t-elle fait que remplir la concavité, ou le moule qu'elle y a trouvé? Ce sont autant de questions que propose l'Historien de l'Académie, qui rapporte ce fait.

En voici un second aussi singulier, mais qui ne fut point reçu sans contestation, lorsqu'on le publia.

M. *Adanson* prétend qu'on trouve au Mont-Carmel des melons pétrifiés. M. *Breyn* prétendit dans le tems, que ces pétrifications n'étoient point de véritables melons, mais bien des concrétions pierreuses; & il fit imprimer à ce sujet une dissertation très-curieuse, mais dont les preuves ne sont point assez fortes pour démontrer la fausseté de l'opinion du célèbre Naturaliste, M. *Adanson*. Il n'est pas plus surprenant en effet, de voir des fruits se pétrifier, que différentes parties molles du corps animal. Or, on lit dans les Mémoires de l'Académie, pour l'année 1703, l'histoire bien avérée d'un cerveau pétrifié. D'ailleurs, on a trouvé quantité de fruits, qui avoient subi cette transformation. Si on consulte en effet le voyage de *Paul Lucas*, en Egypte, on y lit que ce célèbre Voyageur a trouvé des champignons, des poires, des grains de froment pétrifiés. On trouve encore une preuve suffisante de cette vérité, & nombre d'observations de ce genre, dans le *Musœum Musœorum*, de M. *Valentini*, part. 2, cap. 3.

Il y a plus, *Paul Lucas*, dont nous venons de parler, a inséré dans son Voyage de Grèce, en Macédoine, dans l'Asie mineure & dans l'Afrique, un Mémoire par lequel il paroît qu'il y a dans la Cyrenaique, un pays entièrement pétrifié. Cet article est même trop curieux & trop intéressant pour ne pas le rapporter tout entier. Le voici.

A trois journées d'Ougella, dit *Paul Lucas*, tom. 2, à l'ouest, & à huit journées de Biugazi Serussim, qui veut dire en Arabe tête de poisson, ou pays empoissonné, le pays est pétrifié. Il étoit autrefois habité comme Ougella. Il y avoit des forêts de palmiers & d'oliviers, qui sont présentement réduits en pierre à fusil, sans avoir changé de figure. Il y en a même encore plusieurs qui sont sur pied, & tous généralement pétrifiés. Il y en a un nombre infini.... Tous les Arabes que j'ai vus dans ce pays là, & des Esclaves Chrétiens qui y ont passé, m'ont assuré avoir vu des corps d'hommes & de femmes

pétrifiés, des bestiaux de même & un cheval
sur ses quatre pieds, qui paroissoit en vie. Il
ne seroit donc point impossible, que ce que
M. *Breyn* regarde comme de simples concrétions pierreuses, semblables extérieurement à
des melons, fussent de véritables melons pétrifiés, comme le prétend M. *Adanson*. Mais
laissons cet article à part, il n'en sera toujours
pas moins vrai qu'on trouve des fruits pétrifiés.
Les noix dont nous avons parlé ci - dessus,
en font une preuve suffisante; & il est de fait,
ou mieux, tous les Naturalistes conviennent
qu'il n'y a aucun corps dans le règne animal &
végétal qui ne puisse se convertir en pierre.
Mais voici une pétrification d'une autre espèce,
également curieuse & surprenante.

M. *Lippi* marquoit en 1704, à M. *Dodard*,
qu'il avoit trouvé sur des montagnes, dans la
haute Egypte, à l'entrée d'une vaste caverne,
un corps véritablement pierre, de figure irrégulière, mais tout poreux, & qu'il eut la curiosité de
l'ouvrir. Il fut fort surpris, dit-il, de le voir partagé
en cellules ovales, de trois lignes de large & de
quatre lignes de longueur, posées en tous sens,
les unes à l'égard des autres, ne communi-
quant nullement ensemble, tapissées toutes
en-dedans d'une membrane très-délicate; &
ce qui lui parut plus merveilleux, ces cellules
renfermoient chacune en-dedans un ver ou
une fève, ou une mouche parfaitement semblable à une abeille. Les vers étoient fort
durs & fort solides, & pouvoient passer pour
pétrifiés. Ni les fèves, ni les mouches ne
l'étoient ; mais seulement desséchées & bien

confervées, comme d'anciennes momies. Plufieurs de ces mouches avoient fous elles de
petits grains ovales, qui paroiſſoient des œufs.
Il y avoit au fond de quantité de cellules,
un fuc épaiſſi, noirâtre, très-dur, qui paroiſſoit
rouge à contre-jour, fort doux, qui rendoit
la falive jaune, & s'enflammoit comme une
réfine. C'étoit, en un mot, un véritable miel.
Qui iroit chercher du miel dans une pierre?

On trouve fouvent bien des chofes extraordinaires dans les pétrifications. On lit dans le
vingt-feptième volume des Mémoires de l'A-
cadémie des Infcriptions, qu'on avoit trouvé
une monnoie d'or de l'Empereur *Probus*, qui
régnoit l'an 276 de l'Ere Chrétienne, dans une
groſſe pierre de taille, tirée d'une carrière, fans
qu'on ait remarqué aucune fracture par où elle
ait pu s'introduire.

M. *Needham* nous apprend, dans les nouvelles Recherches fur la Nature & fur la Religion, tom. 2, qu'on a trouvé un morceau de
bronze d'une parure militaire Romaine, dans
la maſſe folide d'une pierre meulière, dont l'efpèce étoit très-dure, & qui fut trouvée il y a
cent ans dans un ancien bâtiment.

M. *Scheuchzer* nous apprend auſſi, dans le
premier volume de fa Phyfique Sacrée, que
dans la plus grande épaiſſeur de la carrière
d'Oeningen, on a tiré d'immenfes pierres, dans
lefquelles on a trouvé des pétrifications évi-
dentes d'animaux, éléphans & autres; mais fur-
tout des reftes d'hommes pétrifiés : & ce n'eſt
pas feulement, dit-il, une figure imprimée dans
la pierre, & fur laquelle on puiſſe donner car-

rière à son imagination, c'est la substance même des os, &, qui plus est, des chairs incorporées dans cette pierre.

Voici encore un corps étranger d'une autre espèce, pareillement trouvé dans des pétrifications. En 1693, on creusoit un canal auprès de Pont-Audemer, & on trouva à dix-sept ou dix-huit pieds de profondeur, parmi des fascines qu'on en tiroit, des branches de hêtre beaucoup plus dures & plus pesantes que les autres. M. *Colmier*, Ingénieur chargé de ce travail, reconnut qu'elles étoient pétrifiées. Elles avoient toutes cela de commun, que la pétrification commençoit dans le milieu du bois, & étoit toujours moins achevée vers la superficie, où le bois paroissoit seulement putréfié. Il y avoit plus de deux cens ans que ce bois étoit là. La terre où il fut trouvé étoit noirâtre, pesante, remplie de sable & d'une infinité de petites sources. Il sembloit que, par le laps du tems, les eaux avoient relâché les fibres & ouvert les pores du bois, & avoient donné entrée aux parties de cette argille noirâtre ; que ces parties avoient été ensuite unies & liées par des soufres, dont cette terre ne manque point. La preuve qu'apportoit M. *Grandin* de cette opinion, c'est qu'on observoit une veine de métal rouge très-belle, & de la largeur de trois lignes, qui s'étoit formée dans ce bois pétrifié.

PHOSPHORES. On en distingue de deux espèces, de *naturels* & d'*artificiels*. Nous ne parlerons que des premiers ; ce sont les seuls qui soient du ressort de notre Ouvrage. Or, on

donne ce nom à toute fubftance qui jouit de la
faculté de jetter de la lumière dans les ténèbres.
Si les *vers luifans* étoient moins connus, ils mé-
riteroient de trouver place ici. Le phénomène
qu'ils offrent à notre curiofité, eſt on ne peut
plus furprenant; mais il fera fans doute agréable
à nos Lecteurs qui connoiffent ce phénomène,
de lire ce qu'en dit un célèbre Phyſicien fort
inſtruit en Hiſtoire Naturelle, & qui s'eſt beaucoup occupé de cet objet.

Ce petit animal, dit-il, qui femble éclairer
les pas du voyageur, eſt la femelle d'un ſca-
rabée de couleur brune, qui a des aîles, & à
qui cette lumière, qu'il n'a prefque pas lui-
même, fait appercevoir de loin le fujet auquel
il doit fe joindre pour perpétuer fon efpèce.
Le ver n'eſt point lumineux dans tout fon corps.
Il ne l'eſt que par le deffous du ventre, dont
la peau eſt tranfparente. La lumière qu'il répand, appartient à une matière fluide qu'il **a**
dans les inteſtins, & qui luit encore quelques
minutes après qu'on l'a fait fortir, en preffant la
partie qui la contient. Il femble cependant qu'il
eſt au pouvoir de l'animal de la laiffer luire ou
de l'éteindre pour un tems; car il ne brille pas
toujours avec le même éclat, & quelquefois il
ne brille point du tout.....

On trouve par-tout de ces fortes d'animaux,
& on pourroit dire que chaque élément habi-
table a les fiens. Dans les pays feptentrionaux
de l'Europe, & même au centre de la France,
il n'y a que ceux qui rampent fur la terre; mais
en Efpagne, en Italie, en Sicile, & même dans
quelques-unes de nos Provinces méridionales,

pendant les nuits d'été, on voit luire & étinceller l'air de toutes parts. Ce spectacle, qu'un étranger ne se lasse point d'admirer, vient d'un petit scarabée assez semblable au mâle de notre ver luisant. Cet insecte se multiplie singulièrement certaines années. Sa lumière qui part du ventre, est continue & si forte, que deux ou trois de ces petits animaux, que j'avois renfermés dans un tube de verre, me faisoient voir les objets de ma chambre, pendant la nuit la plus noire. Cette lumière devient encore plus vive, & augmente comme par élancement, lorsque l'animal vole ou qu'on l'agite. *Valisnieri* avoit cela sans doute en vue, lorsqu'il disoit que les insectes lumineux de son pays imitoient assez bien les étoiles du ciel, tant par l'éclat que par la figure de leur lumière.

Ce que j'ai fait, ajoute-t-il, en forme d'expérience, avec les scarabées d'Italie, les Paysans le font par usage & pour leur commodité, dans les Antilles & dans plusieurs endroits des Indes, avec un autre insecte beaucoup plus gros, & qui jette une lumière bien plus grande & bien plus durable. C'est une espèce de mouche fort grosse, que Mademoiselle *Merian* a décrite parmi les insectes de Surinam, & sur laquelle M. *de Reaumur* a fait de nouvelles remarques dans le cinquième volume de son Histoire des Insectes. Les habitans du pays s'en éclairent, dit le Père *Dutertre* dans son Histoire des Antilles, tant pour aller & venir, que pour travailler pendant la nuit. Le même animal dure environ quinze jours, après quoi on le renouvelle.

La mer a aussi ses animaux luisans, comme

on peut le voir par ce que nous avons dit précédemment fur la lumière dont elle fe couvre en certains endroits & en certaines circonftances.

Non-feulement on voit luire quantité d'animaux à qui la Nature accorde cette propriété, pour le tems qu'ils ont à vivre ; mais il femble que ceux-là même qui ne jettent aucune lumière de leur vivant, foient tous capables de devenir lumineux après leur mort, au moins par quelques-unes de leurs parties, lorfqu'un certain degré de fermentation putride a mis la matière de la lumière qui réfide dans ces parties, en état de fe dégager & de paroître à découvert.

On a vu à Orléans & ailleurs toute la viande d'une boucherie fe couvrir de taches lumineufes, infpirer la crainte fur l'ufage qu'on en devoit faire, & attirer l'attention des Magiftrats. On voit fouvent des reftes de poiffons briller au coin des rues, ou dans les cloaques qui fervent de décharges aux cuifines, & on verra avec plaifir plufieurs obfervations de ce genre, que nous avons recueillies de différens Auteurs.

M. *Boyle* écrivoit, en 1672, qu'étant un foir fur le point de fe coucher, un de fes Secrétaires vint lui dire qu'une des Servantes de la maifon, étant entrée pour quelques affaires dans l'office, avoit été effrayée par une lumière, que malgré l'obfcurité, elle avoit apperçue dans l'endroit où on avoit coutume de fufpendre la viande. M. *Boyle* fit apporter cette viande dans fa chambre, & la fit mettre dans un coin, qu'on pouvoit facilement obfcurcir, & il vit alors que cette viande jettoit de la lumière par plufieurs en-

droits, comme du bois ou du poisson pourri;
& voici les phénomènes que les circonstances
du tems lui permirent d'observer.

C'étoit un collet de veau acheté quelques
jours auparavant chez un Boucher de campagne. M. *Boyle* compta vingt-deux endroits
luisans dans cette viande, les uns plus, les autres moins. La grandeur de ces parties luisantes
étoit assez différente. Il y en avoit de la grandeur d'un ongle, d'autres un peu plus grandes,
mais la plupart plus petites. Leur figure n'étoit
pas la même dans toutes. Quelques-unes étoient
presque rondes, d'autres ovales, mais la plus
grande partie de figure irrégulière.

Les parties les plus lumineuses étoient quelques cartilages ou parties molles des os que le
couteau du Boucher avoit touchées. Ce n'étoit
cependant pas ces seules parties qui jettassent
de la lumière; car, en tiraillant les vertèbres,
on apperçut qu'il en sortoit aussi. On vit encore
un morceau de tendon qui étoit lumineux. On
découvrit enfin trois ou quatre taches lumineuses dans la partie charnue.

Toutes ces parties ensemble faisoient un
spectacle assez brillant. Cette lumière étoit assez
vive pour qu'en appliquant un papier écrit à
côté de ces taches, on pût distinguer les lettres
& lire l'écriture.

Malgré la vivacité de cette lumière, on ne
distinguoit au toucher aucun léger degré de chaleur, ni même à un thermomètre très-sensible
que M. *Boyle* y appliqua. La viande étoit encore très-saine, & ne donnoit aucune odeur.
On coupa une de ces parties lumineuses, qui

se trouva être un morceau d'os. Elle avoit l'épaisseur d'un écu, & brilloit des deux côtés, quoiqu'inégalement. M. *Boyle* fit plusieurs expériences sur cette matière, & ceux qui seront curieux de les lire, les trouveront décrites dans les Transactions Philosophiques, pour l'an 1672.

Voici encore un phénomène du même genre, mais plus frappant encore que le précédent. Le vendredi 25 Février 1675, une femme du Comté de Sommerset prit au marché un morceau de collet de veau, qui lui parut très-frais. Il avoit été tué la veille. Le lendemain vers les neuf heures du soir, ce morceau de viande parut si lumineux, qu'il effraya cette femme. Elle appella son mari qui étoit couché. Celui-ci se leva précipitamment croyant que c'étoit le feu ; mais voyant que cette lumière ne venoit que du morceau de viande, il le prit de la main gauche & le battit de la droite, pour éteindre la flamme. Ce fut inutilement ; le morceau de viande continua à briller & même davantage. La main qui l'avoit battu devint aussi brillante que la chair. Il mit cette main dans l'eau, & la lumière ne s'éteignit point. Enfin, il l'essuya avec un linge jusqu'à ce qu'il eût tout-à-fait éteint cette lumière. Cela n'empêcha pas qu'il ne fît cuire ce morceau de viande, & tous ceux qui en mangèrent assurèrent qu'il étoit aussi bon qu'il pouvoit l'être.

M. *Beal Dyeavil*, de qui nous tenons ce fait, en rapporte un semblable. Le 4 Avril 1676, il fit tuer, dit-il, un cochon. Deux jours après il fit cuire les entrailles & les pieds. On les mit dans une marinade, lorsqu'ils furent refroidis,

& le tout fut porté dans une chambre baſſe exposée au nord, qui ne recevoit de lumière que ſur le midi, & étoit tout-à-fait obſcure, lorſque la nuit commençoit à paroître. Le 8 du même mois, toutes les parties des inteſtins & des ongles des pieds qui ſurnageoient la ſaumure, commencèrent à paroître lumineuſes, ſans que le reſte, qui étoit dans la liqueur, rendît la moindre lumière. Cette lumière, ajoute-t-il, croiſſoit de jour en jour dans les parties flot-tantes. Le 13, elle étoit auſſi vive que celle du plus beau clair de lune. Elle s'affoiblit enſuite par degrés pendant le cours d'une ſemaine. Une perſonne ayant paſſé la main ſur ces parties lumi-neuſes, lorſqu'elles brilloient de leur plus bel éclat, cette main devint lumineuſe, & conſerva pendant aſſez de tems cette lumière.

Le poiſſon produit des phénomènes ſembla-bles, ſans être même attaqué de pourriture, comme on pourroit l'imaginer. En voici un exemple aſſez remarquable.

Le 5 Mai 1665, dit le Docteur *Beale*, on avoit fait bouillir des maquereaux frais dans l'eau, avec du ſel & des herbes odoriférantes, & quand l'eau fut bien refroidie le lendemain matin, on y laiſſa les maquereaux pour les mariner. Le 6 Mai, on y fit bouillir de nouveaux maquereaux frais, aſſaiſonnés comme ceux de la veille, & le 7, on mit l'eau des maquereaux du 6 avec l'eau & les maquereaux du 5. Je remarque ces cir-conſtances, dit le Docteur, parce qu'elles ſont peut-être requiſes à la production du phéno-mène.

Le ſoir du 8 Mai, le Cuiſinier voulant prendre

de ces maquereaux, n'eut pas plutôt remué l'eau où ils étoient, qu'elle parut lumineuse, quoiqu'en bouillant avec le sel & les herbes, elle se fût épaissie, & qu'elle eût pris une teinte noirâtre. Le poisson brilloit aussi, & paroissoit ajouter beaucoup à l'éclat de l'eau dans laquelle il trempoit. On en distinguoit la forme à travers cette lueur. Toutes les gouttes de cette eau qui tombèrent à terre, & sur des meubles, après qu'elle eut été remuée, brilloient aussi. Les enfans en prirent dans leurs mains, & ces gouttes vues de différentes distances paroissoient par leur éclat beaucoup plus larges qu'elles ne l'étoient réellement.

Le Cuisinier retourna les poissons, & le côté qui avoit été dessous, étant remis en dessus, ne donna aucune lumière. Lorsque l'eau eut été quelque tems en repos, elle cessa entièrement d'être lumineuse.

Le soir du 9 Mai, nous eûmes la curiosité de répéter cette expérience : elle nous donna les mêmes résultats. L'eau ne jetta aucune lueur jusqu'à ce qu'on l'eût remuée. Elle paroissoit même épaisse & trouble ; mais dès qu'on y eut mis la main, elle commença à briller. Elle avoit même tant d'éclat, quand on y eut remis la main circulairement, que ceux qui regardoient du fond d'une autre chambre, crurent que c'étoit du lait, sur lequel la lune donnoit. Quand on augmentoit la vîtesse de ce mouvement circulaire, l'eau paroissoit s'enflammer. Les poissons étoient alors brillans des deux côtés, sur-tout dans l'endroit du gosier & des autres parties qui s'étoient entamées en bouillant.

Le

Le poiſſon n'étoit ni fétide, ni inſipide au goût. Je fis garder, ajoute le Docteur, deux de ces poiſſons pendant deux ou trois jours; ils ſe corrompirent dans cet intervalle, la chaleur étant fort grande; mais ce qui me ſurprit, ils ne jettèrent alors aucune lueur, ni dans l'eau ni hors de l'eau, non plus que l'eau où on les avoit conſervés, lors même qu'on la remuoit. J'ai fait préparer pluſieurs fois, ajoute-t-il encore, des maquereaux de la même manière, mais jamais l'expérience ne m'a auſſi bien réuſſi.

Perſonne n'ignore que la plupart des animaux couverts de poils, jettent de la lumière lorſqu'on les frotte, ſur-tout pendant l'hiver. Il s'échappe des parties frottées, de petits éclats de lumière qu'on regarde comme de véritables étincelles électriques.

L'homme fait obſerver ſouvent de ſemblables phénomènes, & ils ne ſeroient point auſſi rares qu'on pourroit le croire, ſi on y faiſoit plus d'attention. Le Docteur *Camerarius* aſſuroit en 1689, qu'il connoiſſoit un jeune homme d'un très-bon tempérament, qui lui avoit aſſuré qu'il ſortoit des étincelles de ſes cheveux, lorſqu'il les peignoit, ſur-tout après s'être lavé la tête; qu'alors il reſſentoit comme une eſpèce de chatouillement ſur tout le viſage. Il aſſuroit auſſi qu'il ſortoit de ſemblables étincelles de ſon peigne, lorſqu'il le nettoyoit. Nous pourrions citer pluſieurs exemples de ce genre, mais ils ſont trop connus pour nous y arrêter plus long-tems.

Nous obſerverons cependant encore d'après le Docteur *Camerarius*, qu'en 1688, le même jeune homme dont nous venons de parler, ayant ôté ſes habits pour ſe coucher, apperçut au côté droit de ſa chemiſe trois rayons de lumière diſpoſés en triangles. Regardant autour de lui pour s'aſſurer ſi ce n'étoit point quelque lumière réfléchie, il n'apperçut rien qui pût produire cet effet. Il y porta la main : auſſi-tôt la lumière augmenta, & devint générale dans toute la chemiſe, & à meſure qu'il la frottoit, ou qu'il la ſecouoit, il en ſortoit des étincelles & des flammes ſemblables à celles d'une chandelle allumée. Il ſortit effrayé de la chambre ; ſa chemiſe toute brillante de feu inſpira la même terreur à ceux qui la virent dans l'obſcurité. Le jeune homme ſe promena pendant une demi-heure, & ſa chemiſe ne laiſſa pas de luire. Enfin, il l'ôta. La lumière continua encore, & s'éteignit peu-à-peu. Ce jeune homme ne remarqua enſuite le même phénomène que ſur la troiſième chemiſe qu'il ôta après celle-là, & dont la lumière dura pendant quatre jours qu'il la porta. Depuis ce tems juſqu'au mois de Mai ſuivant, il a remarqué la même choſe dans toutes ſes chemiſes. Cette lumière n'avoit ni odeur ni chaleur. Elle étoit blanchâtre. Il vit encore la même lumière, mais une fois ſeulement, ſur ſes habits & ſur les linges dont il s'eſſuyoit les mains.

Il n'eſt pas abſolument rare, & pluſieurs perſonnes ont éprouvé que le linge qu'elles quittoient étincelloit de petits éclats d'une lumière électrique. Il n'eſt pas rare non plus de voir le linge contracter la même vertu, celle de briller dans l'obſcurité, lorſqu'il a été bien ſéché & bien chauffé. Voici un fait de ce genre, qui n'étant point aſſez connu pour lors, étonna ceux qui l'obſervèrent.

Au plus fort de l'hiver de 1698, dit *Samuel Ledel*, une femme s'appercevant que des linges qu'elle avoit fait leſſiver, avoient peine à ſécher à l'air, les fit apporter dans ſon poële. Comme elle manioit ces linges, à l'entrée de la nuit, elle fut fort ſurpriſe d'en voir ſortir des flammes blanchâtres, & les ayant ſecoués un peu plus rudement, ils en parurent tout couverts, au grand étonnement des aſſiſtans. M. *Ledel* appellé pour obſerver ce phénomène, vit qu'il n'avoit lieu que dans les plus gros linges, & que les plus fins ne donnoient point de lumière. Nous ſommes trop inſtruits actuellement ſur les phénomènes de l'électricité, & nous connoiſſons trop bien les corps qu'on appelle idio-électriques, pour être auſſi ſurpris de ces ſortes de phénomènes, quelque merveilleux qu'ils puiſſent paroître. Mais malgré toutes les connoiſſances acquiſes ſur cette matière & ſur les phoſphores, le phénomène ſuivant aura ſans doute de quoi ſurprendre les perſonnes les mieux inſtruites.

Le Docteur *Reiſelius* rapporte que le 23 Novembre 1674, ſe retirant chez lui ſur les ſix heures du ſoir, par un tems pluvieux, & voulant, avant de rentrer dans la maiſon, uriner à ſa porte, il avoit été ſurpris d'appercevoir ſon urine brillante & lumineuſe, comme du ſoufre enflammé, ou comme certains bois pourris. Cette lumière fut bientôt éteinte. Il ne put la revoir, en venant l'examiner, après avoir appellé ſes Domeſtiques. Cet événement lui étoit déjà arrivé quinze ou ſeize ans auparavant. Urinant alors contre un mur dans l'obſcurité, ſon urine lui avoit paru de même toute lumineuſe dans toute

la longueur de fon jet, & fur le mur, le long
duquel elle s'écouloit. Il confulta inutilement à
ce fujet plufieurs de fes Confrères ; mais ce ne
fut qu'en 1675, que *Georges-Louis Pettenkover*,
Médecin de Vorme, lui communiqua l'obfervation fuivante. Il lui apprit que le premier Mai,
étant fur les huit heures du foir dans fon jardin,
& qu'ayant uriné dans une de fes allées, fon
urine lui avoit paru brillante, & qu'elle n'avoit
perdu cette lumière qu'après s'être entièrement
écoulée dans le fable ; qu'il y avoit porté la
main, & que fes doigts s'étoient mouillés d'une
mucofité non lumineufe ; qu'en examinant enfuite
le local, il n'avoit rien découvert qui eût pu
donner lieu à ce phénomène.

Les queftions que le D. *Reifelius* avoit propofées à ce fujet à fes Confrères, lui valurent
encore l'obfervation fuivante du Docteur *Tackius*,
Médecin du Duc de Heffe d'Armftad. Il lui
écrivit le 30 Septembre 1675, que travaillant un
jour, avec une grande contention d'efprit, à
compofer l'Oraifon funèbre du Duc de Saxe,
qu'il devoit prononcer dans l'Univerfité de
Gieffen, dont il étoit Profeffeur d'Eloquence, la
nuit étant furvenue, il étoit forti tout-à-coup de
fes yeux une flamme qui avoit illuminé le papier
qu'il avoit devant lui, de façon qu'il avoit été
en état de lire deux lignes entières, avant qu'elle
fe diffipât ; que cette efpèce de phénomène
l'avoit fort effrayé, craignant que ce ne fût l'indice
de quelque fâcheufe maladie fur fes yeux, ou
même de la perte de la vue, comme *Bartholin*
femble en menacer ceux qui obfervent ce phénomène, & dont il rapporte plufieurs exemples.

M. *Tackius* ajoute qu'il ne lui étoit encore rien arrivé de fâcheux, quoiqu'il eût éprouvé depuis plusieurs fois le même phénomène.

Il n'est guère de partie du corps de l'homme qui ne puisse donner, & qui ne donne de la lumière. Ce sont des exhalaisons subtiles qui s'échappent, & qui s'allument en s'échappant du corps. Tous les Auteurs anciens & modernes en font mention sous le nom d'*Ignis lambens*. On en trouve nombre d'exemples plus singuliers les uns que les autres, dans le troisième volume de *Valisnieri*, & dans un Traité d'*Ezéchiel de Castris*, intitulé : *Ignis lambens*. Ce sont des lueurs de cette espèce qui effraient les Valets d'écurie, & qui leur font dire que certains chevaux sont pansés par des esprits follets.

PIERRES. Ce sont des composés de substances terreuses ou sabloneuses, endurcies au point de ne plus s'amollir dans l'eau. Elles doivent leur origine à l'affluence, aux dépôts & aux couches successives & externes des particules intégrantes de la terre ou du sable. Elles sont plus ou moins dures, & elles différent entr'elles comme les principes qui entrent dans leur composition ; mais c'est une discussion que nous abandonnons au Naturaliste, pour ne nous occuper que de celles qui s'engendrent dans le corps humain. Or, toutes les parties de celui-ci sont sujettes à la pierre. C'est une vérité reconnue depuis long-tems, & malgré cela il n'est pas moins surprenant d'en trouver ailleurs que dans la vessie & dans les reins, où elles ne s'engendrent que trop communément pour le malheur de l'humanité.

Ruifch avoit fait un rocher artificiel de différentes pierres curieufes de cette efpèce. L'une avoit été tirée de la veffie d'une femme de quatre-vingts ans. Elle avoit depuis vingt ans une defcente de matrice & une chûte de veffie.... Il lui tira quarante-deux pierres, & elle fut guérie. Une autre qu'un malade jetta de la gorge en touffant, & cela après s'être plaint plufieurs années d'une difficulté d'avaler. Deux autres forties de la poitrine d'une perfonne, par l'effort d'une grande toux. Deux autres trouvées dans l'une des mamelles d'une vieille femme après fa mort. D'autres tirées du petit doigt d'une femme qui avoit la goutte. D'autres trouvées dans la véficule du fiel.

On lit dans une favante Differtation du Docteur *Paullini*, imprimée à Leipfik en 1703, l'hiftoire d'une femme qui rendit par les felles une pierre fort groffe & affez longue, dont les deux bouts étoient percés, & fervoient de demeure à fept gros vers entrelacés les uns dans les autres, & qu'on eut bien de la peine à en arracher.

Pour mettre en évidence ce que nous avons avancé précédemment, que toutes les parties de notre corps font fujettes à la pierre, c'eft-à-dire, qu'il peut s'en former dans toutes les parties de notre corps, fuivons en détail la plupart des obfervations qu'on a recueillies en différens tems, & quoiqu'il foit affez ordinaire d'en trouver dans la veffie, & conféquemment que ce phénomène n'ait rien de merveilleux, arrêtons-nous néanmoins à une pierre de cette espèce, que M. *Do-dard* fit voir à l'Académie en 1689. Elle fut tirée de la veſſie d'un homme mort d'une autre maladie. Elle peſoit deux livres & une once. On y trouva un noyau poli. La croûte étoit d'une couleur blanche comme du plâtre. Il eſt ſans doute bien extraordinaire d'en trouver de ſi groſſes, & bien plus rare encore que le malheureux qui ſe trouve porteur d'une ſemblable pierre, ne périſſe pas de cet accident. Cet exemple n'eſt cependant pas le ſeul qu'on puiſſe apporter de pierres auſſi conſidérables engendrées dans la veſſie de l'homme.

On lit dans les Tranſactions Philoſophiques de Londres, qu'une pauvre femme près d'Aberdren, après de vives douleurs, rendit quatre pierres d'une groſſeur extraordinaire. M. *Garden* qui fit part de ce phénomène à la Société Royale en 1667, dit qu'il conſervoit l'une de ces quatre pierres, & qu'elle n'étoit pas la plus groſſe des quatre. Elle avoit cinq pouces ſur une face, quatre ſur l'autre : elle rendit la plus groſſe aux environs de Noël 1666. Elle étoit enſanglantée d'un côté. On trouva auſſi la même année dans la veſſie d'un Gentilhomme qui venoit de mourir, une pierre qui peſoit trente-deux onces ; une once de moins que celle dont M. *Dodard* fait mention.

La même Province fournit un exemple ſemblable. On y tira de la veſſie du nommé *François Dugood*, habitant d'Auchenchove, une pierre de cinq pouces neuf-dixièmes de longueur. Son diamètre de trois pouces huit-dixièmes. Elle peſoit trois livres trois onces ſix dragmes.

En voici une autre formée dans l'eſtomac, &
qui n'a rien de remarquable que l'endroit d'où
elle eſt ſortie. M. le Prieur de Lugeris en Cham-
pagne, écrivoit en 1690, qu'une femme de ſa
Paroiſſe incommodée depuis quatre ou cinq ans
d'une forte oppreſſion dans l'eſtomac & de
fréquens vomiſſemens, fit au mois d'Octobre
1688, des efforts extraordinaires pour rendre
par la bouche une grande quantité de pituite
glaireuſe & jaunâtre, avec laquelle elle rendit
auſſi une pierre qui avoit treize lignes de
longueur & ſeize de tour. Elle étoit en partie
griſe, en partie jaune : elle n'avoit pas une forte
conſiſtance, & elle n'étoit pas plus dure que le
tuf, qui ſe tire dans les carrières du lit le plus
proche des pierres qui ont toute leur perfection.

L'ayant examinée au microſcope, continue
M. le Prieur de Lugeris, je l'ai trouvée ſemblable
à-peu-près à celles qui ſe tirent des carrières. S'il
eſt rare qu'il s'en forme dans l'eſtomac, cet
exemple néanmoins n'eſt pas le ſeul ; car on en
trouva une dans celui de M. le Garde-des-Sceaux
Duvau.

Il eſt plus ſurprenant encore d'en voir dans
d'autres parties du corps, & on ne peut manquer
d'être ſingulièrement ſurpris d'en trouver dans
les yeux. Cependant ce phénomène s'eſt fait
obſerver plus d'une fois. M. *Veillard*, Médecin
à Dreux, & M. *Hubert*, Médecin à Nogent,
aſſurent en avoir obſervé une bien formée, &
de la groſſeur d'une fève, à l'origine & dans la
ſubſtance des nerfs optiques, lorſqu'ils furent
appellés à l'ouverture du corps de Mademoiſelle

de la Loupe, sœur aînée de Madame la Comtesse *d'Olone*, & de Madame la Maréchale *de la Ferté*. Mais voici un phénomène bien plus surprenant & du même genre, consigné dans deux lettres écrites par M. *Démery*, Médecin à Bordeaux, le 2 & le 24 Décembre 1678, à M. le premier Médecin. Une petite fille d'un village dans le Duché d'Albret, âgée de dix ans, jouant l'an passé avec quelques-unes de ses compagnes, reçut dans les yeux une poignée de sable, qu'une d'elles lui jetta. Elle s'en trouva fort incommodée pendant quelques jours, & trois mois après elle ressentit une plus forte douleur au grand angle de l'œil gauche ; ce qui l'obligea d'y porter la main, & de presser même cette partie avec les doigts. Cette compression en fit sortir deux ou trois pierres dures, de la grosseur d'un pois. Ceux qui furent témoins de ce fait, crurent, sans beaucoup de réflexion, que ces pierres devoient être quelques grains du sable qu'on lui avoit jetté ; mais comme on lui en vit rendre plusieurs de cette sorte, pendant plusieurs jours, ce prodige commença à faire du bruit.

Une Dame de qualité, chez laquelle cette petite fille demeuroit, l'ayant fait enfermer dans une chambre pendant quelque tems, après l'avoir bien observée en toutes choses, tira elle-même, de l'œil gauche de cet enfant, quatre de ces lames pétrifiées, dont il y en eût une de la grosseur d'une fève, dure comme un caillou, triangulaire, blanche, & ayant quelque chose de transparent. M. *Démery* usa des mêmes précautions pendant deux mois qu'il la tint chez lui, & MM. *Scorbiac* & *Van-Elmont*, célébres Médecins, furent témoins comme lui de ce fait incompréhensible.

L'œil de cette fille rendoit quelquefois quatre pierres en un jour. Ces déjections se faisoient au moment où elle s'y attendoit le moins ; mais elle se plaignoit auparavant d'une douleur vive & piquante, qui faisoit qu'après la sortie de la pierre, l'œil demeuroit enflé, rouge & pleurant.

Il est vrai, ajoutoit dans le tems M. *Démery*, que depuis le commencement des grands froids qui se font sentir, ce prodige a cessé, & que l'œil de cette petite fille ne jette plus de pierres.

Quoique dans une partie moins délicate que l'œil, il n'est pas moins surprenant de voir des pierres s'engendrer sous la langue & dans le palais, à la tempe, &c. Or les faits suivans sont parfaitement avérés, & prouvent que ces sortes de parties ne sont point exemptes de cette incommodité.

Samuel Ledelius dit avoir connu une femme de condition, qui, pendant plus de dix ans, se plaignoit tous les printems & tous les automnes de douleurs sous la langue avec lésion de mouvement. Il lui administra pendant cet espace de tems, des remèdes qui calmèrent, mais qui n'emportèrent point cette douleur. Enfin, à la suite de quelques remèdes émolliens qu'il lui avoit administrés, il sortit de dessous la langue une petite pierre grosse comme une aveline. Les douleurs cessèrent, & la femme fut guérie. *Forestus* rapporte un exemple semblable, & on vit le même phénomène à Breslau en 1667 ou 1668. On l'a observé plus récemment à Tarascon. Voici le fait. M. *Leautaud*, Chirurgien d'Arles, fut appellé, le 6 Novembre 1754, à Tarascon pour voir un jeune homme, âgé de trente-sept ans, qui souffroit des douleurs très-vives, accompagnées d'une salivation très-abondante, & d'une fièvre continue & ardente. Le tout procédoit d'une dureté sous la langue. Après lui avoir administré les secours les plus pressans, vu son état, M. *Leautaud*, aidé des lumières du Médecin de la maison, fit une incision sur la partie de la langue où paroissoit résider un corps étranger, & il en tira une pierre de la grosseur d'un œuf de pigeon, & l'homme fut guéri.

En voici une autre dont la formation fut suivie d'accidens bien singuliers. On en a trouvé le détail, avec plusieurs autres observations, dans les papiers de M. *Gabriel Leclercq*, Médecin à Avenes.

Une paysanne, du côté de Dunay, avoit depuis plus de six mois une suppression d'urine bien complette. Une diarrhée outre cela, devenue habituelle, la fatiguoit au point qu'elle devenoit d'une maigreur surprenante. Ce surcroît de douleur cependant avoit été pour elle un véritable bien. Les reins se déchargeoient par la voie des intestins. Réduite au plus triste état, elle n'espéroit plus rien de la part de la Médecine, lorsqu'un nouvel accident vint la favoriser. La langue lui enfla, elle grossit, & prit tant de volume que les passages de l'air en furent presqu'empêchés. Tout menaçoit de suffocation & d'une mort prochaine, lorsque la malade sentit sous sa langue une douleur plus cuisante. Elle y porta le doigt, la gratta, la pressa, la déchira, & en tira une pierre, un vrai calcul, & dès ce moment les accidens cessèrent ; l'urine reparut ; le flux de ventre disparut ; l'embonpoint revint, & la malade fut guérie.

Il paroît que ces sortes d'accidens ont une analogie singuliere ; car voici un fait assez semblable, publié par M. *Lamelin*, Médecin de Valenciennes. La pierre ne se trouva pas, à la vérité, engendrée dans la même partie du corps, mais toujours dans une partie appartenante à la tête. Un jeune homme de cette ville, dit-il, souffrit pendant long - tems une suppression d'urine, avec complication d'un cours de ventre séreux. Enfin, il survint à la tempe un abcès qui dura long-tems, & qui en s'ouvrant laissa voir un calcul, dont l'extraction rappella les urines & la bonne santé au malade.

Nicolas Tulpius parle, dans ses Observations de Médecine, d'un Marchand d'Ausbourg, qui avoit une tumeur à la région temporale droite, dans laquelle on trouva une pierre de près d'un pouce de grosseur. Elle étoit tendre, composée de lames déliées. En se séchant elle diminua de volume & de pesanteur.

Olaus Borrichius rapporte un phénomène bien plus surprenant, en ce qu'un accident de cette espèce ne causoit aucun dommage & n'altéroit nullement la santé du sujet. Il rapporte en effet, dans les Actes de Copenhague, que depuis douze ans un de ses amis crachoit de tems à autre des pierres dans les efforts d'une toux, mais que sa santé n'en étoit point altérée.

Voici une autre carrière bien plus abondante, & en même tems plus inquiétante pour le sujet dans lequel elle s'engendra. Cette observation eſt encore d'*Olaus Borrichius*, & elle eſt pareillement conſignée dans les Actes de Copenhague, pour l'année 1676. On y lit qu'une femme âgée de cinquante ans & aſſez groſſe, ſouffroit depuis long-tems de grandes douleurs dans l'hypocondre droit. A la fin il ſe forma un abcès qui s'ouvrit & qui laiſſa un ulcère fiſtuleux préciſément à la région du foie. Il ſortit de cet ulcère, dans l'eſpace de quelques années, plus de quatre cents pierres un peu plattes, & de diverſes couleurs. Elles étoient groſſes comme des fèves, & d'une conſiſtance médiocre. *Borrichius* ſoupçonna que ces pierres venoient de la véſicule du fiel. Elles reſſembloient, dit-il, à celles que j'ai vu tirer de cette véſicule, au nombre de cent & davantage, dans le cadavre d'une vieille femme, que *Silvius Delboe* diſſéquoit à l'Hôpital de Leyde. Mais ce qu'il y a de plus étonnant, ajoute-t-il, c'eſt que la femme dont il fait mention, & qui étoit de *Bornholm*, vivoit encore ſans que ſa ſanté fût autrement dérangée.

Le Docteur *Planteovius* dit avoir vu à Veniſe, un phénomène ſemblable, avec cette différence cependant qu'il ne ſortit de l'ulcère, placé à l'hypocondre gauche de la femme dont il fait mention, qu'une ſeule pierre groſſe comme un pois qui en ſortit avec du pus.

Il n'eſt aucune partie de notre corps où il ne puiſſe s'engendrer des pierres, & les faits que nous venons de rapporter rendent moins extraordinaire le ſuivant, dans lequel il s'agit d'une pierre ſortie du bras d'une jeune demoiſelle. On doit cette obſervation à M. *Drouin*, Chirurgien de Paris, qui la communiqua & la fit imprimer, dans le Journal des Savans pour le 10 Décembre 1693. Il fut appellé, dit-il, pour une jeune demoiselle âgée de vingt-trois ans, qui avoit une tumeur au bras gauche depuis six mois. Il se décida pour l'ouverture, & en enfonçant son instrument, il sentit un corps dur. Il y porta le doigt & jugea qu'il étoit très-dur & très-inégal. Il découvrit enfin que c'étoit une pierre, qu'il tira avec assez de peine, parce qu'elle étoit engagée entre les deux tendons du biceps, & qu'il y avoit quelques petits vaisseaux lymphatiques qui s'y distribuoient, & qui paroissoient y porter de la nourriture. Elle étoit de la longueur de deux travers de doigt, & de la grosseur à-peu-près du manche d'un canif, creuse dans toute son étendue, & représentant assez bien la corne naissante d'un bélier. Elle étoit formée de six différentes couches. La première brune, parsemée de petites éminences hémisphériques, semblables à la peau de chien marin. Toutes ces éminences étoient creuses intérieurement, & recevoient celles de la seconde couche, & ces dernières étoient solides & d'une couleur tirant sur le blanc. La troisième couche n'étoit qu'un amas de petits grains de sable rouge comme de la brique. Les trois dernières étoient semblables à la troisième, & M. *Drouin* n'eut point de peine à les séparer les unes des autres.

Cette observation en rappella une autre à cet habile Chirurgien, qu'il avoit faite à l'Hôtel-Dieu de Paris, en 1682. Il avoit, dit-il, tiré une pierre, du poids d'une once & demie, de l'épaule d'une femme entre les tégumens & le

muscle sous-épineux. Elle lui fournit aussi l'occasion d'en rappeller une troisième faite par
M. *Legrand*, son Confrère, en 1684. Celui-ci
avoit tiré du périnée d'une personne une pierre
qui n'avoit aucune communication avec la vessie,
& cette pierre pesoit trois onces & demie.

Les animaux sont sujets comme nous à ces
sortes de concrétions, & ils sont, quoique plus
rarement que l'homme, attaqués de la maladie
de la pierre, & elle se forme chez eux comme
chez nous, en différentes parties de leur corps.
Nous n'en citerons qu'un seul exemple, pour
éviter la prolixité. On lit dans le Journal
Littéraire de Rome, qu'on trouva une pierre
attachée à l'épine du dos d'un cheval d'Espagne
hongre, mort à treize à quatorze ans. Cette
pierre pesoit quatre onces & demie; elle étoit
ronde & un peu applatie, de couleur d'olive
avec des taches rouges; elle ressembloit en
quelque façon à du sang congelé; elle étoit si
polie & si brillante, qu'elle réfléchissoit les images des objets qu'on lui présentoit; elle étoit
enveloppée dans une membrane graisseuse &
attachée par les deux extrémités à l'épine du dos,
très-près des reins. Quoiqu'il y eût douze heures
que ce cheval fût mort, elle étoit encore chaude,
& elle conserva sa chaleur six heures après avoir
été détachée. On la conservoit dans le Cabinet
de Curiosités de M. *Bartolini*, Ecuyer Italien,
en 1672.

Nous terminerons ces observations sur les
pierres par une pierre extraordinaire, connue
depuis assez peu de tems des Naturalistes: c'est
celle qu'on appelle *œil du monde*. Elle est opa-

que & elle perd cette opacité dans l'eau pour se revêtir de transparence & de différentes couleurs. M. *Cnoffelius*, Secrétaire & Médecin Aulique de la Cour de Pologne, est un des premiers qui l'ait fait connoître. Il rapporte qu'étant en Posanie, un célèbre Lapidaire, nommé *Lattorki*, lui fit présent d'une pierre de cette espèce. Elle étoit de la grosseur d'un pois & cendrée. Entièrement opaque, elle perdoit cette qualité dans l'eau. A peine y étoit-elle plongée l'espace de six minutes, qu'elle commençoit à paroître brillante par ses bords, & à communiquer à l'eau un reste d'ombre lumineuse, à la vérité, mais cependant d'un jaune ambré. Dans un espace de tems assez court, elle passe de la couleur jaune à la couleur d'améthyste, au noir, au blanc & à une couleur nébuleuse, & comme enfumée. Enfin, dit-il, cette pierre parfaitement opaque hors de l'eau, y parut toute brillante, entièrement transparente & d'un beau jaune couleur d'ambre, lorsqu'elle y eut demeuré plongée pendant un certain laps de tems. Tirée hors de l'eau elle revint à son premier état d'opacité, après s'être colorée successivement & dans un ordre rétrograde des mêmes teintes qu'elle avoit prises auparavant dans l'eau. Ces expériences furent faites à Thorn, en Prusse, en présence de plusieurs Savans.

Cette pierre, dit M. *Bomare*, nous vient de l'Arabie & de l'Egypte, & il assure qu'on en trouve aussi dans la Chine. Ce célèbre Naturaliste n'ose prononcer sur la cause de ce phénomène merveilleux. Il se contente de demander si ce phénomène ne seroit point dû à des particules

d'eau

d'eau limpides, lesquelles s'infinuent dans les pores de la pierre, en rempliffent les efpaces, & fe réfléchiffent elles-mêmes. Il incline fort pour cette opinion qui lui paroît fondée en ce que cette pierre augmente de poids par fon immerfion dans l'eau. D'où il conclut qu'elle abforbe une quantité de liqueur qui lui eft nécef-faire pour fa tranfparence.

PLONGEURS EXTRAORDINAIRES.

Quoique la refpiration foit une des fonctions vitales de l'économie animale, tout le monde fait qu'elle peut être fufpendue pendant quelque tems, fans qu'il en réfulte aucun accident notable. Mais jufqu'à quel point peut-elle être fufpendue? C'eft une queftion qu'on ne peut réfoudre bien exactement. Il eft de fait qu'un Plongeur ne refpire point tant qu'il eft fous l'eau, & il en eft quelques-uns qui y reftent un tems affez con-fidérable; mais toujours ce laps de tems ne s'étend point à un quart-d'heure. L'homme re-vient à la furface refpirer de nouvel air, dont il a indifpenfablement befoin, pour éviter d'être fuf-foqué, & on regarderoit fans doute comme un fait bien extraordinaire qu'un Plongeur reftât fous l'eau l'efpace d'un quart-d'heure entier. Que penferoit-on à plus forte raifon d'un Plon-geur qui y demeureroit plus long-tems encore? Tout furprenant que feroit ce phénomène, il n'eft cependant pas fans exemple, & ceux que nous allons rapporter font fuffifamment confta-tés, pour qu'on puiffe y ajouter foi, & confé-quemment pour que le Phyficien conçoive qu'il eft des difpofitions particulières dans la conftitution de certaines perſonnes, qui les rendent propres à exercer un miniſtère auſſi oppoſé à la conſtitution ordinaire de l'homme.

Le Docteur *Joel Langelot* dit avoir vu à Tronningholme, où la Reine de Suède a un palais magnifique, un Jardinier, âgé de ſoixante-cinq ans, qui, dix-huit ans auparavant, marchant imprudemment ſur de la glace, pour aller ſecourir un homme qui ſe noyoit, étoit tombé lui-même dans l'eau, profonde de huit aunes en cet endroit, & qu'il y étoit reſté ſeize heures, le corps droit, avant qu'on eût pu le découvrir. *Langelot* ajoute qu'ayant interrogé cet homme ſur ſon accident, il lui avoit appris que tous ſes membres étoient devenus roides de froid, & qu'il avoit enſuite perdu le ſentiment, juſqu'à ce qu'il ſe ſentît frapper rudement à la tête par un croc avec lequel on le cherchoit; qu'auſſi-tôt qu'il fut tiré de l'eau, on lui avoit aſſuré qu'il lui étoit ſorti de la bouche une groſſe bulle d'air, & qu'on lui avoit dit que c'étoit cet air qui l'avoit empêché d'être ſuffoqué, & que ſes oreilles s'étoient trouvées pleines d'eau.

Tiraſtus, Garde de la Bibliothèque de Stockholm, écrivoit un fait bien plus ſurprenant encore, vers la fin du dernier ſiècle. Une femme, diſoit-il, de la Province de Dalie en Suède, nommée *Marguerite Larſdotter*, eſt tombée trois fois durant le cours de ſa vie dans l'eau. La première fois étant fort jeune, elle y reſta trois jours : les deux autres fois elle fut ſecourue plus promptement, & elle eſt morte âgée de ſoixante-quinze ans en 1672.

M. *Barmead*, au retour de ſon voyage de la

Gothie occidentale à Stockholm, rapportoit un fait plus incroyable encore. Il disoit que s'étant trouvé par hasard à un Discours funèbre sur la mort d'un vieillard septuagénaire, nommé *Laurent Jona*, du bourg de Boness, le Curé avoit assuré à l'assemblée que cet homme à l'âge de dix-sept ans, étant tombé dans l'eau, il n'en avoit été tiré que sept semaines après, & qu'on étoit parvenu à le ranimer.

Ces faits bien constatés nous rendent moins incroyables ceux que différens Auteurs rapportent. Nous lisons, par exemple, dans *Hérodote*, qu'un certain *Scyllias* faisoit aisément deux lieues sous mer, sans qu'on le vît reparoître sur l'eau pour y respirer de nouvel air. *Didion*, surnommé le *Rousseau*, jouissoit de la même faculté. Il poursuivoit les poissons entre deux eaux. Il se noya cependant dans la Meuse, & le Chirurgien qui l'ouvrit nous donne sans contredit la solution de ce problême, en disant dans son rapport, qu'il découvrit dans la cloison des deux oreillettes, *une ouverture transverse, & négligemment valvulée*. Le Père *Kirker*, *Pontanus*, & *Alexander ab Alexandro*, font mention d'un autre homme, qu'on avoit nommé le *Poisson Colas*, qui demeuroit quelquefois quatre ou cinq jours sous l'eau, où il vivoit, disent-ils, de poissons cruds. L'histoire de cet incomparable Plongeur mérite de trouver place ici. Cet homme se nommoit *Nicolas*; il étoit Sicilien, né de parens pauvres à Catania. Il s'exerça dès l'enfance à nager. Il avoit des dispositions naturelles pour cet exercice, & il devint un des plus habiles nageurs de son tems, de sorte que ses compa-

triotes le nommèrent *Pesce-Cola*. Le goût &
le besoin lui firent choisir le métier de la pêche,
& il s'attacha à celle des huîtres & du corail. A
force de s'y livrer, il s'habitua tellement à l'eau,
qu'il ne vivoit qu'avec peine sur terre. Il n'y avoit
point de poisson qui pénétrât avec plus d'hardiesse
dans la profondeur de la mer, & qui parcourût
avec plus de rapidité son immense étendue. Ce
qui, au commencement n'avoit été que plaisir &
amusement pour lui, devint un besoin indispensable. S'il étoit un jour sans entrer dans l'eau,
il souffroit si fort de la poitrine, qu'il ne pouvoit
y résister. Il servoit fréquemment de courrier d'un
port à l'autre, ou du continent aux isles voisines,
& se rendoit sur-tout nécessaire, lorsque la mer
étoit si orageuse que les Mariniers n'osoient s'y
risquer. Il ne se bornoit point à nager le long
de la côte, souvent il s'avançoit fort loin, & y
passoit des jours entiers. Aussi étoit-il universellement connu de tous ceux qui fréquentoient
les côtes de la Sicile & du Royaume de Naples.
S'il voyoit passer un bâtiment, quelqu'éloigné
qu'il fût, il l'atteignoit, l'abordoit, mangeoit &
buvoit ce qu'on lui donnoit, & s'offroit à
porter des nouvelles des Navigateurs, quelque
part que ce fût, ce qu'il exécutoit fidélement.
Il avoit même soin de se munir d'une bourse de
cuir bien garnie, pour porter les lettres sans
qu'elles se mouillassent.

Ainsi vivoit cet amphibie humain jusqu'à
l'accident qui le fit périr. Soit que le Roi de
Naples, *Fréderic*, voulût essayer les talens de cet
étonnant Plongeur, ou qu'il voulût se faire
instruire de la position & du sol de la mer,

dans ce fameux gouffre, près du cap de Faro, ſi connu par les anciens ſous le nom de *Carybde*, il ordonna à *Nicolas* de s'y jetter. Celui-ci effrayé du danger dont il connoiſſoit toute la portée, fit quelque réſiſtance. Mais le Roi voulant le décider, y jetta une coupe d'or, en lui diſant qu'elle ſeroit à lui s'il pouvoit la retirer de cet abîme. La cupidité excita ſon courage, il ſe jetta dans cette terrible profondeur, où après avoir cherché pendant près de trois-quarts d'heure, il reparut avec la coupe. Il informa le Roi de la ſituation de ces cavernes, & de différens monſtres marins qui en faiſoient leur repaire. Peut-être outra-t-il la vérité, bien certain que perſonne ne pourroit le démentir. Le Roi deſira une relation plus détaillée des particularités de ce lieu, & voulut y faire replonger notre homme ; mais celui-ci fit plus de réſiſtance que la première fois, & ne vouloit point retenter l'aventure. Pour l'y déterminer le Roi jetta dans ce gouffre une autre coupe d'or, & promit de plus au Plongeur de lui donner une bourſe d'or, s'il rapportoit la coupe. L'avidité du gain devint fatale au malheureux *Nicolas*. Il plongea une ſeconde fois, mais on ne le vit plus revenir, & même quelque recherche qu'on fît, on ne put retrouver ſon corps.

Toute ſurprenante que ſoit l'hiſtoire du fameux Plongeur Sicilien, elle l'eſt encore bien moins que celle d'un autre Plongeur Eſpagnol, nommé *François de la Vega*, de Lierganès, bourg de l'Archevêché de Burgos. Ses parens l'envoyèrent, dit-on, à Bilbao, pour y apprendre le métier de Charpentier. Il étoit alors âgé de quinze ans. Il y resta pendant deux ans, jusqu'à la veille de la Saint-Jean de l'année 1674, qu'étant allé avec d'autres jeunes gens se baigner, ceux-ci lui virent faire le plongeon, après avoir laissé ses habits sur le rivage avec les leurs. Ne doutant pas qu'il ne revînt bientôt, ils l'attendirent quelque tems, jusqu'à ce qu'enfin ils désespérèrent de le revoir, & se persuadèrent qu'il s'étoit noyé. Ils en informèrent le Maître de ce jeune homme, qui le fit savoir à ses parens. L'an 1679, quelques Pêcheurs de la mer de Cadix virent une figure d'homme nageant sur les eaux & y plongeant. Ils la revirent encore le lendemain, & ils publièrent cette découverte. Cette nouvelle fixa l'attention du Public, & on conçut le projet de se saisir de cet objet. On y parvint par ruse & avec des filets, & c'étoit précisément le jeune homme qui avoit disparu en 1674. Il étoit comme hébété, ne répondant point aux questions qu'on lui faisoit. On le reconnut au mot de *Lierganès*, qu'on lui entendit prononcer, & qui rappella l'histoire de *François de la Vega*. Nous ne dirons rien de tout ce qui se passa sur les lieux, & des idées bizarres que cette aventure fit naître. Nous dirons seulement qu'un Religieux de Saint François, nommé *Jean Rosende*, se chargea de le reconduire chez ses parens, & qu'il le conduisit effectivement l'année suivante. Arrivé à un quart de lieue de Lierganès, il ordonna à ce jeune homme de prendre les devans, & de lui montrer les chemins de sa maison. Le jeune homme obéit, & fut directément à la maison de sa mère, qui le reconnut très-bien. Deux de ses frères qui y étoient, le reconnurent aussi, sans qu'il leur donnât, ni à sa mère, ni à ses frères, aucun signe de sensibilité ou d'étonnement. Il demeura neuf ans chez sa mère, le jugement toujours troublé, ne parlant que fort peu, en prononçant tout au plus ces mots, *tabac*, *pain*, *vin*, sans même les prononcer de suite ou à propos. Il faisoit des commissions qui n'exigeoient que de rendre des paquets d'un endroit à un autre, & il les faisoit très-bien. Au bout de neuf ans ce jeune homme disparut encore une fois, & depuis cette époque, on n'en a point eu de nouvelles.

Ces faits réunis nous prouvent invinciblement que s'il n'est point ordinaire à l'homme de vivre long-tems sous l'eau, & que si communément ceux qui tombent dedans y périssent, lorsqu'ils ne sont point secourus à tems, il est néanmoins des dispositions particulières qui confèrent à l'homme la faculté de vivre dans cet élément, & peut-être ne seroit-il pas aussi rare qu'on le croit, de trouver des hommes qui jouiroient du même avantage, si une fois tombés au fond de l'eau, ils ne perdoient point la tête ; s'ils suspen-doient leur respiration pour n'être point suffoqués par l'eau, qui passe alors brusquement dans les bronches. Il y a plus, il est probable que tous les hommes pourroient jouir de ce privilège, si, comme l'observe très-bien M. *de Buffon*, on avoit soin de les plonger, pendant un certain tems, alternativement dans l'eau & dans l'air au moment de leur naissance, & d'empêcher par-là l'oblitération du trou oval, & conséquemment leur conserver dans son intégrité le méchanisme de la circulation, telle qu'elle s'opère dans le fœtus, tant qu'il est renfermé au milieu des eaux dans le sein de sa mère. On ne peut en effet rendre raison des phénomènes précédens, qu'en supposant que les sujets dans lesquels ils se sont fait observer, avoient encore le trou oval ouvert, & conséquemment que la respiration n'avoit plus lieu, tant qu'ils étoient plongés dans l'eau, & qu'alors la circulation s'opéroit comme dans le fœtus, d'un ventricule du cœur à l'autre, sans que la masse du sang passât par les poumons, comme elle y passe dans l'adulte. Ce méchanisme, peu ordinaire dans l'homme, & que nous supposons ici, répond parfaitement à toute difficulté, & se trouve même confirmé par l'observation que nous avons rapportée ci-dessus, au sujet de *Didion*, surnommé le *Rousseau*. Il avoit le trou oval ouvert, car c'est de ce trou dont parle le Chirurgien qui l'ouvrit, lorsqu'il dit qu'il découvrit dans la cloison des deux oreillettes *une ouverture transverse & négligemment valvulée*.

PLUIES. On sait en général, que la pluie est due à des vapeurs aqueuses élevées dans l'atmosphère, & qui se sont condensées par leur rapprochement. Or, cette pluie venant à tomber, balaye & entraîne avec elle quantité de substances étrangères qu'elle rencontre sur son chemin, & qui se sont pareillement élevées, ou qui ont été entraînées, & comme suspendues dans l'espace de l'air. De là, ces pluies merveilleuses & extraordinaires, bien faites pour épouvanter le peuple qui ne connoît point la constitution de l'atmosphère, & qui ignore que c'est une espèce de chaos, rempli des débris de toutes les substances, qui se détruisent insensiblement vers la surface de notre globe, & de quantité d'autres corps étrangers qui ne sont point faits pour se trouver naturellement dans l'air, & qui n'y sont transportés que par des accidens qu'il ne connoît pas. Les observations que nous rapporterons dans cet article, suffiront à ceux qui les liront, pour se rendre facilement raison de tous les phénomènes de ce genre : mais avant d'entrer dans ce détail, nous observerons en général, que de tous tems les Naturalistes, les Physiciens & les Historiens ont fait mention de ces sortes de pluies extraordinaires.

On lit dans la Genèse, qu'il tomba sur Sodome & sur Gomorre une pluie de soufre ; mais ce fait, que nous ne pouvons révoquer en doute, ne doit point être rangé parmi les merveilles de la Nature. Il n'est point de la même catégorie que ceux dont il est question dans notre Ouvrage : ne considérons que ceux-ci. *Spangenberg* rapporte qu'il y eut une pluie de soufre, qui tomba dans le Duché de Mansfeld, en 1658. Nous apprenons *d'Olaus Wormius*, qu'il en tomba une semblable à Copenhague, en 1646. *Siegesbek* fait mention d'une semblable pluie, tombée en 1721, dans la ville de Brunswik. Cette pluie étoit enflammée, & on ne pouvoit l'éteindre, ni avec de l'eau, ni par le mouvement qu'on lui procuroit en l'agitant. *Simon Paulli* assure que le 19 Mai 1665, il tomba en Norwège, par une tempête & par un tonnerre horribles, une poussière exactement semblable au soufre. Cette poussière, jettée dans le feu, donna exactement l'odeur du foufre, mêlée avec l'efprit de thérébentine ; elle produifit une liqueur, dont l'odeur étoit abfolument femblable à celle du baume de foufre. L'abondance des matières fulfureufes contenues dans les volcans d'Iflande, & entr'autres, dans l'Hécla, rendent ces faits très-croyables.

Le 30 Mai 1755, il tomba, vers les quatre heures du matin, à Malow, en Irlande, une véritable pluie de foufre ; on la ramaffoit dans les rues & fur les habits des paffans, & plus de trois heures après, l'odeur du foufre infectoit encore ceux qui étoient obligés de fortir.

Or, quoiqu'il foit vrai qu'il eft des circonftances où le foufre enlevé en pouffière dans les airs, fe trouve précipité par les vents, fous la forme d'une véritable pluie de foufre ; il ne faut pas croire pour cela que toutes les pluies de cette efpèce, dont il eft fait mention dans différens Hiftoriens, foient de véritables pluies de foufre. On en jugera facilement par les deux exemples que nous allons donner.

Jean Sigifmont Elsholt rapporte qu'en 1675, il avoit examiné une pluie de cette efpèce. Il avoit ramaffé une matière jaune, que dépofa une pluie d'été, & que le peuple regardoit comme du foufre. Il lava bien cette matière, il la fit fécher fur du papier, & en ayant mis un peu fur une lame de couteau, il l'expofa à la flamme d'une chandelle. Elle jetta un peu de fumée, mais elle ne s'alluma point, & ne répandit point l'odeur que répand le foufre en pareilles circonftances. Elle s'embrafa feulement à la manière des charbons.

Il introduifit encore un peu de cette matière dans un tuyau de plume, & il la souffla à travers la flamme d'une chandelle, afin de s'affurer par cette épreuve, fi elle étoit inflammable. Elle s'enflamma en effet ; mais à la manière de cette pouffière jaune & fubtile qui fe trouve dans les petites maffues de la mouffe terreftre. Cette efpèce de mouffe, dit le Savant que nous venons de citer, abonde dans nos forêts, & fournit une grande quantité de la pouffière dont il eft ici queftion. Or, cette pouffière peut être enlevée par plufieurs caufes & retomber avec la pluie.

Cette pouffière a la propriété de détonner en s'enflammant, à-peu-près comme la poudre à canon, & les Mofcovites en font des efpèces de feux d'artifices.

Plufieurs autres plantes, telles que le feigle, &c. plufieurs arbres, comme le pin, le noifetier, &c. fourniffent en abondance de cette pouffière fubtile, & c'eft peut-être la raifon pour laquelle ces fortes de pluies font plus fréquentes dans les pays de bois, que par-tout ailleurs. M. *Jean Wolf* rapporte des faits femblables, qu'il dit avoir obfervés à Altembourg, le 12 Mai 1670, le 31 Mai 1679, le 1er & le 5 Mai 1681. *Agricola* avoit déjà fait une remarque femblable dans fon Ouvrage, *de Subter. lib. 5.* M. *Wolf* ayant confidéré avec attention cette pouffière jaune, s'eft déterminé à croire qu'elle venoit des pins qui étoient plantés à une certaine diftance de cet endroit : cette opinion s'accorde très-bien avec des obfervations plus modernes, faites à Bordeaux en 1761. Le 19 Avril de cette année, on vît tomber en cette ville, entre onze heures & midi, le vent étant sud-est, une pluie mêlée d'une poussière jaune, semblable à de la fleur de soufre, mais d'une couleur encore plus vive. Toute la ville en fut couverte à l'épaisseur d'environ deux lignes. Les Habitans, qui n'avoient jamais vu rien de semblable, en furent effrayés. On crut en effet que c'étoit du soufre, qu'un volcan près d'éclater avoit vomi dans les airs, & qu'il étoit le précurseur d'une éruption très-prochaine. On s'imaginoit déjà voir couler des torrens de feu, la terre s'ouvrir, & engloutir toute la ville. Tandis que le peuple allarmé, se forgeoit mille chimères effrayantes, les Physiciens & les Citoyens éclairés ramassèrent de cette poussière, & l'examinèrent attentivement au microscope. On découvrit que ce n'étoit autre chose que de la poussière des étamines des fleurs de pins, qui sont dans les landes situées au sud de Bordeaux. Un grand tourbillon de vent ayant enlevé cette poussière, l'avoit apportée à Bordeaux, & il en tomba encore de semblable le 20 du même mois.

La frayeur du peuple de Bordeaux n'étoit pas sans fondement. Un volcan peut très-bien dans son irruption lancer au loin du soufre. Ce n'eût point été la première fois qu'on eût observé ce phénomène. Le Vésuve lance bien des cendres, qui vont tomber à plus de cent lieues sous la forme de pluie. Ce fut ce qu'on observa le 6 Décembre 1631. Etant à l'ancre dans le golfe de Volo, dans l'Archipel, écrit le Capitaine *Badyles*, il commença vers les dix heures du soir à pleuvoir du sable, ou des cendres; ce qui continua jusqu'à deux heures du matin, & il y en avoit deux pouces d'épais sur le tillac. Nous fûmes obligés de les jetter avec des pelles, comme nous avions fait de la neige qui étoit tombée la veille. Nous en gardâmes un boisseau que nous portâmes avec nous pour les montrer. M. *Evelin* en fit voir à la Société Royale. Ce ne fut pas le seul endroit où ces cendres tombèrent. Il en tomba encore sur des vaisseaux qui venoient de Saint-Jean-d'Acre, & qui étoient alors à cent lieues de nous. Nous comparâmes les leurs avec les nôtres, & nous les trouvâmes les mêmes. Elles avoient été lancées par une éruption du mont Vésuve.

Les anciens, *Plutarque*, *Cicéron*, *Tite-Live*, *Pline*, &c. font mention de gouttes de pluie, qui ressembloient à des gouttes de sang. Les modernes en parlent très-fréquemment, & plusieurs ont publié qu'ils avoient vu tomber des pluies de sang. Ce fait, quelqu'avéré qu'il paroisse, est absolument faux en soi. On doit communément la couleur rouge & sanguine qu'on remarque quelquefois dans les gouttes de la pluie, à de petits insectes de cette couleur qui volent en abondance dans l'atmosphère, & qui tombent & se précipitent avec elle, comme *Pierse* le découvrit en examinant une pluie de cette espèce. Il observa en effet que les gouttes de cette pluie étoient remplies de petits insectes rouges, qui voloient alors en grande quantité dans l'atmosphère. On lit dans les Mémoires de l'Académie de Suède une observation semblable, faite en pareilles circonstances par *Hildebrand*. Il examinoit une pluie qui étoit tombée en 1711, auprès d'un village, nommé

Orſio, en Scanie, & il remarqua dans les gouttes de cette pluie de petits inſectes dont le corps étoit oblong, & dont la queue, formant une eſpèce de flèche, étoit de couleur de ſang. Souvent la couleur de ces ſortes de pluies ſont dues aux excrémens de pluſieurs inſectes. Ces excrémens ſont rouges comme le ſont ceux des papillons, après qu'ils ont quitté l'état de nymphe. Mêlés avec la pluie, ils lui donnent cette couleur qu'on a priſe pour du ſang.

Il en eſt de même de ces pluies de froment dont pluſieurs Auteurs font mention. M. *Marc Gerberius*, Médecin de Laubach, nous apprend qu'on lui écrivit de Carinthie qu'il s'étoit élevé dans le voiſinage de Villach un orage très-violent les premiers jours de Mars 1691, & qu'il étoit tombé avec la pluie & la grêle, une ſi grande quantité de froment, que chacun put en ramaſſer conſidérablement. M. *de Thou* aſſure qu'en 1548, il tomba près du même endroit une quantité de froment, dont on fit de très-bon pain, qu'on porta à l'Empereur avec quelques grains de ce froment tombé des nues. Mais M. *Gerberius* nous apprend enſuite qu'ayant examiné celui qui étoit tombé en 1691, il avoit trouvé qu'il reſſembloit aſſez bien à du froment pour la forme extérieure ; mais qu'il en différoit beaucoup d'ailleurs. La couleur de ces grains, dit-il, tiroit ſur le rouge & ſur le roux, tandis que le froment eſt d'un jaune pâle. Le goût étoit auſtère & aſtringent. Celui du froment eſt très-doux, & même inſipide. La pellicule extérieure de ces grains étoit encore plus épaiſſe que celle du froment ; la moëlle intérieure plus dure, moins blanche & moins friable. Ils étoient même plus petits que le froment. Toutes ces différences, dit-il, me firent douter, & mon doute fut confirmé, lorsque je les eus comparés aux pepins d'épine-vinette, & que j'eus découvert que ces grains leur ressembloient parfaitement. Ces pepins avoient sans douté été enlevés & transportés par quelques coups de vent violens.

L'épine-vinette n'est point la seule plante dont les pepins ressemblent à du froment, & peuvent donner à penser qu'il tombe quelquefois des pluies de froment. L'Abbé *Nollet* parlant de ces sortes de pluies, dit que ces grains qu'on avoit pris pour du froment, ne sont autre chose que de petites bulles de la petite chélidoine. Les racines en effet de cette plante sont très-grêles : elles rampent à la surface de la terre : elles s'y desséchent ; les petites bulles qui y sont adhérentes s'en détachent, & elles imitent assez les grains du froment.

Doit-on compter davantage sur la narration de ceux qui assurent avoir vu pleuvoir des sauterelles, des crapauds, des vers, &c ? Ce ne sont point sans contredit de véritables pluies, ou mieux, quoique ces différens insectes soient réellement tombés avec la pluie, ce que quelques Physiciens révoquent en doute, ce sont des transports faits par les vents ; mais ces phénomènes n'en sont pas moins surprenans, & méritent de trouver place ici.

On a vu anciennement tomber en France une pluie de sauterelles d'une grosseur prodigieuse, qui dévorèrent dans l'espace d'une nuit les branches & l'écorce des jeunes arbres. Elles moururent quelque tems après, & elles causèrent une peste & une infection considérable.

En 1777, il tomba dans le village de Troly, Généralité de Soissons, pendant un orage qui s'y fit observer, une pluie chaude & forte, accompagnée de crapauds. Il en tomba, dit-on, sur deux femmes qui étoient en route, & dans les paniers que portoient les chevaux sur lesquels elles étoient montées, & il y en eut une si grande quantité, qu'elles furent obligées de mettre pied à terre. Quelques Physiciens conjecturèrent que les grenouilles & les crapauds déposant leur frai dans des eaux marécageuses, ce frai aura pu être enlevé avec les vapeurs que la terre exhale, & qu'ayant resté assez de tems exposé à la chaleur des rayons du soleil, il en est éclos les animaux dont nous venons de parler. Mais c'est une conjecture, & le fait lui-même mériteroit d'être examiné.

En voici un autre plus certain, & qui n'a rien de merveilleux que la rareté. M. *de Géer*, Chambellan de Sa Majesté Suédoise, & Correspondant de l'Académie, mandoit à M. *de Réaumur*, au mois de Janvier 1749, qu'on apperçut à Lenfita en Suède, & dans quatre ou cinq Paroisses voisines, la neige couverte en plusieurs endroits de vers & d'insectes de différentes espèces, tous vivans. Le plus grand nombre cependant étoit de grands vers à six pieds, qui se tiennent ordinairement sous terre. On assura à M. *de Géer* que ces insectes étoient tombés avec la neige, & on lui en montra plusieurs que différentes personnes avoient ramassés sur leurs chapeaux. A son arrivée il fit ôter la neige

des

des endroits où on avoit vu les vers, & on en trouva plusieurs qui paroissoient être sur la surface de la neige, précédemment tombée, & avoir été recouverts par celle qui étoit tombée en dernier lieu. Il n'étoit pas possible qu'ils fussent venus là de dessous terre, qui, dans cette saison, étoit gelée à la profondeur de plus de trois pieds, & absolument impénétrable à ces insectes. Mais quand M. *de Géer* auroit pu avoir cette idée, une seconde apparition des mêmes insectes & de plusieurs autres différens, observés sur la neige en 1750, l'auroit absolument détrompé. On en trouva beaucoup sur celle qui couvroit un grand lac, à quelques lieues de Stockholm. Il falloit bien que le vent les y eût apportés. Une circonstance que M. *de Géer* avoit observée, lui donna la solution de cette difficulté. La chûte de ces insectes avoit été précédée & accompagnée les deux fois d'une violente tempête, qui avoit abattu & déraciné dans les forêts, dont la Suède abonde, un très-grand nombre de pins & de sapins. Les racines de ces arbres, qui occupent une très-grande étendue de terrain, avoient par conséquent été enlevées, & avec elles la terre & tous les insectes qui y étoient contenus. Ces animaux emportés par la violence du vent avoient été quelque tems soutenus en l'air, & étoient retombés avec la neige, à différentes distances de leur premier domicile.

Quoique le vent enlève quantité de corps étrangers qu'il transporte dans les airs, & qu'il abandonne ensuite à leur propre poids, tels que des cendres, des sables, des terres, &c. & qu'on puisse dire en conséquence qu'il pleut quelquefois des cendres, des fables, &c. il n'en doit pas être de même des corps plus graves, tels que des poutres, des pierres, & autres corps de cette efpèce qu'un ouragan emporte à des diftances étonnantes & qu'il abandonne enfuite. Lorfqu'on a vu un clocher, une tour tranfportés dans les airs & fe précipiter dans un endroit, il eût fans doute été ridicule de dire qu'il avoit plu un clocher ou une tour. Or, on obferve quelquefois de ces fortes de phénomènes très-furprenans en foi, fans que le vent y ait la moindre part.

Au mois de Juillet 1766, il tomba du ciel par un tems très-ferein une très-groffe pierre, dans Alberette, près de Modène. La chûte de cette pierre excita un très-grand bruit, qui fut entendu des environs. Cette pierre fut trouvée encore chaude, enfoncée de deux pieds ou environ en terre. Elle étoit d'une nature graveleufe, d'une furface irrégulière, obfcure, & comme brûlée par le feu. Le Père *Troili*, fucceffeur du célèbre *Muratori*, attefte ce fait d'après le témoignage de plufieurs perfonnes qui en furent témoins, & il rapporte en même tems qu'on en a obfervé de femblables en plufieurs endroits. M. *de la Lande* fait mention d'un femblable, arrivé au mois de Septembre 1753, à quatre lieues de Bourg-en-Breffe, fa patrie. Le Père *Troili*, après avoir expofé toutes les caufes qu'on peut lui affigner avec plus ou moins de probabilité, s'en tient à celle qui lui paroît plus vraifemblable. Il croit qu'un embrafement excité dans quelques montagnes de Reggio aura détaché & lancé avec violence la pierre qu'on a vu tomber à une demi-lieue de Modène. Il réfute ailleurs, & avec raison, l'opinion du Père *Beccaria*, qui pense que ce phénomène s'expliqueroit beaucoup mieux par l'impulsion du tonnerre, nonobstant l'arquebuse électrique que le Père *Beccaria* avoit imaginée pour appuyer son opinion, & la force avec laquelle cette nouvelle espèce d'arquebuse peut lancer au loin le corps qu'on lui confie.

R

REPRODUCTIONS ANIMALES.

L'histoire du phœnix qui renaît de ses cendres, toute fabuleuse qu'elle est, n'offre rien de plus merveilleux que la découverte dont nous allons parler, disoit l'Historien de l'Académie, en 1741. Les idées chimériques de la palingénésie ou régénération des plantes & des animaux, que quelques Alchimistes ont cru possible, par l'assemblage & la réunion de leurs parties essentielles, ne tendoient qu'à rétablir une plante ou un animal après sa destruction. Le serpent coupé en deux, & qu'on a dit se rejoindre, ne donnoit qu'un seul & même serpent. Mais voici la Nature qui va plus loin que nos chimères. De chaque morceau d'un même animal, coupé en deux, trois, quatre, dix, vingt, trente, quarante parties, &c. & pour ainsi dire haché, il renaît autant d'animaux complets & semblables au premier. Chacun de ceux-ci prêt à subir la même division, & à renaître même dans ses débris, & ainsi de suite, sans qu'on sache encore où s'arrêtera cette étonnante multiplication. On voit par-là que la tête féparée du refte de fon corps, doit devenir un corps femblable à celui qu'elle a perdu ; que la queue recouvrera de même un corps & une tête ; & que les tronçons intermédiaires vont s'accroître de part & d'autre par l'addition de nouvelles parties, & fe terminer enfin par une queue & une tête toutes femblables à celles qu'on leur avoit enlevées, & qui appartiendront déformais à d'autres individus. Si l'animal eft coupé en deux, par exemple, felon fa longueur, de manière que les deux moitiés n'étant pas encore entièrement féparées, demeurent unies par une extrémité de fon corps, vers la queue ou vers la tête, il en vient un monftre à deux têtes ou à deux queues, & tout cela quelquefois en vingt-quatre heures, ou en un petit nombre de jours.

Cette découverte eft due à M. *Trembley*, & l'Académie en fut inftruite par M. *de Réaumur*, auquel ce célèbre Naturalifte l'avoit communiquée. L'expérience ne fut faite d'abord que fur une petite efpèce d'infecte ou ver, de deux ou trois lignes de longueur, qu'on trouve ordinairement dans l'eau où croît la lentille de marais. M. *de Réaumur* l'appelle *polype*, parce qu'il fe termine par une des extrémités de fon corps en plufieurs pieds ou bras, & *polype d'eau douce*, pour le diftinguer des *polypes marins*. Comme les mouvemens de cet animal font très-lents, M. *Trembley* douta fi c'étoit un véritable animal ou une plante. Ce doute accompagné de toutes les lumières d'un favant Naturalifte, & de détails très-curieux, fit le fujet de fa première lettre ; & ce n'a été qu'après avoir, sur l'avis de l'Académie, réitéré bien des fois les mêmes expériences, qu'il s'est rendu à cette espèce de prodige. Cependant MM. *Bonnet* & *Lyonnet*, autres Observateurs habiles & correspondans de M. *de Réaumur*, l'un à Genève, & l'autre à la Haye, tentèrent la même expérience sur d'autres espèces de vers aquatiques, parmi lesquels ils en trouvèrent plusieurs qui avoient la même propriété. Ils purent aussi s'en convaincre plus facilement & d'une manière plus sensible sur des vers assez longs, & qui avoient cet avantage, qu'on ne pouvoit douter que ce fussent des vrais animaux, leurs mouvemens étant très-vifs. M. *Lyonnet* en découvrit une espèce qui avoit environ trois pouces & demi de longueur, & de la grosseur à-peu-près d'une chanterelle de violon, & ce fut sur cette espèce qu'il poussa la division jusqu'à trente & même quarante parties.

On peut juger que M. *de Réaumur* n'étoit point demeuré oisif sur les progrès d'une découverte si digne d'exciter sa curiosité, & qui tenoit en quelque sorte à son domaine. Ce fut lui qui rendit l'Académie spectatrice de ce phénomène.

Nous laisserons au Lecteur, dit l'Historien de l'Académie, à tirer les conséquences, & à suivre les réflexions & les nouvelles vues qu'un tel phénomène est capable de faire naître sur la génération des animaux, & sur leur ressemblance extrême avec les plantes.

Il y a quelques années que le Docteur *Spallanzani*, Naturaliste résidant à Modène, fit annoncer dans les papiers publics un fait qui réveilla singulièrement l'attention des Savans sur les reproductions animales. Il assuroit qu'ayant coupé la tête à plusieurs limaçons, non-seulement ces animaux n'en moururent point, mais qu'après s'être retirés dans leurs coquilles, ils en sortirent de nouveau pour se promener sur les plantes qui leur servent de nourriture. Il ajoutoit encore qu'il leur étoit survenu une nouvelle tête organisée comme la première.

M. *Bomare*, célèbre Naturaliste à Paris, répéta cette expérience au château de Chantilly, en 1768, sur cinquante-deux limaçons; & voici de quelle manière il s'explique sur ce singulier phénomène, dans son excellent Dictionnaire d'Histoire Naturelle, édition de 1775.

De cinquante-deux limaçons de terre & de canardières, dit-il, auxquels j'avois coupé la tête (tous, dès qu'ils se sentirent atteints par l'instrument tranchant, se contractèrent avec célérité & très-fortement; la section étant finie, la partie qui se retire précipitamment dans la coquille, paroît plissée & en cul de poule) neuf rampèrent au bout de vingt-quatre heures, & c'étoient uniquement ceux que j'avois décapités, en appuyant foiblement sur le col, entre les grandes cornes & les parties de la génération, le tranchant d'un couteau mal aiguisé; de sorte que j'avois vu sensiblement toutes les cornes se retirer & rentrer dans l'intérieur de l'animal. J'ai même observé, ajoute-t-il, que de cette manière je ne coupai que la peau & la mâchoire de ces limaçons, & qu'au bout de dix à douze jours, ils sortirent de leurs coquilles, & rampèrent en portant des cornes mutilées.

Les limaçons auxquels je n'avois coupé que la moitié diagonale de la tête, rampèrent avec deux feules cornes; mais ceux dont j'avois brufquement coupé la tête, (& c'étoit le plus grand nombre) font tous morts au bout de quelques jours, excepté deux qui reftèrent cinq mois fixés contre une muraille, pleins de vie, & qui moururent au printems, fans aucune apparence de reproduction de tête. J'ai pris, continue-t-il, d'autres limaçons, & je leur ai fait une incifion longitudinale à la tête, entre les quatre cornes. Il a fallu près d'un mois à la Nature pour réunir les parties : encore ces animaux ont-ils paru fort languiffans. J'ai répété ces expériences en 1769, & toutes ont été fans aucun fuccès. Nombre de perfonnes m'ont écrit de divers pays, que leurs tentatives ont été parfaitement femblables aux miennes. A combien de limaçons n'en a-t-il pas coûté la vie, depuis la découverte du Docteur *Spallanzani*? Pourquoi l'expérience ne réuffit-elle point également à tout le monde? Cette différence ne provient-elle point de la célérité ou de la lenteur de l'amputation? Il faut le croire, car les limaçons de Chantilly ne font point différens de ceux de Modène. Au refte les limaçons ne font point les feuls animaux qui confervent la vie, après qu'on leur a enlevé quelques parties confidérables du corps. Les vers, les ferpens, les lézards vivent long-tems, quoique coupés en deux parties. Les fourmis, quand on leur a coupé le ventre fans endommager leurs pattes, marchent, quittent & fe faififfent de leur proie, comme fi elles étoient entières; mais elles en périffent après. Les pattes des cruftacées & les rayons de l'étoile marine fe reproduifent auffi.

ROCHERS. Maffes de pierres énormes qui fe trouvent dans les montagnes ou dans la mer, & qui font taillées en précipices. Nous laiffons aux Géographes à nous décrire ces chaînes immenfes de rochers qui entourent, pour ainfi dire, notre globe, & aux Naturaliftes & aux Phyficiens le foin d'expliquer leur génération, pour ne nous occuper que de ce qu'ils offrent de fingulier & d'extraordinaire à notre curiofité. Encore croyons-nous devoir nous borner à l'expofition d'un phénomène qui fit beaucoup de bruit au commencement de ce fiècle, & qui fit, en 1718, l'objet de l'attention de M. le Régent. Ce phénomène concerne le mouvement qu'on attribua alors à un fameux rocher placé à la Roquette, près de Caftres, & qu'on nomma, à caufe de cela, *le rocher qui tremble*. A en croire les préjugés du peuple, ce rocher tremble lorfque le moindre vent agit fur lui, ou lorfqu'une légère force lui eft communiquée, & il devient, dit-on, immobile, fi on lui en applique une plus grande ; mais ce ne doit point être d'après le rapport du peuple qu'on doit juger des merveilles de la Nature. Auffi ne nous en tiendrons-nous point à cette tradition, quelque générale qu'elle foit, mais bien aux obfervations faites par M. *Marcorelle*, de l'Académie de Touloufe.

Ce rocher eft éloigné d'une lieue ou environ de Caftres. Il eft fitué au nord de cette ville, dans un endroit nommé *la Roquette*, à caufe

de la multitude des rochers qui y font tumul-
tueufement difpofés. Parmi ces rochers énormes, dont les angles extérieurs font arrondis,
on en voit qui font rompus & diffoqués, pour
ainfi dire par quartiers, les uns inclinés à l'horifon, les autres pofés dans une fituation parallèle, felon la nature & la difpofition des terres qui leur fervent d'appui. Ces roches font
cultivées. On y met par-deffus une couche de
terre de l'épaiffeur de cinq à fix pouces, & on
y plante enfuite des ceps de vigne, & bientôt
après ils produifent d'excellent vin. Indépendamment de cet avantage qu'on retire de ces
roches, on en fait des meules de moulins,
des auges, des pierres pour des foyers. On les
emploie auffi pour les bâtimens, à caufe de la
dureté de leur grain.

Là fe remarque donc le roc qui tremble. Il
eft d'une figure irrégulière ; il approche beaucoup de celle d'un œuf applati, qui pofe fur
le petit bout. Sa plus grande circonférence, qui
fe trouve vers les deux tiers de fa hauteur, eft
de vingt-fix pieds. Sa plus petite, qui eft à fa
bafe, eft de douze, & fa hauteur eft de onze
pieds ; ce qui fait un folide de trois cens foixante
pieds cubes, dont le poids eft de plus de fix
cens quintaux. Il eft placé à un des angles du
rocher qui lui fert de bafe, fi près du bord,
que fa circonférence inférieure n'en eft éloignée
que d'environ un pied & demi, & qu'un à-plomb
qui pafferoit par les endroits du roc les plus
avancés, tomberoit au-delà de celui qui lui fert
de bafe.

Vu la figure du roc, les diamètres de fa bafe

font inégaux, & elle eft convexe, fi bien qu'aux extrémités du plus grand diamètre, il s'en faut de huit pouces qu'elle ne touche le rocher fur lequel elle eft placée ; mais ce rocher appuie fur toute la longueur du petit diamètre. Cette pofition d'une telle maffe, d'un fi grand poids & d'une fi grande hauteur, dans un penchant où elle n'a prefque d'autre point d'appui qu'une ligne, n'eft pas la partie du phénomène la moins digne d'attention.

La nature de la pierre dont ce rocher paroît formé, paroît fort dure & fort compacte. On dit communément dans le pays qu'il eft compofé de *Sidobre*. Sidobre eft un terrain près la Roquette, où on trouve quantité de rochers qui ont la figure de différens animaux. Quelque dur cependant que foit le rocher, les curieux & les étrangers qui font allés le voir, y ont gravé des caractères, dont M. *Marcorelle* ne put découvrir le fens. Un particulier du lieu, & dont une des principales occupations eft de fervir de guide à ceux qui vont voir le rocher tremblant, lui en donna cependant l'explication, qu'il tenoit de fes aïeux, & qui s'étoit tranfmife fucceffivement des pères aux fils, comme une portion de leur patrimoine. Il lui dit que les caractères qu'il voyoit contenoient deux infcriptions en langue italienne. L'une exprimée par ces termes, *il piu alto è quel che teme*, qui exprime une réflexion morale fur les dangers où font expofés ceux qui fe trouvent placés dans les poftes les plus élevés. Ils font dans une crainte continuelle : ils tremblent toujours. L'autre conçue en ces mots, *cofi almenti moveffi, o dura phili.* Elle renferme les souhaits d'un amant, pour que son amante puisse être émue aussi facilement que ce roc qui tremble.

Ces réflexions morales & galantes ont, comme l'on voit, pour ame le tremblement du rocher, qui est sans doute ce qu'il y a de plus surprenant pour le Physicien. Il n'est pas moins remarquable en effet que celui du pilier branlant de l'Eglise de Rheims. Aussi M. le Duc d'Orléans, Régent, crut-il qu'il méritoit son attention, & il ordonna, en 1718, qu'on lui envoyât le plan du roc tremblant, avec un détail de toutes les particularités qui pouvoient servir à le caractériser.

Le fameux pilier de Rheims, suivant les observations les plus exactes qu'on a pu recueillir, s'agite au mouvement de celle des quatres cloches qui est exclusivement en possession de le mouvoir, & il reste immobile au son des autres cloches suspendues à la même tour méridionale. Le mouvement qu'il exerce ne se fait point par manière de secousses. C'est un bercement doux, s'il est permis de s'exprimer ainsi, d'orient en occident, & qui suit la direction & le tems du mouvement de la cloche privilégiée. On trouvera le détail d'une suite d'expériences faites à ce sujet dans le *Spectacle de la Nature.* Quant à l'explication de ce phénomène, bien faite pour satisfaire les curieux, il résulte que tout son merveilleux ne consiste que dans le poids, l'élévation, la direction du branle de la cloche, dans la structure, la grandeur du béfroi, & dans le massif de la tour, & sa liaison avec le mur collatéral, auquel le pilier branlant est adhérent par le bas.

Comme ces circonſtances ne ſe rencontrent point dans le roc tremblant, & même qu'on y trouve bien des différences, nous allons tâcher d'en faire ſentir la cauſe, en raſſemblant les circonſtánces, d'après **M.** *Marcorelle.*

Il eſt conſtant que le rocher ſe meut viſiblement & d'une manière ſenſible, lorſqu'une certaine force lui eſt appliquée du midi au nord. Une expérience pluſieurs fois réitérée le prouve évidemment. On appuie un bâton, ou tout autre corps contre le rocher, du côté du midi : on lui donne quelques ſecouſſes. Il ſe meut & exerce des vibrations, des balancemens. Ces vibrations & ces balancemens font que le bâton ne ſe trouvant pas continuellement appuyé, tombe ſur la baſe du rocher. Cependant toute force n'eſt pas ſuffiſante pour le mouvoir. Celle, par exemple, qui ſeroit moindre que la force ordinaire d'un homme, ne lui cauſeroit point d'ébranlement. Ce fait bien conſtaté va directement contre l'opinion vulgaire, qui prétend que le mouvement le plus léger, le vent le fait mouvoir. Il eſt vrai cependant que dès qu'il eſt en mouvement, la force la plus légère ſuffit pour lui conſerver ce mouvement, & c'eſt peut-être là la cauſe du bruit populaire dont nous venons de parler.

La propriété de trembler par l'application de la plus légère force, n'eſt pas la ſeule que le vulgaire attribue à ce rocher. Pour augmenter la merveille, il prétend encore que ce même rocher ne tremble point, lorfqu'on lui applique une force fupérieure à celle qui lui convient pour cet effet. Or, ce fait eft tout-à-fait abfurde.

Il refte donc pour conftant que le vent & la force la plus légère ne fuffifent point pour remuer le roc oviforme ; qu'il ne fe meut que lorfqu'on lui applique une force fuffifante à cet effet ; & qu'il fe meut encore, lorfqu'on lui applique une force fupérieure à celle qui eft requife à cet effet ; ce qui détruit une partie du merveilleux qu'on a publié à fon fujet.

Ce roc exerce toujours fes balancemens du feptentrion au midi, à peu de chofe près, dans une direction perpendiculaire à la coupe de la pente du rocher fur lequel il eft affis. Ses balancemens, du tems de M. *Marcorelle*, étoient tels que le bord de la bafe fe foulevoit de trois lignes. Sa cime parcourant environ un pouce à chaque balancement, il faifoit fept à huit vibrations fenfibles, après lefquelles il perd prefque le tout mouvement qui lui a été communiqué, & il revient en fon premier état.

Ces faits expofés, voici de quelle manière M. *Marcorelle* rend raifon de ce phénomène. Il s'agit d'expliquer comme un feul homme peut mouvoir une maffe auffi confidérable, & comment elle conferve fes balancemens pendant quelque tems, lorfqu'elle a été une fois mife en mouvement.

Pour rendre raifon de ces deux phénomènes, auxquels fe réduit l'état de la queftion, M. *Marcorelle* pofe les principes fuivans.

1°. Tous les corps durs ont une élafticité fenfible, & c'eft en vertu de cette force qu'ils font pouffés en même-tems qu'ils pouffent. Or, les pierres jouiffent de cette propriété, & c'eft la raifon pour laquelle un éclat de pierre fe réfléchit, lorfqu'il a été jetté contre une autre pierre.

2°. Un corps pefant n'eft plus foutenu, lorfque la ligne à-plomb qui paffe par fon centre de gravité, paffe au-delà de la partie de fa bafe fur laquelle ce centre s'appuie. Ce cas arrive toutes les fois qu'un corps fe meut fans qu'on y applique une force.

3°. Deux forces font en équilibre, fi elles font en raifon réciproque de la longueur des bras du levier auquel elles font appliquées.

4°. Un corps qui peut rouler cède à la force la plus légère, fi fon centre de gravité eft hors du point ou de la ligne qui lui fert d'appui.

5°. Si le centre de gravité n'eft point dans le plan perpendiculaire qui paffe par le point d'appui, la force néceffaire pour mettre le corps en mouvement, eft égale à fon poids multiplié par cette diftance.

Or, le rocher oviforme, dans fa fituation ordinaire, appuie fur une ligne quelques éminences de fa bafe qui l'empêchent de fe renverfer. Dans cette pofition, fon centre de gravité, lorfqu'il eft en repos, eft dans une verticale qui paffe entre cette ligne & ces éminences.

Si on pouffe le roc vers le nord avec une force fuffifante, fa cime s'avance vers ce côté d'environ un pouce ; fon centre de gravité parcourt alors, par conféquent, à-peu-près un demi-pouce de chemin. Abandonné à lui-même, il exerce une direction toute oppofée, & il revient vers le midi. Il s'enfuit donc que lorfque fon centre de gravité eft le plus près du nord, il eft cependant toujours au midi du plan perpendiculaire qui paffe par la ligne fur laquelle il fe balance. Il faut donc que le centre de gravité du rocher, quand il eft en repos, foit éloigné de ce plan de plus d'un demi-pouce vers le midi.

On fait que le poids de ce rocher eft de plus de fix cens quintaux. En multipliant ce poids par plus d'un demi-pouce, qui eft la diftance horifontale du poids au point d'appui, le produit trois cens & quelque chofe, démontre que la force capable de faire mouvoir le rocher, exprimée en quintaux, & multipliée par le nombre de pouces qui mefurent fa diftance au point d'appui, doit être plus de trois cens. Or, le lieu où fe placent ceux qui veulent le faire mouvoir, eft éloigné de foixante-quinze pouces au plus, au-delà de la ligne fur laquelle il exerce fes balancemens. Il faudroit donc qu'ils employaffent, pour le foulever en entier à la première fecouffe, une force fupérieure à quatre quintaux. Ce raifonnement eft confirmé par les expériences qu'on a faites. Quatre hommes agiffant de concert & en même-tems, ne purent le mouvoir à la première impulfion. Mais l'expérience confirme auffi qu'un feul homme fuffit pour le mouvoir, après plufieurs fecouffes, & que lorfqu'il étoit en mouvement, il faifoit plufieurs vibrations avant de revenir à fon premier état. Or, ce fait s'accorde très-bien avec les principes pofés ci-deffus.

A la première fecouffe on diminue la preffion du roc fur fa bafe, & par-là fon reffort fe débande. Lorfqu'il eft abandonné à lui-même, il preffe fa bafe avec une nouvelle force. Ainfi, la feconde fecouffe eft aidée par l'action du reffort, qui tend d'autant plus à fe déployer, qu'il a été plus tendu. La bafe eft donc plus foulagée à cette feconde impulfion, qu'à la première, & par conféquent le rocher rendu à lui-même, repreffe la bafe avec un nouveau degré de force. Par ces preffions fucceffives, le reffort de la bafe acquiert une nouvelle action, jufqu'à ce qu'enfin, aidée d'une nouvelle fecouffe, la force du reffort, mife en jeu, foit capable de donner au roc tout le mouvement que les inégalités de fa bafe peuvent lui laiffer prendre. Lorfqu'il eft une fois mis en branle, il continue fes vibrations, à caufe du reffort de fa bafe, qui a permis à une force affez légère de le mettre en mouvement.

Si cette explication n'eft pas la véritable, elle eft au moins très-méchanique, & elle explique affez facilement tous les phénomènes qui ont rapport au mouvement de ce rocher, qui eft fans contredit un effet merveilleux.

S

SALAMANDRE. On en diftingue de plufieurs efpèces, qui varient felon la forme, la couleur & la grandeur. On lui donne le nom de *mouron* en Normandie. On la nomme *pluvine* en Dauphiné, *mirtil* en Limofin & en Poitou,

Poitou, *blande* en Languedoc & en Provence, &c. On en fait communément deux claffes.
Dans la première, on place celles qu'on regarde
comme *aquatiques* ; & on met dans la feconde
celles qu'on appelle *terreftres*, mais cette divi-
fion n'eft point exacte, car toutes les falamandres, même celles qu'on regarde comme terreftres, vivent très-bien dans l'eau. Il eft vrai cependant que celles qu'on appelle terreftres re-
pairent moins communément dans l'eau ; mais
nous abandonnons cette difcuffion aux Naturaliftes, pour ne parler ici que d'une opinion
erronée, qui étoit fort en crédit chez les anciens, au fujet de cet animal. Ils prétendoient
qu'il avoit la faculté de vivre dans le feu, &
cette erreur étoit fi accréditée, qu'elle donna
lieu à deux célèbres devifes. Celle d'une falamandre dans le feu, qu'avoit prife François I,
avec ce prototype, *nutrio & extinguo, j'y vis,
& je l'éteins.* L'autre en patois Efpagnol, faite
par une Dame infenfible au feu de l'amour :
*may y elo que fuger, froide même au milieu des
flammes.*

Une lettre de Stenon, à M. *Croan*, écrite
en 1666, n'a peut-être pas peu contribué à entretenir l'erreur populaire fur la fingularité attribuée à cet animal. Il eft y marqué que M. le
Chevalier *Corvini* ayant jetté dans le feu une
falamandre qu'on lui avoit apportée des Indes,
elle fe gonfla, & vomit une très-grande quantité de matières épaiffes & vifqueufes, qu'elle
jetta fur les charbons qui étoient auprès d'elle,
& qu'elle fe retira auffi-tôt, les éteignant de la
même manière lorfqu'ils fe rallumoient. Par ce

moyen, ajôute M. *Stenon*, elle fe garantit du feu pendant l'efpace de deux heures. M. *Corvini* ne voulut pas l'expofer à une feconde épreuve. Elle vécut enfuite très-bien. Il la conferva onze mois, fans autre nourriture que ce qu'elle léchoit de la terre fur laquelle on l'avoit apportée des Indes. Cette terre étoit d'abord couverte d'une humidité épaiffe ; mais s'étant féchée par la fuite, elle l'humectoit avec fon urine. Le Chevalier *Corvini* voulut éprouver, au bout de onze mois, comment elle fe trouveroit de la terre d'Italie, mais elle mourut trois jours après ce changement.

Bien loin d'entretenir l'erreur des anciens fur la propriété merveilleufe attribuée à la falamandre, l'expérience du Chevalier *Corvini* eût dû nous faire voir que la confervation de la vie de cet animal dépendoit de l'extinction du feu ; mais la prévention nous empêche fouvent de faifir les principales circonftances d'un fait ; & ce fut aux expériences faites par M. *de Maupertuis*, qu'on dut la connoiffance parfaite de l'erreur où l'on étoit.

Ce célèbre Académicien a plufieurs falamandres au feu. La plupart y expirèrent & périrent fur-le-champ. Quelques-unes en fortirent à-demi-brûlées, & périrent à une feconde épreuve. Ainfi, il eft de fait que la falamandre ne vit point dans le feu. Ceci ne contredit en rien l'expérience du Chevalier *Corvini*. Il eft également de fait qu'elle jette, par différentes parties de fon corps, une liqueur vifqueufe qui fe durcit fur-le-champ, & que cette liqueur a la propriété d'éteindre des charbons médiocrement allumés, & de sauver par ce moyen l'animal du risque d'être brûlé; & c'est en cela seul que gît tout le merveilleux qu'on peut lui accorder.

SAUVAGES. On entend communément par cette expression, une nation particulière d'hommes ou de peuples barbares qui vivent sans loix, sans police, sans religion, & qui n'ont point d'habitations fixes. Une grande partie de l'Amérique est encore peuplée de ces sortes de peuples, qui se nourrissent même de chair humaine; mais ce n'est point dans ce sens que nous prenons ici cette acception. Nous ne parlerons que de ces hommes abandonnés à eux-mêmes dans le bas âge, & qui se sont élevés parmi les bêtes féroces.

En 1334, on trouva auprès de Cassel un enfant qui avoit été nourri par des loups, & qui disoit depuis à la Cour du Prince *Henri*, que, s'il n'eût tenu qu'à lui, il eût mieux aimé retourner avec eux, que de vivre parmi les hommes. Il avoit tellement pris l'habitude de marcher comme les animaux, qu'il falloit lui attacher des pièces de bois qui le forçassent à se tenir debout & en équilibre sur ses pieds.

En 1694, on en trouva un autre dans la Lithuanie, qui vivoit parmi les ours. Il ne donnoit aucun signe de raison, marchoit sur ses pieds & sur ses mains, n'avoit aucun langage, & formoit des sons qui ne ressembloient en rien aux sons articulés de l'homme. On le mena quelques années après à la Cour d'Angleterre, & il éprouvoit encore une très-grande difficulté à se tenir sur ses pieds & à marcher comme le reste des hommes.

En 1719, deux autres sauvages furent rencontrés & suivis par des voyageurs sur les Pyrénées. Ils couroient sur ces montagnes à la façon des quadrupèdes.

En 1767, quelques habitans de Fravenmark, dans le Comté de Honterser, étant allés à la chasse aux ours, s'obstinèrent tellement à poursuivre un de ces animaux, d'une grosseur extraordinaire, qu'ils s'enfoncèrent dans les endroits les plus reculés des montagnes, où personne n'avoit peut-être pénétré jusqu'alors. Ils furent étonnés d'appercevoir sur la neige les traces d'un pied humain, & les ayant suivis, ils trouvèrent dans une caverne une fille sauvage, âgée d'environ dix-huit ans, nue, grasse & robuste, ayant la peau fort brune. Il fallut lui faire violence pour la tirer de sa retraite. Elle ne poussa cependant aucun cri, elle ne jetta aucune larme, & enfin elle se laissa emmener. On la conduisit à Calpen, petite ville du Comté d'Atsol, où elle fut mise à l'Hôpital. On lui présenta inutilement plusieurs viandes cuites; mais elle déchiroit avec une appétit dévorant la viande crue, les écorces d'arbres & différentes racines. On ignoroit comment elle avoit été délaissée dans ces forêts inaccessibles, & comment elle avoit pu se garantir des animaux qui les habitent.

SENSITIVE. La sensitive est une plante fort connue par la propriété qu'elle a de donner des marques de sensibilité & presque de vie, quand on la touche. Mais on s'en tient affez à cette connoiffance générale, & on n'a point trop la curiofité d'examiner & d'étudier ces phénomènes. Si nous en exceptons le D. *Hook* & plus récemment MM. *Hill* & *Adanfon*, perfonne ne s'eft jamais affez occupé d'une recherche auffi importante en Hiftoire Naturelle. Ce fut ce qui engagea MM. *Dufay* & *Duhamel* à fe livrer à une étude particulière de ces phénomènes, & ils confignèrent dans les Mémoires de l'Académie, pour l'année 1736, la fuite curieufe d'expériences qu'ils firent à ce fujet. Pour mettre nos Lecteurs en état de faifir comme il faut, ces expériences, nous commencerons par donner une idée générale de cette plante.

La fenfitive croît dans les lieux chauds & humides : on la cultive auffi dans les jardins. M. *de Tournefort* en diftingue de plufieurs efpèces dans fon Ouvrage intitulé : *Inftitut. rei herbar.* page 605, auquel nous renvoyons nos Lecteurs pour y prendre les connoiffances de Botanique qu'ils defireront à cet égard.

Nous obferverons feulement que de chaque groffe branche de la fenfitive partent des rameaux moins gros que cette branche, & de ceux-ci d'autres rameaux plus petits encore, qu'on appelle, pour les diftinguer des premiers, *côtes feuillées*, parce qu'ils ne font guère plus gros que les côtes, ou les groffes nervures des groffes feuilles, & que d'ailleurs ce font eux qui portent les feuilles de la fenfitive, attachées chacune par un pédicule. Ces côtes feuillées font fur chaque rameau au nombre de deux, oppofées l'une à l'autre, ou de quatre, ayant chacune fon oppofée.

Plufieurs plantes, telles que les caffés, les caffies, ont cette même difpofition de feuilles par paires fur une côte, & elles ferment ces feuilles le foir & les rouvrent le matin, comme la fenfitive fait auffi les fiennes. Ce n'eft pas ce mouvement périodique qui fait le merveilleux de la fenfitive ; il lui feroit commun avec d'autres plantes. C'eft ce même mouvement, en tant qu'il n'eft pas périodique & naturel, mais acci-dentel en quelque forte; parce qu'on n'a qu'à toucher la fenfitive pour lui faire fermer fes feuilles, qu'elle ouvre enfuite naturellement. C'eft ce qui lui eft particulier & lui a fait donner le nom de *Mimofa*. Mais ce mouvement eft beaucoup plus confidérable & plus étendu que nous né le difons encore, & il préfente un grand nombre de circonftances qui méritent l'attention du Phyficien.

Il eft difficile de toucher une feuille d'une fenfitive vigoureufe & bien faine, fi légèrement & fi délicatement, qu'elle ne le fente pas & ne fe ferme. Sa plus groffe nervure étant prife pour fon milieu, c'eft fur ce milieu, comme fur une charnière, que fes deux moitiés fe meu-vent, en s'approchant l'une de l'autre, jufqu'à ce qu'elles fe foient appliquées l'une contre l'au-tre exactement. Si l'attouchement a été un peu fort, la feuille oppofée, & de la même paire, en fait autant par fympathie.

Quand une feuille fe ferme, non-feulement fes deux moitiés vont l'une vers l'autre, mais en même tems le pédicule de la feuille va vers la côte feuillée, d'où il fort, & fait avec elle un moindre angle qu'il ne faifoit auparavant, & s'en approche plus ou moins. Le mouvement total de la feuille eft donc compofé de celui-là & du fien propre.

Si l'attouchement a été plus fort, toutes les feuilles de la même côte s'en reffentent & fe ferment. A un plus grand degré de force la côte elle-même s'en reffent, & fe ferme à fa manière, c'eft-à-dire, fe rapproche du rameau d'où elle fort. Enfin, la force de l'attouchement peut être telle, qu'aux mouvemens précédens s'ajou-tera celui par lequel les rameaux fe rapproche-ront de la groffe branche d'où ils fortent, & toute la plante paroîtra vouloir fe réduire en un faifceau long & étroit, & s'y réduira jufqu'à un certain point.

Le mouvement qui fait le plus grand effet eft une efpèce de fecouffe.

Trois des mouvemens de la plante fe font fur autant d'articulations fenfibles. Le premier fur l'articulation du pédicule de la feuille avec la côte feuillée. Le fecond fur l'articulation de cette côte avec fon rameau. Le troifième fur celle du rameau avec fa groffe branche. Un quatrième mouvement, le premier de tous, celui par lequel la feuille fe plie & fe ferme, doit fe faire auffi fur une efpèce d'articulation qui fera au milieu de la feuille, mais fans être auffi fenfible que les autres.

Ces mouvemens font indépendans les uns des autres, & ils font fi indépendans, que quoiqu'il femble que quand un rameau fe plie & fe ferme, à plus forte raifon fes feuilles fe plieront & fe

T iv

fermeront, il eſt cependant poſſible de toucher le rameau ſi délicatement, que lui ſeul recevra une impreſſion de mouvement. Mais il faut de plus que le rameau, en ſe pliant, n'aille pas porter ſes feuilles contre quelques autres parties de la plante ; car dès qu'elles en ſeroient touchées, elles s'en reſſentiroient.

Le vent & la pluie font fermer la ſenſitive par l'agitation qu'ils lui cauſent. Une pluie douce & fine n'y fait rien.

Les parties de la plante qui ont reçu du mouvement, & qui ſe ſont fermées, chacune à ſa manière, ſe rouvrent enſuite de même & ſe rétabliſſent dans leur premier état. Le tems néceſſaire pour ce rétabliſſement eſt inégal, ſuivant différentes circonſtances, la vigueur de la plante, la ſaiſon, l'heure du jour. Quelquefois il faut trente minutes, quelquefois moins de dix. L'ordre dans lequel ſe fait le rétabliſſement varie auſſi. Quelquefois il commence par les feuilles, ou les côtes feuillées, quelquefois par les rameaux : bien entendu qu'alors toute la plante a été en mouvement.

Si on veut ſe faire une idée, quoique fort vague & fort ſuperficielle, de la cauſe des mouvemens que nous venons de décrire, il paroîtra qu'ils s'exécutent ſur des eſpèces de charnières très-déliées, qui communiquent enſemble par de petites cordes extrêmement fines, qui les tirent & les font jouer dès qu'elles ſont ébranlées. Ce qui le confirme aſſez, c'eſt que des feuilles fanées & prêtes à mourir, ſont encore ſenſibles. Elles n'ont plus de ſuc nourricier, plus de parenchyme, plus de chair ; mais elles ont conſervé leur charpente solide, ce petit appareil & cette disposition particulière de cordages qui fait tout leur jeu.

Ces mouvemens que nous appellons accidentels, parce qu'ils peuvent être imprimés à la plante par une cause étrangère visible, ne laissent pas d'être naturels aussi, comme nous l'avons dit d'abord. Ils accompagnent celui par lequel elle se ferme naturellement le soir, & se rouvre le matin : mais ils sont ordinairement plus foibles que quand ils sont accidentels. La cause accidentelle peut être, dès qu'elle le veut, & est presque toujours plus forte que la cause naturelle.

Quelques Naturalistes avoient prétendu (Mém. de l'Acad. 1729) que dans un lieu obscur, & d'une température assez uniforme, la sensitive ne laisse pas d'avoir le mouvement périodique de se fermer le soir & de se rouvrir le matin. MM. *Duhamel* & *Dufay* ont observé le contraire. Un pot de sensitive étant porté, au mois d'Août, dans une cave plus obscure & d'une température plus égale que le lieu où on avoit fait ces observations en 1729, la plante se ferma à la vérité, mais ce fut, selon toutes les apparences, par le mouvement du transport. Elle se rouvrit le lendemain au matin, au bout de vingt-quatre heures à-peu-près, & demeura près de trois jours continuellement ouverte, quoiqu'un peu moins que dans son état naturel. Elle fut reportée à l'air libre, où elle se tint encore ouverte pendant la première nuit qu'elle y passa ; après quoi elle se remit dans la règle ordinaire, sans avoir été aucunement affoiblie par le tems de ce dérèglement forcé, sans avoir été pendant tout ce tems-là que très-peu moins sensible.

De cette expérience, qui n'a pas été la seule, il suit que ce n'est point la clarté du jour qui ouvre la sensitive, ni l'obscurité de la nuit qui la ferme. Ce ne sont point non plus ni le chaud ni le froid alternatifs du jour & de la nuit; elle se ferme pendant des nuits plus chaudes que les jours où elle avoit été ouverte. Dans un lieu qu'on aura fort échauffé, & où le thermomètre, apporté de dehors, hausse très-promptement d'un grand nombre de degrés, elle ne se ferme pas plus tard qu'elle n'eût fait à l'air libre; peut-être même plutôt. D'où l'on peut soupçonner que c'est le grand & soudain changement de température qui agit sur elle. Ce qui aideroit encore à le croire, c'est que si on lève une cloche de verre, où elle étoit bien exposée au soleil, bien échauffée, elle se ferme presque dans le moment à un air moins chaud.

Cependant il faut que le froid & le chaud contribuent, de quelque chose par eux-mêmes, à son mouvement alternatif. Elle est certainement moins sensible, plus paresseuse en hiver qu'en été. Elle se ressent même de l'hiver lorsqu'elle est renfermée dans de bonnes serres, où elle fait ses fonctions avec moins de vivacité.

Le grand chaud, celui du midi des jours bien ardens, lui fait presque le même effet que le froid: elle se ferme ordinairement un peu. Le bon tems pour l'observer est sur les neuf heures du matin d'un jour bien chaud, & le soleil étant un peu couvert.

Un rameau coupé & détaché de la plante, continue encore à se fermer, soit quand on le touche, soit à l'approche de la nuit ; il se rouvre ensuite ; il a quelqu'analogie avec ces parties d'animaux retranchées qui se meuvent encore ; il conservera plus long-tems sa vie, s'il trempe dans l'eau par un bout.

La nuit, lorsque la sensitive est fermée, & qu'il n'y a que ses feuilles qui le soient, si on les touche, les côtes feuillées & les rameaux se ferment, se plient comme ils eussent fait pendant le jour, & quelquefois avec plus de force.

Il n'importe avec quel corps on touche la plante ; il y a sur les articulations des feuilles un petit endroit reconnoissable à sa couleur blanchâtre, où il paroît que réside sa plus grande sensibilité.

La sensitive plongée dans l'eau ferme ses feuilles, & par l'attouchement & par le froid de l'eau, ensuite elle les rouvre. Si en cet état on les touche, elles se referment comme elles l'eussent fait à l'air, mais non pas avec tant de violence. Il en est de même des rameaux. Du jour au lendemain la plante se rétablit dans le même état que si elle n'avoit pas été tirée de son état naturel.

Si on brûle avec une bougie, ou avec un verre ardent, ou avec une pince chaude l'extrémité d'une feuille, elle se ferme dans le même moment, & aussi-tôt son opposée, après quoi toute la côte feuillée & les autres côtes, & même le rameau : les autres rameaux en font autant, si l'impression de la brûlure a été assez forte, & selon qu'elle l'a été plus ou moins.

Cela marque une communication bien étroite & bien fine entre les parties de la plante. On pourroit croire que la chaleur les a toutes frappées, mais on peut faire en forte qu'elle ne frappe que l'extrémité de la feuille brûlée, en faisant passer l'action du feu par un petit trou étroit d'une plaque solide, qui en garantira tout le reste de la plante, & l'effet sera presqu'entièrement le même.

Une goutte d'eau-forte étant mise assez adroitement sur une feuille pour ne la pas ébranler, la sensitive ne s'en apperçoit point jusqu'à ce que l'eau-forte ait commencé à ronger la feuille, alors toutes celles du rameau se ferment. La vapeur du soufre brûlant fait, dans le même moment, le même effet sur un grand nombre de feuilles, selon qu'elles y sont plus ou moins exposées. La plante ne paroît pas avoir souffert de cette expérience. Une bouteille d'esprit de vitriol très-sulfureux, très-volatil, placée sous une branche, ne cause aucun mouvement. On n'en a point observé non plus lorsque les feuilles ont été frottées avec de l'esprit-de-vin, ni même quand elles l'ont été d'huile d'amandes douces, quoique cette huile agisse si fortement sur plusieurs plantes qu'elle fait périr.

Un rameau dont on avoit coupé, mais avec la dextérité requise, les trois quarts du diamètre, ne laissa pas de faire sur le champ, son jeu ordinaire ; il se plia, ses feuilles se fermèrent, & puis se rouvrirent, & il conserva dans la suite toute sa sensibilité. Il est pourtant difficile de concevoir qu'une si grande blessure ne lui ait pas fait de mal.

La tranſpiration de la plante empêchée, ou diminuée, par une cloche de verre, dont elle ſera couverte, ne nuit point à ſon mouvement périodique.

Il eſt troublé, déréglé par le vuide de la machine pneumatique, mais non anéanti : la plante tombe en langueur comme toute autre y tomberoit.

Tels ſont les principaux phénomènes qu'on a obſervés concernant cette plante extraordinaire. Il y en a peut-être d'autres auſſi importans encore à connoître; mais quand on les connoîtra tous, les expliquera-t-on?

SOIF. La ſoif eſt un beſoin preſſant de la Nature auquel on ne réſiſte point facilement; il n'eſt guère que quelques animaux, & particulièrement le chameau, qui puiſſe la ſupporter pendant un certain tems. L'homme n'a pas cet avantage, & quand il ne peut ſatisfaire à ce beſoin, dont on n'explique point facilement la cauſe, il lui ſurvient des accidens on ne peut plus graves, & ces accidens ſont ſuivis ordinairement de la mort. C'eſt un tourment inexprimable, par lequel on recherche dans le ſecours de l'eau, ou de tout autre liquide, le remède au mal qu'on endure. On donneroit alors un royaume pour un verre d'eau, comme fit *Lyſimaque*.

Il n'y a, dit l'Amiral *Anſon*, dans ſon voyage de la Mer du Sud, que ceux qui ont ſouffert long-tems la ſoif, & qui peuvent ſe rappeller l'effet que les ſeules idées de ſources & de ruiſſeaux ont produit alors en eux, qui ſoient en

état de juger de l'émotion avec laquelle nous
regardâmes une grande cascade d'une eau transparente, qui tomboit d'un rocher, haut de
près de cent pieds, dans la mer, à une petite
distance de notre vaisseau. Ceux de nos malades
qui n'étoient point à l'extrémité, quoiqu'alités
depuis long-tems, se servirent du peu de force
qui leur restoit, & se traînèrent sur le tillac pour
jouir d'un spectacle si ravissant.

On sait à quelles extrémités une soif brûlante
nous porte quelquefois, & qu'il n'y a point de
liqueur, quelque désagréable qu'elle soit, qu'on
ne boive avec plaisir, pour étancher sa soif.
Mais ne pouvoir l'étancher, quelque chose qu'on
fasse, c'est un supplice bien cruel & un phénomène bien singulier, dont nous trouvons un
exemple bien merveilleux dans le Journal Etranger, pour l'année 1753. Il y est fait mention
d'une petite fille de vingt ans, de moyenne taille
& de foible constitution, qui fut attaquée, à
l'âge de six ans, d'une fièvre tierce, dont elle
fut guérie par les remèdes d'un Empyrique.
Cette guérison lui coûta cher. Elle fut suivie
d'une soif cruelle & si opiniâtre, qu'elle duroit
depuis quatorze ans, lorsqu'on publia cette
observation en 1753. Rien n'avoit été capable
de l'éteindre, & voici à quoi il paroît qu'on
pourroit rapporter cet accident. Sa mère étoit
une paysanne qui vivoit des travaux de la campagne. Ne pouvant garder un enfant de six ans,
elle avoit coutume de la renfermer dans sa chambre avec des enfans plus jeunes encore, sans
avoir la précaution de leur laisser à boire. Il
arriva plusieurs fois que cette malheureuse petite

fille, preffée par la foif, pendant l'abfence de fa mère, qui fouvent ne revenoit au logis qu'au bout de fept ou huit heures, fut réduite à boire de fon urine; ce qui peut avoir caufé la fièvre qui fuccéda à ce mauvais régime.

Cette fille, difoit-on, dormoit affez tranquillement, quoique fon fommeil fût très-court. La foif ne la laiffoit guère dormir plus de deux heures; & quoiqu'elle eût la précaution de boire en fe couchant, beaucoup d'eau, elle étoit encore obligée d'en faire provifion pour la nuit, & boire à chaque fois qu'elle fe réveilloit, & à tous momens, lorfqu'elle étoit éveillée. Lorfqu'elle alloit aux champs, pour y travailler, & qu'elle ne pouvoit y trouver de bonne eau, la foif la contraignoit de fe défaltérer avec de l'eau fale & bourbeufe qu'elle puifoit dans des marais ou dans des foffés. Elle ne fentoit malgré cela jamais de mal; elle mangeoit fort peu; elle n'aimoit point le pain fec ni les mets nourriffans & folides; elle ne mangeoit précifément que par befoin & autant qu'elle avoit befoin. Il ne fe paffoit guère de jour que, quoiqu'elle eût de l'eau à difcrétion, la foif ne la tourmentât au point de lui donner des vertiges & de la faire tomber en foibleffe. On la voyoit fouvent, dans l'hiver, lorfque la nuit elle s'éveilloit par la foif, courir à l'eau malgré le froid, & caffer la glace, pour fe défaltérer: elle n'en reffentoit, malgré cela, ni colique ni incommodités, en quoi on ne peut trop admirer la vigueur de fon eftomac. On lui fit toutes fortes de remèdes pour étancher cette foif inextinguible; mais tous ces remèdes furent inutiles. On tâcha de la dégoûter de boire en lui donnant de l'eau amère & malpropre : tout cela ne réuſſit point davantage. Elle en but pluſieurs ſeaux, ſans en reſſentir aucun mal, & elle conſerva toujours ſa ſoif. Son ordinaire, en vingt-quatre heures, étoit de dix-huit à vingt pintes d'eau. Ainſi en calculant à-peu-près combien cette fille peut avoir avalé de boiſſon en quatorze ans, on peut dire qu'elle a bu au moins cinquante mille pintes d'eau.

SOLEIL. Quelle eſt la nature de ce globe lumineux qui nous éclaire ? Quelle eſt ſon action ſur le ſyſtême planétaire & la multitude de phénomènes à la production deſquels il concourt ? Ce ſont autant de queſtions que nous abandonnons aux Aſtronomes & aux Phyſiciens, pour nous occuper ſeulement ici d'un phénomène particulier, bien connu depuis la plus haute antiquité, & qui, malgré cela, mérite de trouver ici ſa place parmi les phénomènes merveilleux de la Nature. Nous nous propoſons de parler de ces faux ſoleils qui ſe font quelquefois obſerver dans le ciel, & qu'on connoît en Phyſique ſous le nom de *parélies* ou d'*antélies*. Ce phénomène eſt non-ſeulement-très-rare, mais encore eſt-il fort inconſtant, c'eſt-à-dire, que le nombre des faux ſoleils n'eſt point fixe : il en paroît tantôt plus, tantôt moins.

Ariſtote en parle dans ſon Traité des Météores, & il prétend que ces fauſſes images du ſoleil ne ſe font remarquer qu'au lever & au coucher de cet aſtre, mais rarement lorſqu'il eſt à notre zénith. On a cependant obſervé ce phénomène ſur le Boſphore. Le ſoleil étoit au zénith lorſqu'on.

qu'on fît cette obfervation. Il eft rare qu'une parélie fubfifte pendant toute la durée du jour. *Pline* affure que ce phénomène s'eft fait obferver à Rome, & il cite même les Confuls Romains fous le Confulat defquels on l'obferva. Pour l'ordinaire on n'obferve qu'une feule parélie, c'eft-à-dire, une fauffe image du foleil; cependant on en obferve quelquefois plufieurs. En 1666, le 9 Avril, on en vit deux à Chartres; ce qui faifoit, avec l'image propre du foleil, le fpectacle de trois foleils. Ce phénomène fut obfervé vers les neuf heures & demie du matin, & M. *Eftienne* le publia quelque tems après dans le Journal des Savans. On en avoit vu cinq à Rome en 1629. *Muffenbroek* dit avoir fait une obfervation parfaitement femblable à Utrecht. *Hévelius* rapporte avoir vu fept foleils à Dantzic.

Nous pourrions raffembler un plus grand nombre d'obfervations de cette efpèce, publiées en différens tems; mais celles que nous venons d'indiquer, font plus que fuffifantes pour apprendre à nos Lecteurs que l'image du foleil peut fe multiplier dans les nuages, & même quelquefois nous induire en erreur fur la préfence du véritable foleil; car on a vu de ces parélies briller d'un éclat auffi vif que celui qui convient au foleil. Cependant on diftingue affez communément la fauffe image du foleil de la véritable, non, à la vérité, par la grandeur, mais par la forme; car la figure des parélies varie, elles ne font point ordinairement auffi rondes que le foleil, & elles font même quelquefois anguleufes. Mais nous abandonnons aux Aſtronomes le ſoin de caractériſer leurs différences & l'explication de la cauſe de ce ſingulier phénomène.

SOMMEIL. Bienfait de la Nature que tout le monde connoît, mais qu'on ne peut expliquer facilement. Modéré & tel qu'il doit être pour réparer les forces perdues par l'exercice du corps, c'eſt ſans contredit un état ſalutaire ; mais pouſſé au-delà des bornes où il doit être reſtreint à cet effet, c'eſt un état de maladie qui devient d'autant plus ſingulier, & d'autant plus merveilleux, qu'il eſt plus prolongé. Or nous avons une multitude étonnante d'obſervations de ce genre auxquelles on n'oſeroit ajouter foi, ſi elles n'étoient point auſſi authentiques qu'elles le ſont. Nous choiſirons les plus curieuſes, ſans y obſerver d'autre ordre que celui ſelon lequel elles ſe préſenteront à notre plume.

On voyoit en 1730, dans la Salle de *Sainte-Martine* de l'Hôtel-Dieu de Paris, une femme, âgée d'environ trente ans, attaquée d'un ſommeil léthargique extraordinaire ; pendant les ſix premiers mois, elle ſe réveilloit elle-même tous les jours à midi & à minuit ; pendant les ſix ſuivans, elle ſe réveilloit à ſix heures du matin & à ſix heures du ſoir, & de même alternativement pendant quatre ans.

Elle n'ouvroit point les yeux en ſe réveillant, mais elle prononçoit quelques paroles qui n'avoient point de ſuite. Quelquefois elle rioit ou elle pleuroit comme un enfant. Cela duroit environ une demi-heure, & elle ſe rendormoit enſuite. On profitoit de ce tems pour la mettre

fur fon féant, ou pour l'affeoir fur le lit, la
faire manger ; car elle ne l'eût point fait d'elle-
même. Elle avoit bonappétit & elle mangeoit
bien.

C'étoit, felon toutes les apparences, le befoin
de manger qui la réveilloit. Elle faifoit fes
néceffités dans fon lit, pendant fon fommeil. On
la piquoit, on la tourmentoit, mais toujours
inutilement. On lui appliqua des ventoufes, des
véficatoires, & elles ne firent pas plus d'effet.
Elle étoit infenfible à tout, même étant éveillée,
& on ne croyoit même pas qu'elle entendît.

Elle avoit de l'embonpoint, le vifage fort pâle,
la voix foible comme celle d'un enfant, beaucoup de foupleffe dans les membres, le pouls
dans fon état naturel. Sa refpiration, pendant
le tems de fon fommeil, étoit telle que celle
d'une perfonne en fanté. Sans cela on eût dit
qu'elle étoit morte.

Les Médecins prirent cette maladie pour une
affection du genre nerveux & un embarras dans
le cerveau. Elle avoit les dents ferrées pendant
fon fommeil, & on ne pouvoit lui ouvrir la
bouche que de force, ce qui empêchoit de lui
adminiftrer les remèdes qu'on eût voulu tenter.

Vers la fin de la quatrième année, cette femme
fortit de cet état léthargique, & agiffoit comme
une perfonne en fanté ; mais cela ne dura que
fix mois. Elle devint folle pendant trois à quatre
mois, retomba dans fon premier état, & mourut
au bout de fix mois.

M. *des Sauvages* nous a confervé un exemple
du même genre dans les Actes d'Upfal, pour
l'année 1741,

V ij

Magdeleine Valette, Domeſtique, âgée de vingt ans, après avoir eu pluſieurs paroxiſmes de catalepſie, vint, au mois de Mars 1737, à l'Hôpital général de Montpellier. Je la voyois, dit-il, tous les jours. Elle étoit pâle, avoit un petit friſſon, qui annonçoit un état de peur. Ses règles venoient en petite quantité, mais exactement à terme. La tête lui faiſoit mal ; elle avoit le front très-chaud ; peu d'appétit ; le battement des artères foible, & on comptoit au plus cinquante pulſations par minutes.

Les paroxiſmes de catalepſie arrivèrent d'abord deux fois par jour, enſuite une fois ; ſouvent ils n'arrivoient que toutes les ſemaines. La tête plus peſante qu'à l'ordinaire & la triſteſſe étoient les avant-coureurs de ces accès : la malade ne ſe trouvoit ſoulagée que par le paroxiſme même. La catalepſie étoit bien caractériſée par la ſoupleſſe & la ſiexibilité ſingulière des membres, & par le ſommeil. Quand elle étoit dans cet état, le pouls étoit plus reſſerré, il ſe trouvoit plus difficilement, & ſes battemens étoient fort diminués. Il en étoit de même de la reſpiration : à peine pouvoit-on s'appercevoir qu'elle ſe faiſoit. La malade ne conſervoit aucune idée de ce qui lui arrivoit dans cet état, dont elle revenoit dans l'eſpace de ſix à ſept minutes, en allongeant les membres, comme une perſonne qui ſort d'un profond ſommeil.

Cet état dura un mois, malgré les ſecours qu'on lui donna. Le ſang qu'on lui tiroit du bras & du pied étoit très-épais & couloit gouttes à gouttes. Les purgatifs agiſſoient foiblement ; les bains tiedes rapprochoient les paroxiſmes, &

les anti-épileptiques augmentoient le mal de tête.

Le second mois, un accident nouveau survint. On pouvoit distinguer trois tems dans chaque paroxifme ; le commencement, le milieu & la fin. Dans le second tems, elle devenoit somnambule.

Elle étoit presque toujours dans son lit, & éprouvoit à toutes sortes d'heures indistinctement une nouvelle catalepsie, sans qu'aucun signe annonçât cet accès. Elle restoit immobile pendant six à sept minutes, elle conservoit la position qu'on lui faisoit prendre, pourvu cependant que le centre de gravité de tout le corps fût soutenu. Ensuite, comme si elle sortoit d'un profond assoupissement, elle s'appuyoit sur ses bras, elle se levoit & restoit assise sur son lit. Alors, pendant une demi-heure, elle faisoit des choses qu'une personne de bon sens & bien éveillée n'eût pu faire.

Un seul exemple de ce qui se passa dans un paroxifme suffira. Je la vis, dit M. *des Sauvages*, le 9 Avril, à dix heures du matin ; elle racontoit, au commencement du paroxifme, les rêves qu'elle avoit faits la nuit précédente, & qui sembloient être imaginés pour blâmer & se moquer de quelques femmes de cet Hôpital ; elle les désignoit par des noms si ridicules & si plaisans, que je ne pus m'empêcher d'en rire. Ensuite élevant la voix, elle s'occupa de choses plus sérieuses : elle s'entretint de l'immensité de Dieu. A cette occasion, elle rapporta ce qui étoit arrivé à *Saint Augustin*, quand il trouva un enfant qui avoit fait un petit trou, & qui vouloit y renfermer toute l'eau de la mer ; elle s'arrêta au milieu de son discours. Aussi-tôt, en se frottant le front avec la main, elle dit qu'elle ne savoit ce qu'elle disoit : elle rioit & elle s'applaudissoit : elle faisoit toutes ces choses étant sur son séant, les yeux ouverts & clignant un peu. Elle mêloit à ses propos le geste, la situation, les inflexions de la voix avec autant de précision qu'auroit pu faire quelqu'un qui eût été éveillé ; elle disoit ensuite qu'elle vouloit chanter, pour amuser les spectateurs, & elle s'en acquitta assez bien. Comme le chant excite quelquefois à la danse, elle voulut se lever pour danser, comme cela lui étoit arrivé plusieurs fois. On craignit qu'elle ne se jettât par la fenêtre, & qu'en courant entre les lits elle ne se cassât les jambes. On voulut l'empêcher de se lever. Je fis fermer les fenêtres & j'ordonnai qu'on la laissât libre. Aussi-tôt elle sortit de son lit les pieds nuds, en sifflant & en faisant de grands éclats de rire. Elle dansa en rond. Tantôt elle sautoit par-dessus de petites banquettes, tantôt par-dessus des lits ; elle évitoit les personnes qui regardoient ses exercices, & qui se mettoient exprès dans son chemin. Quand elle eut cessé de danser, elle retourna à son lit en se tenant fort droite ; elle eut alors une légère catalepsie, & elle se reposa.

Quand elle eut fait tout ce que je viens de rapporter, quelques - uns de mes amis, qui avoient été spectateurs de cette scène, furent curieux de savoir si elle voyoit ou avoit quelque sentiment. On lui tordit le doigt, on lui piqua les bras, on lui pinça la plante des pieds, on lui porta le doigt, avec vivacité, vers les yeux, on lui mit de l'esprit volatil de sel ammoniac dans la bouche & dans les yeux, en l'appellant & en criant très-fort; on pressa avec le doigt la cornée, & on ne découvrit aucun signe de la moindre sensibilité. Le paroxisme fini, en regardant tous ceux qui étoient autour de son lit, elle sentit ce qui venoit de lui arriver; elle se plaignit que les doigts & les yeux lui faisoient douleur : elle devint triste, & pleura beaucoup.

Ce qu'il y a d'étonnant dans ce fait, c'est qu'elle devenoit quelquefois somnambule, & que privée tout-à-fait de ses sens externes, elle eut des mouvemens si précis, & qu'elle tint des discours trop plaisans & trop gais pour une personne triste & mélancolique. Cette fille fut tout-à-fait guérie à la fin du mois de Mai, & elle recommença à servir dans la ville comme auparavant.

Si ce sommeil n'a rien de merveilleux pour sa durée, mais seulement pour les accidens qui l'accompagnèrent, en voici un bien extraordinaire pour sa longueur.

Un homme d'environ cinquante ans, Charpentier de son métier, entra à la Charité de Paris le 15 Avril 1713, pour une maladie occasionnée par un saisissement causé par la mort subite d'un de ses amis, avec lequel il avoit eu querelle quelques jours auparavant. Il avoit la contenance d'un homme à demi-hébété par l'étonnement & la tristesse, avec quelque disposition à l'assoupissement. Du reste il jouissoit d'une parfaite connoissance, & répondoit aux questions qu'on lui faisoit. Il étoit sans fièvre. Quelques jours après son arrivée, il tomba dans un profond

ſommeil. Plus de connoiſſance, plus de ſentiment, abolition preſqu'entière de mouvemens.
D'un autre côté, l'air tranquille, la couleur ver-
meille, la reſpiration libre, le pouls ferme, égal
& très-lent. Quelques ſaignées du bras & du
pied, des ſecouſſes, l'émétique, le réveillèrent
pour vingt-quatre heures ou environ, après quoi
il retomba dans un ſommeil ſi profond, qu'aucun
remède, quelque violent qu'il fût, ne put l'en
faire ſortir. M. *Burette*, Médecin de cet Hôpital,
& alors en quartier, étant rebuté de l'inutilité des
remèdes qu'il lui fit adminiſtrer, prit le parti de
l'abandonner à la Nature, juſqu'à la fin de Juin,
où ſon quartier finiſſoit. Il dormit ſans interruption, pendant tout ce tems, & ne vécut que
de quelques cuillerées de bouillon, de gelée, ou
de vin, qu'on lui faiſoit gliſſer dans la bouche
en très-petite quantité, après lui avoir entr'ouvert
les dents avec aſſez de peine, & le volume des
excrémens qu'il rendoit de loin en loin, étoit en
proportion de la nourriture.

Le Médecin qui ſuccéda à M. *Burette* le laiſſa
dans cet état, juſqu'à ce qu'ayant appris par
quelques Religieux que ſa bouche ſe refuſoit
moins aux alimens, & que lui-même il ſe gliſſoit
vers le bord de ſon lit pour rendre les excrémens, il propoſa de le plonger dans un baſſin
qui eſt dans le jardin de cet Hôpital. On l'y
plongea pluſieurs fois ſans ſuccès. Il ſortit de
l'eau auſſi endormi : à la vérité, il ſe donnoit
les mêmes mouvemens que ſe donne un chien
en pareil cas, pour éviter de ſe noyer. Mais en
ſortant du baſſin, il n'avoit ni connoiſſance, ni
ſentiment. Il perſiſta dans cet état juſqu'à la fin

du mois d'Août. Sa femme vint le demander, & le fit emmener. Elle tiroit, dit-on, profit à le faire voir à une multitude de perſonnes curieuſes, qui ſe rendoient auparavant à la Charité. Au mois d'Octobre ſuivant, il ſe réveilla peu-à-peu de ſon ſommeil, qui avoit duré près de ſix mois : il ſe porta très-bien ; mais il étoit devenu imbécille.

M. *Homberg* avoit communiqué à l'Académie en 1707, un fait du même genre, un ſommeil de ſix mois. Ce ſommeil avoit été précédé d'une mélancolie de trois mois, occaſionnée par le chagrin. Au bout de ſix mois le léthargique ſe réveilla, s'entretint avec tout le monde, & ſe rendormit : mais on n'eut plus enſuite de ſes nouvelles, & M. *Homberg* ne put apprendre à l'Académie l'iſſue de ce ſingulier ſommeil.

Quoique moins long, le ſommeil ſuivant n'en eſt pas moins ſurprenant, en ce qu'il ne fut précédé d'aucun accident. On rapporte que le 30 Décembre 1764, une fille ſervant chez M. le Chevalier *d'Andivron*, Seigneur de la Queue, ſentit une telle envie de dormir, qu'elle ne put y réſiſter. Pour dormir plus tranquillement, elle ſe retira dans une tour de la baſſe-cour, & y ayant trouvé de la paille, elle ſe jetta deſſus, & ſelon les apparences, elle s'en couvrit, & elle s'y endormit. Elle y reſta profondément endormie juſqu'au 7 Janvier ſuivant, que des femmes étant allées l'après-midi dans ce lieu pour y filer, le bruit des rouets, ou peut-être la converſation de ces femmes, qui ne l'avoient point apperçue, la réveilla. Elle ſe fit entendre d'abord par un ſoupir ; ce qui ayant attiré vers elle les fileuſes, elle leur demanda s'il y avoit plus de quatre heures qu'elle dormoit. On avertit auſſi-tôt le Maître, qui, croyant que cette fille s'en étoit allée, la faiſoit chercher par-tout depuis huit jours. A ſon réveil on la trouva d'une foibleſſe extrême, & on fut obligé de lui ménager les alimens, comme à une perſonne qui relève de maladie.

Le ſommeil ſuivant eſt moins long que le précédent ; mais il eſt plus ſingulier, malgré cela, par ſes retours périodiques : voici le fait. L'Hôtel-Dieu de Paris reçut le 14 Juin 1766, un malade des environs du Mans. Il y avoit quatre ans ou environ qu'il avoit été attaqué d'une fièvre lente. Il lui prit au bout de quelque tems une eſpèce de frénéſie. Les Habitans du lieu le plongèrent dans la rivière, croyant ſans doute le ſoulager. Il s'y endormit ; on l'en retira ; on le ſaigna du bras, du pied, à la gorge ; rien ne put le réveiller. Il dormit pluſieurs jours de ſuite. Depuis ce tems il étoit ſujet à un long ſommeil deux fois par mois, & c'étoit toujours le mardi qu'il s'endormoit. Le ſamedi, jour de ſon entrée à l'Hôtel-Dieu, il s'aſſoupit, & ſe réveilla le lendemain comme tous les autres malades. Il en fit de même le dimanche & le lundi ; mais le mardi, jour de la criſe, il s'endormit, & il ne ſe réveilla que le ſamedi ſuivant, après un ſommeil de quatre jours. Pendant la durée de ce ſommeil, on étoit obligé de le lever & de le coucher, parce qu'il évacuoit ; mais aucune agitation ne le réveilloit. Il étoit abſolument inſenſible à tout.

Les papiers Anglois annoncèrent dans la même année le pendant de cette ſingulière maladie, & même on peut dire que leur malade avoit quelque chose de plus singulier que le nôtre. C'étoit un Eccléfiastique d'Oxfort, lequel ayant mené une vie trop fédentaire, étoit réduit à végéter dans un fauteuil, où il dormoit conf-tamment toute la femaine, ne fe réveillant que le dimanche. Il alloit ce jour-là à l'Eglife vaquer à fes fonctions. Il retournoit chez lui. Il y faifoit un bon repas, fumoit fa pipe, & fe rendormoit le lundi pour toute la femaine. Le fait n'eft pas incroyable. Nous devons même le croire d'après la confiance que méritent les papiers publics de ce pays ; mais on ne peut trouver trop singulier que ce bon Eccléfiastique ait eu la manie de faire le pendant de notre dormeur, d'enchérir même fur lui, & que vu l'importance des fonctions de fon état, il fe foit fi bien arrangé, qu'il fût libre d'y vaquer tous les dimanches.

Si le fait n'eft pas controuvé, comme nous devons honnêtement le fuppofer, nous ne refte-rons point en refte vis-à-vis des Anglois : nous avons de quoi les payer de même monnoie, & même avec des avances ; car le fait dont il eft ici queftion, date de 1747. Dans le cours de cette année M. *Momet*, Médecin d'Evaux, fut appellé pour voir dans un château une Demoi-felle, qui depuis deux ans dormoit toute la femaine, & s'éveilloit d'elle-même le dimanche matin, le feptiéme jour de fon fommeil. Elle fe levoit, s'habilloit, mangeoit une foupe, alloit entendre la Meffe à la Paroiffe, éloignée d'un quart de lieue, revenoit au château, fe mettoit au lit pour y dormir encore une femaine entière. Nous ne dirons rien des remèdes que M. *Momet* lui adminiſtra, & qui la retirèrent de cet état, dans lequel elle étoit tombée depuis deux ans, étant alors âgée de vingt ans. Nous obſerverons ſeulement qu'à l'âge de douze ans, elle fut attaquée de la petite vérole : que dans le tems de l'éruption de cette maladie, elle ſortit de ſon lit, ſe cacha deſſous, où elle reſta une nuit entière & une partie de la journée. Depuis cet accident, elle devint percluſe de tout ſon corps, ne pouvant s'aider d'aucun de ſes membres. Il falloit l'habiller, lui donner à manger. Elle connoiſſoit très-bien ; mais elle ne parloit que difficilement ; il lui étoit reſté une difficulté de parler. Ces accidens durèrent juſqu'à l'âge de quinze ans, tems de l'éruption de ſes règles. Alors elle ſe trouva beaucoup mieux. Elle demeura ſujette à une migraine périodique, juſqu'à l'époque ſingulière du ſommeil périodique dont nous venons de faire mention.

Le ſommeil ſuivant fut d'une durée bien plus longue, & ſe termina naturellement, quoiqu'on eût employé dans ſon commencement tous les remèdes qu'on put imaginer les plus propres à le combattre.

Près de Newcaſtle, Province de Strafford, en Angleterre, une fille de dix-neuf ans s'endormit, & ſon ſommeil dura quatorze ſemaines ſans qu'on pût l'éveiller, malgré les ſaignées, les véſicatoires, & les autres remèdes auxquels on eut recours. Pendant tout ce tems elle ne prit aucune nourriture. Tous les ſoirs vers les neuf heures, elle ouvroit ſeulement la bouche, & une perſonne chargée de ce ſoin la lui rafraîchiſſoit par le moyen d'une plume trempée dans du vin. Son père la promenoit souvent dans sa chaise, sans que le mouvement de la voiture lui fît la moindre impression. Elle paroissoit d'ailleurs en assez bonne santé. Sa respiration étoit libre. Son pouls, quoiqu'un peu lent, étoit bien réglé. Tant que dura ce sommeil étrange, on ne lui vit faire aucun mouvement, à l'exception d'une seule fois qu'on crut lui avoir vu remuer la jambe. Son réveil se fit par degrés. La liberté de ses mouvemens ne revint qu'au bout de deux ou trois jours : elle ouvrit même les yeux, avant d'être bien éveillée : elle ne se plaignit alors que d'un peu de foiblesse, & elle se porta très-bien ensuite.

On sait que les effets les plus ordinaires de la peur, sont de rallentir les forces du corps, de les abattre & relâcher singulièrement les fibres; mais porter ce relâchement jusqu'à produire un sommeil léthargique d'une longue durée, c'est un fait bien extraordinaire, dont M. *Ludovic*, Médecin du Duc de Saxe-Gotha, nous donne un exemple très-remarquable dans une petite fille de huit ans, d'un bourg peu éloigné de Gotha, & traitée fort durement par son père qui venoit de se remarier. Cette petite fille, dit M. *Ludovic*, ayant été violemment battue par sa belle-mère, fut envoyée porter le goûté à son père, qui gardoit le bétail à la campagne. Tourmentée, selon toutes les apparences, par la faim, elle mangea en chemin une portion de ce qu'elle portoit, & craignant ensuite d'être encore plus maltraitée par cette action, elle entra en pleurant dans un petit bois voisin, s'y coucha & s'y endormit la tête enfoncée dans la mousse, & le visage baigné de

larmes. On s'apperçut bientôt de son abfence,
on la chercha & on la croyoit tout-à-fait perdue, lorfque fept jours après des petits garçons
du même bourg, étant allés dans ce bois tendre
des lacets pour y prendre des oifeaux, virent,
de deffus un arbre, une coëffe que le vent faifoit voltiger. S'étant approchés, ils reconnurent cette petite fille couchée le vifage contre
terre, un morceau de pain à côté d'elle; &
jugeant qu'elle étoit morte, ils coururent en
avertir fes parens. Ceux-ci y allèrent fur-le-
champ, & tranfportèrent leur fille dans la première maifon du bourg, où j'étois alors par hafard, dit M. *Ludovic*, avec un de mes parens.
J'examinai cet enfant. Ses membres étoient encore flexibles, mais il n'y avoit aucun figne de
refpiration. Le vifage étoit entièrement couvert
d'une pituite vifqueufe, à laquelle s'étoient attachées des feuilles d'arbres & de la mouffe. La
bouche & les narines étoient remplies de mucofité. Je la fis d'abord placer dans un poële
pour la réchauffer. On lui fit des frictions pour
la ranimer. On lui lava le vifage avec de l'eau
chaude, & on lui nettoya la bouche & le nez
autant qu'il fut poffible. Je lui fis avaler une
cuillerée d'eau-de-vie, n'ayant rien autre chofe
fous la main. Il parut qu'elle defcendit très-bien
dans l'eftomac. Une feconde cuillerée lui fit faire
un foupir; une troifième lui fit ouvrir les yeux.
Elle refta encore quelques heures fans mouvement, & avec un air étonné; mais reprenant
enfuite fes efprits, elle nous raconta ce qui lui
étoit arrivé jufqu'au moment de fon fommeil,
depuis lequel elle ne fe fouvenoit plus de rien.

Si la frayeur peut occasionner un sommeil léthargique, le chagrin peut également produire cet effet. En voici un exemple, dont on n'a point publié l'issue, qui eut sans doute été importante à connoître.

On lit, dans une lettre imprimée en Hollande, que le nommé *Dirkelaus Bakker*, âgé de trente ans, demeurant à Stolwik, près Roterdam, fut affecté d'un grand chagrin, vers le 15 Janvier 1706, qui le rendit taciturne, & l'obligea à se séparer de toute compagnie. Il passa trois mois dans cet état. Sa tristesse augmenta encore, il devint extrêmement foible, & donna même quelques marques de folie; ce qui dura jusqu'au 18 Juin. Il resta dans ce triste état, malgré les secours qu'on put lui administrer. Le 24 du même mois, il s'endormit si profondément, qu'on ne put l'éveiller, malgré des vésicatoires qu'on lui appliqua sur la nuque du cou. Le 29, on lui fit avaler un vomitif qui le purgea beaucoup, & qui le réveilla tout-à-fait. Il parla de bon sens; mais en moins d'un quart-d'heure, il se rendormit jusqu'au 23 de Juillet, qu'il se réveilla en sursaut, criant de toutes ses forces qu'on lui donnât à boire. Il but cinq tasses d'eau avec avidité, sans ouvrir les yeux, & soudain il se rendormit jusqu'au 11 Janvier 1707. A cette époque, il se réveilla tout-d'un-coup; il ouvrit les yeux, après avoir toussé une fois; il parla de très-bon sens, & il ne se plaignit d'aucune douleur, si ce n'est de beaucoup de foiblesse, & que le jour lui faisoit mal aux yeux. Il fut fort surpris de l'état de maigreur dans lequel il se trouvoit, & il ne pouvoit se perfuader d'avoir dormi plus de dix à douze heures. Il mangea & il but beaucoup, mais il s'en fentit incommodé fept à huit heures après. Il s'endormit encore à diverfes reprifes, avec inquiétude & en ronflant; ce qui ne lui étoit point encore arrivé. Le 12 Janvier, vers les huit heures du matin, il retomba dans fon premier fommeil tranquille, & ce fommeil duroit encore le 14 Mars 1707, tems où on écrivoit cette relation.

Il étoit fi maigre, ajoute-t-on, que fon ventre paroiffoit collé contre l'épine du dos. Son corps avoit affez de chaleur, mais fa main mife hors du lit, devenoit froide en peu de tems. Il étoit infenfible aux piquures & aux pincemens qu'on lui faifoit. Son pouls étoit réglé, mais petit & lent, ne battant qu'environ cinquante fois par minute. Quand on lui portoit quelque liqueur fpiritueufe fous le nez, au bout d'un demi-quart-d'heure fon pouls augmentoit au point de battre quatre-vingts fois par minute; mais en fupprimant cette liqueur, fon pouls revenoit en fon premier état. Tous ces faits furent atteftés dans le tems par quatre Médecins & un Chirurgien, qui avoient été envoyés exprès de la part de MM. de Roterdam, pour examiner la chofe.

On lit, dans une Differtation de *Guillaume Oliver*, du Collège des Médecins de Londres, fur l'ufage des eaux de Bath, un fait bien plus fingulier encore, & par l'ignorance de la caufe, & par fes retours finguliers. On y lit que le nommé *Samuel Chilton*, âgé d'environ vingt-cinq ans, Laboureur à Tinfburg, près Bath, s'endormit, s'endormit, le 13 Mai 1694, d'un sommeil si profond, que rien ne put l'interrompre pendant un mois. Il se réveilla alors lui-même, s'habilla, retourna à son travail, but & mangea comme auparavant; mais on ne put tirer aucune parole de lui qu'un mois après. Pendant cet assoupissement, sa mère qui craignoit qu'il ne mourût d'inanition, mettoit auprès de lui du pain, du fromage, de la petite bierre, & tout cela disparoissoit sans qu'on pût le prendre sur le fait.

Il retomba, le 9 Avril 1696, dans le même sommeil, dont il n'avoit eu, depuis la première fois, aucune atteinte, & celui-ci dura près de dix-sept semaines. Pendant les dix premières, on mit inutilement en œuvre la saignée, les ventouses scarifiées, les vésicatoires. Il prenoit cependant la nourriture qu'on mettoit auprès de lui, & il rendoit quelques excrémens; mais le tout se faisoit encore si secrétement, qu'on ne pouvoit le voir, si ce n'est qu'on lui trouvoit quelquefois la bouche pleine d'alimens & le pot à la main. Pendant les six dernières semaines, il ne se nourrit que d'environ trois chopines de vin d'Alicante, qu'on lui faisoit couler par la bouche, par un trou que l'usage continuel de la pipe avoit fait à ses dents, étant impossible de lui ouvrir les mâchoires. Enfin, il se réveilla le 7 Août, s'habilla, se promena, ne se ressouvenant de rien, & croyant même n'avoir dormi qu'une seule nuit.

Il demeura dans son état naturel jusqu'au 17 Août 1697. Il sentit à cette époque un petit frisson dans le dos, & vomit une ou deux fois,

Il fut attaqué d'un nouvel accès de sa léthargie, qui continua jusqu'à la fin de Janvier, où il se réveilla encore de lui-même, & depuis ce tems il se porta très-bien. Ce dernier sommeil ne fut interrompu qu'une seule fois, le 19 Novembre, que sa mère l'ayant entendu remuer, courut aussi-tôt à lui, le trouva mangeant, & lui demanda comment il se portoit. Il lui répondit *fort bien, grace à Dieu.* Elle lui demanda ce qu'il aimoit mieux manger, du pain & du beurre, ou du pain & du fromage, & il choisit ce dernier. Cette femme toute joyeuse le laissa-là un instant, pour aller avertir un de ses frères; mais à son retour, elle le trouva dormant plus fort que jamais, quoique dans la suite cet assoupissement ait paru moins profond. Ce fut pendant ce dernier sommeil que M. *Oliver* se trouvant à Bath, voulut voir ce singulier phénomène, & employa les moyens les plus actifs pour le réveiller ou découvrir la supercherie, s'il y en avoit une; mais il fut convaincu de la vérité de ce fait, qu'il publia en 1707.

Voici un autre fait qui n'est pas moins étonnant que le précédent, & dont les circonstances sont différentes. Il est consigné dans l'Histoire de l'Académie, pour l'année 1741, & on regrette très-fort que cette savante Compagnie n'ait point eu soin de se faire instruire des suites d'un événement aussi singulier, dont M. *Winslow* fut instruit par une lettre de M. *de la Borderie,* Docteur en Médecine.

Une femme de la Paroisse de S. Maurice-sur-Lauron, âgée de vingt-sept ans, mariée, le 28 Avril 1738, à un homme de soixante ans, vécut avec lui, sans aucune indisposition, jusqu'au 22 Juin de la même année. A cette époque, cette femme s'endormit pendant trois jours sans s'éveiller, & sans qu'on pût l'éveiller de quelque manière qu'on s'y prît. Enfin, au bout de trois jours, elle s'éveilla naturellement, demanda aussi-tôt du pain, & se rendormit en le mangeant, au bout de cinq à six minutes. Ce second sommeil dura treize jours entiers, sans qu'elle mangeât, ni bût, ni fît aucune évacuation, à la réserve de ses règles qui lui vinrent abondamment dans cet espace de tems. S'étant réveillée, elle ne le fut à-peu-près qu'autant que la première fois. Elle mangea encore du pain, satisfit aux autres besoins naturels, & se rendormit, mais seulement pour neuf jours. On croyoit cependant que ce sommeil iroit toujours en augmentant. Enfin, tout le reste de l'année 1738 ne fut qu'une alternative continuelle & bizarre de sommeil excessivement long, & de veilles très-courtes & très-disproportionnées. Le moindre sommeil fut de trois jours, le plus long de treize. La plus longue veille fut d'une demi-heure, si on en excepte deux, l'une de trois heures, l'autre de vingt-quatre ; celle-ci après avoir pris l'émétique, & avoir été saignée du bras & du pied. Ce sommeil étoit si profond, que M. *de la Borderie* ne put l'en retirer, en lui chauffant les doigts des mains, presque jusqu'à les brûler. Du reste il étoit doux & naturel ; nulle agitation, nulle chaleur extraordinaire ; la respiration libre, le pouls réglé, même avec une certaine force ; la couleur du visage

X ij

non altérée ; une petite-moiteur, comme dans
l'état de santé.

Le fait suivant, qui n'annonce qu'un sommeil
aſſez court, en proportion de ceux dont nous
avons fait mention précédemment, n'en eſt pas
moins extraordinaire dans ſon eſpèce, vu la liai-
ſon ſingulière qu'il avoit avec le cours du ſoleil,
dont il ſembloit ſuivre la marche. On doit cette
obſervation à M. *Miſſa*, Médecin de la Faculté
de Paris ; il la publia en 1755, par le moyen
du Journal de Médecine.

Une femme, dit-il, de la ville de S. Guillin,
âgée d'environ cinquante ans, d'une taille fort
médiocre & d'un tempérament mélancolique,
tomboit tous les jours dans une profonde léthargie. Cet accès lui prenoit exactement tous
les matins, & l'aſſoupiſſement augmentoit par
degrés, à meſure que le ſoleil montoit ſur l'horiſon. Il diminuoit de même, à proportion que
cet aſtre approchoit de ſon coucher, & il ceſſoit enfin auſſi-tôt que le jour faiſoit place aux
ténèbres. Cette ſituation critique, qui renver-
ſoit dans cette femme l'ordre naturel ſi ſage-
ment établi par la Providence, donna lieu à
quelques mauvaiſes plaiſanteries, & la fit appeller *la marmotte de Flandres*. On auroit pu
ſans doute la nommer avec plus de vraiſem-
blance *le hibou des Pays-Bas*.

Pendant ce ſommeil contre nature, ſon pouls
étoit paſſablement bon, & peu au-deſſous de
l'état où il ſe trouvoit quand elle étoit éveillée.
Tout ſon corps étoit roide de convulſions. Ses
membres, tant ſupérieurs qu'inférieurs, reſtoient

étendus & absolument immobiles. Toutes les parties de son corps paroissoient privées de sentiment & de mouvement. On employoit alors inutilement toutes sortes de moyens pour la rappeller à son état naturel.

Comme on soupçonna d'abord quelque supercherie, on s'avisa de la piquer fortement avec de grosses épingles, de la pincer, de la secouer, de la frapper, de lui faire des brûlures, & même des incisions assez profondes, sans qu'elle témoignât la moindre douleur, ou qu'elle parût sortir de cet état léthargique. Son réveil qui n'arrivoit qu'après le coucher du soleil, étoit toujours annoncé par de violens mouvemens convulsifs qui attaquoient d'abord ses membres, passoient à la tête & dans les différentes parties du visage, & se graduoient à mesure que le soleil approchoit de son coucher. Lorsque ce tems étoit arrivé, cette femme sembloit recouvrer par degrés le libre exercice de ses sens, & se trouvoit en état de faire tous ses mouvemens ordinaires, quoique cependant avec plus de difficulté que dans son état naturel. Sa respiration devenoit plus libre, des larmes involontaires lui couloient des yeux. Elle paroissoit triste, & avoit toujours besoin d'aller à la selle. Elle demandoit alors un verre de vin & un biscuit, qu'elle ne pouvoit manger qu'en l'humectant & en prenant d'instant en instant une gorgée de vin. Cette nourriture étoit celle qu'elle desiroit uniquement, & c'étoit en vain qu'on lui présentoit d'autres mets plus friands & plus délicats. Comme elle ne prenoit autre chose que du vin & du biscuit, tout le tems

X iij

qu'elle reſtoit éveillée, c'eſt-à-dire, pendant la nuit, elle devint maigre, & reſſembloit à un ſquelette.

Lorſqu'elle avoit été maltraitée pendant ſon aſſoupiſſement, elle portoit à ſon réveil ſes mains ſur les parties malades, & ſe plaignoit amérement à ceux qui l'environnoient, des mauvais traitemens qu'on lui avoit faits. Elle ne faiſoit cependant jamais ces plaintes qu'après avoir pris la nourriture dont nous venons de parler.

Cette femme qui étoit pauvre, parcourut diverſes villes de Flandres, pour s'y donner en ſpectacle, & gagner par ce moyen de quoi ſubſiſter. Le long ſéjour qu'elle fit à Louvain, donna le tems à tout le monde de la voir, & d'examiner ſcrupuleuſement un phénomène ſi extraordinaire. Il y eut à ce ſujet une diviſion, même entre les membres de la Faculté de Médecine, & le peuple, toujours léger & inconſtant, commença à regarder cette femme avec une eſpèce d'admiration ; ce qui contribua à lui faire ramaſſer une aſſez bonne quantité d'argent. Mais changeant peu de tems après d'opinion, les uns regardèrent ce phénomène comme une punition du Ciel, & d'autres comme l'effet de la magie, de ſorte que cette malheureuſe femme fut obligée de ſe ſauver de Louvain, pour ſe ſouſtraire à l'indignation populaire, & de ſe cacher même avec ſoin dans les autres villes par leſquelles elle paſſa, & on n'a pu apprendre des nouvelles de la ſuite de ce ſingulier événement.

S'il eſt rare de voir des maladies de cette eſpèce exemptes de ſuites plus ou moins fâcheuſes, il eſt cependant quelques exemples de

gens qui ne s'en font pas trouvés plus mal après.
Nous en avons rapporté deux exemples affez
remarquables, auxquels nous allons ajouter le
fait fuivant.

Sous le règne de *Henri VIII*, l'an 1546, ainfi
qu'on le trouve rapporté dans l'Hiftoire d'Angleterre, *Guillaume Foxlejus*, Potier à Londres, n'ayant aucune incommodité, tomba dans
un fommeil fi profond, qu'il ne put s'éveiller
pendant quinze jours. Il s'éveilla alors de lui-
même, & en bonne fanté, comme s'il n'avoit
dormi qu'une nuit. On n'auroit jamais pu lui
perfuader le contraire, s'il ne l'avoit pas connu
par une muraille qu'on avoit élevée. L'hiftoire
ajoute que cet homme vécut encore quarante
ans après cet événement. Il ne mourut que l'an
1587.

SOMNAMBULES. On donne ce nom à
ceux qui, dormant pendant la nuit, fe lèvent,
marchent, parlent & font différentes actions fans
s'éveiller. On pourroit les nommer, plus proprement, *noctambules*; mais ne difputons pas
des mots. On trouve dans nombre d'Auteurs
anciens & modernes, des exemples de gens
de cette efpèce; ce qui prouve que ce phénomène n'eft point abfolument rare. Mais le
fût-il encore moins, les effets qui l'accompagnent n'en font pas moins merveilleux, &
méritent à jufte titre une place dans notre
Ouvrage. Nous n'en donnerons que deux exemples; mais ils feront plus que fuffifans, pour
nous faire connoître les phénomènes les plus
furprenans & les plus finguliers, qui naiffent

de cette affection. Le premier est tiré des Mêlanges d'Histoire & de Littérature. Le second, du Journal Etranger, pour le mois de Mars 1756 ; & ce dernier est confirmé par le témoignage de plusieurs personnes irréprochables.

On lit, dans les Mêlanges que nous venons de citer, qu'un Gentilhomme Italien, d'environ trente ans, étant couché sur le dos, dormoit les yeux ouverts. L'Auteur qui rapporte ce fait, dit qu'il en a été témoin. Je l'examinai, dit-il, long-tems. Il se leva, & il s'habilla. Je m'approchai de lui, & je le trouvai insensible, les yeux toujours fixes & ouverts. Il gagna la porte de sa chambre, alla droit à l'écurie, brida son cheval, monta dessus, galoppa jusqu'à la porte de la maison qu'il trouva fermée, conduisit le cheval à l'abreuvoir, l'attacha, revint, entra dans une salle où il y avoit un billard, fit toutes les postures d'un joueur. Enfin après deux heures d'exercice, sans s'éveiller, il se jetta sur un lit & continua de dormir.

Le second fait est encore plus surprenant, c'est-à-dire, plus compliqué dans ses phénomènes, & nous présente tout ce qu'il est possible à l'homme de faire en pareilles circonstances. Le voici.

Negritti, de Vicence, étoit au service du Marquis *de Louis-Salle*, lorsque MM. *Reghélini* & *Pigatti* furent chargés en différens tems d'examiner les choses étonnantes que cet homme faisoit pendant son sommeil. Nous nous en tiendrons à la relation de M. *Pigatti*, d'après les observations qu'il fit en 1745.

La taille, dit-il, de *Negritti* étoit médiocre, son tempérament presque sec ; son teint entre le pâle & le brun ; son caractère ardent & porté à la colère ; sa passion, celle du vin. Il étoit de son propre aveu, somnambule depuis l'âge de onze ans ; & ce qui offre une singularité bien particulière, il ne l'étoit point toujours, mais d'ordinaire au printems ; c'est-à-dire, depuis le commencement de Mars, jusqu'à la fin du même mois, ou jusqu'au milieu d'Avril. Quant aux autres saisons de l'année, son sommeil étoit tranquille, à l'exception de quelques nuits d'automne, où il s'asséyoit brusquement sur son lit, s'éveilloit, se recouchoit & dormoit de nouveau tranquillement : le printems étoit donc la saison propre aux observations des curieux. La scène commençoit environ à deux heures après minuit, & quelque tems auparavant, il paroissoit si accablé de sommeil, qu'il pouvoit à peine se soutenir. Voici ce qu'il fit la première nuit que M. *Pigatti* l'observa.

Il alla s'asseoir sur un siége de l'antichambre, & y dormit à l'ordinaire, pendant un quart d'heure, après lequel il se tint quelque tems droit sur son séant & immobile, comme s'il eût pensé ou fait attention à quelque chose. Il se leva ensuite, se promena dans l'antichambre, tira sa tabatière & voulut prendre du tabac. Ne pouvant en venir à bout, à cause de la petite quantité qu'il y en avoit, il parut se fâcher, & s'étant approché du siége sur lequel se tient d'ordinaire l'Ecuyer de la Dame du logis, il l'appella par son nom & lui en demanda. On lui présenta une tabatière ; il prit du tabac &

le favoura en le tirant. Quand cela fut fait, il se mit dans l'attitude d'un homme qui prête l'oreille ; puis, comme s'il eût reçu son ordre, il courut prendre une torche, l'approcha d'une chandelle allumée, qu'on tient toujours à la même place ; leva ensuite la torche, comme si elle eût été allumée, s'achemina doucement vers la salle, de là vers l'escalier, qu'il descendit avec assurance, tournant & s'arrêtant où il falloit : enfin, étant arrivé à la porte d'entrée de la maison, il se plaça au lieu accoutumé, & peu après, ayant fait une inclination aux Dames & aux Cavaliers qui étoient dans son idée, il éteignit le flambeau, remonta promptement & alla le remettre à sa place. Il fit trois fois la même action ce soir là.

De l'antichambre, il passa à l'office, chercha dans sa poche la clef du buffet, & ne la trouvant point, il appella, par son nom, celui à qui son Maître lui commandoit de la remettre, avant que d'aller se coucher. On la lui apporta. Il ouvrit le buffet, prit une soucoupe d'argent, sur laquelle il mit quatre caraffes, s'en alla à la cuisine, dans l'intention, selon toutes les apparences, de les remplir d'eau. Cependant il les rapporta vuides. Il prit le chemin de l'appartement d'en haut. Quand il eut monté la moitié des marches, il laissa le tout sur un petit pilier qui se trouvoit en cet endroit, acheva de monter & alla frapper à la porte. Comme elle ne s'ouvroit point, il descendit chez le Valet-de-chambre, y fit quelques questions, remonta en courant, & donnant un coup de coude à la soucoupe, il la renversa & brisa les caraffes. Il frappa une feconde fois à la même porte, qui refta toujours fermée : il redefcéndit & prit en paffant la foucoupe. Il rentra dans l'office, & la laiffa fur une petite table. Il paffa de là, dans la cuifine, où ayant pris un feau, il alla au puits le remplir d'eau & le reporta dans la cuifihe.

Il prit de nouveau la foucoupe, & n'ayant pas trouvé deffus les caraffes, il entra en fureur, difant qu'elles devoient y être, qu'il les y avoit mifes, & demandant, tantôt à l'un, tantôt à l'autre, s'il les avoit ôtées. Enfin, après diverfes recherches, il rouvrit le buffet, en prit deux autres, les rinça, les remplit d'eau & les mit fur la foucoupe. Il repaffa, en les portant, dans l'antichambre, & vint jufqu'à la porte de la falle de compagnie, où quand il fait la même chofe en veillant, il remet ce qu'il porte au Valet-de-chambre, lui étant défendu d'entrer. Le Valet-de-chambre reçut les foucoupes & les caraffes, & quelque tems après il les lui rendit. Il les reporta à l'office, rouvrit le buffet & remit chaque chofe à fa place. Quand cela fut fait, il retourna dans la cuifine, prit quelques plats, & fe mit à les nettoyer exactement avec un linge mouillé. Il s'approcha enfuite du feu, comme pour faire fécher ce linge, après quoi il fe mit à nettoyer les plats qui reftoient. La chofe finie, il retourna au buffet, prit, dans une corbeille, la nappe & la ferviette dont il avoit befoin, porta la main dans une autre corbeille plus petite, & s'approcha, en la tenant, d'une table fur laquelle on tient ordinairement une lumière. Là, comme s'il se fût aidé de la clarté, il choisit une cuiller, une fourchette & un couteau, & reporta la petite corbeille au buffet qu'il referma.

Ayant ramassé tout ce qu'il en avoit tiré, il le porta dans l'antichambre, le déposa sur un siége, prit une petite table ovale, sur laquelle mange la Dame du logis, & mit le couvert avec la plus grande propreté. Il faut remarquer, que quand il cherche cette table, s'il porte la main sur quelques autres, qui se trouvent dans le même endroit, & qui sont à-peu-près de la même forme, il ne les prend pas. Cette finesse de tact est d'autant plus singulière, que dans d'autres occasions, il paroît l'avoir grossier. Le couvert étant mis, il se promena, se moucha, & ayant tiré une seconde fois sa tabatière, il n'essaya plus de prendre du tabac avec les doigts, comme s'il se fût ressouvenu, après deux grandes heures, de la difficulté qu'il avoit éprouvée. Il le versa sur sa main. Là, finit cette scène, parce qu'on lui jetta un peu d'eau au visage ; ce qui est une des manières de l'éveiller.

Le lendemain, avant que le somnambule ni personne de la maison fût encore endormi, la Compagnie étoit, comme à l'ordinaire, dans l'appartement du Marquis. Comme il ne se trouvoit point suffisamment de siéges pour le monde qui arrivoit à chaque instant, on appelloit pour qu'on en apportât ; le somnambule frappé de cela, & gagné par le sommeil, s'endort. Après un court repos, il se lève, se mouche, prend du tabac, (prélude ordinaire, dont nous ne ferons plus mention) monte dans l'appar-

tement d'en haut, commence par chercher des
siéges & à les porter dans l'endroit où étoit la
Compagnie. Ce qu'il y a de plus remarquable
en tout ceci, c'est qu'en ayant une fois pris
un de chaque main, quand il fut arrivé à la
porte de la première pièce, laquelle étoit fermée,
il ne heurta point; mais débarraffa une de fes
mains, ouvrit la porte, reprit le fiége qu'il
avoit pofé, & le porta, avec l'autre, à l'endroit
où il falloit.

Quand il crut en avoir apporté fuffifamment,
ce qu'on conjectura par les paroles qu'il prononçoit, il s'en alla à l'office, chercha dans fes
poches la clef du buffet, & ne la trouvant point,
il parut chagrin; il prit une lumière, fe mit à
chercher dans tous les coins de l'office & fur
toutes les marches de l'efcalier, allant d'une
viteffe extrême, les yeux fixés en terre, & y
portant fouvent la main, dans l'idée qu'il avoit
perdu cette clef. Le Valet-de-chambre la lui
mit adroitement dans l'une de fes poches. Après
bien des recherches inutiles, reportant la main
dans cette poche, & y trouvant la clef, il fe
fâcha de fa balourdife, ouvrit le buffet, y prit
une fervietté, un plat & deux pains, le ferma
& paffa dans la cuifine. Là, il prépara fa portion
de falade, alla chercher, dans le garde-manger,
tout ce qu'il falloit pour l'affaifonner, le fit à
merveille, fe mit à table & en train de manger.
Un des affiftans lui ôta adroitement le plat
qu'il avoit devant lui, & en fubftitua un, où
il y avoit des choux mortifiés, arrofés de
vinaigre le plus fort & imbibés de canelle. Il
continua de manger à fon ordinaire, Enfin à

la place des choux, on mit devant lui des beignets crus, qu'il avala, fans paroître faire aucune différence entre ces mets.

Pendant qu'il faifoit fon repas, il s'arrêta deux ou trois fois, croyant qu'on l'appelloit, ce qu'il faifoit connoître par quelques paroles. Perfuadé à la fin que la chofe étoit vraie, il fe lève, monte précipitamment l'efcalier, entre dans la falle de compagnie. De là, voyant, felon toutes apparences, qu'on ne lui or-donnoit rien, il paffe dans l'antichambre, demande aux autres Domeftiques fi on avoit appellé & s'en retourne dans la cuifine, fâché d'avoir interrompu fon fouper. Quand il l'eut fini, il dit tout bas, que s'il avoit quelqu'argent il iroit boire à un cabaret voifin qu'il nomma. Il fouilla dans fon gouffet, & n'y trouvant rien, il ne fe détermina pas moins à y aller, ajoutant qu'il payeroit le jour d'après, & qu'il efpéroit que le Cabaretier lui feroit crédit. Il defcend à grands pas l'efcalier, & court avec une vîteffe extrême, vers l'endroit, éloigné du logis de deux portées de fufil. Arrivé, il frappe à la porte, fans examiner fi elle étoit ouverte, comme s'il eût fu qu'à cette heure elle devoit être fermée; mais peu-après s'étant affuré qu'on venoit de lui ouvrir, il entre, appelle le Cabaretier, lui demande un demi-feptier. On lui fait donner la même mefure d'eau; il la boit pour du vin, & après avoir avalé le premier verre, il demande à fon hôte s'il veut lui faire crédit jufqu'au lendemain matin. Toute l'eau étant avalée, il prend congé & s'en retourne au logis avec précipitation. Arrivé à la porte d'entrée, il fe retire modeftement en un coin pour piffer, monte enfuite l'efcalier, entre dans l'antichambre, & demande aux autres Domeftiques, fi fon Maître l'a fait appeller. Il conçoit que non, en paroît charmé, ajoute qu'il a été boire & qu'il s'en trouve mieux. Pour-lors M. *Pigatti* lui ouvre les paupières avec le doigt; ce qui eft une autre manière de l'éveiller.

Le lendemain, quelques Seigneurs s'entretinrent avec le Marquis, dans fon appartement. Le fomnambule après s'être un peu endormi, comme à fon ordinaire, fe leva, prit une torche, defcendit d'abord à la porte du logis, lâcha de l'eau, monta à la porte de l'appartement de fon Maître, effaya d'allumer fa torche à un fanal qui eft en cet endroit; acheva de monter lentement & en faifant les paufes qu'il falloit jufqu'à l'antichambre, qu'il traverfa, pour aller à la porte de la falle de compagnie, afin d'éclairer à fon ordinaire, ceux qui en fortiroient. Il mit enfuite le couvert de la Dame, de la même manière qu'auparavant, avec cette circonftance particulière, qu'il ne chercha point la petite table dans l'antichambre, mais dans une arrière-chambre, où il favoit qu'on l'avoit tranfportée. Après cela, il paffa dans la cuifine, y prit quelques noix, qu'il favoit qu'on lui avoit deftinées, & fe mit à les manger, en les caffant avec les dents. Pendant ce tems, quelqu'un boucha le trou de la ferrure du buffet, fachant qu'il falloit qu'il l'ouvrît pour y mettre fa ferviette. Il vint en effet, & fentit l'obftacle, & croyant qu'il venoit du tuyau de la clef, il fe mit à la battre contre le plancher, pour en faire fortir les ordures qu'il imaginoit être dedans. Après l'avoir tenté de cette façon & de plusieurs autres, il essaya de nouveau d'ouvrir ; mais trouvant toujours la même résistance, il courut prendre un fétu, & l'inséra à différentes reprises dans le tuyau de cette clef. Pendant cette opération, on déboucha la serrure, & il ouvrit ensuite le buffet.

Il retourna ensuite à la cuisine, & ayant appellé le Cuisinier par son nom, il lui demanda une prise de tabac, & le pria de lui prêter un *dadieci* (*petite pièce de monnoie*) disant qu'il ne pouvoit vivre sans un verre de bon vin. Il promit de lui rendre à la fin de la semaine, devant recevoir alors un mois de ses gages. Le Cuisinier lui prêta. Il le mit dans son gousset, passa dans l'antichambre, & s'avança vers le siège où se tient d'ordinaire le Valet-de-chambre. Il lui demanda s'il vouloit venir boire avec lui, & s'imaginant qu'il lui refusoit, il le pressa de différentes manières, soit par paroles, soit par signes, parlant toujours tout bas, & comme à dessein que les autres Domestiques ne l'entendissent pas. A la fin croyant l'avoir persuadé, il s'achemina vers le cabaret, & demanda une mesure entière, croyant qu'il étoit en compagnie. Le vin fut apporté ; il en remplit un verre qu'il présenta à son ami, & but lui-même ensuite à sa santé ; mais il ne but que deux verres, ce qui faisoit précisément la portion de vin qui lui revenoit pour sa moitié.

Peu après il mit la main dans son gousset, & n'y trouvant point le *dadieci*, qu'on lui avoit escamoté aussi-tôt qu'on le lui avoit prêté, il entra en fureur, visita & renversa toutes ses
poches,

poches, & ne le trouvant pas davantage, il pria le
Valet-de-chambre de payer pour lui, lui difant
qu'il le rembourferoit. Retourné au logis, il rentra
dans la cuifine, raconta au Cuifinier fon aventure, renverfa de nouveau toutes fes poches,
marqua celle où il avoit mis le *dadieci*, prit une
lampe, & alla, le vifage contre terre, chercher
dans tous les endroits où il avoit été. Il fouilla
une troifième fois dans toutes fes poches, dans
l'une defquelles un affiftant avoit mis un *felippo*
(*autre pièce de monnoie*). Il toucha plufieurs
fois cette pièce fans en faire cas. On lui mit
après cela un *marchetto*. A peine l'eut-il touché
qu'il le prit pour le *dadieci*, parce qu'il eft de la
même grandeur. Après avoir marqué fon étonnement de ce qu'il ne l'avoit point trouvé d'abord,
il courut dans l'antichambre, fe fit changer le
prétendu *dadieci* par le Valet - de - chambre,
laiffa ce qu'il croyoit que celui-ci lui avoit prêté,
& compta le refte, priant le Valet-de-chambre
d'attefter la vérité du fait, afin qu'on ne le prît
point pour un efcroc. Il retourna dans la cuifine,
& fe mit à chanter de joie d'avoir payé fa dette.
Il faut remarquer ici que le même jour le Valet-
de-chambre lui avoit dit que s'il lui prenoit
envie d'aller le foir au cabaret, il iroit avec lui.

Quand il eut fini de chanter & de danfer, il
demanda du tabac. On lui préfenta une tabatière
dans laquelle il y avoit du café brûlé & moulu,
qu'il prit pour du tabac. Il demanda enfuite, à
un de fes camarades, s'il avoit fermé les fenêtres
de l'appartement d'en haut. Cette demande
faite, il s'avança pour prendre une lumière ;
mais il fut trompé par le cou d'une bouteille qui

se présenta à sa main ; & qu'il prit pour un chandelier. Il monta l'escalier en tenant cette bouteille, & ayant trouvé la porte de l'appartement fermée, il descendit chez le Valet-de-chambre pour prendre la clef, remonta, ouvrit la porte, entra, mit son prétendu chandelier à terre, s'avança près des fenêtres, qu'il trouva fermées, loua l'exactitude de son camarade. Durant cet intervalle, on mit un chandelier véritable à la place de la bouteille : il le prit, sortit, ferma la porte, alla remettre la clef à sa place, & le chandelier à la cuisine.

Il passa de là dans l'antichambre, où quelqu'un s'amusa à lui frotter les jambes avec une canne : il crut que c'étoit un chien de la maison, & ne fit d'abord que le gronder. Comme l'incommodité continuoit, il courut dans la cuisine, se munit d'un fouet, retourna dans l'antichambre, se mit à poursuivre le chien qui étoit dans son idée, déchargeant des coups de toutes ses forces. Cependant on continuoit de l'exciter, ce qui le faisoit entrer en fureur, maudissant le chien qui étoit entre ses jambes. Il étoit outré de ne pouvoir l'atteindre. Enfin il tira de sa poche un morceau de pain qu'il présentoit, en étendant la main, comme pour amorcer l'animal, qu'il appelloit par son nom, & tenant le fouet caché. Cette scène dura quelque tems, après quoi on fit jetter devant lui un manchon qu'il prit pour le chien. Il s'acharna dessus, déchargea sa colère contre lui en paroles & à coups de fouet. Quand il se fut bien satisfait, on l'éveilla.

M. *Pigatti* observa encore le somnambule les

deux nuits fuivantes. Parmi les actions qu'il vit,
voici les principales, & ce qui, felon les apparences, y donna lieu.

Le jour qui précéda la première de ces nuits,
le Valet-de-chambre lui avoit dit que le foir,
quand il feroit couché, il fît de la bouillie, &
qu'il vînt l'en avertir, parce qu'il iroit en manger
avec lui. En mettant donc fon couvert, il commença à marmotter que s'ils avoient à faire de
la bouillie, il falloit fe dépêcher. Il ajouta enfuite
que c'étoit un vendredi de Mars (*ce qui étoit
véritable*), & qu'on ne pouvoit guère en manger ; que cependant il l'auroit volontiers changée
pour fes choux. Néanmoins il dit à la femme de
cuifine de mettre, au plus vîte, un chaudron fur le
feu. Il s'en repentit après, & quand fon couvert
fut mis, il alla fe préfenter devant le fiège du
Valet-de-chambre, & exhorta ce camarade à
différer la chofe à un autre foir. Lorfqu'il crut
l'avoir perfuadé, il alla à la cuifine manger fes
choux.

Le jour qui précéda la feconde de ces deux
nuits, le Précepteur des fils du Marquis s'entretint quelque tems avec le fomnambule, fur les
chofes qu'il faifoit en dormant. Il lui dit : *faites
de la bouillie ce foir, & venez enfuite dans ma chambre, & je vous donnerai pour boire.* Notre homme
s'endormit à fon ordinaire ; puis fe leva du fiège
fur lequel il étoit, en fe plaignant qu'il faifoit grand
froid dans la chambre, en tremblant, frappant
des pieds contre le plancher, & donnant d'autres
marques de l'incommodité qu'il fentoit.

Puis après il alla préparer ce qu'il falloit pour
mettre le couvert, & en le faifant, il difoit qu'il

vouloit duper le Précepteur. Il paſſa même dans l'antichambre, pour le dire au Valet-de-chambre. Il revint dans la cuiſine, mit ſon couvert, mangea, & en mangeant, marmotta, à pluſieurs repriſes, quelques paroles qui avoient rapport à la tromperie qu'il méditoit. Quand ſon repas fut fini, il retourna dans l'antichambre, & s'efforça de perſuader au Valet-de-chambre d'aller avec lui. Lorſqu'il crut l'avoir gagné, il alla chez le Précepteur, & le pria poliment de tenir ſa promeſſe. Celui-ci lui mit dans la main une petite pièce de monnoie. Il le remercia, ſortit, appella le Valet-de-chambre, & l'ayant pris par le bras, il le mena avec lui au cabaret. Quand ils y furent arrivés, il fit apporter du vin, & ſe mit à raconter, parmi les verres, la tromperie qu'il faiſoit au Précepteur, accompagnée de ſes moindres circonſtances. En la racontant il ſe pâmoit de joie & faiſoit de grands éclats de rire. Il finit par boire, à pluſieurs repriſes, à la ſanté de ce Précepteur. Le divertiſſement fini, il paya pour ſon camarade, le prit de nouveau par le bras & revint avec lui au logis.

Quoique M. *Pigatti* eût obſervé ce ſomnambule cinq nuits conſécutives, il ne laiſſa pas de l'obſerver encore pluſieurs nuits par intervalles. Il remarqua chacune de ces nuits, qu'il faiſoit toujours quelqu'action nouvelle : mais il ſe convainquit ſur-tout dans celle-ci, comme dans les précédentes, que la vue, l'ouïe, le goût, l'odorat étoient des ſens, dont les fonctions étoient ſuſpendues pour lui dans ces momens. Non-ſeulement il confondoit les mets, comme on l'a vu par ce qui a été dit ci-deſſus, mais le bruit le plus fort, la lumière approchée de fes yeux, jufqu'à lui brûler les fourcils; une plume avec laquelle on frottoit, fans ménagement, le dedans de fes narines, ne faifoient aucune impreffion fur lui. Il n'en étoit pas de même du toucher; il l'avoit quelquefois d'une certaine fineffe, quelquefois fort groffier.

Tel eft en fubftance le récit de M. *Pigatti*. Un autre Médecin, également chargé du foin d'examiner ce fomnambule extraordinaire, M. *Reghelini*, avoit déjà fait une differtation fort curieufe fur ce phénomène : mais elle n'a rien de particulier fur les faits que l'Auteur y rapporte. Ce font à-peu-près les mêmes que ceux que nous venons d'expofer d'après M. *Pigatti*, auxquels il ajoute des réflexions qui tendent à expliquer ces fortes de phénomènes.

L'idée, premier principe de nos actions, & l'unique mobile par lequel l'ame pouffe les efprits animaux à mouvoir le corps, eft, felon lui, la première caufe de ces phénomènes. La feconde eft l'ouverture des canaux auffi libres pour ces mêmes efprits, pendant le fommeil que pendant la veille. Ces deux principes établis, voici de quelle manière ce célèbre Médecin raifonne. L'ame fortement occupée de certaines idées pendant le jour, s'en occupe fouvent auffi pendant la nuit, même plus fortement encore, parce qu'elle n'eft pas diftraite par d'autres idées que les objets lui préfentent quand les fens font éveillés. Si donc il arrive que les efprits animaux continuent d'avoir le même mouvement qu'ils avoient au dernier inftant de la veille, ou que l'ayant perdu, ils le recouvrent par quelqu'agitation extraordinaire du sang, ils doivent continuer de produire dans le corps les mêmes effets que les idées leur faisoient, ou leur eussent fait produire pendant le jour. Quant à la suite de ces effets, ou opérations, elle vient de celle des idées dont l'une en réveille plusieurs autres conçues avec elle, ce qui arrive également lorsqu'on ne dort pas.

A l'égard de l'exactitude de ces mêmes opérations, elle n'est pas plus extraordinaire que leur suite. Si un homme qui veille ne monte un escalier sans broncher, que parce que son idée lui fait voir des degrés, des contours & des appuis, pourquoi celui qui dort ne les trouveroit-il pas avec une assurance égale, s'il a la même idée? Il en est ainsi de toutes les autres choses que fait un somnambule. Ce raisonnement de M. *Reghelini* n'est point à l'abri d'objections. Il n'y a aucun doute que l'homme qui, en veillant monte l'escalier, ne le monte sans broncher que parce qu'il voit les degrés, les contours & les appuis: mais il est de même, hors de doute, qu'il ne voit ces choses qu'autant que l'idée en est excitée & produite en lui par la présence des objets. C'est par-là seul que l'idée qu'on a des choses en est représentative, & conséquemment on lève plus ou moins la jambe à raison de l'élévation plus ou moins grande des degrés. Dans le sommeil, où l'entremise des sens n'a pas lieu, la représentation n'existe pas, & si on mettoit un somnambule dans un endroit qu'il ne connût pas, il est certain qu'il se heurteroit, qu'il se précipiteroit, &c. N'est-il pas plus vraisemblable d'attribuer la justesse des opérations

d'un fomnambule, d'abord à la jufteffe de l'idée
repréfentative qu'il a des chofes connues, &
enfuite à l'habitude où font les efprits animaux
de courir, lorfqu'il veille, en telle ou telle
quantité, & de telle ou telle manière, pour lui
faire faire tel ou tel mouvement ? Au refte,
M. *Reghelini* ne donne point ces raifonnemens
pour de véritables démonftrations. Il fent bien
que pour expliquer parfaitement ces fortes de
phénomènes, il faudroit connoître les loix de
l'union de l'ame avec le corps. Auffi ne propofe-
t-il ce qu'il avance, que comme des recherches
nées du fimple defir d'entrevoir quelque lueur
de vérité.

SUEUR. Humeur féparée du fang & portée
aux dehors fous la forme d'une liqueur aqueufe.
Nous laifferons aux Phyfiologiftes à rechercher
la véritable fource de cette humeur, que la
plupart regardent comme procédant du fang
artériel, pour nous occuper de ces fueurs extraordinaires dont on trouve affez d'exemples, qui
tous paroiffent plus merveilleux les uns que les
autres.

Ces faits peuvent être rangés fous deux claffes;
les uns font merveilleux par la partie du corps
qui les préfentent, & les autres par les qualités
différentes des humeurs qui fe portent aux dehors
fous la forme de fueur. Nous rangerons dans la
première claffe les trois obfervations fuivantes.

M. *George Francus*, Profeffeur en Médecine
à Heidelberg, dit avoir connu un homme à
Strafbourg, nommé *Erhard*, qui n'avoit jamais
fué que du côté droit. Le gauche étoit fec tandis

Y iv

que le droit étoit mouillé de sueur. J'ai vu, dit-il, la moitié de son front & toutes les parties de son corps de ce même côté couverts de sueur, tandis que toute l'étendue de sa peau du côté gauche étoit sèche & dans son état ordinaire.

Jacob Schmidius rapporte un fait semblable. J'ai connu, dit-il, une femme à Quedelinbourg, très-grasse & jouissant de la meilleure santé, qui, dès qu'elle étoit échauffée, soit par la chaleur de la saison, soit par quelqu'exercice, étoit couverte d'une sueur très-abondante de la tête aux pieds, dans toutes les parties gauches de son corps, tandis que le côté droit restoit sec & sans la moindre apparence de sueur. Cette femme assuroit qu'elle s'étoit toujours vue dans le même état depuis qu'elle avoit l'usage de la raison ; mais ce qui paroîtra sans doute plus extraordinaire, c'est que dès qu'elle étoit grosse, & elle étoit déjà mère de cinq enfans, elle suoit également des deux côtés, pendant tout le tems de sa grossesse : mais à peine étoit-elle accouchée qu'elle revenoit à son premier état. M. *Schmidius* ajoute qu'il avoit employé inutilement différens moyens pour déterminer la sueur à se manifester à droite.

L'exemple suivant est encore plus extraordinaire que les précédens. Il s'y agit également d'une sueur locale, mais avec cette différence que celle-ci est volontaire, & qu'elle dépend du sujet dans lequel elle se manifeste.

Olivier Paulli, fils du Docteur *Simon Paulli*, avoit depuis son enfance la faculté de suer des mains lorsqu'il le vouloit, ou que ses amis l'en prioient. Le Roi *Frédéric III*, surpris de cette

fingularité, voulut en être témoin. *Simon Paulli*
eut l'honneur de lui préfenter fon fils, & de lui
ordonner de fuer. Auffi-tôt l'enfant qui venoit
de faire voir fes mains bien sèches, les fit fuer,
& elles devinrent humides à l'inftant. L'âge ne
lui fit point perdre cette faculté. Aujourd'hui
qu'il eft âgé de trente ans, difoit *Thomas*
Bartholin, dans fes Actes de Copenhague en
1676, il fue aux mains quand il veut, & auffi
promptement qu'il le veut. M'étant trouvé,
ajoutoit-il, ces jours derniers chez fon père, il
me fit voir fes mains tantôt fèches, tantôt humides, à ma volonté. En preffant le bout de
fes doigts il en faifoit fortir des gouttes d'eau.
Ce jeune homme convint toutefois que cette
expérience ne lui réuffiffoit point pendant les
grands froids.

Nous rangerons dans la feconde claffe des-
fueurs extraordinaires, celles qui fe manifeftent
fous des couleurs différentes, & celles qui portent
avec elles des caractères bien différens de ceux
qui appartiennent à une liqueur aqueufe.

M. *Doleus*, Médecin de la Cour de Naffau, dit
avoir obfervé avec le célèbre Docteur *Mogius*
une fueur bleue fur le corps d'un Charpentier de
Frankendal, dans le Palatinat. Cet homme,
dit-il, âgé d'environ trente ans, & d'un tempérament mélancolique, étoit fujet à une maladie
qui avoit beaucoup de rapport à l'épilepfie. Elle
commençoit par des vertiges, qui étoient fuivis
de défaillances : le malade tomboit par terre, & il
avoit alors une fueur feulement à l'hypocondre
droit, qui étoit de la couleur de l'empois bleu.
Sa femme fit voir à M. *Doleus*, & à plufieurs

autres qui se trouvèrent présens, des linges teints en bleu, dont elle s'étoit servie pour l'essuyer, & sur lesquels cette couleur ne s'effaçoit que très-difficilement. Les sueurs devenant plus abondantes, il commença à se mieux porter, & il espéra être bientôt délivré de cette maladie, dont les accès revenoient deux ou trois fois par an.

Cet exemple n'est pas le seul de cette espèce ; car M. *Lémery* fit part à l'Académie en 1701, d'une observation semblable, qui lui avoit été envoyée par M. *Fornage*, Apothicaire de Pontarlier en Franche-Comté. Il s'y agissoit d'un enfant de cette ville, âgé alors de cinq ans, qui avoit une sueur presque continuelle, & principalement à la tête. Cette sueur donnoit à tous les linges de cet enfant une forte teinte de bleu, qu'on ne pouvoit enlever avec de l'eau simple.

En voici une autre aussi singulière que les deux précédentes. A la suite d'une fièvre pétéchiale très-dangereuse, & à la suite d'une phthisie assez bien caractérisée, la femme d'un Consul de Copenhague, traitée par les soins du Docteur *Gaspard Kolichen* & d'*Olaus Borrichius*, parut se trouver un peu mieux ; mais ce qui surprit beaucoup ces deux savans Médecins, c'est qu'à ce moment il lui prit tous les matins, pendant plusieurs jours de suite, des sueurs spontanées, si noires que les draps & tout son linge en étoient teints, sur-tout ses bonnets, dont elle changeoit tous les soirs, & qui se trouvoient le matin aussi noirs que si on les eût trempés dans l'encre. Elle fut fort allarmée de ces sueurs ; mais les Médecins les regardèrent comme une évacuation critique

de bon augure, & effectivement elle fut fort
foulagée, & fe porta mieux depuis ce tems. Ce
fait eft arrivé en 1672, & eft configné dans les
Actes de Copenhague.

Si on ne peut guère indiquer le principe colo-
rant dans les fueurs dont nous venons de faire
mention, il ne feroit peut-être pas plus facile de
l'indiquer exactement dans celle dont nous allons
parler, quoiqu'il paroiffe au premier afpect qu'il
dépende de la couleur rouge du fang : voici le
fait.

Jean-Maurice Hoffman dit avoir connu un
jeune homme, ayant de l'embonpoint & le teint
fleuri, dont la fueur, chaque fois qu'il prenoit
un exercice un peu violent, teignoit fa chemife,
fous les aiffelles, d'une couleur parfaitement
femblable à celle du vermillon.

Si on peut rapporter au fang la couleur
de la fueur dont nous venons de parler, la fuivante appartient manifeftement à ce dernier
fluide, & elle eft on ne peut plus extraordinaire.
On lit dans le premier volume des Mémoires
de la Société des Sciences de Harlem, un fait
rapporté par M. *Galland*, & dont il fut témoin.
Dans un gros tems, dit-il, je vis tomber un
Marin, & je fus pour le relever, & je lui vis le
vifage tout couvert de fang. J'imaginai d'abord
qu'il s'étoit bleffé en quelqu'endroit dans fa chûte;
mais je fus bien plus étonné lorfque je vis fon
fang fuinter à travers les pores de fa peau, comme
des gouttes de fueur, & après l'avoir effuyé plufieurs fois, il en reparut toujours de nouvelles,
tant que dura le gros tems. Cette fueur finguliere,
qui n'eut aucune fuite fâcheufe, étoit répandue,

non-feulement fur le vifage, mais encore fur le col & fur la poitrine, & le linge en étoit teint, ainfi que les doigts de M. *Galland*.

En voici un autre exemple bien plus fingulier encore par les circonftances qu'on y remarque ; mais, à ce qu'il paroît, la caufe doit en être rapportée à une peur extraordinaire. On auroit peine à ajouter foi à ce dernier fait s'il n'étoit appuyé de l'autorité de MM. *de Chaumont de Bauffan-court*, Seigneur du Petit-Menil, *Mellet*, Curé du lieu, deux Chirurgiens, & autres perfonnes de probité, & fi cette atteftation n'étoit légalifée par les Juges des lieux. Voici un précis de cette atteftation, tel qu'il eft configné dans le Journal de Verdun, pour l'année 1722.

La nommée *Françoife Cornevin*, veuve, âgée d'environ quarante-cinq ans, réfidente au Petit-Menil, près d'Ienville, Diocèfe de Troyes, fut attaquée le premier vendredi d'Août 1719, d'une grande fueur d'eau un peu teinte de fang. Elle continua de même chaque vendredi pendant cinq femaines, au bout defquelles elle fentit des picottemens dans toute l'habitude du corps, & des douleurs aiguës à toutes les jointures, aux bouts des doigts & aux bouts des mamelles, qui lui faifoient poufler de très-grands cris. Ces douleurs furent fuivies d'une fueur de fang, depuis le fommet de la tête jufqu'à la ceinture. Cette fueur fortoit principalement du derrière de la tête, des tempes, des yeux, de derrière les oreilles, du nez, des mamelles, & du bout des doigts ; de forte que fes mains en étoient toutes enfanglantées, de même que fes coëffures & fon linge, qui en étoient teints. Cela fe fit obferver tous les vendredis pendant environ neuf semaines, & cette sueur étoit accompagnée de douleurs dans toutes les parties de son corps.

Quelque tems après elle se trouva tous les jeudis incommodée de crampes, qui étoient les avant-coureurs des sueurs du lendemain ; ce qui dura encore cinq à six semaines. Ensuite elle sentit le jeudi à midi, au petit orteil de chaque pied, des mouvemens convulsifs. Ces symptômes continuèrent de paroître toutes les semaines, accompagnés de la sueur du vendredi, & le tout avec la même violence, jusqu'au vendredi huitième jour de Mars 1720. Depuis ce tems elle a cessé de suer du sang, ses sueurs se changèrent en eau, avec les mêmes douleurs, accompagnées d'enflures aux jambes & au bas-ventre.

Lorsqu'on lui demandoit la cause de ces accidens si extraordinaires, & ce qui les avoit précédés, elle les attribuoit, disoit-elle, à une vision qu'elle avoit eue presque toutes les nuits, pendant cinq à six semaines, d'un de ses fils, qui étoit mort depuis trois mois, & que ce spectre lui avoit dit de jeûner tous les vendredis pendant un an ; qu'ayant commencé à le faire le premier vendredi d'Août 1719, la sueur la prit ce jour-là. Il est à remarquer que pendant le tems qu'a duré cette apparition, suivant ce qu'elle dit, elle fut saisie de fréquentes frayeurs, même en plein jour, dont elle perdit souvent la connoissance. Elle a sué jusqu'aux deux derniers vendredis d'Aout 1720. Depuis ce tems elle n'a sué ni sang ni eau.

En rassemblant toutes les observations que nous pourrions recueillir de différens Auteurs, pris dès la plus haute antiquité, depuis *Ariftote*, *Rondelet*, *Fernel*, *Donat Mercurial*, &c. &c. nous offririons le tableau le plus-fingulier de cette efpèce de fécrétion. Nous y verrions plufieurs fueurs fanguines, de graveleufes, d'urineufes, de mielleufes, &c. Nous verrions, d'après le rapport de *Salmuth*, un homme rendre par cette voie la bierre qu'il venoit de boire ; nous en verrions de différentes couleurs, outre celles dont nous avons fait mention précédemment ; mais ce détail, qui deviendroit très-long, n'offriroit rien de plus furprenant que ce que nous ayons déjà expofé à la curiofité de nos Lecteurs. Nous nous bornerons donc à l'obfervation fuivante. Elle nous offre un phénomène non unique dans fon genre ; car on en trouve un à-peu-près femblable dans les obfervations de *Henri de Héer*. Il y parle d'un Gentilhomme qui fut attaqué d'une fueur de fang, accompagnée de la fortie de petits vers très-rouges. Nous en trouverions un autre exemple d'un fait à-peu-près femblable, dans une obfervation de *Jean Schmid*, Profeffeur de Phyfique à Dantzic. Il rapporte que le fils de M. *Michel Oufel*, Bourgeois de cette ville, eut à l'âge de trois ans une petite vérole, pendant laquelle il eut une grande démangeaifon au cou, & que cette démangeaifon l'obligeant de fe gratter violemment, il fortit de cet endroit plus de cinquante vers, qui reffembloient à des teignes, & de la longueur d'une des phalanges du doigt. L'enfant guérit après cette éruption. Mais ces obfervations, quelque fingulières qu'elles foient, font bien moins frappantes que la fuivante.

Le fils d'une femme veuve, d'un village de Poméranie, âgé de douze ans, fut attaqué de la petite vérole, & comme la pauvreté de cette femme ne lui permettoit pas d'appeller un Médecin, elle consulta une vieille femme de sa connoissance. Celle-ci lui conseilla de faire prendre à son enfant de la thériaque dans de l'eau de chardon-béni. L'ayant couvert, dans la vue de le faire suer, peu de tems après, cet enfant ressentit par tout le corps une démangeaison insupportable, & pria sa mère de lui faire des frictions sur tout le corps, le plus rudement qu'elle pourroit. La démangeaison augmentant au lieu de diminuer, il la pria d'examiner avec attention, & de découvrir ce qui lui causoit ces piquures si incommodes. Quelle fut la surprise de la mère, lorsqu'elle l'apperçut tout couvert de vers blancs, extrêmement petits, qui avoient à la tête deux petits points noirs, & qui faisoient effort pour se faire jour à travers les pores de la peau, dont les uns étoient déjà dehors, & les autres prêts à sortir? Elle fut si effrayée, qu'elle alla sur le champ appeller ses voisines, sans penser même à recouvrir son enfant, qu'elle trouva à son retour prêt à expirer, & qui mourut en effet le même jour dans une syncope. Cette observation vient de M. *Chrétien-François Paulini*, Médecin de l'Evêque & Prince de Munster.

SUPERFÉTATION. Grande dispute entre les Physiologistes sur cet article. Les uns tiennent pour la possibilité de cet acte. Les autres prétendent le contraire, & soutiennent qu'une

femme qui a conçu, est incapable de concevoir
de nouveau, avant que la matrice se soit débar-
raffée de son premier fardeau. On apporte de
part & d'autre des raisons également sédui-
santes ; mais que peut la théorie la plus brillante
contre le témoignage des faits ? Ce sont ceux-ci
qui décident lorsqu'il s'agit d'une opération de
la Nature, & ceux que nous allons rapporter
pourront répandre un jour très-favorable sur la
question dont il s'agit.

La femme d'un Soldat, enceinte de cinq mois,
accoucha vers la fin de 1774, à Sagan en Basse-
Siléfie, d'un garçon qui se portoit très-bien. La
mère eut ensuite beaucoup d'accidens, auxquels
les bons secours remédièrent. Elle sortit quelque
tems après : son enfant étoit mort. Dans la
septiéme semaine après, cette femme mit au
monde un second enfant mort, huit jours après,
elle accoucha d'un autre, & de huit jours en
huit jours elle donna naissance à six enfans, tous
morts en voyant la lumière. Il n'y eut que le
premier, qui fait le septième, qui soit venu
vivant. Comme la femme dont il est ici question
n'étoit point à terme, cette observation pourroit
souffrir quelques difficultés ; mais le fait suivant
vient à l'appui du premier. Le 26 Janvier 1692,
une femme, près d'Ulm, accoucha d'un garçon
étant bien à terme, & le 14 Mars suivant elle
accoucha d'un autre garçon. Que répondre à ce
fait ? sinon qu'il pouvoit très-bien se faire que cette
femme eût une double matrice, & c'est la base
de tous les raisonnemens de ceux qui ne veulent
point admettre de superfétation. Cette réponse
servira encore pour le fait suivant.

Dans

Dans une campagne peu diſtante de Kiel, une Payſanne accoucha le 18 Mai 1725, d'une fille. Le 3 Octobre ſuivant elle accoucha d'un garçon. Les deux enfans furent baptiſés, & étoient encore pleins de vie à la fin d'Octobre, lorſqu'on publia ce phénomène; mais le dernier, diſoit-on, étoit plus délicat, plus petit que le premier. Il eſt à remarquer que cette femme avoit déjà fait deux couches ordinaires, l'une en 1722, & l'autre en 1723.

Il n'y auroit rien d'extraordinaire que la matrice fût double dans une femme, & dans ce cas on ne pourroit réfuter complettement l'opinion de ceux qui ſe rejetteroient ſur cette conformation particulière, pour nier la poſſibilité de la ſuperfétation : mais comment ſe tireroient-ils de la difficulté ſuivante ?

Le 2 Juillet 1772, la femme de *Jean-Charles Worth*, Aubergiſte en d'Herbyshire, à la ſuite d'un travail aſſez court, accoucha de trois enfans. Il ne ſurvint point d'accidens. Elle ſe porta très-bien juſqu'au dixième jour, qu'elle reſſentit de très-vives douleurs, & elles furent ſuivies de l'accouchement d'un quatrième enfant. Douze jours après on fut bien plus ſurpris, lorſque cette femme entra pour la troiſième fois dans une nouvelle criſe d'accouchement. Le travail fut un peu plus long, & ſuivi de deux enfans. Ces ſix enfans étoient petits, mais bien conformés. Il en mourut quatre. Il n'en vécut que deux, un garçon & une fille, qui paroiſſoient bien conſtitués, & devoir vivre. Ce fait eſt conſigné dans le Journal Encyclopédique, pour le mois d'Octobre 1772.

On pourroit citer nombre d'exemples de cette espèce ; mais pour détruire le subterfuge de ceux qui s'appuient sur la duplicité de la matrice, nous observerons, d'après l'autorité des Membres de l'Académie de Stockholm, qu'on a trouvé la matrice simple, & conformée comme elle l'est naturellement dans une femme, laquelle après avoir mis au monde un garçon bien conformé, accoucha cinq mois après d'une fille vivante & bien constituée. De là le fait consigné dans les Mémoires de l'Académie, pour l'année 1705, laisse subsister toute la difficulté. Il y est fait mention d'une femme accouchée, & bien délivrée d'un enfant, & qui en mit un second au monde six mois après.

De là, même difficulté dans l'observation communiquée par M. *Masson*, Docteur de la Faculté de Montpellier, & Médecin à Béziers, à M. *Bouillet*, Médecin de la même ville, & Secrétaire de l'Académie de cet endroit.

M. *Masson* lui apprend qu'il avoit vu une femme, laquelle s'étant délivrée d'un embryon, enveloppé de ses membranes, bien conformé dans toutes ses parties, & âgé d'environ quarante jours, étoit accouchée le lendemain à terme d'une fille qui se portoit parfaitement bien.

Le fait suivant fait encore une forte objection contre l'opinion de ceux qui nient la possibilité de la superfétation.

Une Paysanne du village de Pelleray, Bailliage de Châtillon en Bourgogne, accoucha le 26 Septembre 1751, d'un garçon venu à terme, & bien constitué. Cet enfant fut baptisé le même jour. Dès le troisième jour après sa couche,

elle fe leva pour vaquer à fes occupations ordinaires. Huit jours après fa couche, elle fe trouva
très-bien, & fut à l'Eglife. Enfin, le 5 Octobre,
trois jours après fa fortie, & le dixième jour
d'après fa couche, elle fentit quelques douleurs,
qu'elle prit pour celles d'une colique ; mais qui
ne fe terminèrent que par la fortie d'un fecond
garçon, auffi bien conftitué que le premier. M. *de
Courtivron* fit part de ce fait à l'Académie Royale
des Sciences de Paris, à laquelle il envoya en
même tems la copie des deux extraits-bap-
tiftaires.

SURDITÉ. Perte totale ou partielle de
l'organe de l'ouie. On croit communément que
la furdité de naiffance entraîne avec elle l'im-
poffibilité de parler, & c'eft ce qu'on remarque
habituellement. On doit donc regarder comme
un phénomène très-curieux d'entendre parler un
fourd de naiffance. Or, en voici deux exemples
bien notoires.

Il y avoit en 1773, dans une ville du Duché
de Cumberland, un Forgeron, qui, quoique né
fourd, parloit affez bien, pour entendre les perfonnes avec lefquelles il vivoit. Pour comprendre ce qu'elles difoient, il n'avoit qu'à
obferver le mouvement de leurs lèvres. Il
écrivoit très-bien, & favoit toutes les règles de
l'Arithmétique.

Hartfoeker avoit déjà fait mention d'un phénomène de cette efpèce, dans fes Conjectures
Phyfiques. Il y parle d'une Demoifelle qu'il avoit
connue, qui parloit avec affez de perfection,
quoiqu'elle fût fourde de naiffance. Elle connut,

dit-il, par le mouvement de mes lèvres & de ma langue tout ce que je lui difois, fans en perdre une feule parole, & elle me répondit fur le tout. Elle pouvoit m'entretenir de cette forte, fur toutes fortes de fujets, pendant un tems affez confidérable.

SYMPATHIE. Expreffion de l'ancienne Ecole, qu'on peut employer pour défigner la convenance qui fe trouve entre deux ou plu-fieurs fujets. En voici une bien merveilleufe.

On a vu mourir deux Suiffes, âgés de quatre-vingt-un an. Ils étoient jumeaux, & nés à huit heures de diftance l'un de l'autre. Ils moururent le même jour, à la même diftance de tems. Ils s'étoient pareillement mariés le même jour. Ils avoient les mêmes goûts, les mêmes penchans; & ils étoient tellement dépendans l'un de l'autre, que lorfque l'un étoit incommodé, l'autre l'étoit de même. Le premier laiffa huit enfans, & l'autre quarante-trois, tant fils que petits-fils. On ne peut mieux fympathifer, à l'exception du dernier article.

T

TACT. Tout le monde fait que c'eft un fen^s par le moyen duquel on diftingue les qualités tactiles des corps, comme le chaud, le froid, l'humide, le fec, le dur, le mol, l'âpre, le poli, &c. Cette fenfation appartient en général à toute l'habitude du corps; mais on lui donne particulièrement le nom de tact, lorfqu'elle fe manifefte aux extrêmités des doigts. Il eft plus délicat, en certaines perfonnes, que dans d'autres, & cette extrême fenfibilité fe fait fur-tout remarquer dans les aveugles, comme fi la nature prenoit plaifir à les dédommager d'un fens par la perfection d'un autre. Nous en donnerons deux exemples, affez curieux pour mériter de trouver place ici.

Le nommé *Pierre Hareng*, de la Paroiffe de Fréni-le-Vieux, à cinq lieues de Caen, âgé de vingt-fix ans, lorfqu'on publia cette obfervation, & aveugle depuis l'âge de neuf ans, à la fuite de la petite vérole, démontoit, pièces par pièces, une horloge, la nettoyoit dans tous les engrainages & dans toutes les parties, réparoit les endroits défectueux & la remontoit parfaitement enfuite. Il démontoit & remontoit également bien toutes fortes de pendules.

M. *Duvæy*, Prêtre-Chapelain du Séminaire de la Délivrande, affure avoir vu un aveugle remontant une pendule précieufe qu'il avoit nettoyée, & qu'il lui avoit fait appercevoir des chofes, qu'il étoit prefqu'impoffible de découvrir à l'œil. Ce jeune homme ne devoit ces connoiffances d'horlogerie qu'à lui feul. Il les avoit acquifes, en s'exerçant d'abord à travailler fur des horloges en bois.

Le fameux *Saunderfon*, Mathématicien Anglois, nous fournit encore un exemple plus frappant, finon de la délicateffe, au moins de l'induftrie de ce fens, & on nous faura gré, fans doute, de donner ici un précis de la vie & des talens de ce grand homme. Il naquit, au mois de Janvier 1682, d'une famille originaire de la Province d'Yorck. Il n'avoit qu'un an, lorsqu'il perdit, par la petite vérole, non-seulement l'usage de la vue, mais encore les yeux. Ce malheur ne l'empêcha pas, au sortir de l'enfance, de faire très-bien ses Humanités. Il comprenoit les Ouvrages *d'Euclide*, *d'Archimède* & de *Diophante*, quand on les lui lisoit en Grec. *Virgile* & *Horace* étoient ses Auteurs favoris, & le style de *Cicéron* lui étoit devenu si familier, qu'il parloit Latin avec une facilité & une élégance peu commune. Après avoir employé quelques années à l'étude des Langues, son père commença à lui enseigner les règles ordinaires de l'Arithmétique : mais le jeune disciple fut bientôt plus habile que son Maître. Il avoit dix-huit ans, quand M. *Richard West* lui apprit les élémens de la Géométrie & de l'Algèbre. Etant sur la voie, il poussa plus loin, sans autre guide que lui-même. Il suffisoit qu'il eût un bon Auteur, & quelqu'un qui fût capable de lui en faire la lecture. Ses amis lui conseillèrent d'aller ensuite à Cambridge, pour y enseigner la Philosophie. Il se rendit à leur avis, & il expliqua, dans ses leçons, les Ouvrages immortels de *Newton*, *ses Principes mathématiques de la Philosophie naturelle*, *son Arithmétique universelle*, & même ceux que ce grand homme a publiés sur la lumière & sur les couleurs. Ce fait pourroit paroître incroyable, si on ne considéroit que l'optique & toute la théorie de la vision s'expliquent entièrement par le moyen des lignes, & qu'elle est soumise aux règles de la Géométrie. M. *Whiston* ayant abdiqué sa Chaire de Professeur en Mathématiques dans l'Université de Cambridge, l'habilité de M. *Saunderson* se trouva si généralement reconnue, & tellement supérieure à celle de tout Compétiteur, qui auroit pu se mettre sur les rangs, qu'il fut nommé pour lui succéder en 1711. Il fut reçu de la Société Royale de Londres, & se maria en 1723. Il mourut en 1739, âgé de cinquante-six ans. On a de lui des Elémens d'Algèbre en Anglois, imprimés à Londres après sa mort, en 1741, aux dépens de l'Université de Cambridge. Ils ont été traduits en François par M. *de Joncourt*, en 1756.

C'est à M. *Saunderson* qu'appartient la division du cube en six pyramides égales, qui ont leurs sommets au centre, & pour bases, chacune des faces du cube. Voilà jusqu'à présent l'homme de génie; mais veut-on voir jusqu'à quel point son tact étoit fin & bien exercé? Il avoit inventé, pour son usage & pour la facilité de ses démonstrations, *une Arithmétique palpable*, c'est-à-dire, une manière de faire les démonstrations de l'Arithmétique, par le seul sens du toucher. C'étoit une planchette percée de plusieurs trous, avec de grandes & de petites chevilles qui servoient, par la variété de leurs combinaisons, à représenter des sommes, des produits, &c. les autres nombres dont il avoit besoin. On trouve la description de cette ingénieuse machine, à la tête du premier volume de ses Elémens d'*Algèbre*.

Une fable tire toujours son origine de quelque vérité, & n'est jamais sans fondement. Ce sera d'après cette idée, que nous ne craindrons point de rapporter ici les effets merveilleux qu'on attribue au tact. Plus crédules que nous, les anciens ne doutoient aucunement des faits dont nous allons parler; mais nous ne les annonçons ici, que pour qu'on puiſſe les ſoumettre à un nouvel examen. Nous ne dirons rien de la vertu merveilleuſe que les Hiſtoriens attribuoient au Roi *Pyrrhus*, de guérir les rateleux, en preſſant doucement, de ſon pied droit, le viſcère des malades couchés ſur le dos. Nous ne dirons rien de la même vertu, contre d'autres maladies, attribuée par *Suétone* à *Adrien* & à *Veſpaſien*. Nous ne parlerons que de faits plus récens, & plus généralement attribués au tact de différens Princes. On lit dans l'Ouvrage d'un Eſpagnol, *Gaſpard Arejes*, intitulé, *Elyſius jocondarum quæſtonum Campus*, que le Roi d'Angleterre a la faculté de guérir, par le tact, l'épilepſie; le Roi de France, les écrouelles; mais en bon & zélé Sujet de la Couronne d'Eſpagne, il aſſure que le plus grand Roi de la Chrétienté doit avoir un pouvoir ſupérieur, & il lui attribue celui de faire trembler le Démon à ſon ſeul aſpect, & de le chaſſer, par ſa ſeule préſence, du corps des poſſédés.

Ne parlons ici que de la vertu attribuée au Roi de France. Il eſt de fait, ſi c'eſt une erreur populaire, qu'elle fut bien accréditée dans le tems; car *André Dulaurens*, premier Médecin de Henri IV, homme de beaucoup de mérite, n'a pas craint de ſe compromettre, en publiant un traité ſur cette vertu miraculeuſement attribuée au Roi de France; car ſans doute, personne n'apperçoit ici de convenance naturelle entre la cause & l'effet.

Quoi qu'il en soit, cette cérémonie du tact se pratiquoit alors, aux quatre fêtes solemnelles, à Pâques, à la Pentecôte, à la Toussaint & à Noël; souvent même, à d'autres jours de fêtes, par compassion pour la multitude de malades qui se présentoient. Il en venoit de tous les pays, & on en a compté jusqu'à quinze cens.

Alors les Médecins & Chirurgiens du Roi visitoient les malades, pour constater leur état écrouelleux. On donnoit la premiere place aux Espagnols, les François avoient la dernière, & ceux des autres pays étoient indistinctement placés entre les Espagnols & les François.

Le Roi, revenant de la Messe, où il avoit fait ses dévotions, accompagné des Princes du Sang, des Prélats & du Grand-Aumonier, trouvoit les malades à genoux en différens rangs. Il récitoit une certaine prière, & ayant fait le signe de la croix, il s'approchoit des malades. Le premier Médecin passoit derrière le rang à opérer, il tenoit la tête de chaque écrouelleux à deux mains, à qui le Roi touchoit la face en croix, en disant, *le Roi te touche & Dieu te guérit. Dulaurens* assure qu'à plusieurs les douleurs très-aiguës s'adoucissoient & s'appaisoient aussi-tôt; à d'autres, les ulcères se desséchoient; à quelques-uns, les autres tumeurs diminuoient, en sorte, ajoute-t-il, qu'en peu de jours, de mille, il y en avoit plus de cinq cens de guéris.

L'Auteur fait remonter ce privilége des Rois de France à *Clovis*, qui le reçut, dit-il, par l'onction facrée. Le fait eft-il vrai? c'eft une queftion. Ce qu'il y a de conftant, c'eft que la confiance eft bien diminuée; car cette cérémonie n'eft plus auffi en vigueur, & nous n'avons plus de relation certaine de la guérifon de cette maladie par ce moyen.

L'application de la main d'un cadavre ou d'un moribond fur des parties malades, a encore été regardée, de tout tems, comme un excellent remède contre certaines maladies. Suivant *Vanhelmont*, la fueur des mourans a la vertu merveilleufe de guérir les hémorroïdes & les excroiffances. *Pline*, mais on fait comme il étoit crédule, affure qu'on guérit les écrouelles & les goëtres, en y appliquant la main d'un homme mort d'une mort violente. Plufieurs Auteurs ont écrit la même chofe. *Boyle* qui n'étoit pas fi crédule, s'explique un plus fur l'efficacité de ce moyen, à l'occafion d'une perfonne qui fut guérie d'une humeur fcrophuleufe, par la main d'un homme mort de maladie lente, appliquée fur la tumeur, jufqu'à ce que le fentiment du froid eût pénétré les parties intimes.

Il y en a qui préfèrent la main d'un homme mort de phthifie, à raifon de la chaleur & de la fueur qu'on remarque aux mains des phthifiques, qui font fort fouvent humides au moment de leur mort. Suivant *Bartholin*, des perfonnes dignes de foi ont ufé avec fuccès de ce moyen, & croyent que la tumeur fe diffipe à mefure que le cadavre pourrit. J'ai vu, dit-il, plufieurs femmes venir dans les hôpitaux, me demander la permiffion de tenir la plante du pied d'un homme à l'agonie, sur un goëtre, jusqu'à ce que cet homme fût mort, assurant très-positivement que leur mère, ou autres gens de leur connoissance, avoient été guéris par ce moyen. L'expérience doit ici tenir lieu de raisonnemens. Comment nier à des gens la possibilité des faits qu'ils attestent, & qui leur donne de la confiance pour une pratique, qui, par elle-même, ne peut inspirer que de l'aversion?

TARENTISME. Maladie singulière qu'on attribue à la morsure de certaines araignées qu'on trouve dans la Pouille, & sur l'existence de laquelle les sentimens sont on ne peut plus partagés, malgré la multitude d'exemples & d'observations rapportés par de très-célèbres Médecins, & par une multitude de Savans, qui ont cru devoir s'occuper de cet objet. Sans prendre aucun parti dans cette dispute, nous mettrons sous les yeux de nos Lecteurs, ce que nous avons pu recueillir de plus positif pour & contre cette singulière maladie.

Baglivi, célèbre Médecin d'Italie & Professeur également célèbre en Anatomie à Rome, a donné un traité ou une dissertation très-curieuse sur cette matière. On la trouve imprimée à la suite de sa *Pratique de Médecine*. Il tenoit fort pour l'existence de cette maladie, & parmi le grand nombre d'exemples qu'il en apporte, nous choisirons les suivans.

Il parle d'abord de deux femmes mordues par la tarentule. Nous ne parlerons que de la première. Elle fut mordue dans une cave ; mais elle ne sentit point cette morsure à l'instant, & elle revint chez elle sans s'en être apperçue. L'après-midi, dit-il, il lui vint à la jambe une petite tumeur grosse comme une lentille, accompagnée de défaillance & d'une difficulté de respirer. Elle se jetta sur un lit & commença à trembler si fort, que deux hommes vigoureux pouvoient à peine la tenir. Elle sentit ensuite une douleur aux mains & aux pieds. On alla chercher un Médecin, qui fit ouvrir la tumeur, & employa quelques emplâtres. Ce remède n'opéra rien. La malade perdit l'usage de la langue : elle éprouva une grande soif, du dégoût & un serrement de cœur. Tous ces symptômes se succédèrent dans l'espace de trois heures. Le père & la mère soupçonnant d'abord que leur fille avoit été mordue de la tarentule, envoyèrent chercher des Musiciens, quoique la malade s'y opposât, & qu'elle prétendît ne pouvoir pas danser, à cause des douleurs vives qu'elle sentoit aux pieds & aux mains. Cependant les Musiciens arrivèrent, & demandèrent à la malade de quelle couleur & de quelle grosseur étoit la tarentule dont elle avoit été mordue, afin de pouvoir préluder dans un ton convenable à l'espèce. La malade répondit qu'elle ne savoit pas si elle avoit été mordue par une tarentule ou par un scorpion. Les Musiciens, dans cette incertitude, essayèrent deux ou trois airs sans le moindre effet ; mais au quatrième, la malade parut attentive. Elle soupira d'abord & fit quelques sauts. Ensuite elle commença à danser d'une manière si extravagante, & d'une telle force, qu'elle fut bientôt délivrée de tout mal. Depuis cette guérifon, ajoute *Baglivi*, elle jouiffoit de la meilleure fanté; mais tous les ans, vers le tems de la morfure, elle avoit de nouvelles attaques, quoique plus foibles, qu'on guériffoit de la même manière, par le moyen de la mufique.

Ce célèbre Médecin fait mention d'un payfan, lequel ayant été mordu par le même infecte, employa contre cette morfure tous les topiques imaginables, & beaucoup de remèdes intérieurs, qui l'affoiblirent beaucoup. Dans le tems de fa plus grande foibleffe, il demanda de la mufique, & lorfqu'il l'eut entendue, il travailla beaucoup des pieds & des mains; mais il ne put fe relever ni danfer, & il mourut quelque tems après, tandis qu'on lui faifoit de la mufique.

L'exemple le plus fingulier qu'on trouve dans cette differtation, c'eft celui d'un Médecin de Naples. Ce Médecin, dit *Baglivi*, ne vouloit point ajouter foi à la morfure de la tarentule, qu'il n'en eût fait l'épreuve fur lui-même. Dans le mois d'Août de l'année 1693, il fe fit apporter à Naples des tarentules de la Pouille. Il s'en appliqua deux fur le bras gauche, en préfence de fix témoins. Lorfqu'il eut reçu leurs morfures, qui lui firent le même effet que fi des fourmis ou des mouches l'avoient piqué, il fentit quelques douleurs aux articulations de la main gauche. Le lendemain l'endroit piqué devint rouge, & le jour fuivant, fa main fut enflée. Le quatrième jour, l'enflu e & la douleur difparurent, il ne refta que la tache rouge. Le malade fut dans cet état pendant quinze jours entiers. Le quinzième jour, il parut à l'endroit bleffé, une croûte noire, qui revint chaque fois qu'on l'ôta. Un mois après, ce Médecin fentoit, de tems en tems, de petites foibleffes, dont la caufe étoit affez incertaine. Il quitta Naples, pour aller prendre l'air à la campagne, & y rétablir fes forces; il revint au bout de trois mois, parfaitement guéri, fans avoir jamais fenti, par la fuite, le moindre accident de fa morfure.

D'où M. *Baglivi* conclut, que les tarentules ne font dangereufes que dans la partie de l'Italie la plus chaude, comme dans la Pouille qui eft leur patrie, & qu'elles ne font point fort à craindre dans le refte de l'Italie, parce que leur venin ne peut être exalté au même degré d'activité.

Il paroît donc, d'après ces exemples & l'autorité de *Baglivi*, que le tarentifme eft une maladie réelle, fingulière, excitée par le venin de la tarentule, & qu'elle fe guérit par le fecours de la mufique.

Le Docteur *Richard Méad*, auffi célèbre que *Baglivi* par fa profonde érudition, vient à l'appui de ce dernier, dans un effai particulier qu'il nous a donné fur la même matière. Il convient cependant qu'il y a beaucoup d'impoftures dans la maladie qu'on attribue à la tarentule; & qu'un grand nombre de mendians, fous prétexte d'avoir été mordus de la tarentule, obtiennent d'abondantes aumônes; & il ajoute qu'il fe gliffe fouvent, fous ce nom, beaucoup d'accidens hiftériques, & d'autres fymptômes inconnus. Malgré cela, il ne nie point l'exiftence de cette maladie & de fa caufe; & il dit formellement qu'il n'eft pas croyable qu'une maladie qui n'auroit jamais exifté, pût être prife pour prétexte. Il n'eft pas croyable non plus que *Baglivi*, & avant lui le célèbre *Louis Valetta*, ayent écrit férieufement fur un mal, fans être bien affurés auparavant de fon exiftence.

Malgré ces autorités refpectables, & bien faites pour fe concilier la croyance publique, le célèbre *Kœler*, Médecin & de l'Académie de Stockholm, s'infcrit en faux contre cette maladie. On connoît, dit-il dans un Mémoire affez curieux qu'il publia fur cet objet, tout ce que plufieurs Savans Italiens & autres ont écrit du tarentifme & de la tarentule. L'examen des mœurs & du genre de vie des Tarentins, & l'afpect de leur Ville, en apprend plus à cet égard, que tous les traités faits fur cette matière. Cette Ville eft fituée au fond du golfe de même nom, dans une ifle de la mer Adriatique, jointe au continent par un pont. Elle eft plus grande & plus peuplée que toute autre Ville de la Pouille, & c'eft auffi la plus fale & la plus mal-propre de tout le Royaume de Naples. En été les rues font pleines de puces, qui obligent les Habitans à porter des bas de peau. Ils vivent de quelques légumes, mais fur-tout d'huîtres, de poiffons & de coquillages. Les hommes font prefque toujours hors des maifons. Ils vont & viennent pour leurs affaires. La vie des femmes eft très-fédentaire. Elles fortent rarement, fi ce n'eft pour aller à l'Eglife. Leur occupation

la plus ordinaire, après les soins du ménage,
est le travail du coton qui croît dans ce pays,
& dont on fait des ouvrages très-fins. Le climat est sec & chaud. Il n'y pleut presque jamais, depuis Mai jusqu'en Septembre. En
général les Tarentins se livrent avec excès aux
plaisirs de l'amour.

Il est vrai, ajoute M. *Kœler*, qu'on voit fréquemment dans Tarente, des personnes attaquées d'un mal qu'on guérit, ou du moins
qu'on calme par la musique. Il est encore vrai
qu'il y a certains airs qui font danser les malades ; que l'accès revient ordinairement vers
le commencement de l'été ; qu'il y en a qui
dansent une fois chaque année, pendant 16, 18,
20 & même 25 ans de suite. On dit ordinairement, que la maladie se termine par une
enflure, qui vient en quelque partie du corps.
On y applique des feuilles de concombres sauvages ; elle se mûrit, aboutit & le malade est
guéri.

La plupart des malades sont des femmes.
Il n'y a pas quelquefois un seul homme entre
mille danseuses, & s'il y en a, ils ont mené
une vie de femme, une vie sédentaire. Les
étrangers, les voyageurs, les enfans & les
vieillards, n'en sont point attaqués ; mais ce
qui mérite sur-tout d'être observé, c'est que
personne ne s'est jamais apperçu qu'il ait été
piqué par une tarentule, & n'a pu affirmer qu'il
l'ait été, ni dire où, ou comment cela est
arrivé. De plus, la tarentule n'habite point les
maisons, comme on le dit. Cette araignée se
tient dans les champs, & se creuse en terre

un

un petit trou, qu'elle ferme par une toile très-fine. On n'en trouve pas seulement à Tarente, mais aussi dans la Romanie, dans la Toscane & dans une partie de la Lombardie, & dans ces endroits on ne connoît point le tarentisme. M. *Baglivi* a très-bien répondu à cette objection, en disant que le venin de cette araignée a besoin d'être exalté par un degré de chaleur qui se trouve à Tarente, & non dans les autres contrées de l'Italie, où il peut se trouver des tarentules, & où on peut même en apporter de Tarente, & c'est ce qu'il prouve par l'exemple du Médecin dont nous avons fait mention ci-dessus.

La plupart de ceux que cette maladie attaque, reprend M. *Kœler*, dansent dans la même saison : c'est ordinairement vers la fin de Juin, ou au commencement de Juillet : ainsi ce mal a une espèce de paroxisme annuel. M. *Baglivi* diroit sans doute ici que ce paroxisme fait la preuve de ce qu'il a avancé, que l'activité de ce venin dépend d'un degré de chaleur, qui ne se fait sentir qu'à l'époque remarquée par M. *Kœler*. Au reste, ajoute ce dernier, personne n'a connoissance que ce venin soit mortel. Enfin, les Habitans de Tarente donnent le nom de *tarentule* à toutes les araignées, & ne savent pas distinguer celles qui occasionnent le tarentisme.

Toutes ces observations, continue M. *Kœler*, ne prouvent-elles pas que le poison de la tarentule est une chimère, & le tarentisme une espèce de *spleen* que la musique soulage ?

Dans ce conflict d'autorités également respectables, il est fort incertain que le tarentisme, cette espèce de maladie qu'on attribue à la morsure de la tarentule, dépende effectivement de la morsure de cet animal. L'Abbé *Nollet*, après son voyage d'Italie, regardoit comme fabuleux tout ce qu'on avoit publié d'extraordinaire sur cet insecte, & assuroit que les gens éclairés de la Pouille même, étoient dans la même opinion, & qu'il n'y avoit que des gens de la lie du peuple & des vagabonds, qui se disant piqués de la tarentule, paroissoient attaqués du tarentisme, & guérissoient de cette maladie par le secours de la musique.

Il n'y a donc de certain sur tout ce qu'on a publié à cet égard, que l'existence du tarentisme, ou de cette maladie singulière qui peut très-bien dépendre de toute autre cause que de la piquure de la tarentule; & ce qui paroît encore également certain, c'est que la musique est le véritable remède qu'on puisse favorablement employer contre cette espèce de maladie. Ajoutons encore ici une chose qu'on doit regarder comme aussi certaine, c'est que le peuple a souvent abusé de cette maladie pour en imposer au Public, toujours crédule & amateur du merveilleux, pour exciter sa commisération, & en tirer des secours, & conséquemment qu'il faut en rabattre beaucoup de tout ce qu'on a publié de merveilleux & sur la tarentule & sur le tarentisme. Peut-être même qu'en examinant la chose de plus près, on découvriroit facilement l'origine & de la maladie & des fables auxquelles elle a donné lieu. Voici ce que disoit un homme de beaucoup d'esprit, après avoir examiné tout ce qu'on a publié à ce sujet.

La plupart des hommes ont pour les araignées une aversion naturelle. Celles de la Pouille peuvent mériter cette aversion, & être véritablement venimeuses. Les Habitans du pays les craignent beaucoup. Ils sont secs, sanguins, voluptueux, ivrognes, impatiens, faciles à émouvoir, d'une imagination vive : ils ont les nerfs très-irritables. De là le délire les saisit au moindre mal, & dans ce délire, il n'est pas extraordinaire qu'ils imaginent avoir été piqués de la tarentule. Les cordiaux & les sudorifiques leur sont nuisibles, & empirent leur état. On met donc en usage le repos, la fraîcheur, les boissons, ainsi que la musique, qui calme leurs sens, & qu'ils aiment avec passion ; & voilà comment la musique paroît guérir, & même guérit véritablement la prétendue morsure de la tarentule. Cette exposition n'est point merveilleuse ; mais elle est fondée sur le bon sens, la vraisemblance, & la connoissance du caractère des Habitans de la Pouille.

TERREUR. On connoît assez les effets de la terreur, & si elle en produit quelquefois de contraires, cela vient sans doute de la disposition dans laquelle les organes se trouvent. Nous laissons aux Philosophes qui s'occupent de la manière selon laquelle les passions agissent sur nous, le soin d'expliquer ces effets, & nous nous contentons de les présenter.

Diemmerbroeck rapporte que dans le fort d'une violente tempête, accompagnée d'éclats de tonnerre, une femme, paralytique depuis trente-huit ans, se voyant enveloppée des feux de ce terrible météore, fut guérie à l'instant de son opiniâtre maladie. Mais, comme on pourroit attribuer cette espèce de prodige à l'analogie de la matière de la foudre avec la matière électrique, voici un exemple où cette matière ne peut être supposée agir comme vertu électrique. *Schenkius* rapporte qu'un homme paralysé depuis long-tems, se jetta du haut de sa maison, pour se dérober aux flammes qui la dévoroient, & que la terreur qu'il éprouva alors, le guérit de sa paralysie. Il vécut, ajoute-t-il ensuite, très-long-tems après, exempt de cette infirmité.

M. *Mazars de Cazelles*, Médecin à Bedarieux, rapporte un autre fait également surprenant, & produit pareillement par la terreur. Il fut appellé, nous dit-il, le premier Août 1759, à Villefelle, petit village auprès des bains de Lamalon, pour un Berger de dix-sept ans, maigre, éfilé, & cependant d'une constitution vigoureuse. Il avoit été si fort effrayé, il y avoit environ six mois, des menaces d'un Paysan qui le poursuivoit pour le battre, qu'il ne pouvoit depuis en soutenir la vue, après s'être cependant reconcilié avec lui. Il en étoit toutes les nuits aux prises avec lui, en songe, & il poussoit des plaintes & des gémissemens, que le réveil même ne calmoit qu'après qu'une longue & mûre réflexion lui en avoit fait connoître le vuide.

Trois mois après, ce Berger, l'esprit encore mal assuré contre son premier trouble, eut un nouvel assaut à soutenir contre un loup qui lui enleva une brebis. Il le poursuivit dans la forêt où il s'étoit évadé, & à force de chercher ſa brebis, il la découvrit dans un précipice qui lui parut d'abord inacceſſible, mais où ſon adreſſe & ſon audace le conduiſirent par un chemin périlleux. Là il diſputa ſa proie au raviſſeur, & parvint à le mettre en fuite par ſes cris redoublés, & à lui en arracher la moitié.

Cet événement le frappa ſi fort, qu'on s'apperçut, à ſon retour au village, que ſa raiſon en étoit un peu aliénée. Il fut pendant trois mois dans cet état; mais le mal empirant, on lui fit quitter ſes exercices, & on tâcha inutilement de l'égayer. Il étoit taciturne, & ne répondoit que par monoſyllabes à ſes parens; encore falloit-il que leurs queſtions fuſſent ſur des objets néceſſaires à la vie. Depuis l'hiſtoire du loup, il s'étoit toujours levé de grand matin, malgré qu'on l'eût toujours invité à prendre du repos. Il reſta un matin ſi long-tems au lit, quoiqu'il parût dormir d'un ſommeil tranquille & profond, que ſa famille en fut inquiette. Le tems de dîner étant arrivé, on fut l'appeller. On le ſecoua, on le pinça; il y fut inſenſible. On l'aſſied ſur ſon lit, non ſans une eſpèce de réſiſtance, & une eſpèce de roideur à plier ſon corps à cette attitude. Il y reſta ſans en changer. Ses yeux étoient ouverts & paroiſſoient regarder fixement le même objet. On lui propoſa de la ſoupe, on la lui préſenta. Il ne répondit, ni ne fit aucun mouvement. On lui ouvrit la bouche, on lui en mit une cuillerée dedans, il l'avala & continua à avaler juſqu'à ce qu'on eût fini de lui ſervir toute celle qu'on lui avoit deſtinée.

Ce triſte repas fini, on recommença à l'in-

terroger, à le secouer, fatiguer, tourmenter inutilement. On se détermina à le recoucher, & il
resta dans l'état où on l'avoit mis. Ses parens
regardèrent cette maladie comme un charme,
& étoient fort embarrassés pour trouver le ta-
lisman nécessaire pour le faire cesser. Ils se dé-
terminèrent à appeller un Chirurgien qui le
saigna. Le sang sortit d'abord à gros jets, bientôt il ne coula que gouttes à gouttes. Une saignée de pied, qu'on lui fit quatre heures après,
eut le même sort. Le lendemain, on le purgea
avec le séné, la manne & deux grains d'éméti-
tique. La médecine n'opéra rien. Un lavement
purgatif, administré le soir, excita quelques évacuations. Ce fut ce jour-là que M. *Mazars de
Cazelles* vit le malade. Il venoit déjà de donner
quelques signes de connoissance, & avoit répondu avec beaucoup de lenteur quelques *oui*
& quelques *non*, à plusieurs questions qu'on lui
avoit faites. Il ne répondit pas mieux à celles
du Docteur, & il ne put tirer la langue, que le
Médecin vouloit voir, quoiqu'on lui eût ouvert
la bouche, qu'il laissa béante jusqu'à ce qu'on
lui eût dit de la fermer. On lui demanda le bras,
qu'il tira du lit avec une lenteur étonnante. On
lui dit de s'asseoir sur son lit, sans qu'on lui
aidât pour cela. Il le fit après plusieurs mouvemens & un tems très-considérable. Le tronc,
le col & la tête gardèrent pendant cette ma-
nœuvre la même figure & position qu'ils avoient,
lorsqu'il étoit couché; de sorte qu'on eût dit que
ces trois parties ne faisoient qu'un corps roide
& inflexible, mu par un mouvement très-lent de
charnière des os des cuisses avec ceux du bassin.

Après d'autres recherches, le Docteur vit très-bien qu'il étoit dans un véritable état de cata-lepsie, dont il le guérit par des remèdes appro-priés. Il lui avoit ordonné d'aller vers le milieu de Septembre boire les eaux de Balaruc, pen-dant trois jours, & de s'y faire doucher la tête ; mais on le détourna de ce projet, & on lui fit prendre les eaux de la Vernière, qu'on avoit apportées dans ce canton, & elles produisirent un si mauvais effet, qu'il lui survint un nouvel accès de catalepsie, dont M. *Mazars de Cazelles* le guérit encore. Depuis cette époque, il jouit de la meilleure santé, jusqu'en 1760, qu'il eut quelques avant-coureurs de sa première mala-die, dont on le délivra par quelques médica-mens. Il en eut encore depuis quelques ressen-timens, dont il fut pareillement guéri.

Nous lisons, dans le cinquième livre des Nuits Attiques d'*Aulugelle*, que le Roi *Crésus* eut un fils, qui dans sa jeunesse avoit eu l'usage de la parole, mais qu'il devint muet par la suite. *Crésus* ayant été forcé dans une ville qu'il dé-fendoit, un Soldat qui le rencontra sans le con-noître, leva sur ce malheureux Prince son ci-meterre pour le tuer. Le fils étant à côté de son père, fut si frappé de ce danger, que la ten-dresse filiale trancha tout-à-coup les liens qui garottoient sa langue, & dit à ce farouche Sol-dat, *épargne le Roi. Clamans in hostem ne Rex Crésus occideretur.* Le même fait est rapporté par *Hérodote.*

TONNERRE. On a long-tems disputé dans l'Ecole sur la nature du tonnerre, & ce

n'eſt enfin que depuis qu'on connoît mieux les
effets de l'électricité, qu'on eſt parvenu à démontrer que le tonnerre n'eſt autre choſe qu'un
phénomène électrique. Cette matière ſe trouve-
t-elle ſurabondamment accumulée dans un nuage, elle tend à ſe mettre en équilibre, & en
ſe diſtribuant de nuages en nuages ſous la forme
d'un éclair, elle vient ſe perdre & ſe diſtribuer
dans notre globe. Ce dernier en contient-il une
quantité ſurabondante, elle tend à ſe porter dans
l'atmoſphère, & elle s'y élève effectivement par
le miniſtère de différens corps placés à la ſurface du globe, & propres à lui ſervir de conducteur. De là le tonnerre s'élève de la terre
dans les nuages, ou ſe précipite de ceux-ci dans
le globe, ſuivant que la matière électrique ſe
trouve plus ou moins abondamment accumulée
d'un côté ou d'un autre. Cette matière tend donc
préciſément, dans toutes les circonſtances, à ſe
mettre en équilibre & à ſe diſtribuer uniformément dans toutes les parties de notre ſyſtême
terreſtre, & cette diſtribution eſt aſſez communément accompagnée de phénomènes plus ou
moins ſinguliers, que le Phyſicien ne peut recueillir avec trop ſoin, pour arriver à une théorie exacte de ce météore.

Nous en raſſemblerons pluſieurs ici, qui nous
ont paru mériter quelqu'attention, & nous commencerons par ceux qui paroiſſent confirmer
l'analogie de la foudre avec l'électricité. L'année 1769 nous fournit pluſieurs faits remarquables à cet égard.

La nuit du 17 au 18 Juillet, vers les deux
heures du matin, le tonnerre tomba à Paris ſur

deux maisons très-éloignées l'une de l'autre.
L'une située rue Plumet, près la barrière de
Sève, & l'autre, rue de la Lingerie à la Halle.
Les deux coups se suivirent à très-peu de distance l'un de l'autre. M. *Rigaud*, Physicien
attaché à la Marine, étoit alors à Paris. Il examina presque sur-le-champ les effets de ces
deux coups de tonnerre, & voici le précis du
compte qu'il en rendit à l'Académie.

Le coup qui tomba rue Plumet, attaqua une
souche de huit cheminées, appuyées sur le
pignon d'une maison très-haute, & à-peu-près
isolées, & quoiqu'elles occupassent un assez
grand espace, étant à côté les unes des autres,
il entra dans six de ces cheminées. Une d'elles,
qui avoit une grosse ancre de fer qui la traversoit, fut démolie jusqu'au comble, avec une
partie du mur, & l'explosion fut si violente,
que deux moëllons pesant plus de quarante livres, furent jettés presque horisontalement à
plus de trente pieds contre le mur opposé. Il
abattit environ quatorze pieds de l'entablement,
où il mit tous les fers à découvert. De là descendant le long des tuyaux des cheminées, il
entra dans les chambres où ils répondoient,
commençant par le cinquième étage, & finis-
sant au-dessous des portes par où il sortit, per-
çant le pigeonage des tuyaux de cheminées, à
l'endroit des fentons, & les âtres aux bords de
la tremie.

Dans toutes les chambres le tonnerre attaqua tout ce qu'il y trouva de métallique. Entre
plusieurs cadres qui étoient dans une chambre,
il ne se porta que vers un seul qui étoit doré.

Les autres qui ne l'étoient pas, ne furent point touchés. Une lanterne de fer-blanc qui étoit sur la tablette de l'une des cheminées, fut brisée & fondue en partie, sans que deux bouteilles, dont l'une étoit de verre très-mince, & qui étoient sur la même tablette, reçurent le moindre dommage. Il suivit une poële de fer posée debout, & dans laquelle il parut être entré par la queue. Mais ne trouvant point de conducteur à l'autre extrémité, il brisa la poële en plusieurs morceaux. Un des phénomènes les plus surprenans, c'est qu'ayant trouvé dans l'une des chambres une caisse pleine d'ustensiles de fer, il éclata la caisse, & affecta la plus grande partie de ces ustensiles, dans lesquels on trouva des marques de fusion, sans allumer une demi-livre de poudre à canon qui étoit dans la même caisse, dans une poire ouverte. Ce même tonnerre brisa presque toutes les vîtres, mais les chassis ne parurent brûlés que dans les endroits où étoient les ferrures.

La plupart de ces chambres étoient habitées. Les habitans interrogés par M. *Rigaud*, sont tous convenus qu'ils avoient été couverts de platras & autres débris, avant d'avoir entendu le coup; que les traces du feu qu'ils ont vu dans leurs chambres, étoient si vives, qu'ils n'avoient pu en soutenir l'éclat; & que le tonnerre y avoit laissé une odeur si désagréable, & qui prenoit si fort à la gorge, qu'ils en auroient été suffoqués, sans l'air qui entroit abondamment par le grand nombre de carreaux de vîtres que le tonnerre avoit cassés. Ils ajoutèrent que ce violent coup avoit été précédé d'une forte bouf-

fée de vent, d'un redoublement de pluie, &
qu'il s'étoit passé environ quatre minutes sans
éclairs ni tonnerre, avant que ce coup éclatât.

Un des habitans de cette maison étoit alors
debout dans sa chambre, & se disposoit à boire
de l'eau d'un pot qu'il avoit été chercher. Le
tonnerre le trouva dans sa route, brisa son pot
en mille pièces, lui fit une écorchure, large de
deux doigts, à la hanche droite, & il éprouva
une commotion si terrible, qu'il urina involon-
tairement, demeura plus d'une demi-heure sans
sentiment, eut une tumeur douloureuse au-dessus de l'articulation de l'avant-bras, ressentit
pendant deux jours une grande difficulté de
respirer, & rendit des crachats noirs. Ce qu'il
y a de plus singulier encore, c'est qu'à l'approche
d'un petit orage, qui arriva deux jours après
que ces symptômes furent dissipés, ils se renou-
vellèrent encore. Etoit-ce la peur ou la matière
électrique de l'orage qui causoit cet accident?
c'est ce qu'il n'est pas possible de décider.

Les mêmes phénomènes, dont nous venons
de parler, se sont retrouvés dans les effets du
coup de tonnerre tombé dans la rue de la Lingerie. Il a de même suivi les tringles, les fils
de fer des sonnettes, & tout ce qu'il a trouvé
de métallique. Mais ce que nous ne devons pas
passer sous silence, c'est que M. *Rigaud* ayant
interrogé les habitans sur l'odeur qu'ils avoient
sentie dans cette occasion, M. *Paupelin* le fils
l'avoit comparée à celle des huiles enflammées
par l'esprit de nitre.

Le 6 Août suivant, il y eut un autre orage
qui fut observé par M. l'Abbé *Chappe*. Un des

principaux objets des obfervations de ce célèbre
Aftronome, étoit de voir s'il n'obferveroit point
la foudre s'élever de terre, comme quelques
Phyficiens affurent l'avoir obfervé, & comme
il l'avoit obfervé fouvent lui-même en Sibérie,
& même à Paris l'année précédente.

L'orage avoit commencé à s'annoncer vers
les cinq heures du foir, par une nûée noire,
fituée à l'horifon. Mais les éclairs ne commencèrent à paroître qu'à fept. Ils étoient vifs &
fréquens ; mais tout cela fe paffoit en filence.
Ce ne fut que vers les neuf heures qu'on commença à entendre le tonnerre. Il étoit alors très-
éloigné. L'orage s'approchoit cependant, &
bientôt un coup de vent violent remplit l'air
d'une fi grande pouffière, que la lumière même
des éclairs en fut affoiblie.

L'Abbé *Chappe* & quelques autres Savans
qui étoient avec lui, fe retirèrent au rez-de-
chauffée de la terraffe de l'Obfervatoire de Paris, & fe placèrent dans un petit cabinet d'obfervations fitué à l'eft du bâtiment. La fenêtre
en eft petite. Les Obfervateurs y étoient mieux
à l'abri de la pluie, & moins expofés aux accidens, qu'ils ne l'euffent été dans la tour occidentale, fermée de chaffis mal joints & compofés en entier de fer & de plomb, dont le
voifinage eft toujours dangereux en pareils cas.
Ils apperçurent alors un coup de foudre s'élever de terre, comme une fufée, du côté de
Châtillon, c'eft-à-dire, à environ une lieue. Le
coup qui l'accompagna ne fut point confidérable.
Vis-à-vis du cabinet où ces Meffieurs étoient,
fe voit un mât ifolé & diftant d'environ trente-

deux toifes. Ce mât fert à élever de grandes lunettes pour les obfervations aftronomiques, & fa tête porte un équipage de fer, garni d'une poulie de même métal, fur laquelle paffe la corde deftinée à cet ufage.

Vers les dix heures & demie un coup de foudre s'éleva de terre dans la direction de ce mât, & ce phénomène fut fi évident, que les Obfervateurs, au nombre de trois, s'écrièrent à la fois, *le voilà*. Le bruit fe fit entendre prefqu'en même-tems, & fut des plus violens. Ces Meffieurs obfervèrent en effet un petit intervalle de tems, & il y a grande apparence, dit l'Abbé *Chappe*, qui rapporta à l'Académie cette obfervation, que la partie de la foudre qui s'éleva de la terre, n'éclata que lorfqu'elle eut joint celle qui fortoit de la nuée.

M. l'Abbé *Chappe* étoit bien perfuadé que le mât avoit été touché du tonnerre ; mais la pluie qui continuoit, ne lui permit point de l'examiner alors. Il ne put faire cette obfervation que le lendemain, & voici ce qu'il remarqua.

Le mât de l'Obfervatoire a environ trentedeux pieds de haut, compris la poulie & la girouette. Il eft fendu en plufieurs endroits, & pour empêcher la pluie d'entrer dans ces fentes, on les a remplies de maftic, qu'on y a fait tenir avec des cloux, dont on a hériffé ces fentes. Il eft cerclé par le haut de deux frettes de fer, tenues enfemble par quelques morceaux de fer plats entaillés dans le mât, & furmonté d'une poulie de fonte, dans fa chaffe auffi de fer, au-deffus de laquelle s'élève une girouette de ferblanc.

Il remarqua que le feu du tonnerre n'avoit pas, à beaucoup près, embraſſé le mât tout autour. Un barreau de fer qui étoit au pied, du côté de l'eſt, n'avoit point perdu ſa rouille, non plus qu'un gros clou qui étoit au-deſſus, mais du côté du nord. De l'oueſt & du ſud ſon action étoit viſible. Tous les cloux, dont la tête n'avoit point été garantie par le maſtic, avoient ſenti plus ou moins l'action du feu, & ſembloient ſortir de la forge, tandis que ceux que le maſtic avoit garantis, avoient encore toute leur rouille. Telles furent les remarques de l'Abbé *Chappe* au pied du mât. Mais une tache noire qu'il voyoit au haut, l'engagea à s'y faire élever, au moyen d'une corde paſſée dans la poulie, penſant bien que tout le fer de la tête du mât avoit reſſenti l'action du tonnerre.

Sa conjecture ſe trouva vraie. Le feu du tonnerre avoit ſuivi exactement les fentes où il avoit trouvé des cloux, ſans endommager beaucoup le bois; mais lorſqu'il s'étoit trouvé à l'extrémité ſupérieure de la plus haute, il s'étoit élancé vers les frettes de fer qui étoient à la tête du mât, & avoit brûlé de ce côté la partie du bois qui étoit entre deux. Les chevilles de bois qui ſervoient à boucher des trous dans cet endroit, étoient brûlées, au point de ne pouvoir être tirées ſans peine, & M. l'Abbé *Chappe* en porta quelques-unes à l'Académie. La monture de la poulie, les frettes & l'axe de la girouette avoient éprouvé l'action du feu, & ſembloient ſortir de la forge.

Les deux obſervations que nous venons de rapporter, prouvent manifeſtement que le feu du tonnerre, comme celui de l'électricité, suit le plus long-tems qu'il peut les corps métalliques, & celle de l'Abbé *Chappe* semble faire voir que l'étincelle foudroyante part en partie de la terre, & en partie de la nuée orageuse, & que l'explosion se fait à la rencontre de ces deux parties; mais ce fait n'est point aussi constant que le précédent, & exige de nouvelles observations, non pour prouver que la matière du tonnerre s'élève quelquefois de terre, mais que son explosion dépend de la rencontre de celle qui descend en même-tems du ciel; car il est constant que la matière du tonnerre s'élève de terre, & l'observation suivante en fournit une preuve.

Le premier Mai 1746, le tonnerre tomba sur l'Eglise d'Ostervola en Vestmanie. Il entra par une des tours, de laquelle il détacha plusieurs pièces de bois attachées avec des cloux. De là, passant dans l'Eglise, il endommagea des ornemens de cuivre, en fondit quelques-uns en partie, renversa un morceau de sculpture cloué contre un pilier, brisa des bancs, des pierres sépulcrales, des vîtres avec leur plomb, mit le feu à l'Eglise, y répandit une vapeur de soufre, perça deux murailles, & y fit de grandes ouvertures. Aussi-tôt après ce coup, la femme du Sonneur & sa Servante vinrent à l'Eglise. Elles y avoient fait à peine cinq à six pas, qu'elles furent épouvantées par un second coup de foudre. La femme marchoit la première; elle vit une grosse masse de feu sortir du plancher de l'Eglise, & se porter vers la porte, par laquelle elles étoient entrées. Toutes les deux entendirent un bruit femblable à celui d'un torrent. Auffi-tôt le Vicaire, qui étoit dans la tour du Presbytère, vit un globe de feu qui fortit de la tour de l'Eglife, que le premier coup de foudre avoit frappé, & qui s'évanouit en l'air. Dans le premier coup, la foudre étoit tombée du ciel, & fe porta par préférence fur les métaux; ce qui prouve fon analogie avec l'électricité. Dans le fecond coup, elle étoit fortie de la terre.

Mais un fait plus fingulier, & qui prouve mieux encore que le tonnerre eft un phénomène électrique, c'eft fans contredit celui que M. *Jallabert* communiqua à l'Abbé *Nollet*, en 1767. Il lui apprend que fon fils ayant entrepris de vifiter les Alpes avec M. *de Sauffures*, ils s'étoient trouvés furpris d'un orage fur la cime d'une de ces hautes montagnes, & qu'ils furent fort étonnés de voir qu'ils étoient devenus à un tel point électriques, que lorfqu'ils étendoient le bras, il fortoit de leurs doigts des étincelles fpontanées, & qu'il en fortoit en particulier de fréquentes d'un bouton de métal qui étoit au chapeau de M. *Jallabert*. Ils éprouvoient en même-tems la fenfation que procurent les étincelles électriques à ceux de qui on les tire. Ce phénomène dura autant que l'orage, qui ceffa au bout d'un quart-d'heure.

On eut encore, en 1771, une preuve affez frappante de cette parfaite analogie entre la matière du tonnerre & celle de l'électricité. On doit cette obfervation à M. *Bomare*. Le 12 Août de cette année, le tonnerre tomba fur une maifon placée dans la direction de la plate-bande

bande du parterre du château de Chantilly, &
d'un pont, sur lequel étoit alors le célèbre Naturaliste dont nous venons de parler. Quoique
le vent fût alors très-violent, il cessa entièrement au-dessus de l'endroit où il étoit. Les tiges
des fleurs n'étoient point agitées.

Une femme, alors occupée à laver en face
d'une des fenêtres de la maison, fut frappée
au bras & à l'oreille. Les vîtres d'une fenêtre
furent brisées. Plusieurs pièces de bois furent fra-
cassées, d'autres seulement remuées. Des morceaux de métal parurent calcinés ou corrodés,
quelques-uns seulement marqués de taches ; mais
rien n'indiquoit la route de la foudre. Aussi n'y
avoit-il dans la maison aucune substance métallique disposée de manière à la conduire. Deux
hirondelles furent tuées dans leur nid au haut
de la cheminée, & il paroissoit que c'étoit leur
ventre & non leur dos qui avoit été frappé, &
qu'ainsi la matière du tonnerre s'étoit élevée de
la cheminée.

Leurs Altesses Sérénissimes Messeigneurs le
Duc de Chartres, le Prince de Condé & le Duc
de Bourbon furent témoins de tous ces faits.
Ils étoient à la chasse pendant l'orage. Au coup
de tonnerre, ils se sentirent frappés, non dans
les articulations, mais dans les muscles de la
poitrine & du ventre. Ils ont jugé, aux mouvemens de leurs chevaux, que ces animaux
avoient éprouvé aussi la commotion. Monseigneur le Duc de Bourbon fut frappé plus fortement : son cheval l'emporta quelques pas. Il
sentit au visage un frémissement semblable à
celui qu'on éprouve lorsqu'on s'approche d'un

corps électrifé, & les gens de fa fuite apperçurent fur fon vifage, mais fur-tout à fa lèvre inférieure, des taches noirâtres d'une matière onctueufe.

De même que l'électricité fond les lames de cuivre ou d'or qu'on expofe convenablement à une forte commotion, de même le tonnerre fond pareillement quelquefois les métaux qu'il attaque. On en trouve la preuve dans une obfervation de M. *Bergman*, dont voici le précis.

La plupart des grandes Eglifes en Suède, font couvertes de lames de cuivre, comme les nôtres le font de lames de plomb. Dans un orage arrivé à Upfal, le 21 Mai 1766, le tonnerre tomba fur l'Eglife Cathédrale, & endommagea la couverture. M. *Bergman* examinant les débris de la foudre, trouva autour de l'ouverture que le tonnerre avoit faite, une pouffière femblable à dès fleurs de foufre. Il en ramaffa autant qu'il put, mais il fut bien furpris de voir que ces prétendues fleurs de foufre étoient de véritable cuivre calciné, qu'il révivifia par les moyens ordinaires. C'eft peut-être la première fois qu'on avoit vu ce métal calciné par le feu du tonnerre.

Veut-on encore un effet de l'affection de la foudre pour les métaux, & de fon action fur eux, lorfque leur maffe n'eft pas fuffifante pour conduire toute la charge? On le trouve dans une obfervation faite en 1676. On lit dans une lettre de M. *Guerin*, Avocat du Roi au Préfidial de Soiffons, qu'il y eut auprès de cette ville, le 25 Avril de l'année indiquée, un orage épouvantable qui dura près d'une heure; que les coups de tonnerre ébranlèrent singulièrement les maisons ; & que la foudre tomba sur l'Abbaye de S. Médard, y fit de très-grands dégâts, & y laissa des marques surprenantes de sa chûte.

De la flèche du clocher, dit M. *Guerin*, dont elle a enlevé toute l'ardoise, elle est entrée dans le corps du mur, & descendue par l'ouverture qu'elle a faite, jusqu'à l'endroit où sont les cloches. Là elle s'est attachée à un fil de laiton qui répond à l'horloge, & après l'avoir fondu dans toute sa longueur, elle s'est divisée, en descendant, en trois portions.

La première de ces portions a suivi jusqu'en bas les cordes qui soutiennent les poids, sans les endommager, a passé au milieu de six Religieux qui sonnoient, sans les blesser, & est entrée dans la Sacristie par un trou imperceptible, où frappant le bâton du Chantre, elle a développé une portion de la feuille d'argent dont il étoit couvert.

La seconde portion a passé à travers un mur épais de trois à quatre pieds, par l'ouverture du pivot de l'aiguille, a emporté la moitié de l'horloge, qu'on a trouvé brisée en plusieurs pièces, à trente toises au-delà. Elle est allée ensuite dans la cuisine, où elle a cassé quelques pots, rompu le pavé en plusieurs endroits, renversé par terre un garçon, sans lui faire aucun mal, & percé un mur de part en part, y faisant un trou d'environ un pied de diamètre.

La troisième portion s'est détournée à droite, a brisé & mis en éclats une grosse pièce de bois, pour entrer dans la première chambre du dortoir,. en a brisé une autre pour en sortir, & ayant rencontré, à sa sortie de ce dortoir, un autre fil de laiton qui aboutissoit à un réveil-matin, & régnoit le long des chambres, à plus de soixante-quinze pieds, elle l'a suivi & consumé d'un bout à l'autre, laissant dans tout cet espace une impression de diverses couleurs contre le mur. Cette impression avoit environ dix-huit pouces de largeur, & formoit des flammes, dont les pointes tendoient également en haut & en bas, peintes de jaune, rouge, brun, verd foncé & noir, telles que les Peintres nous représentent celles de l'Enfer. Le fil de laiton étoit coupé à l'endroit d'une poulie, sur laquelle passoit une corde de même grosseur, & d'environ trois pieds de longueur, que la foudre n'avoit même pas noircie. Mais, en reprenant le fil de laiton, elle l'a encore fondu & recommencé l'impression jusqu'au réveil-matin. De cet endroit, elle est entrée dans la dernière chambre du dortoir, & n'y a pas mis le feu, quoiqu'elle fût pleine de paille. Elle a seulement ébranlé les cloisons & cassé les vîtres. Cette foudre, qui a produit des effets si bizarres, a suivi les mêmes routes, & fait les mêmes choses qu'une autre qui tomba sur la même Abbaye, dix à onze ans auparavant.

Si la foudre respecta ici les Religieux qui sonnoient les cloches de l'Abbaye, elle ne garde pas toujours les mêmes ménagemens avec les Sonneurs, & c'est sans contredit s'exposer à un danger éminent d'être foudroyé, que de s'attacher à sonner des cloches, dans le dessein d'éloigner la foudre. On fait pour l'ordinaire exactement le contraire. Nous en trouvons un exemple frappant dans un orage extraordinaire qui se fit ressentir, la nuit du 14 au 15 Avril 1718, en Basse-Bretagne, & dont M. *Deslandes*, qui étoit alors à Brest, nous a conservé l'histoire.

Il fut précédé par des orages & des pluies qui avoient duré presque sans interruption pendant plusieurs jours. Enfin vint cette nuit du 14 au 15 Avril, qui se passa presque toute entière en éclairs très-vifs, très-fréquens & presque sans intervalles. Des Matelots qui étoient partis de Landernau dans une petite barque, éblouis par ces feux continuels, & ne pouvant plus gouverner, se laissèrent aller au hasard sur un endroit de la côte, qui par bonheur se trouva saine. A quatre heures du matin il fit trois coups de tonnerre si horribles, que les plus hardis frémirent.

Environ à cette même heure, & dans l'espace de cette côte, qui s'étend depuis Landernau jusqu'à S. Paul-de-Léon, le tonnerre tomba sur vingt-quatre Eglises, & précisément sur celles où l'on sonnoit pour l'écarter. Des Eglises voisines, où on ne sonnoit point, furent épargnées. Le peuple, toujours superstitieux, s'en prenoit à ce que ce jour là étant le Vendredi-Saint, il n'étoit point permis de sonner.

M. *Deslandes* se transporta à Gouesnon, village à une lieue & demie de Brest, dont l'Eglise avoit été entiérement détruite par ce tonnerre. On y avoit vu trois globes de feu d'environ trois pieds & demi de diamètre, qui, s'étant réunis, avoient pris leur route vers l'Eglise, d'un cours très-rapide. Ce gros tourbillon de

flamme la perça à deux pieds au-deſſus du rez-
de-chauſſée, ſans caſſer les vîtres d'une grande
fenêtre peu éloignée ; tua dans l'inſtant deux
perſonnes, de quatre qui ſonnoient, fit ſauter
les murailles & le toît de l'Egliſe comme auroit
fait une mine ; de ſorte que les pierres étoient
ſemées confuſément à l'entour, quelques-unes
lancées à vingt-ſix toiſes, d'autres enfoncées en
terre de plus de deux pieds.

Des deux perſonnes conſervées, tandis qu'elles
ſonnoient, l'une avoit été enſevelie pendant
plus de quarante heures ſous les ruines & ſans
connoiſſance. Ce fut celle que M. *Deſlandes* vit :
il n'en put tirer autre choſe, ſinon qu'elle
avoit vu l'Egliſe tout en feu, & qu'elle tomba
en même-tems. Son compagnon d'infortune
avoit ſurvécu ſept jours, ſans avoir aucune con-
tuſion, & ſans ſe plaindre d'aucun mal que d'une
ſoif ardente qu'il ne pouvoit éteindre.

Veut-on de nouvelles preuves de l'analogie
entre la foudre & l'électricité ? L'obſervation ſuivante nous en fournit une aſſez lumineuſe, &
nous montre en même-tems des effets bien ſinguliers de ce météore ſur le corps humain. Le
10 Juin 1776, un orage ſe forma au-deſſus de
Faenza. Dom *Robert Seconditi*, Abbé Régulier
du Monaſtère de Sainte-Marie de la même ville,
alors occupé, dans ſa chambre, à retirer le
bouchon d'une bouteille d'encre, alla dans le
dortoir pour examiner l'état du ciel, ayant à la
main cette bouteille, & un fil de fer dont il ſe
ſervoit : il vit une lumière qui éclairoit tout le
clocher, & il reſſentit à l'inſtant, entre les deux
épaules, une commotion électrique. Il apperçut

autour de fa jambe & de fon bras droit, des
fillons & des étincelles d'un bleu clair. Un nouveau trait de lumière vint à lui en ferpentant &
fans bruit. Effrayé, toujours environné d'étincelles, il courut & fut ébloui d'une vive lumière
qui fe porta au clocher. Alors plufieurs coups
de tonnerre fe fuccédèrent, le ciel fut en feu,
& l'orage creva. Pas une feule trace de déchi-
rure ni de brûlure fur les vêtemens de Dom
Seconditi ; mais dès ce moment, dit l'Auteur du
Journal de Paris, d'où nous avons tiré cette
obfervation, il éprouva une ardeur confidérable
au dos, de la pefanteur dans tout le côté droit,
& la privation du fommeil. Sa langue devint
convulfive & retirée vers le fond de fa bouche.
Il parloit avec peine, un limon amer & falé
couvroit fes gencives & fes dents ; fon appétit
étoit devenu exceffif. Il s'ouvrit fucceffivement
trois plaies fous la plante des pieds. Son efprit
n'étoit point dans fon affiette ordinaire. Ses
idées fe préfentoient en foule, & il n'avoit point
la liberté de réfléchir. Il s'irritoit aifément, fes
forces augmentoient, il étoit infatigable. Ces
accidens & quelques autres, que nous paffons
fous filence, difparurent après une fueur & une
abondante évacuation de vers, mêlée d'une
prodigieufe quantité de fang. La verge de fer
qu'il tenoit à la main, au moment de l'orage,
fervit apparemment de conducteur à la matière
du tonnerre.

Nous pourrions encore ranger dans la même
claffe plufieurs autres obfervations dont nous
parlerons plus bas. Elles tendent toutes à
prouver l'analogie que nous venons d'établir

par les précédentes ; mais elles sont en même
tems accompagnées de phénomènes si singuliers,
que nous ne les citerons que comme des faits
extraordinaires , & qui nous prouveront que
quelques observations que nous puissions faire,
nous sommes encore bien éloignés de connoître
toutes les bizarreries de ce singulier météore.

Qui croiroit , si on n'en avoit un exemple
aussi certain que celui que nous allons rapporter,
que le tonnerre, qui ne paroît fait que pour la
destruction de ce qu'il touche , pût opérer quelquefois la guérison d'une maladie qui n'auroit
pu céder aux remèdes les plus appropriés à
l'état du malade ? Voici cependant un fait incon-
testable en ce genre.

L'Académie Royale de Gottinge reçut, en
1762, un mémoire de M. *Wilkinson*, Docteur
en Médecine, dans lequel ce Médecin lui attes-
toit que M. *Winter*, Pasteur à Kent, homme
robuste & bien constitué , âgé de cinquante-
quatre ans, fut frappé, le 1er Juillet 1761, d'une
attaque d'apoplexie, dont il resta paralytique. Les
remèdes qu'on lui administra dans le cours de
l'année le mirent en état de marcher un peu avec
un bâton , & de s'aider de ses membres ; mais
tous ses muscles étoient encore foibles. Il avoit
des palpitations violentes, des tremblemens, de
fréquens vertiges , & ses tendons éprouvoient
des mouvemens convulsifs. Une douleur vive &
continuelle s'étoit fixée à la poitrine : ses douleurs se calmèrent cependant un peu , trois
semaines après avoir pris les eaux de Tumbridge.
Le 24 Août 1762, à dix heures du soir, étant
dans son lit, il fut éveillé par de grands éclats

de tonnerre, & à l'inflant de fon réveil il fentit une commotion aufli violente que s'il eût été frappé de la foudre : mais ce fentiment fut fi rapide, qu'à peine il eut le tems d'y penfer, & il compara cette fecouffe à celle d'une commotion électrique. Dans le même tems toute fa chambre fut pleine de feu, qui difparut aufli promptement que fa fenfation ; mais il y refta une odeur affez forte & affez analogue à celle du phofphore. Dès ce moment toutes fes facultés furent rétablies, & fes fens avoient repris leur vigueur. Il avoit fenti la même chofe que fi on lui eût ôté de deffus la poitrine un grand poids, & que fi une partie très-tendue s'étoit fubitement relâchée. Plein de joie, il médita toute la nuit fur cet heureux changement. Le lendemain il fe leva fain & vigoureux ; tous fes membres obéiffoient promptement, les tremblemens, la roideur & les vertiges avoient ceffé.

Dans l'exemple précédent les douleurs ceffent & le malade fe rétablit. Dans celui que nous allons rapporter, d'un genre différent, à la vérité, les douleurs accompagnent l'orage, & renaiffent avec les éclairs, à la furprife des gens de l'art & de tous ceux qui liront cette obfervation.

Le nommé *Lardene*, Batelier fur le Rhône, à Silon, près Saint-Vallier en Dauphiné, reçut, dans une difpute, un coup de couteau dans le ventre. Les inteflins & l'épiploon s'échappèrent par la plaie. Il fut porté à l'Hôpital de Saint-Vallier, où il fut traité convenablement & guéri. Reflant alors quelques jours de plus, d'après l'avis du Médecin, pour donner aux parties léfées le tems de reprendre leur force, il furvint un orage furieux, & le Médecin, M. *Garniere*, étant alors dans l'Hôpital, vit le Batelier fur fon lit, qui fe plaignoit de fa bleffure. Les douleurs revenoient & fe diffipoient avec les éclairs, qui étoient très-vifs & très-fréquens. M. *Garniere* fit mettre la partie malade à découvert, pour examiner avec attention les changemens qui pourroient y furvenir ; mais il n'apperçut aucun changement ni à la plaie ni au ventre, quoique le malade poufsât des cris & des gémiffemens, en portant naturellement la main fur la cicatrice toutes les fois qu'il faifoit des éclairs : ceux-ci finiffant, la douleur ceffoit. Plus les éclairs fe fuccédoient & étoient brillans, plus la douleur fe foutenoit & étoit aiguë. Ce phénomène fe fit obferver pendant près d'une heure. Enfin l'orage, la pluie & les éclairs ayant ceffé, le Batelier ne fentit plus de douleurs. Trois jours après il quitta l'Hôpital, reprit la rame, & depuis cette époque il n'éprouva aucune incommodité.

Il fit éprouver bien plus de mal & des douleurs plus aiguës & plus permanentes à un Charetier des environs de Paris, en 1756. Cet homme étoit tellement ivre, qu'il fut obligé de fe coucher à l'ombre d'un arbre en plate campagne, au milieu du chemin. Il s'éleva un orage violent, le tonnerre tomba fur l'arbre qu'il brûla entière-ment, & atteint ce malheureux auquel il fit d'abord, entre les deux omoplates, une ouver-ture de cinq à fix pouces de longueur. Il perça fon habit, fa vefte, fa chemife, & fe gliffa à droite & à gauche le long du dos, des lombes, des feffes, des cuiffes, des jambes & fortit fous fes deux talons. Il brûla d'abord tous les poils qu'il trouva fur fon paffage ; mais ce qu'il y a de plus fingulier, c'eft qu'il grilla l'épiderme depuis les omoplates jufqu'aux talons, en le réduifant en petits rouleaux d'égale groffeur, & féparés régulièrement de quatre doigts en quatre doigts les uns des autres. On trouva les fouliers de cet homme à dix pas de là, à moitié brûlés & coupés en morceaux. Ce malheureux, fans connoiffance, fe rouloit dans le chemin comme un furieux. Des paffans le traînèrent dans une maifon voifine, où il fut faigné deux fois copieufement. La raifon lui revint trente-fix heures après cet accident, & dès ce moment il commença à reffentir des douleurs très-vives, occafionnées par les brûlures que le tonnerre lui avoit faites. Après avoir jetté quelque tems beaucoup de férofités, elles fe diffipèrent au bout de quinze jours, & le malade fut parfaitement rétabli.

Un fait plus fingulier encore, & fans doute moins compréhenfible, c'eft de voir le tonnerre tomber fur de la poudre fans l'embrafer, & c'eft ce qu'on vit le 5 Novembre 1755. Parmi des pluies continuelles qui tomboient depuis quinze jours, on entendit cinq à fix grands coups de tonnerre, dont le dernier fit un éclat très-violent. La foudre étoit tombée fur un magafin à poudre à Marome, petit village éloigné de trois quarts de lieue de Rouen. Le tonnerre & la poudre, dit celui qui rapporte ce fait, objets effrayans, inftrumens de deftruction prefqu'également redoutables, chacun à part, & qui, réunis, femblent raffembler tous les efforts de la nature & de l'art, qui pourroit croire qu'on en feroit quitte pour la peur ? ce fut cependant ce qui arriva ici. La foudre brisa une poutre du toît, pénétra parmi huit cents barils de poudre, écrasa deux de ces barils, & rien ne prit feu. Il ne falloit qu'une étincelle pour enflammer tout, le village & les environs étoient abîmés.

Une autre bizarrerie aussi singulière, produite par le même météore, c'est l'effet qu'il produisit, le 6 Septembre 1756, sur un baromètre qui fut exposé à son action. Il tomba sur le château de Chignac, en Auvergne ; il brisa le faîte du pavillon, perça une cheminée & renversa le trumeau, se répandit en plusieurs faisceaux dans la salle, fit une ouverture à une voûte, & alla frapper contre un mur, où il laissa deux taches noires circulaires, d'environ un pouce de diamètre, & distantes d'un pied l'une de l'autre. Un très-bon baromètre étoit suspendu au mur de la salle. A la chûte de la foudre le vif-argent se précipita au fond du tube, & depuis ce tems le mercure, tantôt au niveau, tantôt au-dessus & quelquefois au-dessous de celui qui se trouve renfermé dans la cuvette, ne garda plus aucune proportion dans ses variations. Une singularité qu'on remarqua, c'est qu'on ne vit aucune félure au tube, & lorsqu'on le renversoit, le mercure demeuroit suspendu sans se précipiter.

Le merveilleux de ce phénomène disparoîtroit aisément en supposant, comme il paroît assez naturel de le faire, que ce baromètre étoit mal purgé d'air dans son origine, & que la foudre ayant rassemblé la masse d'air dans le haut du tube, celle-ci auroit précipité le mercure.

Mais si on veut rassembler de véritables bizarreries dont on ne peut guère donner de raisons satisfaisantes, les observations suivantes, que nous rangerons selon l'ordre de leurs dates, auront de quoi satisfaire la curiosité du Lecteur.

M. *George Tharding* nous apprend que le 20 Juin 1690, le peuple étant assemblé dans une des Eglises de Saint Ralzund, le ciel paroissant alors très-serein, un violent coup de tonnerre se fit subitement entendre, & causa tant de frayeur aux assistans, que la plus grande partie de l'assemblée fut renversée. Comme il étoit tombé vers l'autel, ce fut vers cet endroit que se fit le plus grand dégât. Les deux chaires du Prédicateur, qui étoient des deux côtés, furent réduites en mille pièces, & converties en petits copeaux, sans que ceux qui y étoient assis reçussent la moindre blessure. Les semelles des souliers de différentes personnes se trouvèrent enlevées, comme si elles eussent été coupées avec un outil bien tranchant, sans que les pieds de ces personnes fussent endommagés. Les nappes & les autres couvertures de l'autel furent déchirées. Les habits d'un Boucher, qui étoit debout près de là, furent criblés d'une infinité de petits trous, & cet homme n'eut point le moindre mal. Une grosse poutre qui traversoit l'Eglise, & sur laquelle la croix étoit placée, fut mise en morceaux. Toutes les pièces de l'horloge furent fondues, & un fil de fer assez gros fut tortillé à-peu-près comme un crin qu'on auroit approché d'une flamme.

Le 24 Septembre 1772, au milieu d'un violent orage, on vit tomber la foudre à Besançon, sous la forme d'un gros globe de feu, qui traversa

le magafin à bled, l'Hôpital du Saint-Efprit &
plufieurs bâtimens intermédiaires & adjacens.
Elle fit quelques dégâts, mais ils furent peu
confidérables ; elle ne bleffa perfonne, quoiqu'elle eût parcouru dans l'Hôpital une falle
remplie de nourrices & d'enfans. Le tonnerre
fe précipita enfuite dans le Doux, dont il fit
jaillir les eaux par fa chûte, à plufieurs pieds
de hauteur, & parcourut encore fous l'eau un
efpace de plufieurs toifes. La rivière parut alors
couverte de poiffons étourdis qui fortoient de
tout côté. On en prit une quantité innombrable :
mais cet engourdiffement difparut un quart-
d'heure après, & les poiffons difparurent auffi.

Le 26 du même mois & de la même année
1772, le tonnerre tomba fur une femme de
la campagne, aux environs d'Alicante. Il lui
traça une ligne bleuâtre depuis le front jufqu'à
la hanche, la bleffa légèrement en cette partie,
lui fit jaillir quelques gouttes de fang, fuivit la
même direction jufqu'à la plante des pieds, laiffant la même marque, & brûla l'extrémité de
fes hardes & de fa chauffure, fans lui faire le
moindre mal. Ce fait fe trouve configné dans le
Journal Encyclopédique pour le mois de Décembre 1772.

Le 14 du mois de Juin 1774, le tonnerre
tomba à Poitiers fur une cheminée qu'il perça
& lézarda. Il coula fous les tuiles & endommagea
une manfarde en ardoifes, & paffant le long des
chaînaux de fer-blanc, à une maifon voifine, il
fondit en différens endroits les foudures des
tuyaux deftinés à recevoir les eaux de pluie,
dans une petite cour où travailloit un Tonnelier,

âgé de dix-huit ans. Il brûla le quartier de ſon ſoulier du pied droit, & paſſant entre ſon bras & ſa jambe, il rouſſit le bas ſeulement à l'intérieur, ſans bleſſer la jambe, à la malléole externe. Il brûla auſſi la doublure de ſa culotte ſans bleſſer la cuiſſe, lui enleva l'épiderme du bas-ventre du même côté, & ſortant enſuite par le devant de ſa culotte, il lui arracha un bouton de cuivre qui la fermoit, & ce bouton fut porté dans ſon ſoulier du pied gauche, dont il déchira le quartier ſans endommager la peau. Ayant abandonné ce jeune homme, il alla caſſer cinq à ſix carreaux de vîtres d'une fenêtre vis-à-vis, fondit les plombs, & paſſa dans une allée où il fit faire, à un Menuiſier qui s'y trouvoit, une pirouette, & lui cauſa, à une jambe, une douleur ſemblable à celle qu'on reſſent dans les expériences d'électricité. Le Tonnelier fut tranſporté ſur le champ à l'Hôpital de la Charité, & il en fut quitte pour la peur.

En 1777, la foudre tomba ſur la flèche du clocher de *Saint-Martin*, village ſitué à cinq lieues de Dijon, & s'y diviſa en trois parties. L'une alla couper la corne du chapeau d'un enfant de quatre ans, & renverſa cet enfant, ſans lui faire de mal. La ſeconde rencontra dans ſa direction une jeune femme qui tenoit ſon enfant entre ſes bras, & une bonne vieille ; elle ne toucha point à celle-ci, mais elle tranſporta l'autre à huit pas de diſtance. Ni la mère ni l'enfant n'eurent d'autre mal que la peur. La troiſième partie briſa les tuiles du clocher, dans un eſpace de huit à dix pieds de circonférence, & n'endommagea aucune des lattes. Elle fendit

enfuite, de haut en bas, le pivot de la charpente du clocher, fit fauter en éclats, par une
fenêtre, une partie du bois ; alla mettre en pièces
deux piliers du béfroi, & ne toucha point au
troifième. De là le tonnerre defcendit par le trou
de la corde des cloches. Il renverfa le Marguillier
& un enfant de fix ans. On les crut morts tous
deux ; mais ils en furent quittes pour des douleurs vives & de plufieurs jours aux jambes &
à la nuque du cou. La foudre continua fes ravages ; elle perça l'angle du mur & alla brifer, aux
deux côtés, la boiferie d'un petit autel. Une
jeune fille qui étoit à genoux fur le marche-pied
n'en fut qu'effrayée, il lui fembla, pendant
plufieurs jours, qu'elle avaloit de la fumée de
foufre & de bitume. La matière fulminante prit
fa direction vers le maître-autel. En frappant la
table de pierre, elle enleva un morceau du
marbre de devant l'autel, en forme de triangle
d'environ trois pouces, noircit une partie du
tabernacle, fit voler en éclats quelques panneaux
de la boiferie du chœur, traverfa un mur de
pierre de taille, & fe diffipa. Le Curé, qui
étoit dans fon confeffional, fentit, quand la
foudre pénétra dans l'Eglife, que fes genoux fe
heurtoient l'un contre l'autre, avec tant de violence, qu'il fe crut bleffé. Cependant voyant le
Marguillier par terre, il alla vers lui, & eut affez
de forces pour le porter hors de l'Eglife, remplie alors d'une fumée infecte.

On écrivit de Troppau, le 2 Août 1777, que
la foudre étoit tombée, peu de jours auparavant,
dans un village près de cet endroit. On la vit,
dit-on, d'abord fe gliffer le long de la tour du
clocher,

clocher, puis ſe diviſer en pluſieurs parties, leſquelles ſe réuniſſant enſuite , ſuivirent un fil
d'archal qui deſcendoit juſqu'au pied du bâtiment pour faire moúvoir une clochette. On
entendit en même tems un coup de tonnerre
terrible ; l'air s'obſcurcit auſſi-tôt , & tout préſa-
geoit un orage affreux. La peur ſaiſit tous les
Habitans , & chacun ſe retira ſous ſon toît ,
de ſorte que perſonne ne put dire ce qui s'étoit
paſſé pendant ce tems d'alarmes , qui fut accompagné d'un fracas horrible pendant l'eſpace d'une
minute. Le calme étant rétabli , les plus hardis
ſortirent de leur retraite , & ils virent tous les
toîts du village découverts , la tour du clocher
détachée de ſes fondemens, & couchée le long
de l'Egliſe , ſans avoir été d'ailleurs endommagée. Un grand tilleul qui étoit dans la cour du
preſbytère fut emporté de ſa place , & incruſté,
pour ainſi dire juſqu'à la moitié de ſon diamètre,
dans l'épaiſſeur du mur d'une chapelle. Des
ſtatues de bois qui décoroient une eſpèce de
calvaire, qu'on nommoit le Mont des Oliviers ,
diſparurent , & on trouva une cheminée avec
la partie du toît auquel elle tenoit, retournée
du midi au couchant. Un garçon Laboureur
dormoit dans un grenier à foin, ſon habit ſur
ſes pieds ; la foudre emporta au loin l'habit, qui
ne fut retrouvé qu'au bout de trois jours, & elle
emporta en même-tems la couverture du grenier,
ſans que l'homme s'éveillât. Il n'y eut perſonne
de tué. Le bétail qui étoit dans les champs ſouffrit beaucoup, & on crut qu'un tremblement de
terre s'étoit joint à cet orage.

Le mois de Décembre de cette même année

1777 fut encore remarquable dans l'ifle de Bouin, fur les côtes de la Bretagne & du Poitou. Malgré la rigueur du froid qu'on éprouvoit alors, on y entendit, la veille de Noël, à près de huit heures du foir, un feul coup de tonnerre fi furieux, qu'on crut que tout étoit écrafé dans l'Ifle. La foudre tomba fur le clocher de l'Eglife; les chaînes de l'horloge furent fondues, deux barres de fer coupées, une cloche caffée, & le dedans du clocher, bâti folidement en briques, fut ouvert en plufieurs endroits. Une feule per-fonne, du nombre de celles qui étoient alors à l'Eglife, y fut frappée & marquée à l'épaule par le feu du ciel, quoiqu'il ne parût rien à fes vêtemens.

TREMBLEMENS DE TERRE. Secouffes plus ou moins violentes qu'éprouvent les diffé-rentes parties de notre globe, & qui occafionnent des effets & des altérations plus ou moins ter-ribles. Les changemens, les révolutions les plus funeftes qu'ait éprouvé le globe, font dûs à ce redoutable phénomène. C'eft par lui qu'une in-finité d'endroits qui faifoient anciennement l'ob-jet de notre admiration, ne préfentent plus au-jourd'hui qu'un amas effrayant de ruines & de dé-bris. La mer foulevée du fond de fon lit, des villes renverfées & détruites, des montagnes fendues, tranfportées, écroulées, des provinces entières englouties, des contrées immenfes arrachées du continent, de vaftes pays abymés fous les eaux, d'autres découverts & mis à fec, des ifles forties tout-d'un-coup du fond des mers, des rivières qui changent de cours, &c. voilà un abrégé des ravages occafionnés par les tremblemens de terre.

Laissons aux Physiciens à rechercher la cause de tous ces désastres, qu'ils trouveront sans doute dans l'élément du feu qui dévore progressivement les entrailles de notre globe, & contentons-nous de parcourir en abrégé & sommairement les effets de ce terrible phénomène.

De tout tems, l'homme a pu observer de semblables désastres, & si la mémoire des premières observations qu'il aura faites s'est perdue dans l'obscurité des tems reculés, il en reste encore des vestiges qui nous prouvent l'antiquité de ce fléau redoutable. Nous lisons dans l'Histoire que sous l'empire de *Tibere*, treize Villes considérables de l'Asie furent totalement renversées, & qu'un peuple innombrable fut enseveli sous leurs ruines. La fameuse ville d'Antioche éprouva le même sort l'an 115. Le Consul *Pedon* y périt, & l'Empereur Trajan qui s'y trouvoit alors, eut beaucoup de peine à ne point être enseveli sous ses ruines. L'an 742, il y eut un tremblement de terre universel en Egypte, & dans tout l'Orient. Près de six cens Villes furent renversées dans une même nuit, & il périt une quantité prodigieuse d'hommes & d'animaux.

Le tremblement de terre que la Syrie éprouva en 750, causa également le plus grand effroi & le plus terrible désastre. La terre s'ouvrit de toutes parts; plusieurs Villes furent abymées, d'autres renversées, & quelques-unes, élevées sur des hauteurs, furent transportées dans des plaines, éloignées de six milles de leur première situation, comme le remarque *Nicephore*, Patriarche de Constantinople, dans son Abrégé de l'Histoire Bizantine.

Mais pourquoi aller fouiller dans les cendres de l'antiquité, pour trouver des malheurs de cette espèce? N'ont-ils pas été assez fréquens de nos jours, & assez terribles, pour nous donner une idée suffisante de ce redoutable phénomène? Il ne faut cependant pas passer sous silence celui qu'on observa en 1584, dans la ville d'Aigle, au Canton de Berne, par rapport à l'effet singulier qui en résulta. Qu'au moment d'un tremblement violent, les édifices s'écroulent & se trouvent engloutis en terre, rien ne paroît plus naturel; mais que ce tremblement soit accompagné d'une espèce de pluie de terre, si on peut s'exprimer ainsi, qui aille couvrir un espace de terrain assez considérable, ce fait est plus surprenant; on en trouvera cependant facilement la cause dans l'exposition du fait que nous allons rapporter.

L'an donc 1584, à une demi-lieue de la ville d'Aigle, après de grands tremblemens de terre de dix à douze minutes, & qui redoublèrent pendant trois jours consécutifs, on vit un matin, entre neuf à dix heures, s'élancer d'un entre-deux de rocher, une prodigieuse quantité de terre, poussée par des exhalaisons renfermées, & qui faisoient effort pour se porter au-dehors. Cette terre tomba comme une ravine d'eau, & combla en peu d'instans les vallons & la campagne voisine. Un Hameau en fut d'abord abymé, à une maison près, & la terre augmentant à mesure qu'elle rouloit comme une pelotte de neige, ensevelit dans un Village, au-dessous du Hameau dont nous venons de parler, soixante-neuf maisons, cent six granges pleines de denrées, plus

de cent perfonnes, & quantité de bétail. Cette
pluie de terre, accompagnée d'une grêle de
pierres & d'une nuée mêlée d'étincelles & de fumée qui répandoit par-tout une odeur de foufre,
occupa environ une lieue d'étendue, & la largeur
de douze arpens. Le tremblement fut fi violent,
qu'un lac peu éloigné de cet endroit, fut avancé
à plus de vingt pas au-delà de fon lit, & on
vit vers la tête de ce lac des tonneaux pleins de
vin, dreffés fur leurs fonds. On reconnoît aifément ici l'effet d'un volcan, & ce fut fans doute
à l'effort que fit celui-ci pour fe mettre au large,
qu'on doit attribuer les tremblemens de terre
qu'on éprouva pendant quelques jours.

Prefque tous les tremblemens de terre font
accompagnés, au moins à leur origine, de feux
qui s'élancent des entrailles du globe ; on en
trouve la preuve dans celui qu'on éprouva le 13
Mai 1682, à Remiremont fur la Mofelle, à quatre
lieues de Plombières.

Il fut fi violent, dit-on dans la relation qui en
fut envoyée à l'Académie des Sciences de Paris,
que les maifons avoient été renverfées, & que les
Habitans avoient été contraints de fe retirer dans
la campagne, où ils avoient demeuré pendant fix
femaines. Ce tremblement de terre continua quelque tems, & ce qu'il y a de particulier, c'eft que les
fecouffes ne fe faifoient fentir que pendant la nuit,
& nullement le jour. Elles étoient accompagnées
d'un bruit à-peu-près femblable à celui du tonnerre. Il étoit fi grand, que lorfque la voûte de
la grande Eglife, appartenante à des Chanoi-
neffes, tomba, on n'entendit point ce fracas. On
voyoit des flammes fortir de la terre, fans qu'il

parût aucun trou, ni aucune issue, excepté dans un seul endroit, où on apperçut une ouverture, en forme de fente, dont on voulut inutilement mesurer la profondeur ; elle se boucha quelque tems après. Les flammes qui sortoient de la terre, plus fréquentes dans les lieux plantés, comme les bois, ne brûloient point ce qu'elles touchoient. Elles portoient avec elles une odeur fort désagréable, mais qui n'avoit rien de sulfureux. Ce tremblement se fit sentir avec la même force à cinq ou six lieues aux environs de Remiremont, & particulièrement dans les fonds & les entre-deux des montagnes proche la ville. La relation ajoutoit que l'eau d'une fontaine peu éloignée de cette Ville, en avoit été troublée & rendue presque semblable à de l'eau de savon, non-seulement par sa couleur, mais par une qualité abstersive qui lui étoit restée. Bien plus, il se formoit à sa superficie une écume qui se coaguloit, & une matière semblable à du savon, qui se dissolvoit dans l'eau. La fontaine de Plombières jettoit dans ce tems beaucoup plus de fumée qu'à l'ordinaire.

Six ans après cette époque, en 1688, on éprouva à Smyrne, un tremblement de terre également terrible, dont M. *Galand* donna la relation à l'Académie. On en avoit déja éprouvé un au mois de Décembre 1687, mais il n'avoit point été accompagné d'accidens assez remarquables pour troubler la tranquillité publique.

Ce fut au 10 Juillet 1688, vers les onze heures trois quarts, qu'arriva le phénomène dont nous voulons parler. Il commença par un mouvement d'occident en orient. Le château fut d'abord

renversé, ses quatre murs s'étant entr'ouverts &
enfoncés de six pieds dans la mer. Ce château
qui étoit un isthme, devint une véritable isle,
éloignée de la terre d'environ cent pas dans l'endroit où la langue de terre fut engloutie. Les
murs qui étoient dans la direction du couchant
au levant, tombèrent, & il ne resta que ceux
qui étoient situés du nord au midi.

La Ville qui est à dix milles de ce château, fut
renversée, & on vit en plusieurs endroits des ouvertures faites à la terre. On entendoit différens
bruits souterrains. Il y eut de cette manière cinq
à six secousses jusqu'à la nuit. La première, qui
fit beaucoup de fracas, dura près d'une demi-
minute.

Le feu prit à la plus grande partie des maisons de la Ville, excepté au quartier des Turcs,
qui faisoient alors leur *Ramasan*, ou jeûne so-
lemnel, & qui pour cette raison n'avoient point
de feu chez eux. M. *Galand* fut lui-même enveloppé sous les ruines d'une maison pendant
un quart-d'heure. Dès qu'il s'en fut retiré, il
se transporta à bord, où il s'apperçut des secousses suivantes. Ceux qui y étoient dans le
tems des premières, les avoient tellement res-
senties, qu'ils s'imaginoient toucher à leur dernière heure.

Le terrain de la Ville baissa alors de deux
pieds, & depuis cette époque, il fallut descendre
pour aller en certains endroits vers les bords de
la mer, où il falloit auparavant monter. Il ne
resta, après ce désastre, que le quart ou environ
de la Ville, & principalement les maisons qui
étoient sur des rochers.

Cc iv

Dans ces quartiers-là, il regne pendant l'été un vent d'oueſt qui commence ſur les dix heures du matin, & continue en augmentant juſqu'à quatre heures du ſoir. Le 11 & le 12, ou les deux jours ſuivans, & le 11 du mois d'Août de la même année, le tremblement de terre recommença vers les huit heures du matin. Enfin le 10 Septembre, on ſentit encore une violente odeur de ſoufre. En même-tems on éprouva des tremblemens de terre à Metelin, à Chio, à Satalin, & le long de la côte. La nuit du 10 au 11, on en reſſentit à Conſtantinople. On avoit aſſuré à M. *Galand*, que depuis ces époques, on avoit trouvé des ſources nouvelles, & on comptoit quinze à vingt mille perſonnes qui avoient péri dans ces événemens.

Il n'eſt pas ſurprenant qu'après des révolutions de cette eſpèce, de nouvelles ſources ſe faſſent jour vers la ſurface du globe, & on conçoit également que de nouvelles iſles peuvent s'élever & s'établir au milieu des eaux. Ce fut ce qui arriva dans les iſles Açores.

Le dernier jour de l'année 1720, & les jours ſuivans, il y ſurvint un grand tremblement de terre, dans le trajet de mer entre l'iſle de S. Michel & celle qu'on appelle Tertiaria ; il ſe forma tout-à-coup une iſle nouvelle qui excédoit d'abord à peine le niveau des eaux, & qui s'éleva enſuite peu-à-peu au point qu'on pouvoit la voir à la diſtance de huit à dix lieues. Elle avoit environ une lieue de circonférence. Elle étoit comme hériſſée d'immenſes rochers qui reſſembloient à de la pierre ponce. Il s'élevoit, toutes les nuits, du côté où elle étoit expoſée au vent du nord-

nord-ouest, des globes de feu & des torrens de matières enflammées qui s'élançoient jusqu'au ciel. Le jour ramenoit le calme, & au lever du soleil on ne voyoit plus que de la fumée. Les eaux étoient très-chaudes tout à l'entour, & la mer bouillonnoit si fort au loin, qu'il eût été dangereux à des vaisseaux d'approcher de l'isle. Quelque tems après cette isle s'affaissa, & disparut totalement. Ce phénomène s'est déja fait observer plusieurs fois, & nous devons à de semblables tremblemens & à des éruptions de feux souterrains la production de plusieurs isles. Ce qu'il y a de plus singulier en ceci, c'est qu'il est certains endroits, certaines mers, qui semblent avoir plus de disposition que les autres à donner naissance à de nouveaux rochers & à de nouvelles isles.

On sait que le 10 Janvier 1707, il s'éleva tout-à-coup avec une violente éruption de flammes, une isle nouvelle près de celle de Santorin, qui fut ébranlée de même par la violence de la secousse. M. *Delaval* assure, dans la relation de son Voyage à la Louisianne, qu'il s'en forma une dans la même mer, & non loin de celle dont nous venons de parler, la première année de la cent quarante-cinquième olympiade, cent quatre-vingt-seize ans avant Jesus-Christ. Bien des gens prétendent qu'il en parut une troisième dans la mer Egée, l'an 1573.

Gassendi nous apprend qu'au commencement de Juillet 1638, environ quatre-vingts ans avant l'apparition de l'isle dont il est ici question, il en avoit paru une près de S. Michel, de même espèce que la précédente, dont la naissance avoit

été précédée de l'éruption de quantité de pierres, forties avec fracas du fein de la mer.

Le défaftre arrivé à Lima en 1746, mérite
de trouver ici fa place. Il fut occafionné par un
violent tremblement de terre dont voici le précis.
Le 28 Octobre 1746, on entendit vers les dix
heures & demie du foir, un bruit fouterrain, qui
précéde toujours, au moins en ce pays-là, les
tremblemens de terre, & dure affez de tems
pour que les habitans puiffent fortir de leurs maifons. Les fecouffes vinrent enfuite & furent fi
violentes, qu'en quatre à cinq minutes de tems, il
ne refta de la Capitale que vingt maifons fur pied;
foixante-quatorze Eglifes ou Couvens, le Palais du
Vice-Roi, l'Audience royale, les Hôpitaux, les
Tribunaux & tous les édifices publics, qui étoient
les plus élevés & plus folidement bâtis que les
autres, furent ruinés de fond en comble.

La Callao, ville fortifiée, & port de Lima, à
deux lieues de cette Capitale, fut vraifemblablement renverfée dans le même tems où le tremblement fe fit fentir. La mer s'éloigna du rivage
à une grande diftance, & elle revint enfuite avec
tant de furie, qu'elle fubmergea treize des vaiffeaux qu'elle avoit laiffés à fec & fur le côté
dans le port, en porta quatre fort avant dans les
terres, où elle s'étendit à une de nos lieues,
rafant entièrement la ville de Callao, & englou-
tiffant tous fes Habitans au nombre de cinq mille,
& plufieurs de ceux de Lima, qu'elle trouva fur
le chemin. Les ofcillations que fit la mer jufqu'à
ce qu'elle eût repris fon affiette naturelle, couvrirent les ruines de cette malheureufe ville de
tant de fable, qu'il refta à peine quelque veftige

de ſa ſituation. On avoit déjà trouvé onze cens quarante-un corps enſevelis ſous les ruines, au départ du vaiſſeau qui apporta cette nouvelle. On travailloit à rebâtir les maiſons de Lima, en les faiſant encore plus baſſes qu'elles n'étoient avant cet accident, & on eſpéroit que par les ſages précautions du Vice-roi, on tireroit des ruines la plus grande partie des effets précieux qui avoient été enfouis.

L'an 1750 fut encore remarquable par un tremblement de terre qui ſe fit ſentir à Lavedan. La nuit du 24 au 25 Mai, on entendit dans cette vallée un bruit ſemblable à celui d'un tonnerre ſourd. Ce bruit fut ſuivi de pluſieurs ſecouſſes de tremblemens de terre, qui durèrent juſqu'au lendemain, & ne finirent que vers les dix heures du matin. Les ébranlemens les plus forts ſe firent ſentir vers Saint-Savin ; une pièce de roc enſevelie dans la terre, & de laquelle il ne paroiſſoit qu'une partie, fut jettée hors de ſa place, tranſportée à quelques pas, & le creux qu'elle occupoit fut rempli par de la terre qui s'éleva de deſſous. Un Hermite, qui habitoit une montagne voiſine, dit qu'il avoit entendu les rochers ſe froiſſer avec un ſi terrible bruit, qu'il lui ſembloit que la montagne alloit s'abymer. L'allarme fut grande dans ce canton, & ſur-tout du côté de Lourdes. Les Habitans coururent à la campagne ſe retirer ſous des tentes. La tour du château de cette dernière ville, dont les murailles ſont d'une épaiſſeur prodigieuſe, fut léſardée d'un bout à l'autre, & la Chapelle preſqu'entièrement renverſée. Pluſieurs maiſons de quelque villages voiſins furent abſolument détruites, & un nombre confidérable d'Habitans périrent fous leurs ruines. Les voûtes de l'Eglife de l'Abbaye de Saint Péé furent entr'ouvertes. A Torbes on fentit ce même jour, quatre fecouffes, depuis dix heures du foir jufqu'à cinq heures du matin. Le 26, on en reffentit encore trois, dont une renverfa une ancienne tour de la ville, & fit quelques fentes à la voûte de l'Eglife Cathédrale. Ces fecouffes furent toujours précédées de mugiffemens fouterrains. A Pau, les cloches fonnèrent d'elles-mêmes, & les maifons furent vivement fecouées, mais fans qu'il y foit arrivé aucun accident. Ce même tremblement fe fit fentir à Touloufe, à Montpellier, à Rhodès, à Saint-Pons, en Saintonge, & dans tout le Médoc.

Nous voici arrivés à des tems plus défaftreux encore, dont la funefte cataftrophe eft profondément gravée dans notre fouvenir, & nous offre le fpectacle de la plus grande défolation.

Lifbonne, Capitale du Portugal, bâtie fur les bords du Tage, fut le théâtre fanglant de ce terrible événement, qu'elle avoit déjà éprouvé plus de deux fiècles auparavant. Voici de quelle manière on réunit ces deux événemens dans une relation qui parut quelque tems après.

C'eft, dit-on, dans les Hiftoires de *Paul Jove* qu'on peut trouver des éclairciffemens, & comme des préfages de ce qui vient d'arriver. Nos arrière-neveux ne parcourront-ils pas de même nos annales pour comparer encore le tremblement de terre qu'ils effuyeront avec celui dont nous venons d'être les témoins ?

Il étoit neuf heures du matin le premier Novembre de cette année 1755, lorfque tout-à-coup on entendit un grand bruit, femblable à celui d'un coup de tonnerre. Il fut accompagné de fecouffes violentes, de redoublemens, de grandes crevaffes & ouvertures de terre, d'une crue d'eau extraordinaire. Le Tage s'enfla prefque foudainement, les vagues de la mer furent pouffées au loin au-delà du rivage ; les bâtimens, les maifons, les édifices publics, furent renverfés, plufieurs furent engloutis, & plus de la moitié de Lifbonne n'eft plus qu'un amas de pierres : voilà pour la Capitale.

Les villes peu diftantes de Lifbonne ont autant fouffert. Sétubal n'eft plus : Santaren, bâtie fur le rivage droit du Tage, à quelques lieues au-deffus de Lifbonne, a éprouvé un malheur femblable. L'inondation a détruit tout ce que le tremblement de terre avoit épargné. Le feu, & il ne faut pas oublier ce défaftre, s'étoit joint au tremblement de terre à Lifbonne, & l'incendie y avoit fait autant de dégâts que les fecouffes, en forte que fes malheureux Habitans pouvoient dire avec *David : Tranfivimus per ignem & aquam.* Mais cet incendie n'eft furvenu au tremblement que par occafion. Il aura fans doute trouvé fa caufe dans le renverfement des maifons, qui feront tombées fur des feux.

Les mêmes fecouffes fe font fait fentir dans tout le Royaume de Portugal, & dans la plupart des Villes d'Efpagne. On marque que ces fecouffes ont été fur-tout violentes à Séville, dont la belle tour a beaucoup fouffert, & à Cadix. Ces Villes font éloignées de Lifbonne, à près de foixante-dix lieues. Cadix a prefque été inondée par un coup de mer,

qui lança contre ſes murs une vague extraordinaire : heureuſement elle ſe briſa & la mer
rentra dans ſon lit, póur ne le paſſer qu'une ſeule
fois l'après midi, & elle emporta une chauſſée.

Toute la côte de l'Océan a reſſenti en
même tems cette ſecouſſe du premier Novembre. Depuis Cadix, juſqu'à Hambourg, ſur la
mer de Hollande, les nouvelles font mention
de Coïmbre, Bilbao, Bayonne, Angoulême,
de quelques Villes de Hollande, de Hambourg.
Les côtes de la Méditerranée ont été agitées,
& ſur-tout Carthagène, Valence, &c.

Pluſieurs fleuves ſe gonflèrent, & produiſi-
rent des inondations. Parmi ceux-ci, on doit
compter Guadalgoivir, le Tage, le Douro,
la Garonne, le Véſel, &c.

Rapprochons maintenant les traits de com-
paraiſons des tremblemens de terre de Liſ-
bonne, de Janvier 1532, & de Novembre
1755. Les réflexions en naîtront les unes des
autres.

Le tremblement de 1532, dont l'Evêque
de Côme nous marque les particularités au
vingt-neuvième livre des Hiſtoires de ſon tems,
ne fut, ni auſſi violent, ni auſſi univerſel que
celui de 1755. *Paul Jove* ne parle que du
Portugal. Il eſt vrai qu'il fait mention d'une
irruption violente de la mer, dont Harlem &
l'Ecluſe, villes de Hollande, furent ſubmer-
gées : mais outre que cette éruption précéda
de deux mois, elle ne fut point accompagnée
de tremblement, & ſi l'inondation fut l'effet
d'une exploſion, ce qui eſt très-vraiſemblable,
cette exploſion ſe fit dans la mer.

Cependant le tremblement de 1532, se fit au même endroit que celui de 1755. Lisbonne en fut alors, & le centre & le foyer. La mer ne se seroit-elle point creusé, sous cette Ville, de profondes cavernes, qui seront devenues comme la minière, & le lieu de l'amas des matières bitumineuses & inflammables qui font la base de l'explosion.

On vit les eaux du Tage grossir si considérablement le premier Novembre 1755, qu'elles étoient élevées de dix pieds au-dessus de leur lit à Tolede. La cause en est sensible.

Les vagues de la mer poussées avec violence, faisant résistance à l'écoulement des eaux du Tage, se sont mêlées avec elles, les ont fait refluer, & c'est-là ce qui a causé l'inondation du Sétubal & de Santaren. Or, l'inondation de 1532 fut égale à celle-ci. On lui trouve encore bien d'autres caractères de similitude, en comparant la description de *Paul Jove* ; d'où l'on peut inférer, que le tremblement de terre de 1755, ne fut qu'une répétition de celui qu'on éprouva en 1532. Ne seroit-il point à craindre qu'on éprouvât encore par la suite le même désastre ? Comment y remédier ? Il n'est sans doute qu'un moyen ; mais il n'est point entre les mains de l'homme. Ce seroit, sans contredit, l'éruption d'un volcan. Ce phénomène, que le vulgaire regarde comme un fléau terrible & destructeur des endroits où il se fait observer, garantit ces endroits de malheurs bien plus grands. Lisbonne eût été en sûreté, si les feux souterrains, rassemblés dans ses cantons, avoient pu se faire jour & se porter librement au-dehors. Si le mont Véfuve ne vomiffoit fon bitume & fa lave par des périodes réglées, il y a long-tems que le Royaume de Naples ne feroit plus.

Quant à l'étendue des endroits où le tremblement s'eft fait fentir, c'eft un point difficile à faifir & à comprendre. Ce n'eft point par la communication des terres précifément qu'il s'eft propagé; car fi ce tremblement s'étoit communiqué par ondulation, à-peu-près comme l'agitation des eaux, ou comme le fon, par une propagation fucceffive, qui s'affoiblit, en s'éloignant du centre du mouvement, pourquoi des Villes très-éloignées de Lifbonne auroient-elles reffenti le tremblement, tandis que des lieux intermédiaires & beaucoup plus près auroient été préfervés?

La chaîne des montagnes & leurs directions, peuvent cependant rendre cette hypothèfe auffi vraifemblable, que celle dans laquelle on fuppoferoit des mines de bitume, qui règneroient & qui communiqueroient enfemble, dans toute l'étendue de l'efpace où on a reffenti ce mouvement; mais nous laiffons aux Naturaliftes & aux Phyficiens le foin d'en indiquer la caufe.

Ce terrible phénomène fut précédé & fuivi d'un très-grand nombre d'autres femblables, dont il feroit fans doute important de conferver la note, pour qu'on pût en fuivre, autant qu'il eft poffible, la marche, & en tirer des inductions propres à nous en faire découvrir les caufes.

Le 25 Mars 1755, on entendit un bruit extraordinaire

extraordinaire dans la Province d'Yorck, près des montagnes appellées Blackhamilton, au fud-oueft & à deux milles de Sutton. Ce bruit continua le 26 & le 27. Il reffembloit à celui de plusieurs canons, ou d'un tonnerre roulant, & paroiffoit venir des rochers de Cabifton, qui font fur ces montagnes. Le même jour 27, entre dix & onze heures du matin, il s'éclata deux morceaux du roc; l'un au fommet, de deux toifes de largeur; l'autre, épais de fept toifes, haut de quinze & large de trente-cinq. Ce dernier fut jetté dans le vallon. Le foir, vers les fept heures, il y eut une fecouffe terrible. Plufieurs autres morceaux du roc, pefant chacun plufieurs quintaux, furent détachés de leur place, renverfés, lancés, roulés & entaffés les uns fur les autres. Le vendredi & le famedi faint, la terre ne ceffa de trembler : les rochers roulèrent continuellement; la terre s'ouvrit en beaucoup d'endroits, & fe crevaffa jufqu'au dimanche matin. Ces ruines, qui préfentoient un fpectacle affreux, furent vifitées par plufieurs Naturaliftes. On obferva que le rocher, dont les débris couvroient la terre, étoit d'une fubftance folide, & on n'y apperçut aucun vuide, où l'air eût pu agir pour le faire éclater. Cependant il étoit fendu dans toute fa maffe & de haut en bas. Ce qui s'en étoit détaché étoit rompu en des milliers de morceaux, dont quelques-uns furent jettés à deux ou trois cents toifes de là. Le fol qui environnoit ce roc, étoit affaiffé au lieu d'être foulevé, comme on eût pu l'imaginer; mais un peu plus loin, il formoit comme une efpèce de fillon de quatre à cinq toifes de hauteur, fur fix à huit de largeur, & environ cent de longueur. Près de ce fillon étoit un morceau de terre de quinze à vingt toifes de diamètre, qui avoit été tranfporté tout entier, & fans aucune crevaffe, avec quelques morceaux du roc, dont quelques-uns étoient très-confidérables. Un peu plus loin fe trouvoit un autre morceau de terre de vingt-cinq toifes de diamètre, qui avoit été tranfporté en entier avec des fragmens de roc & un arbre. On jugea que ces pièces de terre avoient été enlevées du pied du rocher, ce qui avoit caufé dans cet endroit l'affaiffement du fol. Autour de ces pièces de terre, dans l'étendue d'environ foixante arpens, il y avoit quantité de pierres difperfées en différens fens, les unes fur la furface de la terre, les autres à demi-enfoncées, ou prefqu'enterrées. La terre entre ces pierres étoit fendue en une infinité d'endroits. Dans le vallon bordé de pâturages, le gazon étoit enlevé & roulé, comme de grandes feuilles de plomb. Il n'y paroiffoit aucune crevaffe, mais la terre étoit élevée en petits fillons de cinq à fix pieds de longueur, qui repréfentoient des tombeaux dans un cimetière. La partie du rocher qui reftoit, jettoit alors un tel éclat, qu'on le voyoit de tout le pays d'alentour, à la diftance de plufieurs lieues. Tel fut en partie l'effet d'un tremblement qui précéda de quelques mois le défaftre de Lifbonne.

Mais fi l'on confulte les Annales d'Angleterre, on trouvera que depuis 1750 jufqu'en 1756, on effuya douze à treize tremblemens de terre. En 1750, Londres en effuya trois dans l'efpace

d'une femaine, mais qui ne causèrent heureufement aucun dommage. En France, en Allemagne, dans les Pays-Bas, où ces phénomènes
étoient très-rares, puifqu'on n'en avoit obfervé
qu'en 1262, 1342, 1504, 1580, 1602, 1640
& 1692, on en obferva plus de quatre-vingts
en 1750, dont quelques-uns firent beaucoup de
dégâts en différentes contrées. Voici la lifte qu'en
donna dans le tems un Savant d'Allemagne, qui
fentoit de quelle importance il étoit de conferver
la mémoire de ces fortes de phénomènes.

En 1750, le 11 Février, à Rome; le 19, à
Londres, fecouffes affez fortes. Le 10 Mars, à
Conftance dans la Souabe, & le 19 encore à
Londres, fecouffe avec bruit. Le 20 du même
mois, à Frefcati, près de Rome. Au mois d'Avril,
une fecouffe à Lancaftre en Angleterre. Le 15
Mai, dans la Calabre; le 23, à Florence; le 24,
à Bordeaux, & en quelques autres endroits de
la France. Le 7 de Juin, dans l'ifle de Cérigo,
& le 24, à Munich. En Août, à Gibraltar &
dans le Comté de Lincoln en Angleterre. Le
3 Septembre, à Grantham encore en Angleterre,
& dans le même mois, à la Jamaïque, à Clamber,
& à dix lieues à la ronde. Le 5 Octobre, fur les
côtes d'Afrique; le 11, en plufieurs endroits
d'Angleterre, dans le Royaume de Naples, &
dans la Romagne. Le 6 Novembre, en Laponie.
En Décembre, dans l'ifle de Saint-Vincent, à
Venife, à Schaffhaufen; le 22, à Naples.
En 1751, le 3 Février, à la Jamaïque, dans la
Navarre, dans les Pyrénées & à Tarbes; le 15,
à Nantes. Le 20 Mars, fur la Loire. En Avril,
à Angers, au Chili, dans l'ifle de Juan Fernandès,

En Mai, à Saint-Domingue. Le 5 Juin, à Naples, à Volterre dans le Duché de Toscane & à Rome. Le 3 Juillet, à Saint-Polten en Autriche ; le 11, en Sicile ; le 19, à Nocera ; le 26, à Rome & à Nocera, où il y eut une grande désolation. En Août, à Gobbio, en d'autres cantons d'Italie & à Palerme. En Septembre, dans l'Ombrie. En Octobre, à Camerino en Italie ; le 18, à Saint-Domingue, à la Martinique, & dans d'autres isles de l'Amérique, où ces tremblemens de terre durèrent jusqu'en Décembre. Le 23, à Naples, avec éruption du Vésuve. Le 7 Novembre, à Swanski dans la Finlande ; le 21, à Gènes & dans le Milanez. Le 4 Décembre, encore à Naples.

En 1752, en Janvier, à Frontallo, aux environs de Mantoue, en Portugal, au Chili, & en d'autres endroits de l'Amérique qui en furent très-maltraités. Le 27 Mars, sur la côte Daveiro en Portugal. Le 16 Avril, à Stavanger dans la Norwège, avec un orage terrible qui s'étendit jusqu'à Berlin, dans le Comté de Sommerset en Angleterre, & dans l'isle Hispaniola. Le 13 Mai, à Neuhausel en Hongrie, aux environs de Coimbre en Portugal, & dans l'isle de Zante avec destruction. En Juillet, à Riccio, à Genzo & à Nocera en Italie. En Septembre, à Andrinople, secousses affreuses ; & le 6, une légère secousse en Auvergne.

En 1753, le 9 Mars, à Turin & dans tout le Piémont, avec des secousses effroyables dans toutes les montagnes. En Juin, en plusieurs endroits d'Angleterre, secousses assez fortes, ainsi que dans le Royaume de Naples. En Juillet, encore en Angleterre avec d'affreux mugissemens. Le

8 Décembre, à Breſt, ſecouſſes violentes dans l'intérieur de la terre.

En 1754, le 12 Janvier, à Grenoble. En Avril, dans le Comté d'Yorck en Angleterre, avec une forte tempête, & dans l'iſle de Saint-Euſtache. En Juin, dans l'Etat Eccléſiaſtique; le 15, dans la Morée avec grand déſaſtre, & dans la Sicile avec éruption de l'Etna. En Août, à Amboine dans les Indes Orientales. En Septembre, à Conſtantinople, beaucoup de bâtimens abattus & à Sebaſte ſur la mer Noire.

En 1755, en Février, dans l'iſle de Metelin. En Mars, dans la Province d'Yorck, comme nous l'avons obſervé ci-deſſus. En Avril, dans le Brabant, à Stepney en Angleterre. Le 7 Juillet, la ville de Sachan, dans la Perſe, fut preſqu'entièrement renverſée. Le premier Août, ſecouſſe un peu vive à Stanford en Angleterre. Le premier Novembre, le fameux déſaſtre de Portugal qui ſe fit ſentir, comme nous l'avons remarqué précédemment, à des diſtances énormes. On remarqua encore alors que la terre avoit été pendant ſoixante-un jours, c'eſt-à-dire juſqu'au 31 Décembre dans une commotion continuelle, qu'on ſentit plus ou moins fort, depuis les côtes orientales de l'Océan juſqu'au fond de l'Allemagne, & depuis l'Iſlande preſque juſqu'au tropique du Cancer; ce qui fait une diſtance d'environ quatre mille lieues de l'oueſt à l'eſt, & de deux mille lieues du ſud au nord. Et par les obſervations qu'on fit dans le tems, il parut que ces tremblemens de terre avoient toujours eu leurs directions de l'oueſt à l'eſt, ou de l'eſt à l'oueſt, & jamais du nord au ſud.

Au mois d'Octobre de la même année, on sentit à Berne en Suisse, & dans le Bailliage d'Aelen, quelques secousses qui produisirent des effets assez extraordinaires, mais très - agréables aux Habitans, ainsi qu'on peut s'en assurer par l'extrait d'une lettre de **M.** *Haller*, qui fut rendue publique dans le tems.

Les sources font, dans ce pays, un objet important pour l'agriculture, parce que le produit des prés dépend beaucoup de l'abondance des eaux. Or, plusieurs sources qui étoient perdues depuis 1753, revinrent abondamment arrofer les prés. Les salines des environs augmentèrent auffi confidérablement, & cette augmentation continuoit encore dans l'hiver, malgré la neige & la gelée qui diminuent ordinairement les fources. On ne peut, dit **M.** *Haller*, l'attribuer à la pluie, puifqu'elle pénètre fort tard, & fouvent quelques femaines après qu'elle eft tombée dans ces falines, & qu'elle y produit d'ailleurs peu de changement.

Si le défaftre du premier Novembre ne fe porta point jufque-là ; fi on n'y fentit point de fecouffes, comme le remarque **M.** *Haller ;* fi les fources feulement qui fortent du mont Jura furent toutes troublées dans l'efpace au moins de dix lieues ; fi tous les lacs auffi fe gonflèrent & portèrent leurs eaux contre le rivage, la Suiffe ne fut cependant pas exempte de participer à l'événement qui affecta une grande partie de l'Europe ; car le 9 Décembre après midi, environ à deux heures trois quarts, on fentit à Berne, & prefque dans toute la Suiffe, une fecouffe affez violente, dont la durée fut de près d'une minute,

& elle ébranla tous les bâtimens un peu élevés.
Les tonneaux remuoient dans les caves, & on
entendoit le bruit du vin agité. Les eaux devinrent plus abondantes & se troublèrent comme
au premier Novembre. L'aiguille aimantée dé-
clinoit, dit-on, d'un douzième de degré de plus
vers l'ouest. Mais cette observation n'est pas
aussi sûre que celle que M. *Wucherer* fit à
Hohenembs, près des frontières orientales de la
Suisse. Il avoit répandu de la limaille de fer sur
un aimant nud pesant onze onces & demie. Cet
aimant suspendu perpendiculairement, & dont les
poles arrêtés dans la méridienne, en déclinoient
environ d'un degré, s'éleva pendant la secousse
vers le sud, avec sa corde, tellement que cette
corde formoit un angle de plus de quarante degrés
avec la perpendiculaire, position dans laquelle
elle resta tant que dura la secousse. En même
tems la limaille qui entouroit le pole nord, &
qui étoit hérissée, se coucha sur l'aimant : quelques brins même en tombèrent; mais toute celle
qui entouroit le pole sud resta immobile. A la
dernière secousse, l'aimant retomba vers le nord.
Après quelques oscillations, il reprit sa direction
perpendiculaire, & la limaille qui étoit couchée
se releva. Ce même jour & le suivant, la terre
trembla violemment à Brieg, plusieurs maisons
furent endommagées, & les Habitans s'enfuirent
dans les champs. Il se fit dans la terre plusieurs
crevasses, qui occupoient du sud au nord une
étendue d'une heure de chemin, & qui étoient
assez profondes. On voyoit de l'eau sortir avec
beaucoup d'impétuosité de quelques-unes de ces
crevasses, & quinze jours après la terre se re-

ferma. Enfin, le 26 Décembre 1755, ainsi que le 2 & le 26 Janvier 1756, il y eut encore dans la Suisse quelques secousses, mais légères, & qui ne firent aucun dégât.

Il n'en fut pas de même de celle qu'on éprouva le 12 Janvier de la même année vers la Bohême. Elle s'étendit jusqu'à Barenstein, Zinnewalde & Altenbourg. Le 2 du même mois, on en avoit éprouvé une très-forte à Tuam en Irlande, vers les quatre heures après midi. L'air s'étoit échauffé & épaissi considérablement. A cette disposition de l'air avoit succédé une clarté très-vive, qui surpassoit celle du plus beau jour. Cette clarté diminua ensuite peu-à-peu, & on vit le ciel tout sillonné de flammes. Elles disparurent, & furent suivies d'une espèce de cascade d'eau mêlée de feux aériens, qui se précipita du côté du nord. Un instant après il y eut une secousse épouvantable, mais qui fit plus de peur que de mal.

On sut le lendemain qu'à Baltimore l'eau avoit couvert plus de sept arpens de terre, & entraîné deux cents pièces de bétail. On apprit encore par des lettres qui arrivèrent de Gallway, du 13 & du 23 Janvier, que tout un terrain de dix arpens d'étendue, situé près de Peter'swell, avoit été enlevé de dessus la croupe d'une montagne, & porté à près d'une lieue de là, où il s'étoit arrêté sur une plantation de patates. Cet énorme monceau de terre avoit plus de trente pieds d'épaisseur. De l'endroit de la montagne d'où ce terrain s'étoit détaché, il avoit coulé pendant plusieurs jours un courant d'eau noire comme de l'encre, qui, en se jettant dans une rivière voisine, l'avoit tellement infectée, qu'on avoit trouvé sur les bords une très-grande quantité de truites mortes. Les mêmes lettres marquoient encore qu'il y avoit eu une forte secousse près de Corkemo, que deux arpens de terre avoient été engloutis, & qu'il y avoit de l'eau à leur place. Des Bateliers qui vinrent à-peu-près dans le même tems de Longheurrib à Gallway, rapportèrent qu'ils avoient entendu dans l'eau un bruit sourd, semblable à celui du tonnerre, ou du canon, à une certaine distance ; qu'ils avoient exactement remarqué que ce bruit venoit du fond de l'eau ; qu'immédiatement après le bateau avoit été balotté, au point qu'ils avoient pensé périr ; que le tout avoit duré trois ou quatre minutes, & qu'ensuite ils avoient eu un très-beau calme.

La Syrie éprouva en 1759, un désastre encore plus affreux que celui qu'on avoit éprouvé en 1755, dans le Portugal & dans tous les endroits où ce fâcheux événement s'étoit étendu. Voici ce que rapporte à ce sujet M. *Cousinery*, Chancelier du Consulat de Tripoli en Syrie.

Le 30 Octobre 1759, à trois heures quarante-cinq minutes du matin, la terre trembla à Tripoli & dans toute la Syrie, d'une manière si horrible, que près de trente mille personnes périrent dans la première secousse, & que presque toutes les villes de cette contrée, ainsi que celles de la Palestine, furent détruites. Antioche, Balbus si fameuse par ses ruines, Seyde, Acre, Juffa, Nazareth, Saphet & beaucoup d'autres villes n'existent plus. La ville de Tripoli a presque subi le même sort. Ses édifices ont été ébranlés jusqu'aux fondemens & ont été rendus inhabitables pour jamais. Les malheureux

Habitans de ces contrées, qui avoient échappé aux premières secousses, espéroient en être délivrés ; mais elles ont duré pendant plus de six semaines, & il n'y a pas un jour qu'on n'en ait essuyé plusieurs, ou pour mieux dire, la terre a été dans un mouvement continuel, & comme un vaisseau battu des flots. Mais celles qu'on essuya le 25 Novembre, à sept heures quinze minutes du soir, surpassèrent toutes les autres, & furent si épouvantables, que selon M. *Cousinery*, on ne peut s'en former l'idée sans frémir. Les Habitans ont été obligés de camper, au milieu de la rigueur de l'hiver, sous des tentes fort mauvaises, & pour augmenter le malheur de leur situation, ils ont été forcés de veiller & de se défendre la nuit contre les bêtes féroces, telles que les hyennes & les chacals. Ils craignoient plus encore. Ils étoient dans de continuelles allarmes, que la neige qui couvroit les montagnes au pied desquelles ils étoient campés, n'en fissent descendre les tigres & les lions, & qu'ils ne fussent obligés de disputer leur vie contre ces furieux animaux.

Nous ne suivrons pas plus loin ces terribles phénomènes, quelqu'intéressant qu'il soit au Physicien d'en avoir une note suffisamment étendue, pour connoître les différentes parties du globe qui en ont été affectées, les directions qu'ils ont suivies, les effets qui les ont accompagnés, & en général tout ce qui peut le conduire à en découvrir la cause, & à pressentir autant qu'il est possible les malheurs qui peuvent survenir, & à chercher des moyens de les prévenir. En regardant ces sortes de phénomènes comme un phénomène électrique, & cette hypothèse n'est peut-être pas éloignée de la vérité, un Physicien très-ingénieux, M. *Bertholon de Saint-Lazare*, a imaginé un moyen qui paroît assez simple pour se garantir de ces horribles désastres. On peut consulter à cet égard le Journal de Physique de M. l'Abbé *Rozier*, pour l'année 1779. On y trouvera toute la théorie de l'Auteur, & le développement du moyen qu'il propose pour construire un para-tremblement de terre.

TROMBES. Météores extraordinaires qui paroissent communément sur la mer, & qui mettent les vaisseaux en grand danger. La terre n'est point absolument exempte de ces sortes de phénomènes. Aussi les Physiciens distinguent-ils deux espèces de trombes, l'une qu'ils appellent *aqueuse*, & l'autre *terrestre*. Les premières sont très-fréquentes dans les plages méridionales, beaucoup plus rares dans nos mers du nord. Mais celles de la seconde espèce sont bien plus rares encore. Celles de mer sont trop connues pour nous y arrêter, nous ne parlerons que de celles de terre. Nous croyons cependant devoir en faire connoître deux, qu'on observa sur le lac de Genève, en 1741 & en 1742.

M. *Jallabert* qui nous donne la description de la première, en parle comme d'un phénomène aussi surprenant que nouveau dans ces contrées. Il fut, dit-il, observé dans le mois d'Octobre 1741, vers les neuf heures du matin, à une portée de mousquet des bords du lac.

C'étoit, dit-il, une colonne, dont la partie

fupérieure aboutiffoit à un nuage affez noir, &
dont la partie inférieure plus étroite fe terminoit un peu au-deffus de l'eau. Il avoit plu &
fait beaucoup de vent la veille, mais le vent
avoit ceffé le matin, & le ciel demeuroit feulement chargé de quelques nuages. Ce météore
fut obfervé pendant deux ou trois minutes,
après quoi il fe diffipa. Mais on apperçut auffi-
tôt une vapeur épaiffe qui montoit de l'endroit
fur lequel il avoit paru, & là même les eaux
bouillonnoient & fembloient faire effort pour
s'élever. On voit ordinairement quelque chofe
de pareil après les trombes de mer, ou pendant qu'elles paroiffent. Auffi M. *Jallabert* juge-
t-il que celle-là n'étoit point d'une matière différente ; mais il ajoute une circonftance fingulière, & qu'il tient d'un Obfervateur digne de
foi, qui n'étoit, dit-il, qu'à quelques trois cents
pas de la colonne ; c'eft que le tems étoit alors
fort calme, & que lorfqu'elle fe diffipa, il ne
s'enfuivit ni vent ni pluie.

Avec tout ce que nous favons déjà fur les
trombes marines, ne feroit-ce pas une preuve
de plus qu'elles ne fe forment point par le con-
flit des vents, & qu'elles font prefque toujours
produites par quelqu'éruption de vapeurs fou-
terraines, ou même de volcans, dont on fait
d'ailleurs que le fond de la mer n'eft pas exempt ?
Les tourbillons d'air & les ouragans, qu'on croit
communément être la caufe de ces fortes de
phénomènes, pourroient donc bien n'en être
que l'effet ou la fuite.

En voici une autre qui fut obfervée, le 3
Juillet fuivant, à fix heures du matin, près des

bords de ce lac, fous Laufanne, & dont l'A-
cadémie des Sciences de Paris fut informée par
M. *Cramer*, Profeſſeur de Philofophie & de
Mathématiques. Cette trombe s'étoit élevée à
une hauteur confidérable, & jufqu'à un nuage
fort obfcur qui étoit au-deſſus. C'étoit une vapeur noire & épaiſſe qui paroiſſoit occuper un
eſpace de feize à dix-huit toifes de largeur, &
un peu plus en hauteur, & qui montoit avec
des élancemens affez violens. Après avoir paru
pendant une demi-heure, elle fe forma en une
colonne fort droite & fort élevée. Elle fubfifta
de cette manière jufqu'à ce que s'étant avancée
de cinquante ou foixante pas fur terre, vers la
pointe de Poilly, elle fe diſſipa prefqu'en un
inftant.

Ce phénomène, totalement inconnu fur ce
lac, y a donc paru deux fois en moins d'un an;
car on peut affurer que c'eſt le même dans les
deux cas. Des matières bitumineuſes & inflammables qui s'amaſſent en des lieux fouterrains,
où il n'y en avoit point auparavant, ou qui s'allument dans ceux où elles ne brûloient pas, peu-
vent-elles produire de pareils changemens?

On vit un phénomène de même genre fur
la Seine, en 1764, dont M. *de Bourdieu*, ancien Commandant pour la Compagnie des Indes au fort de Judda en Afrique, nous en a confervé la mémoire. Il mandoit à M. *Bailly*,
qu'étant, le 23 Juin 1764, à Limay, près Ville-
neuve-Saint-George, à une demi-lieue de la
Seine, par un tems chargé, orageux, accompagné de tonnerre & d'éclairs, il apperçut vers
les dix heures du matin une trombe qui avoit

le pied dans la rivière, & qui s'élevoit en ferpentant jufqu'aux nuées, faifant avec l'horifon un angle d'environ foixante-dix degrés. Il la jugea large d'environ trois pieds, à l'extrémité qui touchoit aux nuages, mais beaucoup moins large à celle qui touchoit la fuperficie de l'eau. Elle formoit cinq ou fix finuofités dans fa hauteur. Il y avoit, dit-il, des parties plus tranfparentes qui laiffoient voir l'afcenfion de l'eau. Elle laiffoit même en quelques endroits échapper une efpèce de brouillard. Elle avoit creufé dans la droite une efpèce de baffin, dont M. *de Bourdieu* ne put mefurer l'étendue, à caufe de l'éloignement où il étoit. Ce phénomène dura à-peu-près un quart-d'heure. Alors la colonne fe rompit à un tiers ou environ de fa hauteur. La partie inférieure retomba en pluie, & la fupérieure fut pompée par le nuage avec tant de vivacité, que M. *de Bourdieu* affure qu'elle fut abforbée en une feconde de tems. Ce phénomène fut fuivi d'une forte grêle.

En voici une autre qui prit naiffance fur l'eau, & qui fit de très-grands ravages fur terre. Le 28 Juillet 1757, qui fut un jour très-chaud, on vit un nuage au fud-eft du Couvent de Wtera, & on entendit un foible tonnerre murmurer dans l'éloignement. Il s'approcha peu-à-peu, ainfi que le nuage, & dès qu'il fut au-deffus de l'eau du lac de Roxen, l'eau s'élança dans l'air avec grand bruit, & forma une efpèce de colonne très-groffe. On entendit le bruit de l'eau à la diftance d'une lieue. Un vent impétueux l'ayant pouffée dans les terres, elle y arracha & brifa des toits de paille, des branches d'arbres qui avoient cinq à six pouces de diamètre; des sapins, des peupliers. Le dernier étage d'une maison de bois fut séparé des autres, & mis en travers sur l'inférieur. Les éclats de la foudre ébranlèrent la terre. Le feu prit à quelques maisons d'un petit village du voisinage. Il tomboit en même-tems une pluie mêlée de grêle un peu plus grosse que des avelines.

L'ouragan dura sept à huit minutes, & il plut le reste du jour. La trace de la trombe d'eau ne s'étendit pas à plus d'un quart de lieue. La grande chaleur fut changée en un froid extra-ordinaire en cette saison, & pendant la nuit suivante, il s'éleva un brouillard fétide qui fut peut-être la cause d'une fièvre catarrhale, dont cinq cents personnes furent attaquées en quatorze jours. Elles furent extrêmement malades, mais il n'en mourut qu'un petit nombre, à qui trop peu de soins attira des rechûtes. On avoit éprouvé le même désastre en 1748, au même lieu, dans la même saison, avec les mêmes circonstances, mais les effets avoient été moitié moindres.

On lit, dans les Mémoires de l'Académie de Stockholm, que le 17 Août 1746, on vit auprès de Nystad une colonne qui s'élevoit de la terre; qu'elle attiroit le blé coupé, le chaume, les gerbes; qu'elle arrachoit des branches d'arbres, déracinoit de petits buissons. Ces corps montoient, dit-on, autour d'un cylindre d'environ trente pieds de hauteur. Parvenus au sommet, ils s'étendoient de tous côtés, & retomboient comme de la neige.

On en avoit vu une bien plus singulière, le

21 Août 1727, à cinq heures & un quart du soir, à Beziers. C'étoit une colonne affez noire qui defcendoit d'un nuage jufqu'à terre, & diminuoit toujours de largeur en approchant de la terre, où elle fe terminoit en pointe. Elle paroiffoit être à deux lieues de la ville, entre Puiffeguier & Capeftan. L'air étoit alors calme à Beziers. On y avoit entendu auparavant quelques coups de tonnerre du côté de l'occident.

Comme ce météore fe fait affez rarement obferver fur terre, il piqua la curiofité de MM. *Bouillet* & *Cros*, de l'Académie nouvellement établie à Beziers, & ils fe rendirent à Capeftan, où il avoit été mieux vu, pour en apprendre toutes les particularités.

Ils y apprirent que le ciel s'étoit obfcurci d'une manière extraordinaire ; que le vent y avoit été violent ; que la colonne, toujours en forme de cône renverfé, d'une couleur cendrée tirant fur le violet, obéiffoit au vent qui fouffloit de l'oueft au fud-oueft, accompagnée d'une efpèce de fumée fort épaiffe, & d'un bruit femblable à celui d'une mer fort agitée, arrachant quantité de rejettons d'oliviers, déracinant les arbres, jufqu'à un gros noyer qu'elle tranfportà à quarante ou cinquante pas, & marquant fon chemin par une large trace bien battue, où trois caroffes de front auroient paffé. Il avoit paru une feconde colonne de la même figure ; mais elle fe joignit bientôt à la première, & après que le tout eut difparu, il tomba une grande quantité de grêle.

On vit un phénomène femblable en Brie, dans la même année 1727, dont le Père *Lami*,
Bénédictin,

Bénédictin, nous donna la description ; mais, comme il n'offre rien de plus extraordinaire que celui dont nous venons de parler, nous ne nous y arrêterons point, mais bien à celui qu'on obferva en 1775, dans le Comté d'Eu. Depuis le 6 Juillet de cette année, on effuyoit dans tout ce Comté de forts & de fréquens orages. Le 16, vers les huit heures trois quarts du matin, on entendit un bruit fourd qui fembloit venir de l'oueft. Des Domeftiques d'une maifon de plaifance, nommée *le Triolet*, auprès de laquelle eft un bois, appellé *le bois de Frefne*, montèrent fur des échelles pour découvrir par-deffus ce bois ce qui pouvoit occafionner ce bruit. Bientôt ils apperçurent une fumée épaiffe qui s'élevoit de ce bois. La colonne fuligineufe qui le traverfoit obliquement & avec fracas, vint droit à leur rencontre, & ils entendirent un grand bruit qui paroiffoit venir d'en haut. Ils crurent ne pouvoir mieux repréfenter ce bruit, que par celui d'une lourde voiture char-gée de planches, & roulant avec vîteffe fur une pente efcarpée & pierreufe.

La bafe de cette trombe, qui n'occupoit au plus, en traverfant le bois de Frefne, qu'un efpace de deux à trois toifes, s'élargit trois fois davantage, en s'avançant dans un vallon qui eft au pied de ce bois. Quelques Voyageurs qui le traverfoient alors, furent fort effrayés de ce fpectacle, dont ils n'avoient point la moindre idée. Ils n'en reçurent cependant aucun mal, quoiqu'ils en fuffent affez près. Bientôt la co-lonne ambulante traverfa le vallon, en agitant les pierres fur la furface de la terre, côtoya vers l'orient le bois du Triolet, gagna le bout de la maison, où un Domeſtique imprudent reconnut, mais trop tard, s'être trop avancé pour la conſidérer ; puiſque redoublant de vîteſſe, elle le devança dans ſa courſe, au point qu'en ſe ſauvant, il ne s'en vit devancé que par un gros pommier planté au bord des champs. La trombe agitant le pommier, lui fit craindre d'être enveloppé dans ſa chûte ; mais ſe relevant tout-à-coup, il en fut quitte pour être agité, & ſentir la terre trembler ſous ſes pieds. Le météore en s'éloignant ſembla redoubler de vîteſſe, & par un tournoyement rapide, paſſant ſur un foſſé nouvellement creuſé, le combla de terre & de pierres, & marqua ſon paſſage ſur une terre labourée par des eſpèces de ſillons, tels que ceux qu'auroit fait une herſe. De là, ſuivant la pente du terrain, bientôt il dirigea ſa marche à travers une pièce de bled de trente à quarante acres.

Pluſieurs témoins de ce dernier phénomène, crurent voir la paille s'enflammer, vu l'épaiſſe fumée qui ſembloit s'élever de terre par-tout ſur ſon paſſage. Ils furent fort ſurpris enſuite de ne voir cette paille que légèrement mêlée, ſans être rompue ni couchée. Une pièce de lin fut un peu plus endommagée. Le lin fut couché ; mais il ſe releva bientôt. Un témoin aſſura que dès l'inſtant où la trombe traverſa le bled, il avoit vu les hirondelles s'attrouper près de la colonne, ſe ſoutenir en l'air, battant fortement des aîles, ſans paroître changer de place pendant un tems conſidérable.

La nuée fut à peine arrivée à l'oueſt, à l'extrémité d'un village, nommé Saint-Pierre-en-

Val, fitué dans un vallon très-large, que le bruit de l'air augmenta au-deffus de deux maifons, qui fembloient fumer de toutes parts, & prêtes à s'écrouler. Ceux qui les habitoient donnèrent des fignes d'une frayeur mortelle. Plus de vingt perfonnes qui paffoient entre ces maifons, crurent toucher à leur dernière heure.

Derrière ces maifons la trombe dirigea fa marche vers l'eft, à travers un enclos étroit, planté d'arbres de haute futaie, tordit & rompit des ormeaux de trois pieds de circonférence, redoubla de vîteffe, & fe porta dans la plaine, dans la direction du fud-eft, vers un double rang de pommiers très-gros & très-anciens, rompit une branche à l'un, de deux qui fe trouvèrent fur fon paffage, dépouilla l'autre de toutes fes branches, & après n'en avoir laiffé que le tronc à demi-caffé, remonta la côte vers l'eft, pour s'aller perdre au bois l'Abbé, contigu à la forêt d'Eu, après avoir couru deux lieues dans l'efpace d'une heure & demie.

Le 4 Août de l'année fuivante 1776, on vit à Carcaffonne, à trois heures après midi, une colonne d'air d'une hauteur confidérable, prête à fondre fur le village de Barbeyra. Cette colonne paroiffoit defcendre d'une montagne voifine. Elle prit fa route entre le village de Capendu & la montagne. Elle s'avança fur le premier village, fur celui de Barbeyra, en déracinant & faifant voler devant elle les arbres qui fe trouvoient fur fon paffage. Sa bafe touchoit à terre, & reffembloit à un cylindre, dont la groffeur croiffoit jufqu'à la moitié de fa hauteur. Là elle diminuoit, & fembloit en décroiffant, fe perdre dans les airs, en se courbant sur elle-même, à-peu-près comme une crosse épiscopale. Sa couleur étoit souci foncé depuis le bas jusqu'à la moitié, & le surplus paroissoit enflammé. Le bruit que faisoit ce météore en avançant, ressembloit assez aux mugissemens de plusieurs bœufs réunis. Bientôt on le vit se partager en deux, & dans le moment un nuage épais se forma d'une des parties, tandis que l'autre roulant sur elle-même avec rapidité, alla se précipiter avec un bruit affreux dans la rivière Daude, qu'elle dessécha dans un espace assez grand. C'est de cet effet, qui est assez connu en mer, que les Marins donnent à ce phénomène le nom de syphon. Les pierres, les cailloux & le sable qu'elle découvrit en cet endroit, parurent d'un rouge de feu. Une petite partie de la trombe s'éleva de la rivière, abattit plusieurs peupliers fort grands & fort gros, près desquels elle creusa un puits d'environ douze pieds de diamètre. Le reste prit sa direction vers des bois voisins, qui en furent fort endommagés, & elle alla se perdre du côté de Mille-Petit. Ce nuage formé tout-d'un-coup au moment de la division, & qui étoit le seul, couvrit les champs d'une grêle, suivie heureusement d'une forte pluie qui en tempéra l'effet.

Le 21 Juillet de l'année suivante, 1777, sur les deux heures après midi, le ciel étant obscur, un nuage blanchâtre jetta l'effroi dans tout le village de Billi-Berclos, proche de la Bassée. Le bruit étoit semblable à celui des plus grandes eaux. On voyoit s'élever de la terre une fumée très-épaisse, qui occupoit environ dix pieds de large, & qui alloit en diminuant jusqu'au haut.

Le nuage étoit poussé du sud au nord. Il renversa une muraille de briques de la maison de *Nicolas Pannier*. Il découvrit une partie de la couverture, & éleva à huit pieds de terre une grange, qui n'étoit point encore couverte, & la fracassa totalement. Il fut heureux que ce météore ne passa pas sur le village ; car plus de cent maisons eussent été renversées. Ce phénomène dura plus d'une demi-heure. Il n'y eut qu'un jeune homme de blessé par une brique qui lui tomba sur la tête, tandis qu'il vouloit se sauver de l'écurie de *Nicolas Pannier*. Ce nuage renversa tous les grains qui se trouvèrent sur la ligne qu'il décrivit. Il jetta très-loin une partie des colsats de M. *Delebarre*. Il se dissipa aux environs d'Anthé. La colonne de vapeur répandoit une odeur de soufre insupportable, & par l'épouvante qu'elle occasionna, on fut obligé de saigner plusieurs personnes.

V

VÉGÉTATION. Opération de la Nature qui concourt à la production, & donne l'accroissement & la perfection aux arbres, aux plantes, & en général à toutes les substances qu'on appelle végétales. Nous laissons au Naturaliste à étudier & à expliquer cette opération ; à nous apprendre comment une petite graine confiée à la terre, devient avec le tems un très-grand arbre, ou une plante. Nous ne nous occuperons que des phénomènes qui paroissent s'éloigner ici des loix générales que la Nature femble s'être impofées dans la production des fubftances végétales. Quoiqu'affez multipliés, ces fortes d'écarts n'en font ni moins furprenans, ni moins dignes de toute notre attention.

Un effort bien marqué de la Nature dans une production végétale, c'eft fans contredit le vieux châtaignier de Tetworth, Province de Glouftre. On le voyoit encore en 1758. Son tronc avoit cinquante-un pieds de circonférence. Il avoit feulement fept à huit pieds de hauteur. A fa couronne cet arbre fe partageoit en trois branches, dont l'une avoit vingt-huit pieds & demi de circonférence, fur cinq pieds de hauteur. La terre dans laquelle il étoit planté étoit argilleufe, & fa couleur tirant fur le noir. Il étoit fitué fur une montagne au nord-oueft. Sous le règne de *Jacques 1*, cet arbre étoit déjà connu fous le nom de *vieux châtaignier*, & on conjecturoit en 1758, qu'il pouvoit avoir environ dix fiècles.

Si la Nature paroît avoir employé toutes fes forces dans la production du phénomène précédent, elles ne font pas moins admirables dans les fuivans.

En 1688, un Chartreux avoit dans fon jardin une poire, qui en produifoit une autre par fa tête, qui s'ouvrant & s'élargiffant donnoit iffue à la petite poire. M. *Perrault* en avoit déjà fait voir de femblables à l'Académie quelques années auparavant.

Celles-ci étoient des poires qui, en vingt jours, fur la fin du mois d'Août, avoient fleuri, & étoient parvenues à leur maturité. Il y en avoit une

parmi elles qui fembloit en enfanter une autre
par fa tête ; car celle-ci s'ouvrant & s'élargiffant,
laiffoit fortir une autre poire de la moitié de fa
longueur. Cette feconde poire jettoit de fa tête
une branche & plufieurs feuilles, de même que
l'autre.

Ces fruits ayant été ouverts en long par la
moitié, ils n'avoient point de pepins. Leur chair
étoit folide par-tout, & les fibres ligneufes que
la queue a coutume de jetter, à l'endroit où elle
eft attachée à la chair, continuoient, & paffoient
outre à travers de l'une & de l'autre poire, pour
aller produire la petite branche & les feuilles
qui fortoient de la tête de la dernière poire.
On remarquoit encore la féparation de la chair
de la première poire, qui étoit comme la mère,
d'avec la chair de la partie poftérieure de l'autre,
qui en naiffoit, & qui n'étoit point entièrement
fortie, étant encore attachée à la mère.

Ces fruits ne font pas les feuls qui en engendrent d'autres. Le Docteur *Major* écrivoit de
Kiel, qu'un de fes amis ayant acheté au mois
de Janvier 1672, quelques citrons d'Efpagne,
les fit mettre à la cave pour les conferver. Qu'au
mois d'Avril fuivant, ouvrant un de ces citrons,
il trouva dans fon centre un autre petit citron de
la groffeur d'une châtaigne, dont l'écorce étoit
d'un beau jaune, & de la meilleure odeur, mais
de forme irrégulière. L'un & l'autre étoient fans
grains, fans pepins. On en appercevoit feulement une apparence dans le petit.

Le Docteur *Jean-Baptifte Ferrarius* prétend,
dans fon troifième livre de la Culture des oran-
gers, que cette efpèce de fuperfétation eft

propre à une des meilleures espèces de limon qu'on nomme en Italie *Cedrino*, & qui croît dans toute la Toscane. Ce fruit, dit-il, est quelquefois pointu, quelquefois arrondi : si on le fend en plusieurs portions, on trouve dedans un autre limon, qui en contient souvent lui-même un troisième, & dans celui-ci, on apperçoit encore les germes d'autres petits limons. Ces fruits, continue-t-il, s'ouvrent souvent d'eux-mêmes sur l'arbre, comme pour donner naissance à ceux qu'ils renferment.

S'il paroît extraordinaire qu'un fruit en contienne plusieurs autres, tous formés de même espèce, il doit le paroître également, que la même souche, le même arbre produise des fruits de différentes espèces. Or, on a remarqué plusieurs fois ce phénomène singulier. En 1645, on trouva dans un bois près de Florence, un arbre dont le tronc étoit celui d'un oranger, qui paroissoit avoir été tellement greffé, qu'il produisoit des branches, des feuilles, des fleurs & des fruits, dont quelques-uns tenoient de l'oranger, d'autres du citronier ou du limonier, & d'autres participoient des uns & des autres, sur-tout les fruits. Il y en avoit qui étoient de véritables oranges, d'autres de véritables limons longs comme ces derniers, d'autres enfin qui étoient mi-partis oranges & limons. On en trouvoit quelques-uns qui avoient le goût, d'autres l'écorce seulement de l'orange, la pulpe étant la même que celle du limon. Le même arbre portoit encore un autre fruit mi-parti de limon & de citron, mais en moindre quantité. Ces fruits étoient extrêmement diver-

fifiés; les uns étoient aux deux tiers des oranges & l'autre tiers, limon ou citron. D'autres participoie . davantage de ces derniers
fruits, que de l'orange. Leur chair étoit diftinguée; là où finiffoit la pulpe d'orange,
commençoit celle de citron ou de limon, &
ce qu'il y avoit encore d'extraordinaire dans
ce fait, c'eft que ces fruits n'avoient point de
femence, ou que celles qu'on y trouvoit étoient
vuides.

M. *Homberg* qui connoiffoit ce phénomène,
difoit en 1711, à l'Académie, qu'il avoit vu
chez l'Electeur de Brandebourg, des fruits de
même efpèce, qui étoient en partie pommes
& en partie poires. En 1712, M. *Chevalier*
vit dans le jardin de S. Martin de Pontoife,
un arbre femblable à celui de Florence; fes
fruits étoient mêlangés d'oranges, de citrons &
de limons; mais on ne diftinguoit bien ces trois
efpèces que dans les plus gros.

La végétation nous offre encore d'autres phénomènes auffi merveilleux que les précédens,
dont on doit fouvent la connoiffance au hafard. En voici quelques exemples.

La Dame *Beneux*, Boulangère dans un des
fauxbourgs de Blois, faifant enlever le 5 Mai
1769, des fagots entaffés contre un mur, où
étoit auparavant une treille coupée depuis deux
ans, trouva fous ces fagots, deux bourgeons qui
avoient pouffé deux grappes de raifin mufcat,
compofées chacune de douze à quinze grains,
clairs, tranfparens, ayant prefqu'atteint leur groffeur ordinaire & leur maturité, avec d'autres
bourgeons & des raifins prêts à entrer en fleurs.

Le 22 Mars 1773, on apperçut, dans un jardin baigné par la Saivre, à Saint-Maxan en Poitou, sur une treille exposée au sud-ouest, un raisin bien marqué & long de six lignes, avec des pampres dont l'un étoit large comme un écu de trois livres. Ce phénomène se soutint du 22 au 27 du même mois ; ce raisin s'étoit tellement développé qu'il avoit seize lignes, & le pampre s'étoit aggrandi en proportion. La progression fut à plus de moitié en cinq jours. Cette précocité devoit paroître d'autant plus étonnante, que les productions, même les plus communes, sont plus tardives dans cette contrée, sur-tout près de la rivière : mais ce sont de ces faits merveilleux qu'il n'est pas facile d'expliquer.

On doit ranger dans la même classe le fait suivant, observé à Castelnau. En 1746, un paysan passant devant la porte d'un bourgeois, coupa méchamment un cep de vigne. Dès l'année suivante, ce cep poussa huit à neuf rejettons, on coupa plusieurs de ces rejettons, on n'en laissa que deux qui portèrent du fruit la même année : mais ce qu'il y eut de plus singulier, c'est que l'un de ces rejettons donna du muscat rouge & l'autre du blanc, tandis que le cep coupé n'avoit porté auparavant que du muscat rouge.

On vit en 1774, un phénomène aussi singulier dans une campagne voisine de Carrare. Un cep de vigne donna deux grappes de raisin, l'une rouge, l'autre blanche, absolument différentes pour la qualité & pour le goût.

Si une seconde floraison & une seconde fructification dans la même année, sont des faits bien extraordinaires, ils ne sont pas sans exemple.

On remarqua à Paris en 1778, une seconde floraison dans plusieurs jardins, sur quelques maronniers, pêchers, pruniers & pommiers. La continuité de la chaleur de l'été précédent rendoit, à la vérité, ce phénomène moins étonnant; mais ce qui le paroîtra davantage, c'est une seconde fructification. Or, on observa, cette même année, ce phénomène sur deux ceps de vigne appuyés au Corps-de-Garde de Paris, quai Malaquais, en face de la rue des Saints-Pères. Ces ceps ayant refleuris, avoient, le 21 Octobre, des grappes assez grosses, les grains ramassés & pressés les uns contre les autres, étoient même en partie noirs.

On avoit vu quelques années auparavant la même chose à Conflans en Poitou, un prunier donna deux fois du fruit cette année.

Ces faits ont donné lieu à l'observation suivante, & elle paroît constante; c'est que les fleurs de la pousse d'automne, sur-tout celles du maronnier, ne portent jamais de fruit, lorsque ce phénomène a lieu dans le tems de la chûte de ses feuilles, tandis que la vigne qui se dépouille plus tard de ses feuilles, fait en pareil cas succéder promptement les fruits aux fleurs, & n'a besoin que de quelques jours de chaleur pour les faire mûrir. On doit sans doute avoir observé la même chose dans le prunier de Conflans; ce qui prouve que les feuilles sont les principaux organes de la sève & de la transpiration, & qu'elles concourent essentiellement à l'élaboration du suc nourricier. Ceci prouve encore combien est sage la loi qui ordonne l'échenillage; puisqu'il est également vrai que les arbres, dont les feuilles ont été rongées par les chenilles, ne donnent point de fruits, quoiqu'ils ayent donné des fleurs.

Le 8 Décembre 1776, on avoit vu un phénomène semblable aux précédens, dans le jardin de M. *Humblot*, Curé de Séez : un pommier qui avoit dix pommes, dont chacune étoit de la grosseur d'une noix. C'étoit la seconde fois de l'année que ce pommier fleurissoit & portoit du fruit.

On vit un phénomène semblable en 1779, à Darmstadt; un cep de vigne, non-seulement refleurit, mais donna encore pour la seconde fois des raisins qui parvinrent à leur parfaite maturité. Ce fait est consigné dans le Journal Encyclopédique pour le mois de Janvier 1780.

Sans que la fructification soit doublée, elle peut bien encore être quelquefois merveilleuse. Ce fut ce qu'on remarqua en 1677, lorsqu'on porta à la Cour de Vienne un épi d'orge trouvé en Silésie, auprès d'un endroit nommé Mitteluvaldau. Cet épi étoit accompagné de quatorze autres qui s'élevoient autour de lui comme un jeu d'orgues, & formoient un assez beau panache. Le quinziéme qui les surpassoit en hauteur, étoit plus gros & plus fourni.

On voit assez communément un phénomène de cette espèce, dans les montagnes du côté de la Gascogne. On y seme une espèce de bled qu'on nomme *memerat*, qui produit toujours sept à huit épis qui sortent le long de la tige.

Un phénomène plus surprenant sans doute, & qu'on ne peut croire que d'après le témoignage d'un homme irréprochable, c'est celui que rapporte *Gabriel Clauder*. Il affure que *George Krieg*, Intendant des Poftes, planta au mois de Mars 1687, quelques boutures de vigne, pour faire un berceau dans fon jardin, & qu'il donna à la plus foible, pour foutien, un bâton de bouleau defféché, épais de trois pouces, & coupé depuis fept mois. Environ deux mois après, tous les autres ceps de vigne avoient déjà des feuilles fur leur première pouffe, excepté celui qui étoit appuyé fur le bâton de bouleau. Le maître commençoit à en défefpérer, lorfqu'il apperçut une pouffe de vigne fortir du bâton defféché. Tous les amateurs vinrent voir cette fingularité, & le Profeffeur de Botanique pria *George Krieg* d'avoir grand foin de ce bâton parafite, qui s'étoit approprié le fuc de la vigne, & d'examiner ce qui en réfulteroit. Cette pouffe atteignit la longueur d'environ deux pouces; elle portoit douze à quinze feuilles, ayant chacune la largeur d'un liard; mais trois mois après les feuilles fe flétrirent, fe defféchèrent & tombèrent. La vigne étoit morte auffi; on l'arracha avec fon bâton, & on trouva que la racine du cep étoit fortement attachée à la partie inférieure du bâton, qu'elle s'étoit inférée dans fa fubftance, & que par un jeu fingulier de la Nature, elle avoit fourni une partie de fa fève à ce bois fec.

La configuration feule des végétaux nous offre encore des phénomènes dignes de remarque. Nous n'en citerons que peu d'exemples. En 1693, M. *Duhamel* fit voir à l'Académie une tranche du tronc d'un orme que le Père *Lamy*, Bénédictin, lui avoit envoyée, fur laquelle paroiffoit de chaque côté une figure de croix femblable à celle des Chevaliers de Malthe. En quelqu'endroit qu'on coupa cet arbre, la même croix se trouvoit toujours.

On a vu souvent des figures humaines dans des racines de mandragores; mais on fait que si la Nature nous offre quelquefois de semblables bizarreries, l'art est souvent parvenu à imiter la Nature, & que la cupidité & l'amour du merveilleux en ont souvent imposé en ce genre.

Il n'en est pas de même du navet monstrueux trouvé dans le jardin de Weiden, à deux milles de Juliers, sur le chemin de Bonn, appartenant à l'Electeur de Cologne. Les feuilles qui sont pour l'ordinaire au haut du navet, se présentoient dressées en forme de palmes & formoient le plus beau panache. Au-dessous de ce panache, on voyoit assez distinctement une tête humaine, ornée de toutes ses parties; on voyoit au-dessous une poitrine, & même un sein, & les racines étoient tellement disposées, qu'elles présentoient des bras & des pieds. Le tout représentoit une femme nue assise sur ses pieds, ayant les bras croisés au-dessus de la poitrine. Le Journal des Savans pour le mois de Février 1677, a fait graver la figure de ce navet, & en a donné la description.

Nous pourrions rapporter d'autres exemples de semblables bizarreries de la Nature, dans la production des végétaux; mais elles ne nous instruiroient pas davantage des secrets de la végétation, que nous allons considérer dans des endroits où on ne soupçonneroit pas qu'elle pût avoir lieu.

Le 15 Juin 1761, dit M. *Renard*, Chirurgien à Bordeaux, je fus appellé pour voir un enfant âgé de trois ans, auquel on avoit apperçu une tumeur dans la narine droite, depuis deux jours. J'y reconnus un corps livide, qui me fit croire que c'étoit un polype. On assembla plusieurs Chirurgiens ; ils furent tous de mon avis, & délibérèrent pour l'opération, après avoir préalablement préparé le malade. Le 30 du même mois, je me préparai à opérer, en présence des Chirurgiens ci-dessus. J'introduisis une paire de tenettes dans la narine : je saisis le corps étranger qui suivit, non sans peine, mais sans hémorrhagie. Cette dernière circonstance nous surprit. Le père de l'enfant qui s'étoit emparé du corps étranger, nous dit que c'étoit un pois qui avoit végété par son séjour. En effet nous fumes obligés de convenir de notre méprise : mais ce qui nous parut extraordinaire, ce pois avoit poussé dix ou douze racines, dont la plus petite avoit un pouce de longueur, & la plus longue trois pouces quatre lignes.

Ce phénomène n'est pas le premier qui se soit offert dans la pratique de la Chirurgie. On en avoit observé un du même genre, en 1759, mais d'espèce différente, dans un village près de Noyon. Un Paysan, nommé *Eloy Roche-fort*, mangea, au mois d'Octobre 1758, quelques grains d'avoine qui séjournèrent dans son estomac jusqu'à la fin de Juillet 1759. Il ressentit dans cet intervalle diverses incommodités. C'étoient, ou des mouvemens de fièvre, ou des nausées, ou de grands maux d'estomac. Un Chirurgien de Noyon l'étant allé voir, le trouva avec beaucoup de fièvre & des envies de vomir. Il lui fit prendre de l'émétique, qui lui fit jetter fur-le-champ, avec beaucoup de matières corrompues, les grains d'avoine qui avoient germé. Ils n'avoient produit que de la paille affez foible & femblable à la barbe qui croît fur les épis de froment, mais beaucoup plus longue & plus molle. Il y avoit des grains qui en avoient pouffé de fept à huit pouces de longueur, & entrecoupés de petits nœuds. Après ce vomiffement, il fut bientôt rétabli. Il arriva un phénomène femblable vers la fin du dernier fiècle, en Allemagne, dont *Bartholin* fait mention.

Le nommé *Seguin*, de la Paroiffe des Effarts en Bas-Poitou, ne fut point auffi heureux que celui dont nous venons de faire mention. Il languiffoit depuis deux ou trois ans, & mourut le 24 Août 1771, à la fuite de plufieurs accidens. Les fept ou huit derniers jours de fa vie, il rendit avec des déjections liquides fpontanées, une grande quantité de noyaux de cerifes, qui fortirent en différente quantité & à différentes reprifes. Il n'avoit prefque pas mangé de cerifes cette année, & il étoit même fûr de n'avoir point avalé les noyaux. Il en rendit près de quatre cents. Il les avoit mangés en 1770; de forte qu'ils étoient reftés près de quinze mois dans fon corps. Entre ces noyaux, on en trouvoit plufieurs qui avoient fubi un commencement de végétation. Le noyau étoit entr'ouvert, & il fortoit de l'amande un germe de plufieurs lignes. Bonne leçon pour ceux qui avalent ces fortes de noyaux.

Les animaux font fujets aux mêmes accidens, au rapport du Père *Kirker*, qui nous apprend qu'un éléphant ayant mangé des cannes à fucre,

une

une de ces cannes prit naissance & poussa des feuilles dans son ventre.

VENTRILOQUE. On donne ce nom à des personnes qui, par habitude ou par une certaine disposition d'organes, font entendre une voix étouffée qui semble venir de leur ventre. Quoique rare, ce phénomène est trop connu pour nous y arrêter. Nous nous bornerons à rapporter un fait assez extraordinaire en ce genre, en supposant toutefois que ce fait fût naturel, & qu'il n'y entrât aucune supercherie. Il est consigné dans les Ephémérides des Curieux de la Nature. Il fut publié par M. *Gottob*, en 1757.

Une fille, âgée de vingt-huit ans, tomboit depuis cinq à six ans dans de singulières syncopes, qui duroient depuis trois jusqu'à dix-huit heures de suite. Elles commençoient par un tremblement universel, bientôt suivi d'une roideur & d'une immobilité surprenantes. On entendoit bientôt après, au chevet ou au pied de son lit, le bruit d'un tambour ou de plusieurs marteaux, dont les battemens étoient très-distincts. Tantôt c'étoit la marche des Gardes Prussiennes, exécutée avec un mouvement très-rapide; tantôt c'étoient des Maréchaux qui battoient sur l'enclume en cadence. Le bruit cessoit dès qu'on approchoit du lit. Un calme profond succédoit, & à peine entendoit-on respirer cette fille ; circonstance digne d'attention. Pendant tout ce bruit, la malade ne remuoit ni les pieds ni les mains ; ce qu'on a vérifié, dit-on, en ôtant la couverture & le drap. Au bout de

quelque. tems le bruit ceſſoit, la connoiſſance
lui revenoit, elle ouvroit les yeux, & ſe plaignoit ſeulement d'une grande laſſitude. Attri-
buera-t-on ces ſymptômes au peu d'air renfermé
dans les inteſtins de la malade? On ſait que les
vapeurs hiſtériques produiſent ſouvent des bruits
qui imitent le ſifflement ou le cri de certains
animaux. Ce ſont alors des vents renfermés dans
les boyaux, qui ſont chaſſés bizarrement par
différens ſpaſmes; mais M. *Gottob* ajoutoit que
cette fille étoit pauvre. La néceſſité eſt bien in-
duſtrieuſe. *Magiſter artis venter.*

VERS. Ce n'étoit pas ſans fondement que
le célèbre *Borel* diſoit dans ſon excellent Ouvrage, intitulé : *Obſervat. Medico - Phyſ.* que
l'homme étoit le ſiège d'un grand nombre d'a-
nimalcules, qui habitoient en lui comme dans
un autre monde. Liſons en effet toutes les obſervations que les plus célèbres Médecins nous
ont laiſſées ſur les différentes parties du corps,
dont on a vu ſortir des vers de différentes eſpèces, & nous verrons qu'il n'y en a aucune
qu'on puiſſe regarder comme exempte de cet
accident. On en trouve, dit *Simon Pallas*, ſous
l'épiderme, dans les mamelles, dans la gorge,
les paupières, les oreilles, le poumon & toutes
les parties de la poitrine. On en voit dans toutes
les parties du bas-ventre, dans les vaiſſeaux
ſanguins, & juſque dans la moëlle même des
os. Les obſervations que nous rapporterons ci-
deſſous, en fourniſſent la preuve la plus incon-
teſtable. Quelle eſt donc l'origine de ces malheureux inſectes qui tourmentent l'homme de

tant de façons différentes, & qui l'expofent à une multitude d'accidens, auxquels on ne peut fouvent parer, faute de pouvoir en fufpecter la caufe.

Rédi, *Lewenhoeck*, *Swammerdam*, *Rai* & quantité d'autres célèbres Naturaliftes penfoient que ces fâcheux habitans de notre corps tiroient leur origine des œufs des infectes qui fe trouvent dans l'air que nous refpirons dans nos alimens & dans nos boiffons. Ce fyftême établi fur une multitude d'obfervations microfcopiques, porte avec lui tous les caractères de l'évidence phyfique.

Les mouches du genre de celles qui peuvent engendrer ces fortes d'infectes, habitent les endroits infectés par des odeurs fortes. Elles y dépofent leurs œufs. De là la naiffance des *afcarides* fur les parties génitales de l'homme, des chevaux; &c. Cette probabilité n'eft pas fans vraifemblance. D'où le célèbre *Krazenftein* conclut que puifque ces mouches habitent de tels lieux, elles peuvent dépofer fans peine leurs œufs dans l'anus & dans l'urètre.

Rédi a fait à ce fujet des obfervations très-importantes Il mit de la chair dans un pot, & il le couvrit avec une étoffe de foie. L'odeur de la chair pourrie attira les mouches; elles volèrent autour du pot, & cherchèrent vainement à y pénétrer. Alors elles dépofèrent leurs œufs fur la foie qui le couvroit. Dans peu la chair fut entièrement pourrie. *Rédi* l'examina attentivement, & n'y trouva aucun ver.

Roefell a fuivi à-peu-près la même marche pour réfuter le fyftême de ceux qui ont écrit

F f ij

fur la putréfaction, & on ne dòit point la regarder comme la caufe génératrice de ces infectes. Chaque efpèce a un lieu marqué par la Nature, pour y dépofer fes œufs, afin que l'animalcule ou le petit ver trouve fa nourriture au moment même où il eft éclos. De là, on conçoit que ces œufs fe trouvant par-tout, les uns voltigeant dans l'atmofphère peuvent être infpirés avec l'air que nous refpirons ; d'autres répandus en flottant dans les eaux, font avalés avec elles, tandis que d'autres peuvent être dépofés fur toute autre partie de notre corps ; & vu les différens paffagès qui peuvent les conduire du dehors au dedans, il eft facile de concevoir qu'il n'eft aucune partie du corps qui ne puiffe recéler de ces œufs, & conféquemment dans laquelle on ne puiffe trouver des vers.

On ne fera donc pas étonné d'en voir fortir ou d'en trouver dans différentes parties de notre corps, quoique l'eftomac & les inteftins paffent ordinairement pour le fiège de ces fortes d'animaux.

Thomas Bartholin dit en avoir vu dans la tête d'une perfonne à laquelle ils occafionnoient des douleurs très-vives. Il n'eft pas abfolument rare d'en trouver dans les oreilles, dans le nez, dans les dents & dans des abcès qui fe forment en différens endroits du corps. Le Journal de Médecine, pour l'année 1772, donne le détail d'une maladie de l'oreille compliquée de carie, produite & entretenue par la préfence de trois vers, que M. *Bertrand*, Maître en Chirurgie à Mery-fur-Seine, parvint à guérir par l'extraction de ces vers.

En 1750, M. *Leautaud*, Chirurgien de la ville d'Arles, en avoit tiré cinq de l'oreille d'un nommé *Catelin*, natif de Châteauneuf en Dauphiné. Des douleurs insupportables dans une oreille avoient amené cet homme à l'Hôpital d'Arles, où il se trouvoit alors, & sans qu'on pût soupçonner la présence de quelque corps étranger à l'inspection de cet organe, M. *Leautaud* en tira cinq vers qui avoient onze lignes de longueur.

Qu'on trouve des vers dans toutes les parties du corps qui ont une communication au dehors, ce phénomène, quoique extraordinaire en bien des circonstances, n'a rien de trop surprenant ; mais en trouver dans le cœur, qui n'a aucune communication au dehors, au moins immédiate, c'est· un phénomène qu'on ne peut expliquer qu'à la faveur de bien des hypothèses. Or, ce fait s'est fait observer plus d'une fois.

On lit, dans une lettre de M. *Panther*, Docteur en Médecine & Professeur aggrégé au Collège de Lyon, écrite à l'Auteur du Journal des Savans, qu'ayant ouvert une chienne qui nourrissoit cinq chiens, & qui paroissoit se bien porter, il trouva, dans le ventricule droit de son cœur, trente-un vers en peloton, chacun de la longueur d'un doigt, & de la grosseur d'une médiocre épingle. Ces vers, dit M. *Panther*, se séparèrent d'abord & sautèrent sur la table avec une vitesse surprenante. Ils moururent dans l'espace de trois minutes. Je ne remarquai, ajoute-t-il, aucune altération dans la substance du cœur, ni dans le reste des parties du corps.

Voici un fait semblable observé à Luchteringe fur le Wefer. Un Payfan y nourriffoit un cochon affez gras, mais qui faifoit foupçonner par fon grognement fouvent réitéré, & par des mouvemens forcés, qu'il éprouvoit quelque douleur, fans qu'on pût foupçonner la caufe de fon mal. Il commença à devenir maigre, & il eut un dégoût pour toutes fortes de nourriture. On le tua, & on lui trouva dans le cœur plufieurs vers. Ces infectes étoient aîlés. Ils avoient chacun fix jambes, dans chacune defquelles on diftinguoit trois articulations. Ces jambes étoient longues, élevées, & d'un brun foncé à leurs parties fupérieures & inférieures, rougeâtres dans le milieu; la couleur des ailes cendrée. Ces petits infectes traînoient après eux un petit aiguillon en forme de queue, & avoient chacun une trompe pointue.

En 1674, un Boucher de Gluckftad avoit fait voir à *François Paullin* un cœur de bœuf, qu'il venoit de tirer de la poitrine de cet animal. Il avoit de chaque côté un fcarabée cornu adhérent à la fubftance, laquelle étoit entamée. J'ai trouvé moi-même, ajoute ce Médecin de qui nous tenons cette obfervation, autour d'un cœur de canard un petit ver femblable à un ferpent, qui formoit plufieurs circonvolutions. J'ai vu, ajoute-t-il, à Hildeshein, dans un cœur de poule une chenille noire, d'une odeur très-puante.

On en a trouvé plufieurs fois dans le cœur de l'homme même. *Jean-Daniel Horftius* parle d'une efpèce de ver aîlé trouvé dans le cœur d'un enfant à Coblentz. *Severinus* dit avoir vu dans un cœur humain un ver qui reffembloit à un ferpent, & qui étoit fourchu. Les Papiers publics du 31 Décembre 1676, parloient d'un ver long, & femblable à un ferpent, tiré avec plufieurs autres petits du cœur d'un homme.

Qu'on nous dife maintenant comment ces vers ou ces infectes fe font engendrés ou tranfportés dans un vifcère auffi à l'abri de toutes les infultes extérieures ?

Qu'on nous dife encore comment ces fortes d'infectes vont fe nicher dans le cerveau de l'homme ? C'eft cependant un fait avéré par une obfervation de M. *Duverney*, confignée dans les Mémoires de l'Académie, pour l'année 1700.

On y lit qu'un enfant de cinq ans fe plaignoit toujours d'une violente douleur à la racine du nez. Il mourut à la fuite d'une fièvre lente, qui le mina pendant trois mois, & à la fuite de fortes convulfions. On lui trouva dans le finus longitudinal fupérieur du cerveau un ver d'environ quatre pouces de longueur, femblable à un ver de terre. Cet animal vécut depuis fix heures du matin jufqu'à trois heures après midi.

On ne fera donc point auffi furpris de ceux qu'on rencontre dans d'autres parties du corps qui en font communément exemptes. Ces phénomènes cependant n'en font pas moins merveilleux, & nous rangerons dans cette claffe celui que rapporte le Docteur *Louis Hannemann*, d'après le témoignage d'un de fes Confrères, le Docteur *André Planteovius*, qui lui avoit écrit de Rome, qu'un Religieux de Milan attaqué d'une rétention d'urine, prit une décoction émolliente & déterfive, qui lui fit rendre une

grande quantité d'urine, dans laquelle se trouvèrent deux vers qui avoient environ une ligne
de diamètre, & quatre pieds & demi de longueur.

Jean - Pierre Albrechtus rapporte un fait de
même espèce, arrivé le 5 Avril 1678, à un
Soldat attaqué depuis sept jours d'une rétention
d'urine, & qu'il étoit sur le point de faire sonder,
lorsque la femme de ce malheureux lui apporta
un ver de la grosseur d'une plume à écrire, & de
la longueur de trois doigts, qu'il avoit rendu avec
bien des efforts par le canal de l'urètre. Ce ver
étoit vivant; mais il mourut peu de tems après.
On pourroit citer ici plusieurs autres exemples
de même espèce, parmi lesquels nous choisirons
celui dont *Bald. Ronsœus* fait mention. Il s'agit
d'un vieillard tourmenté d'une grande difficulté
d'uriner, qui fut guéri après avoir rendu pendant
son sommeil un ver avec beaucoup de sang.
Edmond de Meara parle d'un enfant qui rendoit
une fois le mois, après une dyssurie de deux
ou trois jours, plusieurs vers par le même canal.
Jean Rhodius parle d'un autre enfant, qui, après
une difficulté d'uriner pendant cinq jours, rendit
un ver long & plat, & qui étoit en vie.

On ne fera pas plus surpris de voir sortir des
vers du nez, & on conçoit assez par quelle route
ils peuvent s'introduire jusque dans les sinus
frontaux, ou dans les cornets supérieurs du nez,
quoique ce phénomène soit on ne peut plus
rare, & que M. *Littre* l'a regardé comme assez
curieux pour le consigner dans les Mémoires de
l'Académie en 1708. On y lit qu'une femme
bien constituée, & qui ne connoissoit point les
douleurs de tête, commença à l'âge de trente-six

ans à en éprouver une fixe au bas du front du côté droit & près du nez. Elle s'étendit jusqu'à la tempe, & après lui avoir laissé beaucoup de relâche, elle devint presque continue au bout de deux ans, & accompagnée de convulsions & d'insomnie presque perpétuelle. Cette douleur devint même si violente, que la malade en fut deux ou trois fois à l'agonie, & sa raison en fut attaquée dans la force des accès : au bout de quatre ans, elle renonça aux remèdes qu'elle avoit continués, & elle se restreignit à prendre du tabac. Elle n'en avoit point encore usé pendant un mois, lorsqu'après avoir éternué avec effort, elle moucha un ver tout ramassé en un peloton, parmi un peu de sang, & elle fut subitement guérie.

On rend assez souvent des vers par la bouche. On sait qu'il s'en trouve assez fréquemment dans l'estomac ; mais il est rare, & qui plus est, il est singulièrement étonnant & merveilleux d'en rendre une quantité aussi abondante qu'en rendoit une fille de vingt-deux à vingt-trois ans, dont parle M. *Perrault*. Cette fille, dit-il, vint me consulter avec quelques autres Docteurs, dans la salle des Ecoles de Médecine. Elle éprouvoit depuis deux ans un vomissement de vers, qui lui arrivoit régulièrement tous les jours à la même heure, avec de grandes convulsions. Elle nous dit qu'elle sentoit même que cette heure approchoit. Au même moment elle prit la main de celui qui lui tâtoit le pouls, & elle lui serra si fortement, qu'il ne put s'en séparer, pendant un demi-quart-d'heure que la convulsion dura, à la fin de laquelle elle vomit quelques eaux avec vingt-huit ou trente vers, de la forme & de la grandeur des fangfues médiocres, tous fort vifs, & ayant le mouvement de raccourciffement & d'allongement des fangfues. Ils en différoient feulement en ce qu'ils étoient blancs. On affure qu'elle en vomiffoit communément plus de cent à la fois.

Nous terminerons ce que nous nous propofons de faire obferver fur les vers, par la defcription d'un ver bien extraordinaire qu'on obferva à Lyon en 1680.

Le Père *François de la Croix*, Religieux Obfervantin, âgé de quarante-cinq ans, d'un tempérament robufte, atrabilaire, rendoit tous les fix mois, depuis quatorze ans, des vers bien extraordinaires, de la forme d'un ferpent. En 1680, ce Religieux, extrêmement fatigué de douleurs d'eftomac & de maux de cœur, de colique & d'une faim infatiable, fit appeller M. *Panthot*, Docteur en Médecine, pour le voir. Celui-ci lui fit prendre fon remède ordinaire, compofé de vingt grains de mercure doux, autant de rhubarbe, dix grains d'aloës, le tout réduit en boles, avec du fyrop d'abfynthe; ce qui lui fit rendre une portion de ver longue de quatre aunes. Trois jours après il réitéra le même remède, & en rendit encore autant. Mais les accidens augmentèrent au point que le Docteur n'ofa lui adminiftrer le même remède. Il lui fit prendre feulement du jus de citron avec de l'huile d'olives, & au bout de quelques jours, les accidens allant en diminuant, il rendit la tête de ce monftre. Elle étoit noire, & faite en forme de croiffant. Le corps avoit plus de fept aunes de long, & étoit large comme le bout du petit doigt, & de l'épaiſſeur d'un écu. Tout le corps étoit velu, écaillé comme un ſerpent, & de couleur grisâtre. Ce ver eſt de l'eſpèce de ceux qu'on connoît ſous le nom de *faſcia lata*. Un curieux, dit le Journal des Savans, pour l'année 1680, conſerve à Paris un ver jetté par la bouche, & dont la longueur eſt de quatorze aunes.

VIEILLESSE. Ce terme de la vie qui nous rapproche d'un moment à l'autre du tombeau, nous offre des phénomènes bien merveilleux. En voici un d'un genre tout ſingulier ; il s'agit d'une vieilleſſe anticipée, & d'un rajeuniſſement auquel on ne s'attendoit ſûrement point. Voici le fait tel qu'on l'écrivit alors de Touloufe, en 1754, à l'Auteur des Affiches de Province.

Marguerite Verdut, née à la Baſtide des Feuil-lans, entra à l'âge d'environ vingt-cinq ans dans le Couvent de Fabas, Diocèſe de Commenge, en qualité de Sœur laïque. Comme elle avoit un tempérament délicat, & une ſanté fort chancelante, que tous les ans même elle étoit ſujette à des rhumes très-opiniâtres, on ne l'oc-cupa qu'à des exercices de piété. Un train de vie ſi peu pénible & ſi doux ne put la garantir d'une vieilleſſe anticipée. Dès la trente - cin-quième année, ou avant même, elle avoit per-du toutes ſes dents : elle étoit maigre & dé-charnée : ſon viſage étoit couvert de rides, & ſa vue ſi affoiblie, qu'elle ne pouvoit plus lire ſans lunettes. Cet état de décrépitude lui du-ra juſqu'à ſoixante-quatre ans. A cet âge elle tomba malade. Elle avoit des maux de tête fréquens, & si douloureux que le poids le plus léger lui étoit insupportable. Elle devint ensuite asthmatique. Mais dix à douze ans avant sa mort, la plupart de ses infirmités disparurent. Elle reprit tout-à-coup de l'embonpoint, qu'elle n'avoit jamais eu ; presque toutes ses rides s'effacèrent ; sa vue se rétablit si bien qu'elle n'eut plus besoin de lunettes, & qu'elle ne s'en servit point depuis. Sa bouche se garnit d'un double rang de dents pointues & noires. Sa gorge se remplit & se réforma, & ce qu'il y a de plus étonnant encore, ses règles revinrent. Elle vécut dans cet état jusqu'à sa mort, arrivée le 20 Avril 1743, âgée de soixante-seize ans. Elle mourut dans l'espace de vingt-quatre heures, d'une fièvre violente qui lui ôta l'usage de tous ses sens.

On lit dans un Ouvrage de *Plempius*, imprimé à Louvain en 1665, intitulé *Fondamentum Medecinæ*, une observation que nous ne voulons pas garantir, & qui vient à l'appui d'une opinion bien singulière de ce Médecin. Il prétend que les personnes parvenues à une extrême vieillesse peuvent naturellement rajeunir. Il s'agit, dans son observation d'un Gentilhomme Indien qui vécut, dit-il, trois cens quarante ans, & qui avoit rajeuni trois fois. *Credat judeus appella.*

Mais en voici une autre tirée du même endroit, plus sûre & plus croyable en même tems. Il s'agit d'un Ministre d'Angleterre, qui mourut à Neufchâtel. Cet homme avoit toutes les incommodités qu'apporte la vieillesse, & il commença à se mieux porter ; à l'âge de plus cent ans, il lui pouffa des dents nouvelles ; les cheveux lui revinrent, fa vue fe fortifia, & il fe fit en lui un renouvellement fi fenfible de tous fes fens, qu'on croyoit qu'il devoit vivre plus de deux cents ans. Il mourut cependant peu de tems après à cent quatorze ans.

Voici encore un nouvel exemple d'une efpèce de rajeuniffement. Ce fait eft attefté par M. *Chrétien Mentzellius*, Médecin de l'Electeur de Brandebourg. Il accompagna ce Prince dans un voyage qu'il fit à Clèves en 1666. Il arriva dans cette Ville un vieillard âgé de cent vingt ans, qui s'y faifoit voir pour de l'argent, & qu'il vit à la Cour de l'Electeur. La force de fa voix, dit-il, marquoit celle de fa poitrine, & ayant parcouru les tons de la mufique, il fut entendu à plus de cent pas. Ayant enfuite ouvert la bouche, il nous fit voir deux rangs de dents très-blanches, & il nous dit qu'étant allé à la Haye, deux ans auparavant, par le même motif qui l'avoit amené à Clèves, il avoit appris qu'il s'y trouvoit un vieillard Anglois, âgé de cent vingt ans, & que l'ayant été vifiter, il le félicita fur fon droit d'aîneffe ; mais qu'il lui dit en même-tems qu'une douleur de tête qu'il reffentoit, accompagnée de grandes douleurs aux mâchoires, lui faifoit croire qu'il n'auroit point l'honneur d'atteindre à fon âge ; que le vieillard Anglois le détrompa, & l'affura au contraire, qu'il alloit rajeunir, puifque les douleurs qu'il reffentoit étoient l'annonce de nouvelles dents, qui alloient lui venir, & qu'il en avoit la preuve pardevers lui. Le fuccès, ajouta-t-il, avoit répondu à fon attente. Il n'avoit point tardé à reffentir les plus vives douleurs aux mâchoires , & toutes fes dents avoient percé fucceffivement.

Veut-on des exemples de vieilleffes extrême-ment prolongées ? nous pourrions en citer une quantité prodigieufe. Nous nous bornerons néan-moins à un petit nombre ; nous ne parlerons que de ceux qui auront pouffé affez loin leur carrière dans le fecond fiècle.

D'après une lettre qui fut écrite le premier Juin 1779 , de l'Amérique méridionale , & dont on donna l'extrait dans le Journal de Madrid , le 24 Décembre de la même année , on ne peut fe refufer à croire , d'après les renfeignemens qu'on y donne , qu'il exiftoit alors dans cette contrée une Négreffe âgée de cent foixante-quatorze à cent foixante-quinze ans.

Henri Jenkens , mort à Ellerton dans le Comté d'Yorck en 1690 , eft encore l'un des hommes qui aient vécu le plus long-tems depuis le déluge. Il avoit vu *Henri VIII.* Il fe fouvenoit de la bataille de Floweden , qui fe donna en 1513 , où il avoit été envoyé à l'âge de douze ans , avec un cheval chargé de flèches , dont on fe fervoit encore. Cinq vieillards centenaires de fa Paroiffe , affuroient l'avoir toujours vu vieux. Il fe fou-venoit d'avoir rendu témoignage à la Chan-cellerie & dans d'autres Tribunaux depuis cent quarante ans. Il alloit à pied aux affifes d'Yorck , & nageoit à plus de cent ans. Il exifte une dépo-fition de *Henri Jenkens* , faite en 1665 , comme témoin , âgé de plus de cent cinquante-fept ans ; de forte qu'il paroît qu'il mourut âgé d'environ cent foixante-neuf ans. On érigea un monument à ce merveilleux vieillard en 1743, & la dépense en fut faite par voie de souscription.

En voici deux qui approchent assez de l'âge du précédent, & le fait se trouve consigné dans les Transactions Philosophiques. On y lit que deux vieillards sont morts sains & robustes, l'un à l'âge de cent soixante-cinq ans, & l'autre à l'âge de cent quarante. Sur quoi M. *de Buffon* observe que les hommes qui sont parvenus à la vieillesse la plus reculée, ne sont pas toujours ceux qui s'étoient le plus ménagés : qu'au contraire la plupart étoient des Paysans, accoutumés aux plus grandes fatigues, des Chasseurs, des gens de travail, des hommes, en un mot, qui avoient employé toutes les forces de leur corps, qui en avoient même abusé, s'il est possible d'en abuser autrement que par l'oisiveté & la débauche continuelle.

Malgré ce dernier abus, qui doit nécessairement abréger le cours de la vie, on a vu à la Barthe-de-Rivière, village près de Commenges, situé sur la Garonne, le nommé Espagno, Maître en Chirurgie, pousser sa carrière jusqu'à cent douze ans. Il mourut en 1758. Il n'avoit jamais été malade, ni saigné, ni purgé. Il avoit exercé sa profession jusqu'au dernier moment, & il avoit l'habitude de s'enivrer tous les jours. Il avoit été marié en premières noces à vingt ans. Il s'étoit remarié à quatre-vingt-dix, & il eut une fille de ce dernier mariage, qui avoit vingt ans lorsqu'il mourut.

En voici un autre de l'espèce de ceux dont parle M. *de Buffon*, qui n'avoit abusé de ses forces que par un travail continuel, & qui pouſſa ſa carrière juſqu'à cent cinquante-ſept ans.

On écrivoit de Varſovie qu'il venoit de mourir ſur les Terres de M. *Saluski*, Staroſte de Grojeck, un Payſan âgé de cent cinquante-ſept ans. Il s'étoit marié pour la première fois à l'âge de trente ans. Il avoit eu ſix enfans de ſa femme, & avoit vécu cinquante-huit ans avec elle. Il en épouſa une ſeconde, dont il eut ſept enfans, & vécut avec elle cinquante-cinq ans. Quelque froid qu'il fît, il étoit toujours vêtu légèrement. Il n'avoit jamais eu de maladies : il n'avoit ceſſé de travailler que douze ans avant ſa mort, & huit jours ſeulement auparavant, il avoit commencé à ne plus trouver le même goût aux alimens. Son père avoit vécu cent cinquante ans.

Le fameux *Jean Purs*, Anglois, avoit vécu cent cinquante-deux ans. Son fils, *Jean Neuwell*, en vécut cent vingt-ſept, & mourut vers la fin du mois d'Août de l'an 1761, à Michaelſtown au Comté de Corke, ayant conſervé toute ſa tête juſqu'au dernier moment.

Il étoit mort l'année précédente à Philadelphie, dans l'Amérique ſeptentrionale, deux époux d'une eſpèce également vivace, & qui avoient toujours vécu enſemble dans l'union la plus exemplaire. Le mari, nommé *Claude Cottrell*, étoit âgé de cent vingt ans. Sa femme mourut trois jours après, âgée de cent quinze ans. Ils étoient unis depuis près d'un ſiècle, depuis quatre-vingt-dix-huit ans.

On avoit vu un phénomène à-peu-près ſemblable en 1758, au village de Conche, Paroiſſe de Saint Frezel-de-Vantalon, Diocèſe de Mende, dans les Cevènes en Languedoc. Une femme

âgée

âgée de cent dix-huit ans, nommée *Florette Roux*, y mourut le 2 du mois d'Août 1758. Son mari, nommé *Jacques Guin*, mourut l'année d'après, âgé de cent quatorze ans. Ils avoient vécu ensemble pendant soixante-dix-neuf ans. Ils avoient eu dix-huit enfans, douze garçons & six filles, dont quatorze étoient alors vivans. *Jean Guin* l'aîné, étoit âgé d'environ soixante-dix-neuf ans; les autres à proportion. Ce village, remarquoit-on alors, est fécond en vieilles gens. A la mort de la susdite femme, vivoit dans le même village le nommé *Jean Faye*, âgé de cent sept ans; il avoit une sœur, *Marie Faye*, âgée de cent cinq ans : & il y avoit au hameau de Bonijot, même Paroisse, une femme, nommée *Marguerite Tourtoulon*, âgée de cent treize ans.

Sans avoir poussé sa carrière aussi loin, on vit dans la même année 1758, & dans le même mois, un phénomène à-peu-près semblable, dans le Diocèse de Vienne en Dauphiné. Il y mourut un ancien Curé d'un village nommé Robion. Il étoit âgé de cent huit ans. Il possédoit sa Cure depuis près de quatre-vingts ans. Il avoit vu naître tous ses Paroissiens. Il n'y en avoit qu'un seul qu'il n'eût pas baptisé. Il avoit cessé ses fonctions Curiales depuis quelques années qu'il avoit résigné sa Cure. Mais il avoit continué de célébrer la Messe jusqu'à deux jours avant sa mort, qui ne fut précédée d'aucune maladie. Il laissa dans sa maison une Servante, âgée de cent quatre ans, qui l'avoit toujours servi.

Le Journal Encyclopédique, pour le mois d'Avril 1779, faisoit mention d'un vieillard bien aussi extraordinaire que les précédens. Il étoit

âgé alors de cent dix ans, & demeuroit à Pau.
Il étoit très-agile, fréquentoit les marchés des
Villes voisines. Il s'étoit marié à cent cinq ans à
une jeune fille, dont il avoit eu un enfant deux
ans après son mariage. Est-il mort ? Nous n'en
savons rien.

Voici encore un ancien Patriarche qui fit
pendant plusieurs années l'admiration de la Ville
de Siara, Ville Capitale de la Province du même
nom. Il mourut en 1773, âgé de cent vingt-quatre
ans. Il se nommoit *André Visal de Negreiros.* Il
avoit toujours joui d'une excellente mémoire, &
de l'exercice de tous ses sens. Il fut fait Capitaine
supérieur de la Ville en 1772, & il remplissoit
encore la place de Juge à la satisfaction de tout
le monde. Il étoit père de trente fils & de cinq
filles, qui avoient eu trente-trois enfans, cinquante-deux petits-fils, quarante-deux enfans des
petits-enfans, & vingt-six descendans de ces
derniers ; ce qui faisoit une postérité de cent
quatre-vingt-huit personnes, dont cent quarante-
neuf vivoient en 1773, n'occupant qu'une seule
& même maison avec le respectable aïeul, qui
sans doute avoit donné une éducation excellente
à toute cette famille, principe de cette union
patriarchale.

Sans y voir quelque chose d'aussi extraordinaire,
le fait suivant est encore mémorable. Le 16 Janvier 1763, mourut au Temple, à Paris, le nommé
Jean Constant, né à Limoux en Languedoc, le
4 Juin 1649. Il étoit par conséquent âgé de cent
quatorze ans. Il avoit reçu sept blessures dans
l'espace de vingt-cinq ans qu'il avoit servi. Ses
funérailles furent faites avec tout l'appareil mi-

litaire aux frais de Monseigneur le Prince *de Conti.*

Nous terminerons ces fortes d'obſervations, que nous pourrions étendre beaucoup plus loin, mais qui ne rendroient point cet article plus intéreſſant, par celle qu'on communiqua de Genève, le 9 Janvier 1759, au ſujet d'une Dame, nommée *Lullin*, qui avoit eu la veille cent ans accomplis, & qui avoit reçu ce jour-là un bouquet de M. *de Voltaire*, avec quatre vers encadrés dans une guirlande de fleurs très-bien peintes.

> Nos grands-pères vous virent belle :
> Par votre eſprit vous plaiſez à cent ans :
> Vous méritez d'épouſer *Fontenelle*,
>   Et d'être ſa veuve long-tems.

VOLCANS. On donne ce nom à des montagnes brûlantes qui jettent du feu, des flammes, de la fumée, des cendres chaudes & quantité d'autres matières embraſées. On en trouve dans les quatre parties du monde.

On doit regarder les volcans comme les ſoupiraux de la terre, comme des eſpèces de cheminées par leſquelles elle ſe débarraſſe des matières embraſées qui dévorent ſes entrailles, & qui occaſionneroient des déſaſtres bien plus fâcheux, un bouleverſement total du globe, ſi elles ne pouvoient ſe porter au-dehors.

Nous ne ferons point ici l'hiſtoire des différens volcans qui ſe trouvent ſur toute l'étendue de notre globe, ni des phénomènes terribles qui accompagnent leur éruption. Ce détail appartient au Phyſicien & au Naturaliſte ; mais, pour en donner une idée fuffifante à nos Lecteurs, nous parcourrons rapidement les éruptions de deux fameux volcans qui ont occafionné bien des défaftres dans tous les endroits qui fe font trouvés compris dans leur fphère d'activité. Nous parlerons du *mont Ethna* & du *mont Véfuve*, trop fameux dans l'hiftoire, & trop bien connus par les différentes relations qu'on en a données, pour nous arrêter à en donner ici une defcription particulière.

Le premier de ces deux volcans, & les ravages qu'il a occafionnés, remontent jufqu'à la plus haute antiquité.

Sans parler ici de ce que quelques Auteurs moins croyables rapportent touchant les embrafemens de cette montagne, lors de la defcente des troupes de l'Ionie dans la Sicile, douze fiécles avant la naiffance de Jefus-Chrift, ni de ce qu'en dit *Virgile* au troifième livre de fon Enéide, *Thucydide* remarque que quatre cents foixante-feize ans avant Jefus-Chrift, en la fixième olympiade, cette montagne s'embrafa & occafionna de grands dommages jufqu'à des diftances très-éloignées. Il arriva encore un grand embrafement cinquante ans après celui-ci.

Cette montagne s'embrafa encore quatre fois pendant le tems des Confuls Romains; mais celui qui arriva fous *Jules-Céfar* fut fi violent, au rapport de *Diodore de Sicile*, que la mer, près de l'iffe de Lipara, brûloit par l'ardeur de fa chaleur les vaiffeaux, & faifoit mourir les poiffons.

Celui qui arriva fous l'Empire de *Caligula*, l'an de grace 40, jetta tant de terreur par-tout

aux environs, que l'Empereur épouvanté s'enfuit hors de la Sicile, où il ne se croyoit point
en sûreté.

Vers le tems du martyre de *Sainte Agathe*,
il y en eut encore un très-grand, & ce fut par
le secours de cette Sainte que Catane en fut
préservée.

L'an 812, sous *Charlemagne*, le mont Ethna
parut encore tout en feu.

Depuis l'an 1160 jusqu'à 1169, toute la Sicile fut ébranlée par d'horribles tremblemens
de terre, & les flammes qui sortoient de cette
montagne ruinèrent autour une vaste étendue
de pays. Elles allèrent même jusqu'à Catane,
dont elles consumèrent l'Eglise Cathédrale &
plusieurs personnes.

Il arriva encore un très-grand incendie l'an
1284.

Cette montagne s'enflamma derechef, les
années 1329, 1333, 1408. Celui qui survint
en 1444, continua jusqu'en 1447. Il en vint un
autre en 1536, qui dura l'espace d'un an. En
1633, il en survint un autre qui subsista plusieurs années. En 1650, la partie septentrionale
de cette montagne s'étant enflammée, les torrens de feu qu'elle vomit, causèrent de grands
ravages aux environs, & beaucoup de peur à
ceux de Catane.

Les anciens monumens de marbre que trouvèrent, à la profondeur de soixante-huit pieds,
ceux de cette ville qui cherchoient des pierres
ponces, font conjecturer que cette ville étoit
anciennement dans un fond, & que ces torrens
de flammes entraînant avec eux beaucoup de

matière, en auront comblé le pays & élevé ainsi le terroir où Catane d'aujourd'hui se trouve relevée sur ses propres ruines.

Le mont Vésuve nous fournit la preuve de cette conjecture. On sait que l'an 63 de notre Ere, il survint un horrible tremblement de terre dans les campagnes qui sont aux environs du Vésuve ; que toute la ville de Pompei fut engloutie, une partie d'Herculanum renversée, Naples & Nocera fort endommagées.

On voyoit, en 1760, des vestiges manifestes de ce terrible événement, dans des caves qu'on creusoit vers Scafati, un peu au-delà de la tour de l'Annonciade, où étoit probablement l'ancienne ville de Pompei. On y a trouvé des squelettes, sur-tout un de femme qui avoit encore des bagues & des bracelets d'or. Ce tremblement, comme le remarque très-bien *Séneque le Philosophe*, fut l'avant-coureur du fameux incendie du mont Vésuve, qui arriva l'an 79, dont *Pline le jeune* nous a laissé une très-ample description.

On commença alors, le 24 Août, à voir sortir de la cime de cette montagne une fumée épaisse qui s'éleva comme un nuage, sous la figure d'un pin. Tantôt cette fumée s'éclaircissoit, tantôt elle devenoit plus obscure, selon qu'elle étoit chargée de cendres & ou terre. On voit encore sur la ville d'Herculanum qui en fut couverte & engloutie, ces différentes couches de cendres, de terre & de sable. Le Vésuve vomissoit avec ces cendres des pierres brûlées & calcinées. Pendant tout le tems de cette éruption, les rayons du soleil furent interceptés, & il parut même pâle & obscur quelque tems après.

On commença, dit *Pline*, à voir cette cendre, dès le point du jour, à Misène. Elle parut sous la forme d'un nuage épais tout en feu, qui lançoit de tous côtés des flammes, qui ne vinrent cependant pas jusqu'à Misène. Plusieurs jours avant, on avoit senti de ces tremblemens de terre assez ordinaires dans la campagne heureuse. Mais cette nuit & le matin suivant, il y en eut un si affreux, qu'il sembloit que tout dût s'abîmer, & que la mer s'éloignoit de ses bords, repoussée par les violentes secousses de la terre. Pendant la nuit on voyoit des flammes horribles sortir de plusieurs endroits du Vésuve.

Il s'en falloit encore de beaucoup que l'éruption de ce volcan produisît tous les effets terribles qu'on lui vit produire par la suite ; car *Pline* n'eut pas manqué d'en faire mention. Il ne parle pas de cette matière qui, après avoir coulé comme du cristal fondu, se durcit comme de la pierre en se refroidissant ; & cela s'accorde très-bien avec ce qu'on observoit, vers 1760, dans les laves d'Herculanum. On voyoit tout le théâtre couvert d'une masse haute de plus de soixante-dix pieds, & de plus de cent vers la mer ; mais elle n'étoit composée que d'une cendre très-fine de couleur grise, qui avoit fait corps avec l'eau, & que le marteau mettoit aisément en poussière. Regardée au microscope, cette cendre paroissoit être une matière saline, mêlée de parties noires & de parties métalliques resplendissantes, semblables à de la marcassite.

G g iv

Cette matière étoit tombée toute brûlante
sur ce théâtre & sur les maisons d'Herculanum,
puisqu'on remarquoit en creusant que les archi-
traves des portes & les portes mêmes étoient
réduites en charbon, qui reste toujours mou,
à cause de l'humidité.

Le second incendie du Vésuve arriva sous
l'Empereur *Sévère*, l'an 203 de J. C. Il est rapporté par *Dion* & *Gallien*.

Le troisième survint l'an 472, sous *Antemius*,
Empereur d'Occident, & *Léon I*, Empereur
d'Orient, comme le rapportent *Marcellin Conti*
dans sa Chronique, & *Procope*. Il paroît même
d'après la relation de ce dernier, que les éruptions du Vésuve continuèrent encore les deux
années suivantes.

Le quatrième incendie arriva l'an 512, sous
Théodoric, Roi d'Italie, comme le rapporte
Cassiodore, & après lui *Procope* de Césarée.
Selon ces deux Auteurs, outre la cendre que
jetta le Vésuve, il y eut encore des torrens
enflammés de sable. La cendre & le sable des-
cendoient du sommet du Vésuve jusqu'à ses
racines, & même au-delà, sous la forme d'une
rivière de feu liquide, qui se refroidissant en
chemin des deux côtés, élevoit ses bords &
formoit elle-même un lit, dans lequel couloit
le sable comme une eau enflammée; & cela
dès le commencement de l'incendie. Le ruis-
seau, après s'être refroidi, s'arrêta; & ce qui
restoit, ressembloit à la cendre qui reste après
qu'un corps est brûlé.

On vit quelque chose de semblable en 1751
& 1754. Entre les différentes matières que jetta

le Véfuve, qui en grande partie formoient une efpèce de pierre en fe refroidiffant, on voyoit quelques ruiffeaux compofés feulement de fable brûlé de groffeurs différentes, qui après s'être refroidi reftoit en maffe avec une certaine confiftance.

Le cinquième incendie arriva en 685, fous *Conftantin IV*.

Le fixième l'an 993, felon le calcul de *Baronius*.

Le feptième en 1036. Cette année on vît l'éruption fe faire, non-feulement par le fommet, mais encore par les flancs de la montagne. Il en fortoit comme un torrent de feu liquide qui alloit jufqu'à la mer; ce qui faifoit croire avec affez de probabilité qu'avant ce tems le Véfuve ne vomiffoit point de ces torrens de matière qui fe durcit comme de la pierre, & qui font actuellement fi fréquens & fi abondans dans toutes fes éruptions.

Le huitième incendie furvint l'an 1049. Il eft rapporté par *Léon Marficanus*, Moine du Mont-Caffin, depuis Evêque & Cardinal d'Oftie. Il eft le premier qui ait remarqué qu'en cette année il fortit du Véfuve une grande quantité de réfine fulfureufe ou de bitume.

En 1138, le neuvième incendie eut lieu du tems du Roi *Roger III*. Il y en eut un dixième l'année fuivante. Le onzième ne fe fit obferver qu'en 1306. *Léandre Alberti* en parle dans fa Defcription de l'Italie.

Depuis 1306 jufqu'en 1500, le Véfuve demeura dans l'inaction. *Ambroife-Léon de Nefle*, Médecin & Philofophe, en parle dans fon Hif-

toire de Nesle & du Vésuve, comme en ayant
été témoin, & assure que la matière sortie du
Vésuve couvrit une grande étendue de pays,
& qu'il tomba alors une pluie abondante de
cendres rougeâtres.

Le treizième incendie qui arriva en 1631,
fut le plus mémorable & le plus terrible de ceux
qu'on eut éprouvés jusqu'alors. Le 16 Décembre, après une vingtaine de secousses de tremblemens de terre qu'on avoit senties pendant la
nuit, le Vésuve commença à jetter par le sommet une fumée très-épaisse, laquelle montant
d'abord, pendant quelque tems, sous la forme
d'un pin, s'étendoit & remplissoit les lieux voisins de sable & de cendres. On voyoit au milieu de cette fumée beaucoup d'éclairs & de
flèches de feu. On entendoit des coups de tonnerre affreux, & la montagne lançoit en l'air
des pierres d'une grosseur considérable. Le lendemain vers le midi, le ciel toujours obscurci,
on entendit un bruit épouvantable, & la montagne s'ouvrit du côté de Saint-Jean de Teduccio.
De cette ouverture sortit une matière sulfureuse,
bitumineuse & vitrifiée, qui descendit rapidement de la montagne comme un torrent de
crystal enflammé. On en vit encore un autre
sortir du sommet de la montagne, mais de
cendres embrasées. Le torrent latéral se divisa,
selon le rapport du Père *Recupito*, Jésuite, &
du Père *Caraffe*, Théatin, en sept branches
principales, qui se subdivisèrent elles-mêmes en
plusieurs autres, qui firent des dégâts épouvantables, & ruinèrent une grande quantité de terrains
& d'édifices.

Les jardins délicieux & les beaux vergers de Pietra-Bianca, de Sainte-Marie-du-Secours, de Portici & de Granatello, si célèbre par ses grénadiers, furent entièrement détruits. Resina fut pareillement détruite. Il ne resta que le tiers de la tour du Grec, & un peu plus de la tour de l'Annonciade. Le chemin qui va de l'une à l'autre fut rempli, non-seulement du torrent, mais encore de sable & de cendres. C'est ce chemin qu'on nomme *le chemin des pierres brûlées.*

A ces désastres fâcheux se réunirent des pluies très-abondantes, des torrens d'eau qui ne firent pas moins de dégâts, & ce fâcheux événement ne cessa que le 25 Février 1632.

On fut tranquille jusqu'en 1660, où on éprouva un quatorzième incendie. Il en survint un quinzième en 1682; un seizième en 1694, qui fut précédé d'un grand tremblement de terre ; un dix-septième en 1701 ; un dix-huitième en 1704 ; un dix-neuvième en 1712 ; un vingtième en 1717 ; un vingt-unième en 1730 ; un vingt-deuxième en 1737 ; un vingt-troisième en 1751 ; un vingt-quatrième en 1754 ; & depuis cette dernière époque jusqu'en 1760, on a toujours vu le Vésuve vomir des laves & d'autres matières tantôt par le sommet, tantôt par les flancs. Ce volcan fut assez tranquille depuis cette époque, à quelques petites éruptions près ; mais en 1776, de nouvelles éruptions s'annoncèrent par des mugissemens affreux. Bientôt il se forma de nouvelles crevasses, d'où la lave s'écoula avec abondance. La principale ouverture étoit du côté de la tour du Grec. Elle fournit un fleuve de matière enflammée, auquel on comptoit deux cents brasses de largeur, sur quinze à vingt de profondeur, & ce torrent occasionna des dommages infinis à des campagnes auparavant très-fertiles. On assure que toutes les descriptions qu'on en a données, ne rendent que très-imparfaitement l'horreur de ce phénomène épouvantable.

Nous n'insisterons pas davantage sur cet objet. Ceux qui seront curieux de connoître plus particulièrement les désastres affreux occasionnés par le Vésuve, pourront consulter deux Histoires curieuses des phénomènes qu'il a produits : l'une, du Père *de la Torré*, qui fut traduite en 1760, par M. l'Abbé *Peton* ; l'autre, de M. *du Peron de Castera*.

$$F I N.$$

APPROBATION.

J'AI lu, par ordre de Monseigneur le Garde des Sceaux, un Manuscrit qui à pour titre : *Dictionnaire des Merveilles de la Nature, par M. A. J. S. D.* Il ne contient rien qui doive en empêcher l'impression.

Fait à Paris, ce 20 Janvier 1781.

Signé, LEBEGUE DE PRESLE.

PRIVILÉGE DU ROI.

LOUIS par la grace de Dieu, Roi de France & de Navarre, à nos amés & féaux Conseillers, les Gens tenans nos Cours de Parlement, Maîtres des Requêtes ordinaires de notre Hôtel, Grand-Conseil, Prévôt de Paris, Baillifs, Sénéchaux, leurs Lieutenans Civils, & autres nos Justiciers qu'il appartiendra : SALUT. Notre amé le Sieur A. J. S. D. Nous a fait exposer qu'il desireroit faire imprimer & donner au Public le *Dictionnaire des Merveilles de la Nature*, de sa composition : s'il Nous plaisoit lui accorder nos Lettres de Privilége à ce nécessaires. A CES CAUSES, voulant favorablement traiter l'Exposant, Nous lui avons permis & permettons de faire imprimer ledit Ouvrage autant de fois que bon lui semblera, & de le vendre, faire vendre par tout notre Royaume : Voulons qu'il jouisse de l'effet du présent Privilége, pour lui & ses hoirs à perpétuité, pourvu qu'il ne le rétrocéde à personne ; & si cependant il jugeoit à propos d'en faire une cession, l'Acte qui la contiendra sera enregistré en la Chambre Syndicale de Paris, à peine de nullité, tant du Privilége que de la cession ; & alors par le fait seul de la cession enregistrée, la durée du présent Privilége sera réduite à celle de la vie de l'Exposant ou à celle de dix années, à compter de ce jour, si l'Exposant décede avant l'expiration defdites dix années; le tout conformément aux articles IV & V de l'Arrêt du Confeil du 30 Août 1777, portant Réglement fur la durée des Priviléges en Librairie. FAISONS défenfes à tous Imprimeurs, Libraires & autres perfonnes de quelque qualité & condition qu'elles foient, d'en introduire d'impreffion étrangere dans aucun lieu de notre obéiffance; comme auffi d'imprimer ou faire imprimer, vendre, faire vendre, débiter ni contrefaire ledit Ouvrage, fous quelque prétexte que ce puiffe être, fans la permiffion expreffe & par écrit dudit Expofant, ou de celui qui le repréfentera, à peine de faifie & de confifcation des Exemplaires contrefaits, de fix mille livres d'amende, qui ne pourra être modérée, pour la premiere fois, de pareille amende, & de déchéance d'état en cas de récidive, & de tous dépens, dommages & intérêts, conformément à l'Arrêt du Confeil du 30 Août 1777, concernant les contrefaçons: A la charge que ces Préfentes feront enregiftrées tout au long fur le Regiftre de la Communauté des Imprimeurs & Libraires de Paris, dans trois mois de la date d'icelles; que l'impreffion dudit Ouvrage fera faite dans notre Royaume & non ailleurs, en beau papier & beaux caracteres, conformément aux Réglemens de la Librairie, à peine de déchéance du préfent Privilége; qu'avant de l'expofer en vente, le manufcrit qui aura fervi de copie à l'impreffion dudit Ouvrage, fera remis dans le même état où l'Approbation y aura été donnée, ès mains de notre très-cher & féal Chevalier, Garde des Sceaux de France, le Sieur HUE DE MIROMÉNIL; qu'il en fera enfuite remis deux Exemplaires dans notre Bibliothéque publique, un dans celle de notre Château du Louvre, un dans celle de notre très-cher & féal Chevalier, Chancelier de France, le Sieur DE MAUPEOU, & un dans celle dudit Sieur HUE DE MIROMÉNIL; le tout à peine de nullité des Préfentes; du contenu defquelles vous mandons & enjoignons de faire jouir ledit Expofant & fes hoirs pleinement & paifiblement, fans fouffrir qu'il leur foit fait aucun trouble ou empêchement. Voulons que la copie des Préfentes, qui fera imprimée tout au long au commencement ou à la fin dudit Ouvrage, foit tenue pour duement fignifiée, & qu'aux copies collationnées par l'un de nos amés & féaux Confeillers-Secrétaires, foi foit ajoutée, comme à l'original. Commandons au premier notre Huiffier ou Sergent fur ce requis, de faire pour l'exécution d'icelles tous Actes requis & néceſſaires, ſans demander autre permiſſion, & nonobſtant clameur de Haro, Charte Normande, & Lettres à ce contraires: Car tel eſt notre plaiſir. Donné à Paris, le deuxiéme jour de Mai, l'an de grace mil ſept cent quatre-vingt-un, & de notre Regne le ſeptiéme. Par le Roi en ſon Conſeil.

Signé, LE BEGUE.

Regiſtré ſur le Regiſtre XXI de la Chambre Royale & Syndicale des Libraires & Imprimeurs de Paris, N°. 2252, fol. 491, conformément aux diſpoſitions énoncées dans le préſent Privilége; & à la charge de remettre à ladite Chambre les huit Exemplaires preſcrits par l'Article CVIII du Réglement de 1723. A Paris, ce 4 Mai 1781.

Signé, LE CLERC, *Syndic.*

De l'Imprimerie de CHARDON, rue Galande.